换热器结垢原理与抑制技术

沈朝　姚杨　王源　高榕　著

机械工业出版社

换热器在运行过程中普遍面临着一个问题——换热表面结垢，严重影响了设备的换热效率、安全性能和使用寿命。本书针对换热器表面污垢的生长机理、污垢热阻预测模型以及污垢抑制技术，进行了全面系统的介绍。基于对污垢生长特性的认识，探索了抑垢和除垢方法，提出了具有除污和抑垢功能的换热器。同时聚焦广泛应用于热泵空调系统的强化换热管，揭示了其在长期运行过程中混合污垢的生长机理，建立了多参数污垢预测模型，用于指导换热器设计与开发，提出了抑制污垢生长的相关策略。

本书可供土木工程（暖通空调）、动力工程及工程热物理相关领域的学者及工业界技术人员使用，也可作为高等院校相关专业学生的教材或参考书。

图书在版编目（CIP）数据

换热器结垢原理与抑制技术/沈朝等著. —北京：机械工业出版社，2023.3
ISBN 978-7-111-72809-2

Ⅰ. ①换…　Ⅱ. ①沈…　Ⅲ. ①换热器-结垢-防治　Ⅳ. ①TK172

中国国家版本馆 CIP 数据核字（2023）第 046339 号

机械工业出版社（北京市百万庄大街 22 号　邮政编码 100037）
策划编辑：刘本明　　　　　责任编辑：刘本明　高依楠
责任校对：潘　蕊　张　薇　封面设计：张　静
责任印制：邹　敏
中煤（北京）印务有限公司印刷
2023 年 11 月第 1 版第 1 次印刷
169mm×239mm・26.25 印张・467 千字
标准书号：ISBN 978-7-111-72809-2
定价：109.00 元

电话服务　　　　　　　　　网络服务
客服电话：010-88361066　　机　工　官　网：www.cmpbook.com
　　　　　010-88379833　　机　工　官　博：weibo.com/cmp1952
　　　　　010-68326294　　金　书　网：www.golden-book.com
封底无防伪标均为盗版　　机工教育服务网：www.cmpedu.com

　　换热器是能量交换的重要部件，在诸多行业中发挥着关键作用，涉及建筑、交通、市政、化工等 30 多个领域，并相互交织形成一系列产业链条。全球工业化和技术进步推动了换热器市场的发展。同时，在"碳中和"的大背景下，为了降低化石能源消耗，减轻环境污染，开发和利用可再生能源已成为必然趋势。通过换热器对低品位可再生能源的持续提取和高效利用具有长远和现实的意义，这也带动了换热器市场的扩展。

　　换热器在运行过程中面临着一个普遍的问题：换热表面结垢（包括霜垢）。这严重影响了设备的换热效率、安全性能和使用寿命。据统计，换热器及相关设备所消耗的维护成本占工业维护成本的 15%，其中近 50% 是由污垢问题引起的。污垢问题对环境中碳排放的影响已经达到了污垢造成的额外成本对国民生产总值影响的 10 倍。如今，换热表面的污垢问题已成为世界性难题，严重影响了经济发展和能源消耗。因此，进一步开发和完善除垢和抑垢技术已成为我们当前面临的主要挑战。

　　本书针对城市污水换热过程，研究污垢生长机制，分析污垢对热泵系统运行特性的影响，积极寻求有效的除垢和抑垢方法，改进并提出适用于污水换热的专用换热器，来保证污水废热回收的高效性和可靠性。

　　本书通过实验手段研究不规则换热表面混合污垢的生长过程，分析不同种类污垢之间的相互作用规律，确定混合污垢生长过程中的关键行为参数的计算式。通过模拟手段研究速度场、温度场、浓度场及换热表面微观几何尺寸对污垢形成的影响机制，从而建立强化换热表面混合污垢预测模型，形成污垢抑制理论。

　　本书基于实验研究了粉尘对蒸发器结霜特性以及热泵机组性能的影响规律，并绘制了粉尘污垢影响下的结霜评估图谱。探索了空气污染对结霜速率的影响规律，指出空气中的颗粒物可以加速结霜进程，并研究了颗粒物对结霜成核过程的作用机制。通过一系列定性及定量分析，为建立空气污染工况下室外机除霜控制策略提供支持，从而缓解或解决由于污垢引起的空气源热泵室外机"误除霜"问题。

本书第 1 章由沈朝和王源编写，第 2～4 章由沈朝和姚杨编写，第 5 章由沈朝和王源编写，第 6～8 章由王源和高榕编写，第 9 章由王源编写，全书由王源统稿。

在本书编写过程中，研究生万志豪、蒲积宏、高庆梅、王墨红、雷卓宇和闫旭等为本书成稿做了大量辅助性工作。

由于作者水平有限，书中难免存在疏漏和不当之处，恳请专家学者和广大读者给予批评指正。

物理量名称及符号表

英 文 符 号	含 义
a,b,c,d,e,f,l,m,n	系数，经验常数
A	换热面积（m^2）
A_c	断面面积（m^2）
A_{nom}	公称内表面积（m^2）
A_w	湿表面积（m^2）
B	时间因子（1/s）
C	壁面浓度边界层内浓度（mg/L）
C_1	常数（m/s）
C_a	钙离子浓度（mg/L）
C_b	颗粒浓度（mg/L）
C_b'	干物质浓度（mg/L）
C_c	Cunningham 修正系数，无量纲
C_d	曳力系数，无量纲
C_D	非线性阻力系数，无量纲
C_i	换热面颗粒浓度（mg/L）
C_{com}	有效浓度（mg/L）
C_{sat}	饱和浓度（mg/L）
C_{vm}	虚拟质量系数，0.5
COP	性能系数，无量纲
COP_u	机组性能系数，无量纲
COP_s	系统性能系数，无量纲
c_p	比定压热容 [J/(kg·K)]
D	布朗扩散率（m^2/s）
d	直径（m）
D_i	换热管内径（m）
D_{ij}	湍流扩散项
d_{ij}	变形张量（m）
D_o	换热管外径（m）

（续）

英文符号	含　义
d_p	粒子平均直径（m）
D_T	热泳扩散系数（m²/s）
D_x	污垢层外径（m）
E	活化能（J/mol）
e	肋片高度（m）
$\vec{F}$	水与颗粒物相互作用的力（N）
f	摩擦系数，无量纲
$\overrightarrow{F_a}$	其他附加力（N）
F_a	附着力（N）
$\overrightarrow{F_D}$	曳力（N）
F_D	阻力（N）
F_g	重力（N）
$\overrightarrow{F_{pg}}$	压力梯度力（N）
FRR	结霜速率比，无量纲
$\overrightarrow{F_{sl}}$	Saffman 升力（N）
$F_{T,r}$	管壁与制冷剂液体的摩擦力（N/m³）
F_T	温差修正系数，无量纲
$\overrightarrow{F_{vm}}$	虚拟质量力（N）
f_{wv}	水蒸气析出过程的推动力（N/m²）
G	吉布斯自由能（J/mol）
$\vec{g}$	重力加速度（m/s²）
Gr	格拉斯霍夫数，无量纲
H	焓（kJ/mol）
h	传热系数[W/(m²·K)]
h_{in}	入口比焓（J/kg）
h_l	液相工质的比焓（J/kg）
h_{out}	出口比焓（J/kg）
$h_{r,T}$	制冷剂与管壁的对流传热系数[W/(m²·K)]
h_{si}	单相工质的比焓（J/kg）
h_v	气相工质的比焓（J/kg）
J	污垢沉积通量[kg/(m²·s)]
J_1	扩散作用引起的污垢沉积通量[kg/(m²·s)]
J_2	湍流波动引起的污垢沉积通量[kg/(m²·s)]
J_3	重力作用引起的污垢沉积通量[kg/(m²·s)]

（续）

英 文 符 号	含 义
j	契尔顿-柯尔本 j 因子，无量纲
k	导热系数 $[W/(m \cdot K)]$
k_0	指前因子 $[m^2/(kg \cdot s)]$
K_B	玻耳兹曼常数，取 1.380649×10^{-23} J/K
K_D	粒子沉积系数（m/s）
K_{kip}	相间动量交换系数 $[kg/(m^3 \cdot s)]$
K_m	质量传递系数（m/s）
K_n	$K_n = l/d_p$，无量纲
K_r	与析晶形成相关的反应速率（m/s）
K_s'	溶度积（kg/m³）
K_{sl}	Saffman 升力的恒定系数，为 2.594
L	长度（m）
l	分子平均自由程（m）
LMTD	对数平均温差（K）
m	质量（kg）
m_a	干空气质量流量（kg/s）
$\dot{m}_d$	沉积质量流量 $[kg/(m^2 \cdot s)]$
M_f	霜质量积累量（g）
m_f	霜/垢质量积累速率（g/min）
m_p	粒子质量（kg）
M_r	制冷剂质量流量（kg/s）
$\dot{m}_r$	去除质量流量 $[kg/(m^2 \cdot s)]$
M_{alk}	M-碱度（mg/L）
N_f	归一化空气流量（%）
N_h	归一化换热量（%）
N_s	截面螺纹个数
Nu	努塞特数
P	附着概率，无量纲
p	肋间距（m）
p_a	过饱和空气中的水蒸气分压力（Pa）
$p_{a,sat}$	空气中的饱和水蒸气分压力（Pa）
PEC	性能评价指标，无量纲
pH_{ac}	冷却水实际 pH 值
pH_s	给定水温下的饱和 pH 值
P_{ij}	应力产生项

（续）

英文符号	含义
Pr	普朗特数，无量纲
p_{wv}	水蒸气分压力（Pa）
Q	换热量（kW）
q	热流密度（W/m²）
Q_c	冷凝器的传热速率（kW）
Q_{hw}	热水侧传热速率（kW）
$q_{r,T}$	制冷工质与管壁的热流密度（W/m²）
Q_{us}	污水侧传热速率（kW）
R	总换热热阻（m²·K/W）
R_0	诱导期结束时的污垢热阻值（m²·K/W）
R_c	综合热阻（m²·K/W）
Re	雷诺数，无量纲
R_f	污垢热阻（m²·K/W）
R_f^*	渐近污垢热阻（m²·K/W）
RH	空气相对湿度（%）
R_j	极差，无量纲
R_l	单位长度总热阻（m·K/W）
R_M	摩尔气体常数，为 8.31 [J/（mol·K）]
R_t	涂层热阻（m²·K/W）
r_T	换热管半径（m）
R_{wv}	水蒸气气体常数 [J/（mol·K）]
S	粒子距离换热管中心的距离（m）
s	蒸发器管段阻抗（kg/m⁷）
Sc	施密特数，无量纲
S_L	垂直流向焊点间距（mm）
$\bar{s}_o$	无污染条件下蒸发器管段阻抗平均变化率 [kg/（m⁷·s）]
$\bar{s}_p$	严重污染条件下蒸发器管段阻抗平均变化率 [kg/（m⁷·s）]
S_T	沿流向焊点间距（mm）
S_{wv}	水蒸气的熵（J/K）
T	温度（K）
t	时间（s）
t_0	诱导期结束时刻（s）
TDS	总溶解固体浓度（mg/L）
T_e	蒸发器的蒸发温度（K）

（续）

英 文 符 号	含 义
t_r^+	弛豫时间，无量纲
T_s	换热表面温度（K）
$T_{T,i}$	管内壁温度（K）
U	总传热系数 [W/(m²·K)]
$\vec{v}$	连续相速度（m/s）
v	流速（m/s）
v^*	壁面摩擦速度（m/s）
v_p	颗粒物运动速度（m/s）
$\vec{v_p}$	粒子运动速度（m/s）
V	体积流量（m³/s）
v_B	布朗运动速度（m/s）
$v_{l,r}$	流体法向分速度（m/s）
v_n	紧邻壁面的第一层内网格的速度（m/s）
V_p	粒子体积（m³）
$v_{p,r}$	粒子法向分速度（m/s）
$\overline{v_{pz}'^2}$	颗粒法向波动速度均方根（m²/s²）
V_T	换热器体积（m³）
v_w	壁面处速度（m/s）
$\overline{v_z'^2}$	流体局部波动速度均方根（垂直于壁面方向）（m²/s²）
W_a^*	标准黏附功（J/m²）
W_m	结霜速率 [kg/(m²·s)]
x	干度，无量纲
x_d	蒸干点的干度，无量纲
x_f	单位面积上的污垢沉积质量（kg/m²）
X_{max}	最大值，无量纲
X_{min}	最小值，无量纲
χ_{tt}	马丁内利数，无量纲
Y_q	热流密度偏差引起的总传热系数修正因子，无量纲
Y_u	流速偏差引起的总传热系数修正因子，无量纲
z	垂直于壁面的方向（m）
z_n	相邻控制体节点到壁面的法向距离（m）
ΔE_{12}^{TOT}	沉积物与表面的总相互作用能（J/m²）
ΔP	压降（Pa）
ΔT_{min}	驱动结霜或结露所需的最小换热温差（℃）

（续）

英 文 符 号	含 义
ΔT_s	空气源热泵机组室外机表面与室外空气的换热温差（℃）
ΔV_{wv}	析出水蒸气的体积（m³）

希 腊 符 号	含 义
α	螺旋角（°）
$\langle \alpha \rangle$	空泡系数，无量纲
β	面积指标修正，无量纲
γ_{LV}	液体表面自由能（mN/m）
γ_{SV}	固体表面自由能（mN/m）
γ_{LV}^d	液体表面能的色散分量（mN/m）
γ_{LV}^p	固体表面能的色散分量（mN/m）
γ_{SV}^d	液体表面能的极性分量（mN/m）
γ_{SV}^p	固体表面能的极性分量（mN/m）
Δ	误差
δ	凸包厚度（mm）
ε	孔隙率（%）
ε_f	污垢损失系数，无量纲
ε_{ij}	耗散项
ε_p	粒子涡流扩散系数（m²/s）
η	能效指标，无量纲
θ	接触角（°）
μ	动力黏度（Pa·s）
μ_{eff}	有效动力黏度（Pa·s）
ν	运动黏度（m²/s）
ν_t	流体湍流黏度（m²/s）
ξ	污垢黏合强度（N·s/m²）
ρ	密度（kg/m³）
σ	结垢过程指标
σ	标准差，无量纲
τ_F	流体剪切应力（N/m²）
$\overline{\overline{\tau_{ip}}}$	应变张量 [kg/(m·s²)]
τ_L	拉格朗日积分时间尺度（s）
τ_p	颗粒的松弛时间（s）
τ_s	壁面切应力（N/m²）
Φ_{ij}	压力应变项

（续）

希 腊 符 号	含 义
ϕ	污染物在流体中所占的体积分数
ϕ_d	沉积率 $[kg/(m^2 \cdot s)]$
ϕ_f	污垢沉积量 (kg/m^2)
ϕ_r	剥蚀率 $[kg/(m^2 \cdot s)]$
χ	传热系数比，无量纲
Ω	水特性系数
ω	空气含湿量 (g/kg)
ω	体积膨胀系数，无量纲
下 标	含 义
a	空气
ave	平均值
b	折流板
cal	计算
co	纯铜
cw	循环水
dew	露
e	蒸发
f	污垢
g	导流板
in	入口
ip	相 ip
l	液相
max	最大
min	最小
num	模拟
out	出口
P	光管
p	颗粒物
r	制冷剂
ref	参考点，基准条件
sat	饱和状态
si	单相
T	换热管/器

（续）

下　标	含　义
t	测试时间
test	实验
tp	两相区
v	气相
w	冷却水
wv	水蒸气
ww	污水

缩　写	含　义
ARX	线性自回归
ASHP	空气源热泵
ASHPWH	空气源热泵热水器
BP	反向传播
COD	化学需氧量
DESTE	干式壳管式污水蒸发器
GRBF	非线性高斯径向基函数
IE	浸泡式蒸发器
LSI	朗格利尔饱和指数
NARX	非线性自回归
RBF	径向基函数
TSP	总悬浮颗粒物
WWSHP	污水源热泵

目 录

第 1 章

污垢问题及危害

热量交换器也叫换热器，是工业生产和人们生活中常见的换热设备，它对能源的传递与转化起着至关重要的作用。全球快速的工业化进程，推动着换热器市场的增长，这使得换热技术受到了越来越多的关注。换热器的设计、生产、销售、使用、维护等已经形成产业链条，在国民经济中起着至关重要的作用。

换热器在使用过程中普遍面临着一个问题，即换热表面结垢现象。污染物沉积在换热表面上的过程称为结垢过程。随着换热器的运行，其厚度会随之增加，这是工业中一个长期存在的问题。一旦在换热面生成污垢，至少会带来两个主要的问题：第一，会造成换热设备性能的恶化，例如换热器运行 5 年后，与洁净时相比换热性能降低约 50%～90%，这是由于污垢的导热系数通常低于换热管材料或流体的导热系数引起的；第二，会造成换热管直径的微小变化，增加水系统的循环压降，导致泵所需的驱动力更高。

由于换热器在许多行业的节能过程中都发挥着关键作用，近年来能源成本的上涨导致对换热器的需求不断提高。全球快速的工业化进程、严格的环境法规和技术进步都在推动着换热器市场的增长。据统计，2014 年全球换热器市场中壳管式换热器市场份额最高，已经超过了 50%。且随着全球建筑行业的增长和大量基础设施项目的规划，该类型换热器将继续在换热器市场中占据主导地位。

1.1 城市污水废热回收利用及污垢

2019 年统计数据显示，我国建筑能耗占全国能源消费总量的 33%，建筑碳排放高达全国总碳排放的 38%。全球建筑能耗占全球能耗总量的 35%，超过工业和交通能耗。2020 年，美国的住宅和商业建筑的能源消费占其全国能源消耗总量的 40%。在建筑能源消耗中，约有 36% 用于供暖、空调及加热生活用水。根据 Tomlinson 的报告，每年大约有 3500 亿 kW·h 的能量以废水的形式损失掉，蕴含着巨大的热回收潜力。瑞士研究者的报告指出，在供给建筑的总能量中，约有超过 15%的能量被污水系统直接排放。卢森堡的研究者指出，2013 年住宅热水能耗占欧盟家庭供暖需求的 16%，损失的能量可以通过建筑物内部的热回收系统进行回收。英国于 2018 年制定目标，在 2050 年之前减少 80%的二氧化碳排放。随着城镇化和工业化的发展，人们的生产生活中会产生大量含有废热能的污水。使用热泵技术回收污水中的废热，将废热资源进行可持续化提取和品位提升，直接或间接地满足建筑及工业等领域的用热需求，是节能环保的重要体现，且具有显著的经济效益。近年来，城市污水、处理过的污水、生活污水、洗浴废水和工业废水的热回收引起了人们的广泛关注。

1.1.1　废热利用的可行性及潜力

能源短缺和环境污染已经成为全球、全人类密切关注的两大问题，可持续发展理念受到了社会各界的重视。面对庞大的资源需求和不确定的国际环境，为了确保能源结构的优化和我国能源供应安全，需要我们居安思危，未雨绸缪，呼吁更多研究人员寻找可再生和可持续的能源来替代化石燃料。另外，随着我国城市化进程的加快和人口的增长，除了能源短缺和环境污染问题外，水资源短缺问题也越来越严重，污水源热泵夏季运行时，节省了空调冷却水系统，有利于节约用水。

开发和利用新的冷热源应该满足节能、环保和健康发展的要求，而城市污水作为热泵的低位热源恰恰能够满足上述要求，在解决能源危机、提高能源利用效率方面发挥着重要作用。据资料统计，43%～70%的能源主要以废热的形式丢失，而排放污水中的废热占有很大比例。对这些废热回收利用，来满足城市供热、空调和热水供应的能源需求，具有巨大的应用潜力。污水源热泵系统除了具备热泵系统普遍具有的节能清洁等诸多优点外，更兼备了污水自身的优势。例如，城市污水水温适宜且波动小，水量充足且流量稳定，污水低位热能巨大，具有稳定性、可靠性、经济性、环保性等优点。

（1）水温适宜且波动小　城市污水水温受气候变化影响较小，从水温来看适宜作为城市供热热源。公共浴室的排水温度一般在 30℃以上，夏季生活污水的排水温度一般在 20℃左右，冬季的排水温度一般在 11℃左右。就哈尔滨地区污水温度而言，最高为 18℃，最低为 10℃，全年的变化幅度仅为 8℃，其中最高温度出现在 7、8 月份，最低温度出现在 3 月份。

（2）水量充足且流量稳定　生活污水在城市污水中占比大，水源分布广，资源充沛，将污水源热泵系统建设在合适的污水排水沟渠附近，能够保障足够的污水水源。另外，污水排放量与人们生活习惯有关，且一般呈规律性变化，保证了可利用污水水量的周期性稳定。

（3）污水低位热能巨大　冬季城市污水水温明显高于室外空气温度，储热丰富；夏季污水温度较室外温度偏低，可用来作为空调冷源。城市污水与热泵联合具有明显优势，是理想的热泵冷热源，能够为人们的生产生活提供可观的清洁能源，缓和人与自然的冲突。在减少煤炭、石油等不可再生能源使用的同时，可以减少污染物和 CO_2 排放，环保效益显著。

对污水源热泵系统的开发与推广有助于促进城市污水的资源化利用，具有节能减排、生态环保和促进经济发展等意义。污水源热泵是一项具有发展前景的节能技术，但污水源热泵系统亟需关注的焦点是专用污水换热器。污水中含有各种各样的杂物、悬浮物，容易沉积，换热器表面容易结垢，造成换热器整体换热效率下降，影响管路的通畅性及系统的稳定性。污水废热回收的节能潜力巨大，但在推广中需要解决污水换热器的堵塞、腐蚀、结垢等一系列问题。

1.1.2　热泵回收污水废热项目介绍

利用热泵对污水废热进行回收，被称为污水源热泵系统，是最常见的污水废热回收方式。目前，污水源热泵系统根据污水是否进入蒸发器而被分为直接式和间接式；按热泵工质来分，有氟利昂、二氧化碳和氨等工质；按照热泵结构来分，有单级、多级、复叠式及辅助式等；按污水换热器的形式来分，有淋激式、浸泡式、壳管式和板式等。

1. 国外城市污水废热回收项目

从 20 世纪 80 年代，就有了利用热泵回收污水废热用于供暖和热水供应的工程实例。应用较早的是瑞典、挪威等北欧国家：挪威奥斯陆 1980 年开始建设利用未处理城市原生污水作为热源的热泵站，于 1983 年投入使用。挪威 ASKER 污水处理厂建成了原生污水热泵，供厂外开发区 28 栋商业建筑空调使用，供热面积 15.5 万 m^2。瑞典以处理后污水为热源，选用螺杆式压缩机建立了 3.3MW 的热泵系统，于 1981 年投入使用，系统平均性能系数（coefficient of performance，COP）为 2.6，成本回收期为 6.5 年。其中的换热管采用镀锌碳素钢，未见污水腐蚀现象。瑞典的 RAY 污水处理厂以二级处理后污水为热源，为 5170 栋建筑集中供热。瑞士苏黎世市政厅由 Sulzer 公司承建了大型污水源热泵系统。瑞典斯德哥尔摩、哥德堡、厄斯特松德等城市建成了十余处大型污水源热泵站。整个瑞典的建筑中，40%都采用热泵技术为其供热，而其中的 10%是以污水处理厂处理后的污水作为热泵的热源。在俄罗斯的莫斯科，一所服务性建筑应用污水处理厂二级出水向室内游泳池供热，向人工滑冰场供冷，并为融雪装置供热。1981 年萨拉应用二级出水建立了热泵站。污水源热泵系统在德国、芬兰和荷兰也有不同程度的应用。有关污水热能的研究与利用在日本发展较快，1986 年东京落合污水处理厂建成了二级出水热泵，冬季 COP 为 4.3，夏季 COP 为 4.6。1987 年东京汤岛泵站建立了原生污水热泵，换热面可自动清洗。英国南部于1988 年应用的污水源热泵系统生产热水温度 45℃，COP 可达 4.5，与其他供热方式相比节能效果显著。日本千叶县花则污水处理厂，先后于 1991 年和 1998年以二级出水为冷/热源建成了集中供热/空调系统。日本东京大区污水管理局 12个污水源热泵项目中 4 个采用原生污水，8 个采用二三级出水。日本荏源公司对污水源热泵进行了经济性评价，与电制冷+燃油锅炉相比节省初投资 25%，节省运行费用 40%。2001 年，美国杜塞特工业公司利用重力热管换热器，降低生产热水中所需的能量。这是一种简单有效的方法，可降低热水淋浴所需能量的30%~50%。韩国太阳能研究中心于 2004 年开展的一酒店污水源热泵项目，其年平均 COP 约为 4.8。除冬季周末外，热泵可承担 100%的热水负荷。芬兰图尔库地区 2020 年可再生能源利用水平超过 50%，当地的 Kakole 污水处理厂于2009 年初开始回收废热，为图尔库的公共建筑和家庭提供区域供暖和制冷所需能源。韩国镇川试验场 2018—2020 年期间能源供应（供暖和制冷）的运行数据显示，在制冷季节污水源热泵的 COP 为 2.9。塞尔维亚拟在区域供热系统中引入污水源热泵，每年可节约 5%的一次能源，减少 6.5%的二氧化碳排放。

2. 国内城市污水废热回收项目

我国污水源热泵技术在 20 世纪末才逐渐得到应用，技术发展与推广过程较快。最初的工作是尹军带领的团队对日本以及我国污水废热状况的理论分析。2000 年，北京市排水集团在高碑店污水处理厂开发的污水源热泵实验工程，是我国应用较早且较为典型的项目，空调建筑面积达 900m²。2001 年，大庆富尔达环保节能科技有限责任公司安装了一套以城市原生污水作为热（冷）源的热泵机组，作为 700m² 建筑的空调系统。这是我国最早的城市原生污水热泵系统，其采用了浸泡式污水换热器，即将蒸发器（冷凝器）直接浸泡在污水池中。2002 年，哈尔滨第二水泵厂有限公司、宣化桥马家沟西侧欧式别墅又投建了污水源热泵实验工程。2003 年建设投运的有哈尔滨望江宾馆、大庆恒茂服饰家具商场。同年，秦皇岛第四污水处理厂采用二级出水作为污水源热泵的热源/热汇为厂内 3038.78m² 的办公环境供热/制冷。该污水源热泵机组二级出水直接进入冷凝器，属于直接式系统。2005 年北京市宝盛里小区也应用了污水源热泵空调系统，该居民小区面积为 80000m²，是北京市第一个使用污水热泵系统采暖制冷的小区。同年，北京的北小河、高碑店、卢沟桥、酒仙桥 4 座污水处理厂均使用污水热泵为厂内供冷，共节约电能 25% 以上。在 2008 年，390000m² 的北京奥运村同样应用了污水源空调。2010 年北京城区污水厂日产污水 250 万 t，基本可供 3 亿 m² 的建筑采暖以及制冷。虽然我国污水源热泵技术起步较晚，但发展与推广过程迅速，目前已成为高效回收城市及工业废热的有效技术手段。2010 年沈阳市沈水湾污水处理厂的污水源热泵改造工程竣工，系统可为厂区内综合楼、活动室、污泥脱水间、鼓风机房汽车库等十多个单体供热（冷）。冬季取暖时利用 1 万 t 污水为建筑供热 4 个月，可减少二氧化碳排放量 5040t。2011 年安阳市广厦新苑小区建成，小区从安阳市东区污水处理厂的污水中取热，利用污水源热泵为居民提供冬季供暖、夏季供冷和生活热水。2013 年邯郸市西污水热泵能源站开工，项目利用西污水处理厂排放的二级污水作为空调系统的热源与热汇，结合热泵与水蓄能技术，为周边建筑供冷、供热。相对于燃煤锅炉房，该项目提高一次能源利用率 63%，每年可节约标煤约 1163.8t。青岛市于 2014 年启动实施了团岛污水处理厂蓝海新港城污水源热泵工程，利用蓝海新港城邻近团岛污水处理厂的地理优势，建设了污水源热泵系统，作为住宅区居民冬季供热系统和夏季制冷系统使用。2018 年，在哈尔滨市拆并燃煤小锅炉的过程中，包括新发小区在内的周边五个小区冬季供暖开始采用污水源热泵，实现供热 6600 户，是目前国内最大的污水源热泵单体供热项目。2020 年河北省清河县怡海花园利用污水源热泵技术从碧蓝污水处理厂收集中水，为 21.3 万 m² 的住宅建筑供热。

1.1.3　污水换热的污垢问题

城市污水常用来作为热泵的热源进行供热，在污水废热回收过程中，由于污水水质恶劣，污水换热器以及整个废热回收系统均面临更高的要求。污水换热器的结构、材质、除污装置、防堵防腐防垢技术，以及污水源热泵系统形式等都将决定污水废热回收的可行性与可靠性，这也是在推广和使用污水废热回收技术前需要解决的重点和难点。

换热器表面结垢现象是其使用过程中面临的普遍问题,是阻碍技术发展的关键因素之一。据不完全统计,工业中总燃料能源的 1%～5%用于克服污垢造成的影响。污垢问题增加的二氧化碳排放量达到人类排放二氧化碳总量的2.5%,即污垢对环境的影响已经达到了污垢造成的额外成本对国民生产总值影响的 10 倍。由污垢问题造成的影响(包括降低换热器的效率、带来的相关运营问题),可能导致市场增长趋势会在某预计的时期内受阻。

1.2　空调冷却水强化换热及污垢

为了追求更高的换热效率,第二代传热技术"强化传热技术"能够显著改善换热器的传热性能,缩小换热设备的体积与尺寸,是实现节能的重要途径之一。强化传热技术包括表面粗糙化(微肋)、增加翅片、强迫对流、流体中加入添加剂等方式。目前新型换热器如翅片管换热器、壳管式换热器和绕管式换热器等均在工业界得到应用。通过对光滑表面进行压延处理,使其表面出现二维或三维的微肋来改变近壁面流体的流场,从而达到强化传热的目的,此类换热管被称为"强化换热管"或"强化管"。强化换热管因内表面特殊的肋片分布结构,其换热性能相较于普通光管得到了大幅的提升,在换热器领域得到广泛应用。其中一个重要应用领域是制成壳管式冷凝器用于空调冷却塔水系统。工业界的统计数据显示,北美市场制冷量大于 100 冷吨的水冷制冷机组所采用的冷凝器多为应用了强化管的壳管式换热器。暖通空调设备制造商、末端设备用户以及建筑拥有者对该类制冷设备的投资额比重较大。据不完全统计,2018 年全球热交换器市场规模为 146.8 亿美元,预计到 2023 年将达到 225.9 亿美元,而2018—2023 年的平均年增长率将为 9.0%。另有数据显示,2014 年壳管式冷凝器已达到全球换热器市场的最高份额,且在 2020 年已占据市场主导地位。

1.2.1　冷却水换热器常用换热管

1. 强化换热管简介

强化换热管(简称强化管)是一种增强管内强迫对流的湍流强化换热元件,由普通光管通过"压延法"制作而成。图 1-1 所示为内螺纹强化管的加工过程,在加工过程中铜管内外由三个辊驱动,呈螺旋状前进。在辊和轴的共同挤压作用下,铜管的内外表面上分别形成连续不断的内螺旋肋和外翅片。这种方式制作的强化管具有较大的换热面积和良好的传热性能,体积小,有利于节省新型换热设备的材料。同时由于它具有生产成本低、可靠性好、对比同类产品压降损失低等优点，在工业界得到了广泛的应用，常见的内螺纹强化管如图 1-2 所示。应用强化管作为换热器制作元件是工程中控制液体和气体温度，或控制制冷剂蒸发和冷凝的一个可靠的解决方案。然而强化换热管弊端在于在层流区和过渡区表面易结垢，导致其换热量降低，用它制造的壳管式换热器对比板式换热器等设备，虽然换热表面污垢沉积趋势基本相似，但渐近污垢热阻高一个量级。因此它常被用于工作流体尽可能干净的系统中，如空调系统和制冷系统。

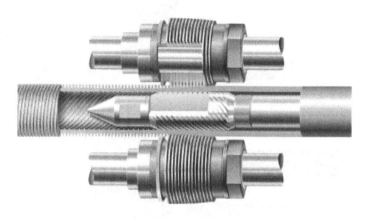

图 1-1　内螺纹强化管的加工过程

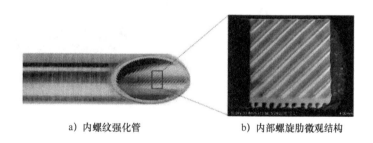

a) 内螺纹强化管　　　　　　　b) 内部螺旋肋微观结构

图 1-2　内螺纹强化管

　　强化管相比普通光管有着更大的外表面积，可直接作为满液式换热器的冷凝管，或作为中央空调和其他工业换热器的蒸发管使用。西安交通大学冀文涛教授及其所在团队发现这种类型的换热管在较低热流密度工况时，冷凝换热比沸腾换热表现出了更加优越的性能。强化管外部降膜流的柱状流型如图 1-3 所示，由于对表面结构的处理，强化管外壁的翅片为制冷剂的冷凝提供了良好的排水条件，有利于壳侧液相工质（如制冷剂）从管外壁面均匀排出，从而形成均匀的柱状或片状降膜流，特别适合应用在管壳与内管的表面传热系数相差较大的工况中。

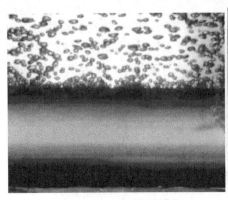

a) 光管表面沸腾   b) 强化管表面沸腾

 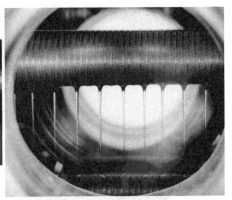

c) 光管表面降膜流   d) 强化管表面降膜流

图 1-3　强化管外部降膜流的柱状流型

如图 1-4 所示，按照外表面翅片高度可将强化管分为高翅管、中高翅管、低翅管和表面强化管。其中高翅管和中高翅管的外表面积比低翅管及表面强化管大得多，适用于设计特别紧凑的换热器，主要应用在对流传热系数较低或工质流体黏度较高的情况，例如与机械和工业相关的油气冷却器等。这部分换热器所应用的循环系统多属于闭式系统，工作流体中几乎不含成垢杂质，污垢的影响很小。而对于水等雷诺数较高的流体流动换热工况，低翅管和表面强化管在制冷与空调工程领域中得到了广泛的应用。

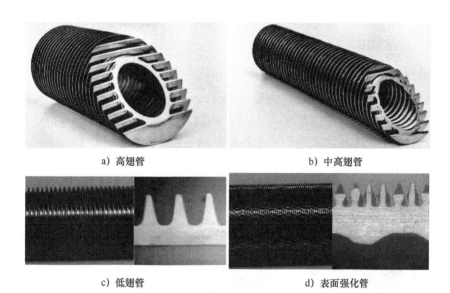

a) 高翅管　　　　　　　　　　　　　　b) 中高翅管

c) 低翅管　　　　　　　　　　　　　　d) 表面强化管

图 1-4　不同类型翅片管展示

冀文涛教授团队通过实验研究了常用制冷剂 R134a 和新型制冷剂 R1234ze（E）、R1233zd（E）在两种低翅管外表面的冷凝特性。两个换热管的翅片密度和翅片高度均相同，而翅片厚度不同。制冷剂的饱和温度设置为 36℃，热流密度的测试范围为 20～90kW/m²。实验结果显示，R134a 的传热性能最好，在两个换热管的外表面冷凝传热系数均高于其他两种制冷剂。其他学者也分别对 R134a、R245fa、R1233zd（E）、R1234yf、R1234ze（E）、R290 和 R1234ze（Z）在沸腾和冷凝时的传热性能进行了相似的对比研究，得出了相同结论。即在给定的饱和温度和热流密度下，与其他制冷剂相比，R134a 在光管和强化管的外表面传热系数最大。

根据强化传热理论，需要提高换热量小的一侧的传热系数。若在强化管内部增加一种特殊的螺纹，用于产生涡流或二次流，以增加湍流强度，且仍能提供一个相对较大的内部区域，以减缓流动阻力的升高。即不仅在换热管外表面制造直肋提高制冷剂的冷凝效果，且在内表面增加螺旋肋，提高内部流体的对流换热效果，这种处理方式对于管侧传热系数较低或两侧传热系数均较低的工况非常理想。Chen 和 Wu 研究了制冷剂在光管和内螺纹强化管冷凝时的传热系数。研究结果表明，在相同的测试条件下，内螺纹强化管外表面的冷凝传热系数比普通光管高出近 10.8 倍，并且总传热系数高出约 8.4 倍，其研究结果为研究换热管在冷凝过程的传热机理提供了更深入的见解。整体而言，这种外有翅片、内有螺纹构造的强化管已在制冷和空调行业作为壳管式换热器的冷凝管或蒸发管被广泛使用。

2. 强化换热管主要结构参数

内螺纹强化管主要参数有内径（D_i）、外径（D_o）、肋间距（P）、肋高（e）、螺旋角（α）、螺纹数（N_s）等，如图 1-5 所示。管外径 D_o 指肋尖到肋尖的距离，内径 D_i 是肋底到肋底的距离。肋间距 P 为两肋之间的距离，肋高 e 为肋边缘两点的距离。肋螺旋角 α 为内螺旋线的切线与通过切点的圆柱面直母线之间所夹的锐角。螺纹数 N_s 为管横截面上的螺纹个数。通过 D_i、D_o、P、e、α 和 N_s 等以上参数，可以确定唯一的内螺纹强化管。

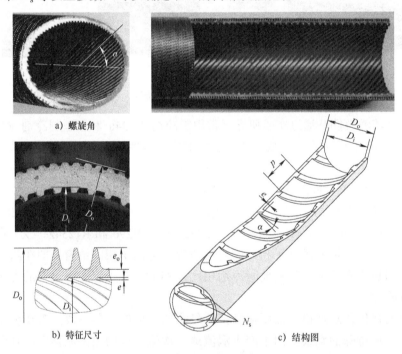

a) 螺旋角

b) 特征尺寸

c) 结构图

图 1-5 内螺纹强化管

典型的内螺纹强化管各参数的取值范围为 $0.01 \leqslant e/D_i \leqslant 0.4$、$1 \leqslant N_s \leqslant 82$、$1.5 \leqslant p/e \leqslant 46.7$ 和 $0° \leqslant \alpha \leqslant 90°$。值得注意的是，上述参数的改变对湍流工况下的传热系数有显著影响，并且随着 e/D_i、N_s 或 α 的增加，努塞特数和摩擦系数均会增加，且其影响呈现非线性关系。李蔚教授研究发现上述参数也会影响污垢的生长量，同样呈现非线性关系。因此这些参数的选择是影响传热系数、压降以及换热管结垢可能性的关键因素。

3. 内螺纹强化管的传热机理

20 世纪 70 年代世界性能源危机爆发，其后的 20 余年里，强化传热技术迅猛发展，各种新的强化传热方法层出不穷。那时几乎每种强化传热技术都有与之对应的强化传热理论。例如，扰流和旋流元件被认为是改变了流体的流动特征从而加强了传热介质之间的掺混程度或者在湍流对流换热中破坏了热边界层；翅片被认为是在低传热系数一侧的流体中扩展了传热表面积。由于影响换热的因素纷繁复杂，强化换热技术和评价准则多种多样，常见的强化单相对流换热的机理有 3 种，即：①减薄热边界层；②增加流体中的扰动；③增加壁面附近的速度梯度。这些说法都只可以解释某些强化换热的技术，并不能作为通用理论解释所有的强化换热技术。强化换热技术的研究与发展在 20 世纪 90 年代末遇到瓶颈，缺乏创新，基本上是对原有技术的改进。1998 年清华大学过增元院士基于能量方程，从流场和温度场相互配合的角度着手，重新审视对流换热的物理机制，在统一认识各种强化传热技术的基础上提出了强化传热的场协同理论，即要强化对流换热，应加大对流方程中的"等效热源项"，提高无量纲温度、速度分布的均匀性，降低温度梯度与速度矢量间的夹角。关于强化换热的场协同理论此处不再详细介绍，读者可查阅相关书籍。

针对内螺纹强化换热管的传热问题，部分学者的研究结论有利于人们对强化换热管表面污垢形成过程的认识，因此这里进行简单介绍。根据冀文涛教授和 Liu 等人所述，内螺纹强化管依靠增加湍流和对流混合实现强化传热过程。靠近管壁流体的流动状态在强化传热过程中起着重要作用：流体在螺旋形流道内流动时，产生了离心力，在离心力的作用下，部分流体沿管径流向外侧，再沿管壁流向内侧。主体流动的路径为沿着管的轴向流动，两种流动增强扰动，使换热增强，内螺纹强化管中的流体就是在这两种运动下不断地向前流动。管壁的螺旋槽形成了凸起的表面，当流体直接流过螺旋肋时，产生的压力梯度加快了肋片顶端之前的流体流速。相比于光管，其流场与流线更加复杂，增加了管壁附近的切向速度，从而增强对流换热的湍流效应，这两方面均会对传热系数造成影响。同时在肋片后，速度边界层可能从肋片表面分离，从而导致分离流动。强化管周围的旋流如图 1-6 所示，肋片后侧靠近管壁处产生涡流，涡流效应会破坏管壁的热边界层的形成。沟槽内存在回流（反向流动）和薄边界层，产生较高的温度梯度，增大了管内流体的对流传热系数。此外，螺纹管与流体的接触换热面积比光管更大，这也有利于管壁与流体之间的热量交换。

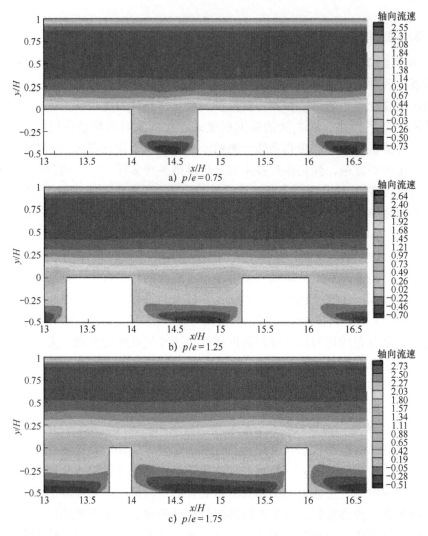

a) $p/e=0.75$

b) $p/e=1.25$

c) $p/e=1.75$

图 1-6　强化管周围的旋流

4．内螺纹强化管的压降问题

流体扰动虽然促进了对流换热，但也增加了压力损失。以光管为基准，大部分强化换热管压降的增加百分率要比换热量的增加百分率高。造成螺纹管压降增大的原因较多：因面积缩小而产生的流阻、湍流增强、螺旋内肋的作用产生的旋转流等。压降的增加需要用更大的动力去推动流体流动。强化传热不仅要使其换热增强，而且要使阻力增加较小，其综合性能越高越好。强化传热的场协同理论虽然在思路上解释了强化传热的物理本质，但是并不能为增强传热的同时带来阻力增大这一一贯问题提供很好的理论指导。长期以来，有很多学者对高效低阻强化换热技术进行了研究，探索降低流动阻力的新理论。

过增元院士基于动量方程分析得出流体阻力不仅取决于速度和速度梯度大小，而且取决于两者的场协同性，通过求解场协同方程可找到最优的压降。何雅玲院士在流场和温度场协同的基础上从动能方程出发分析得出，速度场和压力场的协同性是决定强化换热表面压降大小的主要原因。速度矢量与压力梯度间的夹角越大，压力场与流场的协同性越好，流动产生的压降越小，流动损失越小。关于强化换热管表面压降的场协同理论，此处不再详细介绍，读者可查阅相关书籍。

1.2.2　冷却水侧的污垢问题

壳管式换热器在暖通专业中的应用有两种形式：水-水换热、水-制冷剂换热。其中水环路中又可分为开式系统和闭式系统，冷却水塔中的水环路属于开式系统。与闭式系统相比，开式系统的循环水在冷却水塔内与空气进行蒸发散热，影响了水质，增加了换热器内冷却水侧结垢的可能性。在实际运行中换热管表面容易被循环水中的悬浮物和溶解物污染而产生污垢，严重影响换热器的换热性能。美国宾夕法尼亚大学 Webb 教授多年来的研究结果显示，冷却水塔系统中强化换热管在换热性能增强的同时结垢现象也变得明显，一些强化管的结垢速率比普通光管要高，严重情况下可能失去强化换热管应有的换热效果。

作为换热器设计过程中的重要参数之一，污垢热阻的取值决定了换热器设计尺寸的合理性，设计不当将严重影响系统性能并增加能耗。为满足换热器设计者的需要，在 20 世纪 30 年代，Sieder 提出了污垢系数，代替清洁系数进行换热器设计。1941 年，美国壳管式换热器制造商协会（tubular exchanger manufacturers association，TEMA）发布了污垢热阻系数值，作为标准供设计者参考。20 世纪 80 年代中期，美国传热研究协会（heat transfer research institute，HTRI）联合 TEMA 修正和补充了之前推荐的污垢热阻系数值。在换热器设计中采用的污垢热阻系数除了参考 TEMA 标准，也参考了美国空调供热制冷协会（air-conditioning, heating, and refrigeration institute，AHRI）规范（AHRI Standard 450—2007）和该组织制定的设备等级标准（AHRI Standard 550/590）。

在国际上，AHRI Guideline E—1997 针对水冷式冷凝器及蒸发器推荐了恒定污垢因子，*Heat Exchanger Design Handbook*、《TEMA 列管式换热器制造商协会标准（第 10 版）》提供了污垢数据用以评估设备结垢量。在我国，GB/T 151—

2014《热交换器》标准列出了常用流体的固定污垢热阻值来指导换热器设计。现有的标准及指导手册均采用"一刀切"的处理方法，规范中的参考值只是根据以往的经验将工作流体分为几大类，把每类流体中普通光管表面形成的污垢热阻系数设定为一个常数，没有考虑换热器的实际运行工况，包括污垢类型、流体流速、水质情况以及换热管表面的物理几何参数的差异。用恒定值来评估不同运行工况、不同表面结构参数的换热表面的污垢热阻，这一换热器设计思路明显是不合理的。浙江大学李蔚教授在攻读博士学位期间，就曾发现实验中污垢热阻系数是目前换热器设计制造者广泛应用的污垢热阻系数的 5.21 倍。由于在实际工程中进行长期污垢热阻监测非常难，在 2018 年最新修订的国际通用规范 AHRI Standard 550/590（I-P）—2018 中，该参考值仍然没有得到调整或补充。现有行业标准内的污垢数据仅适用于过去的个别测试案例，随着设备换热性能的不断提升，目前标准对于换热器的适用性有待考查。

国际传热学专家呼吁，传热学领域还存在两个难题：一是换热器表面的污垢问题；二是换热器的接触热阻问题。业内权威机构美国采暖、制冷与空调工程师协会（ASHRAE）联合全球著名换热管生产商 Wieland 公司声明：亟须针对近年来广泛应用的强化换热管这类非光滑换热表面污垢的形成规律进行研究，从而全新认识污垢，构建污垢热阻精准预测以及污垢抑制技术的基础理论体系。

1.3 污垢研究的历史与现状

1756 年左右 Leidenfrost 给出了加热面水滴完全蒸发后留下的沉积物的观察报告，从此污垢进入人们的视野。如今污垢对换热器的影响已在航天、海洋、石油、化工等多个领域引起人们的关注。大到军事小至民用，污垢都以不同的形式影响着人们的生活。

1.3.1 污垢研究的历史

早在 20 世纪初期，研究人员就逐渐尝试建立测量方法和物理量来表征污垢。1910 年，Orrok 首次提出了"清洁因子"的概念用以量化污垢对换热的影响，并将"清洁因子"引入换热设备的设计公式中。但是"清洁因子"忽略了污垢随时间的变化，从而导致在后续很长一段时间内，设备制造商及研究人员将污垢视为一个常数进行处理。同年，Neilson 提出采用单一项热阻的形式表达污垢沉积对换热设备传热性能的影响。随着污垢研究的发展，人们逐渐意识到其在换热器设计中的重要性。1941 年，根据经验汇总，TEMA 列管式换热器制造商协会标准（第 1 版）首次公布了污垢因子数据表。直至 20 世纪 70 年代初其仍被普遍应用于换热设备的设计中。在 20 世纪 50 年代前，科学家对污垢的研究仍停留在较粗糙和工业化的水平，缺乏科学性的表达和描述。

自 20 世纪 50 年代以后，全球范围内关于污垢的报道逐渐增加。1959 年，Kern 和 Seaton 对常数污垢因子存在的弊端进行了分析，首次尝试建立一个通用的颗粒污垢预测模型，称 Kern-Seaton 污垢模型，见式（1-1），认为净污垢量是颗粒沉积过程和去除过程共同作用的结果，该研究被视为现代污垢科学研究的里程碑。1962 年，Hasson 首次将污垢沉积作为传质过程进行处理，建立了换热表面碳酸钙析晶污垢的沉积数学模型，见式（1-2）。该模型不仅从机理角度上解释了析晶污垢现象，而且还提出了污垢反应速率常数的概念，是首个考虑了换热影响的污垢模型，对其研究意义重大。经过一年时间发酵，美国传热研究公司开始了壳管式换热器冷却水侧污垢问题的研究计划，展开了大量的研究工作，并引起了工业界及医学界的关注。在 1969 年，英国 Winfrith 原子能研究所，也启动了污垢研究计划。

$$\frac{\mathrm{d}m_\mathrm{f}}{\mathrm{d}t} = \dot{m}_\mathrm{d} - \dot{m}_\mathrm{r} \qquad (1\text{-}1)$$

$$\dot{m}_\mathrm{d} = \frac{\left[\mathrm{Ca(HCO_3)_2}\right] - K_\mathrm{s}'}{(1/K_\mathrm{m}) + (1/K_\mathrm{r})} \qquad (1\text{-}2)$$

从 20 世纪 70 年代开始，全世界范围内开展了较为系统的对污垢的结构、成分以及形成过程的研究，污垢研究的文献显著增多。1971 年 Reid 研究了关于锅炉和燃气轮机的污垢沉积和腐蚀现象，发表了相关的经典性文献。1972 年，Taborek 总结了污垢的堆积过程以及影响因素，并通过堆积率和沉淀率来解释污垢的发展过程。1974 年，Watkinson 开始关注粗糙表面污垢生长情况，并对内翅片管内表面的碳酸钙污垢进行了初步的探索。1978 年，Knudsen 等人发现影响污垢形成的因素多种多样，为此他们逐一分析，开展了一系列实验来测试分析冷却水塔中各因素的影响情况。1986 年 Watkinson 调查研究了硬水的水质对污垢的影响。20 世纪 70 年代末至 80 年代初，先后召开多次与污垢研究有关的学术会议。在第六届国际传热大会上，Epstein 对过去近 20 年来（1960—1978 年）的 170 多篇关于污垢研究的文献做了系统的评述，并根据污垢的形成过程将其分为六类。第一次换热设备污垢的国际学术会议在 1979 年召开，会上根据 Epstein 的分类，对各类污垢的共同特性做了相关研究和报告。此次会议的论文集是之后污垢研究的重要参考之一。时隔两年，第二次换热设备污垢学术会议召开，会上提出了一些很有价值的研究报告，这一时期是污垢研究的兴盛期。在1985年左右，HTRI和TEMA两个组织合作对之前TEMA推荐的换热器污垢系数值进行了修正和补充。直至今日，壳管式换热器的设计以及评价标准仍然采用该参考方式——仅给予附加固定的污垢热阻值，缺乏流动条件、水质以及换热器结构尺寸的考虑。TEMA也提供了一些指导工业应用的经验方法。有学者对换热站的板式换热器中的污垢热阻进行了实际测量，其结果可供借鉴。但是这些基于特殊场合以及条件下的污垢系数不能直接应用于热泵系统的设计。

20世纪80年代以后，研究者们主要从污垢形成理论与实验研究、污垢监测技术、污垢对策这三个方向对污垢展开相关研究。对污垢形成过程的理论分析和实验研究，主要目的在于为换热设备的设计者和使用者们提供一个实用而准确的通用污垢预测模型。其中，Epstein以矩阵式做了形象的概括，为污垢的研究进一步指明方向。Zubair等人首次尝试建立碳酸钙析晶污垢的统计模型，而非描述污垢堆积过程的传统模型。由于污垢是多相流体在动量、能量和质量传递等多种过程同时存在的情况下，在表面流动过程中形成的，因此分析时还要涉及化学动力学、胶体化学、统计力学甚至表面科学等多学科的理论知识。对于这样一个多学科交叉问题，其研究工作难度很大。

直到1986年，对污垢特性依然无法进行准确的预测。由于理论模型中用到的诸如附着概率、污垢的黏合系数、水质因素等参数很难直接测定，同时实验中得到的污垢热阻值难以与诸如换热器几何特性、粒子直径、运行工况等影响污垢堆积的一些可测参数直接相关，所以还不能对目前的一些理论模型直接进行验证并用以指导实际。自20世纪90年代以来，由于强化换热技术在实际使用中取得了良好的能源收益，其使用范围也迅速扩大，对于换热面污垢的研究也从平整光滑的表面正式转移到了结构多样化的粗糙表面。

经过几十年的发展，特别是近20年来各国科学工作者和工程技术人员的共同努力，人们对污垢形成的基本物理化学过程有了深刻理解，对于运行参数（如流体速度、温度和浓度）对污垢形成影响的认识，积累了许多资料和实验数据。但是，时至今日，在换热器的使用过程中，设计者依然只能利用经验数据进行粗略计算，从而造成设计冗余过大，给运行、维护工作带来一系列阻碍。

目前，观察到的水侧污垢可分为六类：颗粒污垢、析晶污垢、化学反应污垢、腐蚀污垢、生物污垢和结冰污垢。其中析晶污垢是构成污垢的主要成分，对工业界的危害最大。上述各类污垢之间都存在或强或弱的相互作用和协同效应，研究起来极为复杂。

1.3.2　颗粒污垢的研究现状

1. 实验研究

由于结垢是一个缓慢的过程，为了能在短时间内获得明显的污垢沉积结果，研究人员通常仅针对某一特定条件采用加速实验来研究颗粒污垢的生长规律。Robert 在 115～187mg/L 的碳酸钙碱度条件下，通过加速实验研究了碱度对传热表面结垢行为的影响。污垢的沉积量并不取决于沉积前期的"延迟时间"（即诱导期），而是由冷却塔中水的组成成分决定的。研究人员还以光管为基准通过加速颗粒污垢实验对比分析了各类强化管的结垢性能。Watkinson 对比分析了在应用实验冷却塔水时（碳酸钙悬浮颗粒）不同强化管和光管的抗垢性能，由实验结果可知内翅片管的渐近污垢热阻约为光管的 1.2 倍；而纵向翅片管的积垢量与光管基本相同。Kim 和 Webb 发现氧化铁（粒径为 2.11μm）和氧化铝颗粒（粒径为 1.75μm）在水冷冷凝器横肋管内表面（$0.015 \leqslant e/D \leqslant 0.030$、$10 \leqslant p/e \leqslant 20$）的污垢沉积量随 e/D 的减小、p/e 的增大而增大，且当雷诺数 Re 为 26000 时横肋管与光管的渐近污垢热阻值相近。Webb 对具有斜截锥三维肋柱的强化管进行加速颗粒污垢实验，结果显示所测三维强化管的传热性能优于二维强化管，但其抗垢性能却劣于二维强化管及光管。

由实际工程可知，污垢是一个受多种因素共同影响的复杂变量，因此研究人员针对影响颗粒污垢沉积的各个因素——颗粒浓度、粒径、换热面表面涂层、表面粗糙度、流体性质、换热面温度等开展了实验研究。Chamra 和 Webb 的研究发现强化换热管和光管的渐近污垢热阻随流速（1.22～2.44m/s）及颗粒粒径（2μm、4μm、16μm）的增大而减小，而随颗粒物浓度（800～2000mg/L）的增大而增大，此外，他们还基于实验数据，建立了适用于 Korodense 型强化管和 NW 型强化管的渐近污垢热阻半经验关系式。Yang 等发现在换热面上二氧化硅颗粒污垢沉积率随颗粒粒径（10～50μm）及浓度（300～500mg/L）的增大而增大，在相同的测试条件下不同颗粒污垢对应的渐近污垢热阻值排序为 SiO_2 > $CaCO_3$ > $CaSO_4$ > MgO。此外还发现，由于颗粒的协同作用，混合污垢（由两种颗粒污垢组成）的孔隙率比单一颗粒污垢低。东北电力大学徐志明教授及其团队细致地研究了四面体涡流发生器几何尺寸，矩形翼涡流发生器排列布局、表面结构（有无开孔及开孔尺寸位置等）、低肋涡流发生器等对氧化镁颗粒污垢沉积的影响，其测试数据扩充了污垢研究领域的成果。

2. 理论分析

基于加速颗粒污垢的实验数据，一些强化管表面污垢预测模型在 Kern-Seaton 模型的基础上得到了初步的发展。基于污垢数据，浙江大学李蔚教授不仅提出了面积指标及能效指标的概念，建立了渐近污垢热阻比关于面积指标（β）与能效指标（η）乘积的分段半理论关联式，还强调了基准面积的选择在污垢热阻计算过程中的重要性。此外，李蔚教授采用 Von-Karman 类比、Chilton-Colburn 类比、Prandtl 类比的方法计算污垢模型中的传质系数，并基于此发展了一系列污垢热阻计算关联式，研究表明 Von-Karman 类比为其中最优的类比方式。他们还采用平均粒径为 3μm 的氧化铝颗粒开展加速实验，探究了颗粒污垢在 5 根内螺纹强化管内（D_i=15.54mm、$18 \leqslant N_s \leqslant 45$、$0.33\text{mm} \leqslant e \leqslant 0.55\text{mm}$、$25° \leqslant \alpha \leqslant 45°$）的沉积情况，并提出了污垢过程指标（$\sigma$）的概念用以预测颗粒污垢的生长过程。研究聚焦污垢热阻，通过拟合方式构建具有实际物理意义的污垢预测模型，对于进一步系统化污垢特性具有重要的推动作用。

3. 模拟研究

随着计算机技术的发展，数值模拟在污垢领域也得到了广泛的应用。李蔚等人模拟了肋高、螺纹数、螺旋角变化对内螺纹强化管传热系数及摩擦系数的影响，该研究在一定程度上反映了微肋几何尺寸对污垢的影响规律，但并未直接计算得出强化管（对应不同微肋几何参数）的渐近污垢热阻值，仍存在一定的局限性。Kasper 等人提出了一种多相流欧拉-拉格朗日法用于模拟换热表面颗粒污垢的沉积。模拟结果表明，内凹半球形结构内部存在非对称涡结构流场，致使该结构具有明显的抑垢效果。韩志敏等基于计算流体力学模拟，提出并验证了一种用于预测颗粒污垢生长的欧拉模型（适用于湍流运动），并对比分析了欧拉模型与拉格朗日模型的利弊。他们还以空气侧颗粒无量纲沉积速率为基础修正了液侧颗粒的沉积计算公式，针对缩放管及光管探讨了颗粒浓度及流速对氧化镁颗粒污垢沉积的影响。张宁等人采用 Fluent 软件开展了颗粒污垢研究，由模拟可知二氧化硅颗粒污垢的沉积率随光管表面粗糙度的增大而增大，且粗糙度越大，达到渐近污垢热阻值所需的时间越长。

1.3.3 析晶污垢的研究现状

1. 实验研究

换热管内表面 $CaSO_4$ 析晶污垢的沉积断面图如图 1-7 所示，水系统中碳酸钙（$CaCO_3$）、硫酸钙（$CaSO_4$）为逆溶解性盐，会在换热面上不断受热沉积，是现阶段析晶污垢实验中较为普遍的研究对象。通常利用以下反应方程式配置实验用碳酸钙、硫酸钙溶液。

$$CaCl_2 \cdot 2H_2O + 2NaHCO_3 \longrightarrow CaCO_3 + 2NaCl + 3H_2O + CO_2 \qquad (1-3)$$

$$Ca(NO_3)_2 \cdot 4H_2O + Na_2SO_4 \longrightarrow CaSO_4 \cdot 2H_2O + 2NaNO_3 + 2H_2O \qquad (1-4)$$

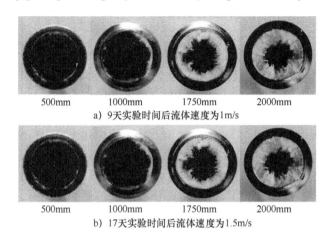

　　a）9天实验时间后流体速度为1m/s

　　b）17天实验时间后流体速度为1.5m/s

图 1-7　换热管内表面 $CaSO_4$ 析晶污垢的沉积断面图（对应不同轴向位置）

　　针对换热表面析晶污垢的形成机理，1968 年，Hasson 等人首次指出在非沸点温度下（67～85℃）碳酸钙的沉积主要是由钙离子和碳酸氢根离子的正向扩散速率控制。在此基础上，Pääkkönen 等人总结了碳酸钙析晶污垢的沉积及去除机理：离子到换热表面的传质；表面反应，其中离子的附着概率；取决于流体在换热表面的滞留时间；污垢层内的去除。

　　关于换热表面析晶污垢的生长曲线，Albert 等人以硫酸钙溶液为研究对象，解释了析晶污垢生长过程中由换热面粗糙度增加而导致的负污垢热阻现象。Geddert 等人则通过实验探索了换热表面参数（表面粗糙度、形态、表面自由能）对硫酸钙析晶污垢诱导期的影响，结果表明换热表面越光滑非均质析晶越少，诱导期随平均表面粗糙度的减小而延长。针对强化换热管表面的析晶污垢，Watkinson 等人利用碳酸钙溶液对强化管和光管进行研究，并发现当流速大于 0.91m/s 时，由于二次流的存在导致螺纹槽管表面的析晶污垢结垢率低于光管。他还发现碳酸钙析晶污垢主要出现在外置翅片软钢管的管体表面上，因此其具有较低的结垢率，且流速越大钢管表面析晶污垢的热阻越低（当流速大于 0.3m/s 时）。

研究人员普遍认为析晶污垢受温度、溶液水质、流速、换热面表面性质等多种因素共同影响，并对此展开了细致分析。其中，Al-Otaibi 等人讨论了温度的影响，发现逆溶解性盐溶液产生的析晶污垢量随换热面温度的升高而增大。针对水质条件，Al-Gailani 等人发现饮用水内氯离子和钠离子含量的增多会增强传热表面的水侧结垢行为。此外，Song 等人综合了水侧溶液浓度、流速、温度以及换热面 V 形角度对板式换热器表面碳酸钙和硫酸钙混合污垢的影响。相较于水侧溶液浓度和换热面 V 形角度，流速和温度是影响该混合污垢沉积的主要控制因素。Dong 等人分析讨论了析晶颗粒对硫酸钙溶液结垢特性的影响，研究表明当雷诺数 Re 小于 57600 时污垢沉积过程主要受析晶颗粒扩散控制，渐近污垢热阻随雷诺数的增大而增大；而当 Re 大于 57600 时，结垢过程主要受去除率控制。对于换热面表面性质，Teng 等人研究了表面金属材料（黄铜、铜、铝、碳钢、不锈钢）、流速（0.15m/s、0.3m/s、0.45m/s）、浓度（300mg/L、400mg/L、500mg/L）以及热流体入口温度（50℃、60℃、70℃）对套管式换热器换热表面碳酸钙析晶污垢（或混合污垢）沉积的影响。由实验可知，金属材料铜对应的污垢沉积量最大，而 316 不锈钢表面沉积的污垢量最少。在不锈钢换热表面碳酸钙的沉积量随浓度、热流体入口温度的增大而增大，但却与流速呈负相关。在 300mg/L、400mg/L 的浓度条件下，碳酸钙污垢呈正交晶体结构，当浓度为 500mg/L 时，碳酸钙污垢为颗粒与结晶共同组成的混合污垢。

部分研究人员还针对析晶污垢与其他类型污垢（腐蚀污垢、颗粒污垢等）共同组成的混合污垢展开实验研究。李蔚教授针对四种表面几何参数完全不同的波纹板式换热器研究了氧化铝颗粒污垢与碳酸钙析晶污垢的相互作用关系，实验结果表明颗粒的存在促进了析晶污垢的生长，而晶体的存在为颗粒污垢提供了更大的沉积面积。

2. 理论分析

由现有文献可知，换热表面析晶污垢的沉积过程（不考虑去除过程）主要由传质及附着两种作用机制控制。为表征上述两个过程，Hasson 等人给出了离子的传输模型，见式（1-5）。此外，由于附着过程涉及晶体非均相成核、晶粒生长等多个复杂的过程，因此通常采用表面反应模型简化地表达离子在晶格内的附着过程，见式（1-6）。

$$\dot{m}_d = K_m(C_b - C_i) \tag{1-5}$$

$$\dot{m}_d = k_0 \exp\left(-\frac{E}{R_M T}\right)(C_i - C_{sat})^n \tag{1-6}$$

基于上述研究，Taborek 等人进一步发展了 Kern-Seaton 污垢模型，初步建立了冷却塔水系统中析晶污垢的沉积模型，其中沉积率见式（1-7）。Mwaba 等人建立了换热表面析晶污垢的半经验关联式，给出了污垢热阻随时间的变化规律，以及其与污垢层生长阶段的对应关系。Nikoo 等人将表面能引入通用的析晶结垢模型，建立了剪切强度与附着功的数学关联式，发现沉积物与换热表面的相互作用能越大，污垢沉积率越小，见式（1-8）。

$$\dot{m}_{\mathrm{d}} = C_1 P \Omega^n \exp\left(-\frac{E}{R_{\mathrm{M}} T}\right) \tag{1-7}$$

$$\frac{\mathrm{d}m_{\mathrm{f}}}{\mathrm{d}t} = \dot{m}_{\mathrm{d}} - \dot{m}_{\mathrm{r}} = k_0 \exp\left(-\frac{E}{R_{\mathrm{M}} T}\right)(C_{\mathrm{i}} - C_{\mathrm{sat}})^2 - C_1 \frac{\tau_{\mathrm{F}}}{1/x_{\mathrm{f}}(W_{\mathrm{a}}^* - \Delta E_{12}^{\mathrm{TOT}})} \tag{1-8}$$

此外，Babuška 等人提出了一种综合考虑碳酸钙污垢老化及污垢层温度分布的 BO（break-off）污垢模型，还原了污垢生长曲线达到稳定值后的锯齿形波动。Lugo-Granados 等人针对管式热交换器建立并验证了与溶液浓度、温度、pH 值、流速、换热器长度、运行时间相关的析晶污垢理论预测模型，分析了污垢层厚度随换热器长度的变化规律，并从惯性力与黏性力角度解释了流速对污垢沉积量的影响。Souza 和 Costa 针对整套冷却塔系统（包括冷却塔、水泵、相互连接的管段及一套壳管式换热器）建立了污垢模型，并通过差分能量及机械能平衡来确定换热表面污垢的分布情况。

3. 模拟研究

污垢层结垢的扫描电镜图如图 1-8 所示，由于析晶污垢层结构复杂，在现有的模拟研究中通常采用不同的方法对污垢层进行处理。孙卓辉指出硫酸钙在换热表面以混合污垢（颗粒与析晶污垢）的形式沉积，提出了硫酸钙析晶-颗粒沉积混合污垢模型，并采用"虚拟污垢法"模拟研究了流速、污垢表面温度以及过饱和度对换热面结垢的影响。结果表明，当污垢表面温度保持不变时，硫酸钙结垢率随流速的增大而增大；然而当保持热流密度不变时，硫酸钙结垢率随流速的增大而降低。由于"虚拟污垢法"并未考虑污垢层厚度对流场的影响，张蕊考虑了污垢层厚度的变化，提出了"非虚拟污垢法"，分析了矩形管道及缩放管内硫酸钙的结垢过程。在析晶污垢的模拟研究中，大部分研究人员通常将污垢层假设为流体不可渗透的均质多孔介质，Xiao 等人在此基础上提出了四种简化的污垢层表征结构，并建立了用于描述污垢层（多孔介质）的对流换热模型。模拟结果表明，在析晶污垢数值模拟中推荐使用 HePe（流体可渗透的非均质多孔结构）表征结构，从而更真实地还原实际污垢层结构。

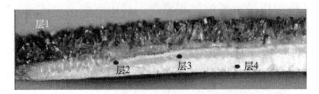

图 1-8　污垢层结垢的扫描电镜图

此外，针对析晶污垢的各类影响因素，研究人员也开展了系统化的模拟研究。其中，Crittenden 等人研究了碳酸盐溶液浓度、温度、表面几何参数对换热面结垢性能的影响。徐志明教授先后采用 CFD 数值模拟研究了强化管内各运行工况、丁胞型圆管、矩形通道内圆形楞涡流发生器结构、半球型涡流发生器结构对硫酸钙析晶污垢沉积的影响；还针对电场作用、圆管内三角翼涡流发生器的布局、几何尺寸等影响因素对碳酸钙析晶污垢展开了一系列研究工作。

近些年除了 CFD 数值模拟外，神经网络法也逐渐被应用于污垢研究。Wen 等人提出了多分辨率小波神经网络的方法，用于预测板式换热器表面的污垢沉积，由模拟结果可知该方法在提高工业污垢模型的准确性上显示出良好的性能。Sundar 等人基于深度学习，开发了一种广义的、可扩展的统计模型，利用工业换热器常用的测量参数预测污垢热阻。神经网络虽然具有较高的精度，但其在污垢研究中的应用仍处于起步阶段，相关的文献较少。

1.3.4　长期污垢实验研究现状

由于非加速污垢实验具有实验周期长、实验控制难度大等缺点，在现有文献中大多基于加速实验研究，仅有少数的研究人员开展了长期污垢实验，从而导致长期污垢数据的匮乏。Rabas 等人首次记录了 12 台 TVA 电厂冷凝器（其中 9 台内安装了螺旋槽管）连续运行一年后的水侧污垢热阻数据。其中测试用冷却水为河水，电厂采用闭式冷却塔散热，其水质条件受外界环境的影响较小。污垢结果显示，强化换热管的结垢率约为光管的两倍，且其对应的污垢热阻值均小于 TEMA 标准中的推荐最小值。Haider 等人通过水质分析及长期污垢实验研究发现浸没式水冷蒸发器换热表面基本没有污垢沉积。Webb 和李蔚首次针对实际开式冷却塔系统中冷凝器内的内螺纹强化管开展长期污垢测试实验，实验用内螺纹强化管的微肋几何尺寸范围为 $10 \leqslant N_s \leqslant 45$、$2.81 \leqslant p/e \leqslant 9.77$，流速条件为 1.07m/s，总钙硬度约为 800mg/L，实验周期为 2500h，其中具有最大渐近污垢热阻的测试管对应的螺纹数及螺旋角最大,李蔚还基于此数据建立了一个多元线性能量损耗回归关联式。在 ASHRAE RP-1345 项目中,Cremaschi 等人针对实际冷却塔系统中钎焊式板式换热器(BPHE)水侧污垢开展了为期两个月的实验研究,由实验结果可知相较于具有硬波纹角的钎焊式板式换热器而言,具有软波纹角的 BPHE 虽然在洁净状态下对应的泵功损耗较小,但其结构却降低了换热面的抗垢性能。近年来,Kukulka 等人利用地表水针对不锈钢强化换热管开展了长期污垢测试。该实验为水-水换热,管内为加热后的地表水,其入口温度约为 21℃,管外冷流体温度与湖水温度一致。在连续运行第 90 天后,普通光管的污垢沉积量约为强化换热管的 4 倍,这是因为强化管表面结构加强了流体的二次流强度,从而起到了清洁作用。

1.3.5　污垢研究的总结

强化换热表面水侧污垢问题一直都是备受关注的热点问题。污垢问题虽然已有较长的研究历史,但是混合污垢的生长理论和长期污垢测试实验研究非常缺乏。下面是目前针对冷却塔系统中强化管表面混合污垢的研究存在的问题。

(1)实验研究　现有加速颗粒污垢测试的实验工况(水质条件较差且流速条件过高)与典型冷却塔系统的运行工况不同,且研究对象单一(仅研究颗粒污垢或析晶污垢),并忽略各类污垢间的相互作用,因此现有实验研究无法真实地还原强化管内表面的污垢生长状态。与此同时,由于实际非加速污垢测试实验难度大、精度要求高,该类数据仍然非常匮乏,严重阻碍了该领域的发展。此外,混合污垢的生长是一个十分复杂的过程,但目前针对混合污垢宏观生长特性的实验研究存在实验工况不成体系、零乱不一的弊端,其影响因素并未得到系统性的讨论。

(2)理论分析　现有的污垢预测模型主要分为两大类:第一类是基于加速颗粒污垢数据建立的半经验公式,该类模型没有综合考虑测试管表面微肋几何参数、流速、水质等条件对混合污垢沉积过程的影响,仅适用于某一种特定工况,其计算精度相对较低,不具备普适性;第二类是通过假设及理论推导获得的污垢热阻计算公式,该类模型内具有较多在实际工程中很难获取的物理量,实际应用价值受到局限。与此同时,现有行业标准及换热器指导手册内提供的污垢因子在指导现代壳管式冷凝器换热尺寸的设计过程中表现出较大的误差,致使换热器面积选取不当。综上所述,现有污垢预测模型及标准手册在实际工程应用中都存在一定的局限性。

（3）模拟研究　主要集中讨论外界运行条件或换热面材料对颗粒污垢（或析晶污垢）沉积的影响，而关于内螺纹强化管表面微肋几何参数的研究较少且以实验研究为主。由于表面微肋几何参数由多个变量共同组成，研究人员很难通过数量有限的实验直观找到污垢热阻随某单一表面微肋几何参数的变化规律，通常仅能靠极值之间的差异推导其影响。与此同时，实测实验结果无法从本质上解释污垢的沉积现象，需要开展系统的数值模拟分析。然而，由于内螺纹强化管表面微肋几何形状特殊，建模难度较大，关于内螺纹强化管的数值模拟研究较少，且部分研究也是针对其换热特性展开的。因此针对内螺纹强化管开展数值模拟研究，确定各表面微肋几何参数对污垢沉积的影响作用是一个需要研究的问题。

第2章

城市污水废热利用研究

2.1 污水源热泵的研究现状

过多的能源消耗会导致诸如能源短缺、环境污染等一系列严重的问题，开发可替代能源或提高能源利用效率迫在眉睫。污水源热泵技术可以有效提高能源利用效率，在发达国家已经使用了多年，广泛用于公寓、商店、医院和办公楼等地方。全球污水源热泵技术应用普遍超前于技术研究，2000 年以后，人们对污水源热泵技术的研究才逐渐开展起来。通过调查分析和对比研究，定量地给出了污水源热泵的优势：污水源热泵热水系统与其他加热器（如电锅炉，燃气、燃油和燃煤锅炉）相比，具有更高的能源效率。与空气源热泵（COP = 2.8～3.4）和地源热泵（COP = 3.3～3.8）相比，污水源热泵具有更高的性能系数（COP = 4.0～4.6）。而且污水源热泵是一种环境友好型技术，不会增加空气污染物的排放。

本章将对国内外污水源热泵技术的研究现状进行总结和回顾。通过整理污水源热泵技术相关研究内容，包括污水中污染物对流动传热的影响、沉积在传热表面上的污垢生长过程等，阐明污水源热泵技术的研究热点。通过对污水源热泵专用设备和换热器的发展以及经济效益的综述，讨论该技术未来的发展机遇。

2.1.1 中国的污水源热泵研究报道

我国的污水源热泵技术在 20 世纪末才开始研究并报道。人们首先研究了污水源热泵在日本的应用情况，从理论上分析了我国污水的现状，并证明了使用污水源热泵的可行性，之后开始重视起来。表 2-1 中列出了我国的污水源热泵项目的分布情况。

表 2-1　我国的污水源热泵项目的分布情况

城　　市	数量/个	城　　市	数量/个
北京	21	河南	2
黑龙江	12	重庆	2
辽宁	10	江苏	1
河北	8	陕西	1
山东	7	湖北	1
天津	7	内蒙古	1
山西	6	新疆	1

由表 2-1 可知，污水源热泵项目主要分布在北京、黑龙江、辽宁、河北、山东和天津等省（市），在北方应用较多。由于天气寒冷，这些地区的建筑物在冬季有超过 4 个月的供暖需求。传统的采暖热源以燃煤锅炉为主，造成严重的大气污染和温室效应。另外，北方的污水温度高于冬季的环境温度，且低于夏季的环境温度，因此可以作为热泵系统的良好热源（汇）。

图 2-1 所示为我国报道的污水源热泵项目数量随年份变化统计。最早的污水源热泵项目建于 2000 年，2007 年的污水源热泵数量达到最大值。污水源热泵技术在实际中的应用推动了其理论研究，包括：污水的流动和传热；换热面上结垢特点；专用污水取水装置；专用污水换热器。2007 年之后，有关污水源热泵项目的报道逐渐减少。但随着污水源热泵新技术的开发以及国家碳中和目标的制定，我国报道的污水源热泵项目数又开始增多。

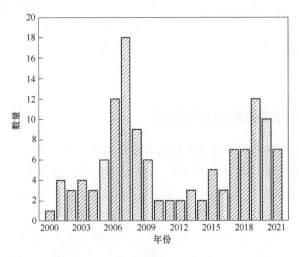

图 2-1　我国报道的污水源热泵项目数量随年份变化统计

2.1.2 国外的污水源热泵研究报道

自 20 世纪 80 年代以来，污水源热泵陆续在德国、瑞士、瑞典和挪威等国家得到应用并被报道。这些国家以城市污水和污水处理厂的污水作为热源（汇），通过热泵系统向建筑持续供暖（制冷）。据估计，全世界有超过 500 个大型污水源热泵项目投入运行，其热值分布在 10～20000kW 范围内。国外出版物中报道的典型污水源热泵项目见表 2-2。这些污水源热泵项目的应用经验总结如下：作为热泵的热源，处理后的污水优于原生污水；污水源热泵的供暖和制冷功能均具有较高的 COP；增大污水入口和出口之间的温差可提高加热或冷却能力；直接式污水源热泵系统比间接式系统可节省约 7%的能源。

表 2-2 国外出版物中报道的典型污水源热泵项目

国　　家	项目名称或所在地	年　　份	国　　家	项目名称或所在地	年　　份
挪威	在奥斯陆建造的供热站	1980 年	挪威	ASKER 污水处理厂	20 世纪 80 年代初
瑞典	萨拉镇	1981 年	瑞典	RAY 污水处理厂	1981 年
瑞士	苏黎世市政厅	—	瑞典	斯德哥尔摩、哥德堡、厄斯特松德等城市的 13 个热泵站	1986 年
日本	东京落合污水处理厂	1986 年	日本	福岛泵站	1987 年
英国	某个南部城市	1988 年	日本	千叶县花泽污水处理厂	1991 年
美国	威尔顿污水处理厂	1996 年	俄罗斯	莫斯科	1999 年
日本	东京污水管理局	2000 年	日本	Ebara 公司	2000 年
俄罗斯	莫斯科某服务大楼	—	韩国	太阳能研究中心	2004 年
土耳其	塞尔丘克大学	2009 年	英国	谢菲尔德大学废物焚烧中心	2011 年
韩国	韩巴大学机械工程系	2013 年	意大利	佩鲁贾大学工程系	2016 年
匈牙利	布达佩斯科技经济大学	2017 年	波兰	普鲁什库夫市的机械和生物废水处理厂	2018 年
韩国	韩国镇川试验场	2021 年	塞尔维亚	集中供暖系统	2022 年

表 2-2 中概述了国外典型的污水源热泵工程项目，而有关污水源热泵的研究却远超出了实际报告的工程项目数量。我国对污水源热泵的研究是从 2000 年左右开始的，因此从 2000 年开始统计了每年发表的关于污水源热泵的论文数量，并将中文论文与英文论文进行对比，结果如图 2-2 所示。可见污水源热泵得

到了人们的持续关注，相关理论和技术在不断发展。

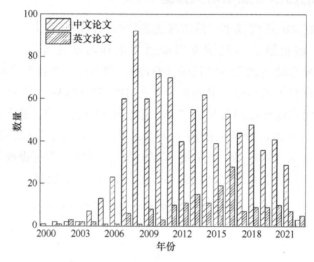

图 2-2　污水源热泵相关中文、英文论文的年发表量

2.1.3　污水源热泵在其他特殊领域的应用研究

除了市政系统的污水（原生污水，二、三级处理后污水）以及江河湖海水，很多特殊场合排放的污水均含有大量废热，可以对其进行回收利用。例如，洗浴中心或家庭淋浴间、洗衣房、纺织厂、油田、药厂、啤酒厂、牛奶厂等的污水余热皆可因地制宜进行回收，以满足自身的工艺热能或厂区供热/制冷的需要。这类场所用热量较大，同时又产生大量废热，非常适合回收热量使其在场地内循环利用。研究表明，利用带蓄热器的热泵回收并存储家庭生活污水，如淋浴水、洗碗水和洗衣机排水等中的废热，来制备 50℃ 的热水，可以作为用户热水供应和采暖辅助热源，该方案可为十口之家节约 50% 以上的能耗。

2.1.4　污水源热泵的经济效益

为了量化节能效率，刘兰斌等人将公共淋浴设施中用于废热回收的污水源热泵与几种常规的热水设备（电锅炉、燃煤锅炉、燃气锅炉和燃油锅炉）在初始成本、运营成本和环境保护等方面进行对比。不同系统的初始成本和年度运营成本的结果如图 2-3 和图 2-4 所示。在生产相同数量热水的情况下，初始成本的排名为：燃煤锅炉<燃气或燃油锅炉<电锅炉<热回收系统<太阳能系统。运行成本的排名为：热回收系统<太阳能系统<燃煤锅炉<燃气锅炉<电锅炉<燃油锅

炉。服务年限在 20 年内的项目总运行成本的比较如图 2-5 所示。尽管热回收系统的初始投资比其他设施要高一些，但两年后热回收系统的总成本（初始成本+运行成本）最低。假设所有系统均具有 15 年的使用寿命，那么采用热回收系统至少可节省 95.34 万元，而相比于最高成本的燃油锅炉，可节省 438.44 万元，具有十分可观的经济效益。

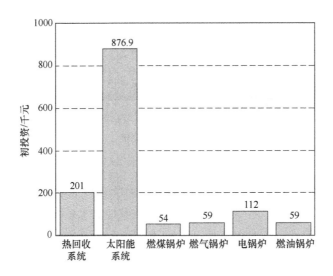

图 2-3　不同系统的初始成本比较

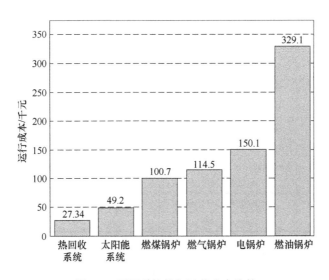

图 2-4　不同系统的年运营成本比较

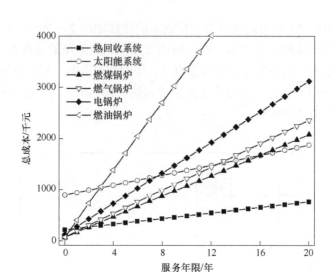

图 2-5　服务年限在 20 年内的项目总运行成本的比较

以排放烟尘（SO_x、NO_x、CO_2）的量作为所有热水系统的年度污染物总排放量，表 2-3 中数据表明，污水源热泵系统与其他热水系统相比，在保护环境方面具有很大潜力。

表 2-3　所有热水系统的年度排放量

系 统 类 型	燃料耗费量	煤烟/kg	SO_x/kg	NO_x/kg	CO_2/t
电锅炉	500361kW·h（电量） 61.494t（标准煤）	47.4	3793.0	899.5	652
燃气锅炉	60268m³（天然气） 73.183t（标准煤）	2.5	0.5	85.6	125
燃油锅炉	50625kg（油） 72.323t（标准煤）	56.1	20.1	70.2	155
燃煤锅炉	177515kg（煤炭） 126.799t（标准煤）	443.8	2272.0	706.3	488
太阳能系统	109423kW·h（电量） 13.448t（标准煤）	10.1	80.5	190.9	138
污水源热泵系统	60764kW·h（电量） 7.468t（标准煤）	5.6	44.7	106.0	76.9

另一个对比研究结果也证明了其经济性优势。污水源热泵的总运行成本[（初始成本+年运行成本）×15]为 176.99 万元，仅占燃油锅炉的 30.7%（可节

省 399.53 万元），占燃煤锅炉的 83.9%（可节省 33.49 万元）。其次成本较低的是
燃煤锅炉，其运行成本为 210.48 万元，但会造成环境污染。利用投资回收期
法，以燃气锅炉初始成本为基准，通过污水源热泵所得的年净收益，来计算偿
还超过原始投资所需要的年限，以支出除以年收益计算得到投资回收期。经过
计算，针对污水热泵和燃气锅炉两种典型的热水系统，污水源热泵投资回收期
不到一年（见表 2-4）。可见使用污水源热泵热水系统的总运行成本低、投资回
收期短，与其他热水方法相比具有明显的经济优势。

表 2-4　两种典型的热水系统模式经济分析与比较

系 统 类 型	初始成本/元	年度运行成本/元	投资回收期/年
污水源热泵	177000	106190	—
燃气锅炉	67000	250390	0.8

以华北地区为例，将污水源热泵系统与"常规锅炉+中央空调"系统进行经
济性比较，结果见表 2-5。污水源热泵的年运营成本最低（仅为 12 万元），可为
面积为 10000m^2 的建筑物供热（冬季）和制冷（夏季）。

表 2-5　不同空调系统的经济性比较（10000m^2）

系 统 类 型	供暖成本（120 天）/元	空气调节成本（90 天）/元	总成本/元
污水源热泵	80000	40000	120000
燃煤锅炉+中央空调系统	240000	86000	326000
燃油锅炉+中央空调系统	450000	86000	536000
燃气锅炉+中央空调系统	323000	86000	409000
电锅炉+中央空调系统	639000	86000	725000

与其他锅炉系统（油、电或煤）相比，污水源热泵系统在技术上是可行
的，在运营成本方面具有明显优势，并且对环境保护发挥了重要作用。该技术可
以在我国实际工程中作为一种有效的热水供应系统或建筑空调系统进行推广。

2.2　污水源热泵系统的性能预测

2.2.1　人工神经网络

人工神经网络已经在诸如模式识别、函数优化、仿真模拟、预测及自动化
等诸多领域得到了应用，是生物神经网络的数学表示。在数学模型中，神经元

和输入路径被表示为处理元件及相互的连接。神经网络处理元件的非线性特性为系统提供了巨大的灵活性，使其几乎可以实现任何所需的输入/输出映射。目前已经构建了许多神经网络，但其中最流行的是反向传播（BP）和径向基函数（RBF）网络。与这两种网络都不同的是具有反馈功能的非线性自回归（NARX）网络，在污水源热泵的性能预测方面有着良好的表现。聚焦这三种网络，选择一个最适合的形式预测污水源热泵的性能变化以及生物污垢的累积尤为重要。

1. 反向传播网络

反向传播是通过将 Widrow-Hoff 学习规则推广到多层网络和非线性可微传递函数而创建的。作为多层前馈神经网络，BP 网络具有输入层、输出层和一个或多个隐藏层（见图 2-6）。在多层前馈网络中，神经元分层排列，其他层的神经元之间存在联系。隐藏层和输出层使用了一种逻辑 sigmoid 传递函数：

$$f(z) = \frac{2}{(1 + \mathrm{e}^{-z})} \qquad (2\text{-}1)$$

可以进一步写作

$$y_i = f(\mathrm{net}_i) = f\left(\sum_j w_{i \cdot j} x_j - \theta_i \right) \qquad (2\text{-}2)$$

式中　z ——处理单元输入值的加权和；

$\quad w_{i \cdot j}$ ——突触权重；

$\quad \theta_i$ ——阈值。

BP 算法通过改变连接权重进行学习，并将这些变化作为知识进行存储。

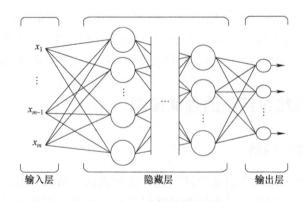

图 2-6　BP 人工神经网络模型

2. 径向基函数网络

如图 2-7 所示，径向基函数内嵌了两层神经网络，每个隐藏层实现一个径向激活函数，输出层则实现隐藏层输出值的加权和。RBF 网络的输入是非线性的，而输出是线性的。由于其非线性逼近特性，RBF 网络能够对复杂映射进行建模，而感知器神经网络只能通过多个中间层对其进行建模。

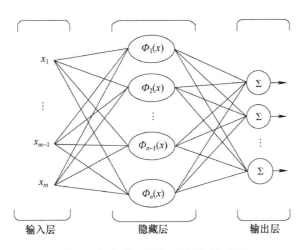

图 2-7　径向基函数人工神经网络模型

非线性高斯径向基函数（GRBF）用作激活函数，将输入转换为隐藏层输出，可表示为

$$\Phi(x) = \exp\left(-\frac{\| \boldsymbol{x} - \boldsymbol{u}_i \|^2}{2\sigma_i^{\ 2}}\right) \tag{2-3}$$

同时也可以记作式（2-4）～式（2-6）。

$$\phi_i(\| \boldsymbol{x} - \boldsymbol{\mu}_i \|) = \exp\left\{-\frac{1}{2}(\boldsymbol{x} - \boldsymbol{\mu}_i)^{\mathrm{T}} \boldsymbol{C}_i^{-1}(\boldsymbol{x} - \boldsymbol{\mu}_i)\right\} \tag{2-4}$$

$$\boldsymbol{\mu}_i = \frac{1}{L}\sum_{j=1}^{L}\boldsymbol{x}_j \tag{2-5}$$

$$\boldsymbol{C}_i = \frac{1}{L-1}\sum_{j=1}^{L}(\boldsymbol{x}_j - \boldsymbol{\mu}_i)(\boldsymbol{x}_j - \boldsymbol{\mu}_i)^{\mathrm{T}} \tag{2-6}$$

在隐藏层和输出层之间的计算过程中使用了加权求和函数，表示为

$$y = \sum_{i=1}^{N} w_i \phi_i(x) \tag{2-7}$$

3. 非线性自回归网络

目前讨论的所有特定动态网络或集中网络，动态仅在输入层，或者是前馈网络。NARX 模型是一个循环的动态网络，网络的几个层都有反馈连接，它基于线性自回归（ARX）模型，通常用于时间序列建模。NARX 模型的定义方程表示为

$$y(t) = f(y(t-1), y(t-2), \cdots, y(t-n_y), u(t-1), u(t-2), \cdots, u(t-n_u)) \tag{2-8}$$

式中从属输出信号的下一个值 $y(t)$ 基于输出信号的先前值和独立（外源）输入信号的先前值进行回归。用户通过使用前馈神经网络来接近函数 $f(x)$，进而实现 NARX 模型。非线性自回归网络人工神经网络模型如图 2-8 所示，其中两层前馈网络用于近似。

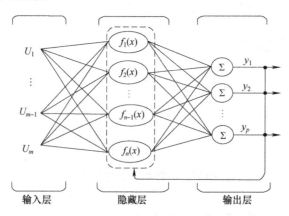

图 2-8　非线性自回归网络人工神经网络模型

模型验证是将测试数据集的未用于训练网络的输入向量呈现给受训模型的过程，以查看受训模型对相应数据集输出值的预测效果。可以使用 RMS、R^2 和 COV 等几种统计方法比较模型验证的预测值和实际值。下面描述了模型验证中估计误差的计算方法：

$$RMS = \sqrt{\frac{\sum_{m=1}^{n}(y_{\mathrm{pre},m} - t_{\mathrm{mea},m})^2}{n}} \tag{2-9}$$

$$R^2 = 1 - \frac{\sum\limits_{m=1}^{n}(y_{\text{pre},m} - t_{\text{mea},m})^2}{\sum\limits_{m=1}^{n}(t_{\text{mea},m})^2} \tag{2-10}$$

$$\text{COV} = \frac{\text{RMS}}{|\bar{t}_{\text{mea},m}|} \times 100 \tag{2-11}$$

式中　　n——独立数据集中数据模式的数量；

　　　　$y_{\text{pre},m}$——预测值；

　　　　$t_{\text{mea},m}$——一个数据点 m 的测量值；

　　　　$\bar{t}_{\text{mea},m}$——所有测量数据点的平均值。

RMS 和 COV 值越小，人工神经网络模型越好，拟合优度 R^2 值越接近 1。

2.2.2　人工神经元网络建模

污水源热泵的性能受水温（如供水温度、自来水温度和污水温度）和系统运行参数（污水箱的污水排放量、蒸发器的污水流量）的影响。随着运行时间的延长，生物污垢会在污水蒸发器表面堆积，根据蒸发温度、蒸发器的换热量和 COP 可以评价污水源热泵的性能。在三种不同人工神经网络的性能预测研究中，运行时间、热水供应温度、自来水温度、污水温度、污水箱排放量和蒸发器内污水流量六个参数可被用作输入训练数据。蒸发温度、换热量、COP 三个性能参数可被用作每个网络的输出训练数据。

在每个训练过程中，神经网络的性能由输出数据的均方根误差值（$\text{RMS}_{\text{training}}$）来评价，定义为

$$\text{RMS}_{\text{training}} = \sqrt{\frac{\sum\limits_{j=1}^{q}\sum\limits_{i=1}^{p}(y_{i,j} - t_{i,j})^2}{pq}} \tag{2-12}$$

式中　　p——数据集中样本的数量；

　　　　q——输出处理元件的数量；

　　　　$y_{i,j}$——处理元件样本的网络输出；

　　　　$t_{i,j}$——实验期间测量的实际值。

在这三个人工神经元网络模型的训练期间，每一阶段的输出都是确定的。RMS_training 会持续进行计算并更新权重，直到成功达到用户指定的误差范围或阶段目标。

2.2.3　训练人工神经网络的实验数据

为了明确人工神经网络的工作内容，以开发一个用于直膨式污水源热泵的人工神经网络模型作为案例进行描述。将 30 天内观测到的实验数据分为训练集和测试集。第 1～27 天的测试数据（总共 54 对输入和输出数据，热水温度分别设置为 45℃、50℃ 和 55℃，每个热水温度 18 对数据）用于训练网络。第 28～30 天的测试数据（总共 9 对输入和输出数据，每个热水温度 3 对数据）用于验证其性能。

用于训练人工神经网络的实测日平均参数汇总于图 2-9 中。根据热水温度设置的不同分为三组：45℃、50℃ 和 55℃。热水温度从热水箱的中心测得，而实际上热水是在热水箱的顶端抽出，导致该位置水温更高。每组的热水供应温度比设定值（45℃、50℃ 和 55℃）高 1.2℃。污水箱顶部的污水温度和自来水温度分别在 28.9℃ 和 26.7℃ 左右波动。污水箱的污水排放量及蒸发器内污水流量在 $2.78\times10^{-3}\mathrm{m}^3/\mathrm{s}$ 和 $1.28\times10^{-3}\mathrm{m}^3/\mathrm{s}$ 左右波动。然而，在第一个 27 天的运行时间内，当热水温度为 45℃ 时，蒸发温度从 10.6℃ 降低到 8.9℃，为 50℃ 时从 11.2℃ 降低到 9.3℃，为 55℃ 时从 12.9℃ 降低到 9.7℃。

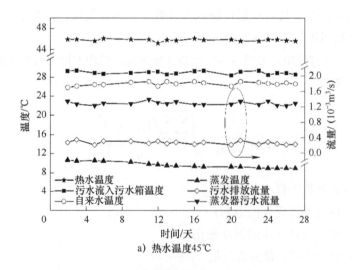

图 2-9　用于训练人工神经网络的实测日平均参数

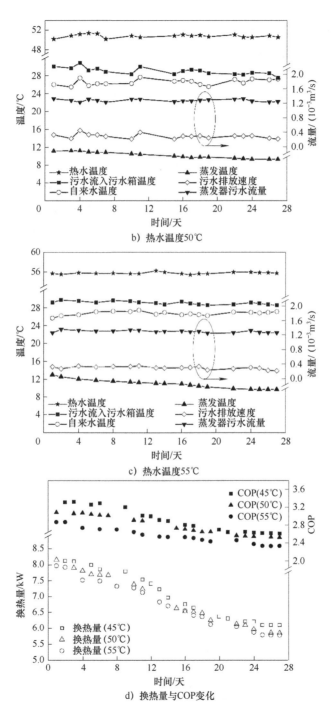

b）热水温度50℃

c）热水温度55℃

d）换热量与COP变化

图 2-9　用于训练人工神经网络的实测日平均参数（续）

如图 2-9d 所示，在 27 天的运行时间内蒸发器的换热量和系统的 COP 都有一定程度的下降。当热水温度设定为 45℃时污水蒸发器的换热量从 8.12kW 降至 6.1kW，在 50℃时从 8.15kW 降至 5.84kW，在 55℃时从 7.96kW 降至 5.77kW。系统的 COP 在 45℃时从 3.31 降至 2.60，在 50℃时从 3.08 降至 2.52，在 55℃时从 2.86 降至 2.33。

2.2.4 污水源热泵系统的性能预测

为了实现对污水源热泵的最佳性能预测，使用 BP、RBF 和 NARX 三种不同算法进行测试，预测值与实测值汇总于表 2-6、图 2-10、图 2-12 和图 2-14 中。图 2-11、图 2-13 和图 2-15 以误差值和误差百分率的形式分别比较了蒸发温度、换热量和 COP 的实际数据与预测数据的差异。从表 2-6 中可以看出，BP 模型由于有最小 RMS、COV 值和最大 R^2 值，是预测每个操作参数（蒸发温度、换热量和 COP）的最佳选择。相比于 NARX，RBF 在预测换热量和 COP 方面有更高的 R^2 和更低的 RMS、COV 值。然而，RBF 在蒸发温度的预测上比 NARX 差。在研究的所有变量中，学习速度最快的是 BP 算法，学习速度最慢的是 RBF 算法。NARX 学习速度虽然较快，但其误差值大于 BP 算法。图 2-10 和图 2-11 汇总了 BP 模型实测值与预测值的比较结果，蒸发温度、换热量和 COP 对应的最大误差值为 0.2738、−0.0953 和 0.0434，最大误差率为 2.826%、−1.597% 和 1.897%，皆在可接受范围内。RBF 预测的蒸发温度、换热量和 COP 的最大误差分别为 0.4085、0.2130 和 0.1271，对应的最大误差率为 4.276%、3.806% 和 5.766%。图 2-14 和图 2-15 显示了 NARX 模型的预测结果，NARX 的偏差大于 BP 和 RBF。蒸发温度、换热量和 COP 的最大误差分别为−0.3911、−0.5760 和−0.2653，最大误差率为−4.196%、−9.966% 和−10.573%。通过比较，BP 算法考虑了污水源热泵受随运行时间延长而积累生物污垢的影响，是一种性能预测的最佳算法。

表 2-6 人工神经网络对污水源热泵性能预测值

算　法	BP			RBF			NARX		
	RMS	COV	R^2	RMS	COV	R^2	RMS	COV	R^2
蒸发温度	0.141999	1.5234	0.999768	0.243799	2.6155	0.999317	0.211118	2.2649	0.999488
换热量	0.07338	1.246	0.999845	0.113648	1.9298	0.999628	0.269229	4.5716	0.997911
COP	0.025254	1.0158	0.999897	0.07115	2.8619	0.999183	0.10362	4.1679	0.998267

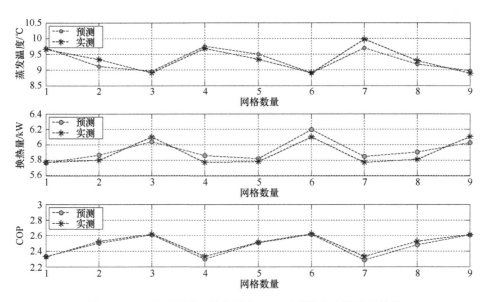

图 2-10　BP 蒸发温度、换热量和 COP 实测值与预测值的比较

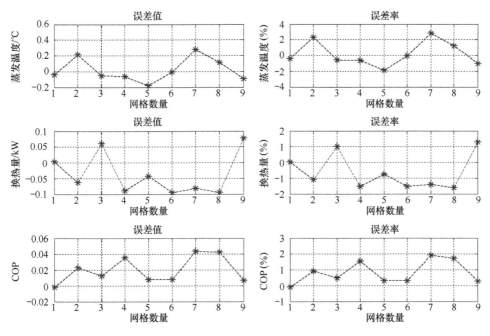

图 2-11　BP 的蒸发温度、换热量和 COP 的误差值和误差率

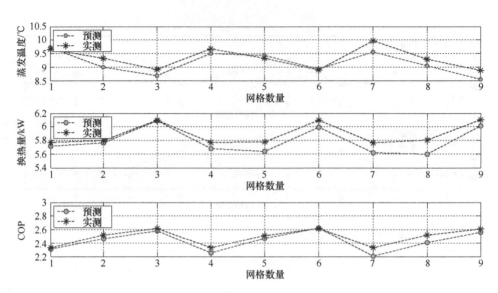

图 2-12　RBF 的蒸发温度、换热量和 COP 实测值与预测值的比较

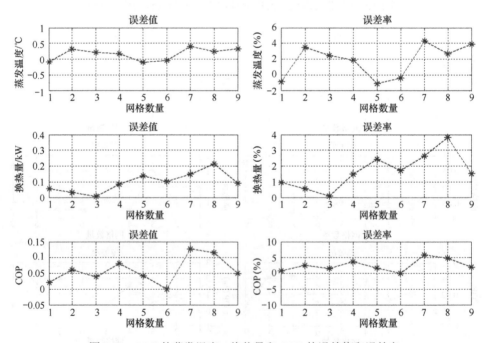

图 2-13　RBF 的蒸发温度、换热量和 COP 的误差值和误差率

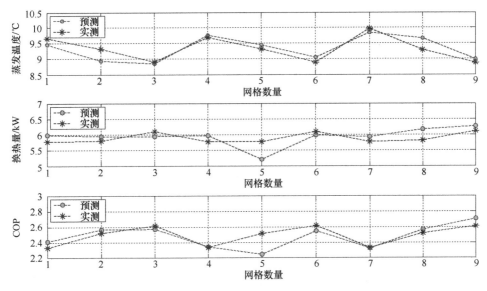

图 2-14　NARX 的蒸发温度、换热量和 COP 实测值与预测值的比较

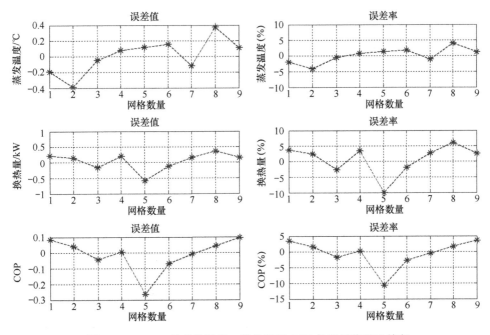

图 2-15　NARX 的蒸发温度、换热量和 COP 的误差值和误差率

2.3 污水物性分析

2.3.1 城市污水的物理成分（组分）

明确城市污水的物理成分对于设计出合理的且能够去除污水中大量污垢的污水收集装置（过滤器）至关重要，在分析时应该关注污垢浓度和尺寸（粒径）大小的分布。哈尔滨工业大学张承虎和孙德兴教授分别调查了哈尔滨市中、小型排污渠在典型时段的城市污水排放情况，并统计分析了原污水的物理成分。

研究中将污垢分为了三种类型：硬质污垢、脆质污垢和软质污垢。硬质污垢的可塑性差，脆质污垢是水搅拌时易碎的一类污垢，软质污垢是指可以变形为任意形状的污垢，例如头发、塑料袋或纤维。其中软质污垢会导致污水换热器堵塞，是污水收集装置面临的主要难点。这些污垢以球形、块状、条状、片状和丝状等不同形状存在于原污水中。当污水通过带有特定孔径的滤网进行过滤时，所有被滤出的污垢尺寸均大于孔径，剩余的污水继续通过另一个孔径较小的滤网。因此，第二次滤出的污垢尺寸应在这两个孔径范围内。据此方法可将污垢浓度定义为在 $1m^3$ 污水中所含的尺寸大于初级滤网孔径或在两个滤网孔径之间的污垢质量（表面无可见水）。结果归纳在表 2-7～表 2-10 中。

表 2-7　小型排污渠中不同尺寸的污垢的质量浓度　　　（单位：kg/m^3）

尺寸/mm	0～1	1～2	2～3	3～4	4～5	5～8	>8	总浓度
硬质污垢	0.610	0.252	0.303	0.174	0.126	0.119	0.074	1.658
脆质污垢	0.000	0.000	0.000	0.008	0.016	0.029	0.026	0.079
软质污垢	0.013	0.035	0.061	0.040	0.160	0.317	0.266	0.892
球状污垢	0.610	0.180	0.198	0.078	0.072	0.071	0.039	1.248
块状污垢	0.000	0.087	0.087	0.072	0.095	0.110	0.013	0.514
条状污垢	0.000	0.000	0.025	0.016	0.028	0.062	0.058	0.189
片状污垢	0.000	0.000	0.012	0.019	0.044	0.107	0.091	0.273
丝状污垢	0.013	0.020	0.042	0.037	0.063	0.115	0.115	0.405
浓度	0.623	0.287	0.364	0.222	0.302	0.465	0.366	2.629

注：时间为 14：00—15：00；水渠周围的建筑为两所大学+数家餐厅。

表 2-8　小型排污渠中不同尺寸的污垢的质量分数　　（单位：%）

尺寸/mm	0~1	1~2	2~3	3~4	4~5	5~8	>8	总浓度
硬质污垢	97.9	87.8	83.2	78.4	41.7	25.6	20.3	63.1
脆质污垢	0.0	0.0	0.0	3.6	5.3	6.2	7.1	3.0
软质污垢	2.1	12.2	16.8	18.0	53.0	68.2	72.5	33.9
球状污垢	97.9	77.5	54.4	35.0	23.7	15.3	10.6	47.5
块状污垢	0.0	10.3	23.8	32.5	31.4	23.7	17.4	19.5
条状污垢	0.0	5.2	6.8	7.2	9.4	13.2	15.9	7.2
片状污垢	0.0	0.0	3.4	8.6	14.7	23.1	24.8	10.4
丝状污垢	2.1	7.0	11.6	16.7	20.8	24.7	31.3	15.4
浓度	23.7	10.9	13.8	8.5	11.5	17.7	13.9	100

表 2-9　中型排污渠中不同尺寸的污垢的质量浓度　　（单位：kg/m³）

尺寸/mm	0~1	1~2	2~3	3~4	4~5	5~8	>8	总浓度
硬质污垢	1.895	0.271	0.094	0.062	0.060	0.124	0.188	2.694
脆质污垢	0.000	0.000	0.002	0.004	0.010	0.032	0.124	0.172
软质污垢	0.000	0.049	0.019	0.014	0.035	0.096	0.358	0.571
球状污垢	1.895	0.276	0.081	0.041	0.034	0.061	0.121	2.509
块状污垢	0.000	0.018	0.014	0.014	0.017	0.062	0.131	0.256
条状污垢	0.000	0.012	0.007	0.009	0.016	0.034	0.084	0.162
片状污垢	0.000	0.000	0.003	0.006	0.012	0.027	0.105	0.153
丝状污垢	0.000	0.014	0.010	0.010	0.026	0.068	0.229	0.357
浓度	1.895	0.320	0.115	0.080	0.105	0.252	0.670	3.437

注：时间为 21：00—22：00；水渠周围的建筑为居住区+公共浴场+饭店。

表 2-10　中型排污渠中不同尺寸的污垢的质量分数　　（单位：%）

尺寸/mm	0~1	1~2	2~3	3~4	4~5	5~8	>8	总浓度
硬质污垢	100.0	84.6	81.7	78.3	56.7	48.9	28.1	78.4
脆质污垢	0.0	0.0	2.0	4.5	9.5	12.4	18.5	5.0
软质污垢	0.0	15.4	16.3	17.2	33.8	38.7	53.4	16.6
球状污垢	100.0	86.3	70.4	51.2	32.5	24.2	18.1	73.0
块状污垢	0.0	5.7	11.7	17.4	16.4	24.7	19.6	7.4
条状污垢	0.0	3.8	6.1	11.6	15.2	13.4	12.4	4.7
片状污垢	0.0	0.0	3.0	7.6	11.4	10.6	15.7	4.5
丝状污垢	0.0	4.2	8.8	12.2	24.5	27.1	34.2	10.4
浓度	55.1	9.3	3.3	2.4	3.1	7.3	19.5	100

张承虎和孙德兴的调查显示，小型排污渠中固体污垢的总浓度为 2.629kg/m³，其中尺寸小于 4mm 的污垢浓度为 1.496kg/m³，占 57%，大于 4mm 的污垢浓度为 1.133kg/m³，占 43%。中型排污渠中固体污垢的总浓度为 3.437kg/m³，其中尺寸小于 4mm 的污垢浓度为 2.410kg/m³，占 70.1%；大于 4mm 的污垢浓度为 1.027kg/m³，占 29.9%。因此推荐设计孔径为 4mm 的过滤器，以防止在污水换热器内部发生堵塞。在 20℃室温和冬季大气压下，哈尔滨市的两个污水渠中通过滤网过滤的原污水密度分别为 998.8kg/m³ 和 999.3kg/m³。

污水中所含的污垢浓度、质量和形状等因素取决于收集时间和收集地点，其主要区别在于小尺寸污垢的变化。污水中大尺寸污垢的浓度占比很低，但需要在污水进入换热器之前对其进行过滤，以防止堵塞装置。小尺寸污垢是污垢沉积在换热表面的主要组分，因此在应用污水源热泵时应对其高度重视。

孙德兴还研究了哈尔滨市一条大型污水渠的污水水质，该污水汇集了生活污水、工业污水和雨水。根据表 2-11 和图 2-16，可以发现尺寸小于 2mm 的污垢占污水中固体污垢的 80%（体积分数）。

表 2-11　城市原污水中所含污垢的分布

污垢尺寸	定　义	数　值	备　注
超大	会堵塞设备	1~2 块/m³	较随机；在雨天会增多
大	>5mm，长期运行会堵塞设备	0.05~0.1kg/m³	相对于水流速度
小	<5mm，不会造成设备堵塞，但影响传热	5%~10%	相对稳定
pH≈7，中性水			

注：运行两年后，碳钢因需氧腐蚀被腐蚀 3.5mm，而因厌氧腐蚀被腐蚀 0.8mm。

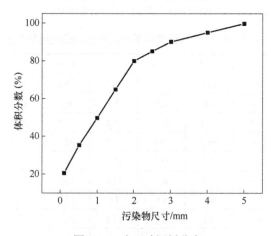

图 2-16　小尺寸污垢分布

2.3.2　污水的流动与传热特性

通过对污水流动与传热特性进行深入研究，有利于设计出合适的污水换热器。孙德兴教授及其团队在早期工作中研究了污水特性，包括污水的流变特性和传热特性，尝试找到剪切速率与剪切强度之间的关系。他们认定污水为剪切稀化流体，并得到了其本构方程。同时确定了压降和流阻与水流速之间的关系，测得在不同雷诺数下污水的黏度和传热系数。

我国学者关注了当处理过的污水沿喷淋式换热器表面降膜下落时，其流动与传热的特性，其中包括流型和管的位置对降膜厚度分布的影响，以及降膜中的流速、温度分布和努塞特数的变化。发现在喷淋式换热器中，采用椭圆形管比圆形管具有更好的传热性能，并得到了椭圆形管表面污水降膜的流速、温度、无量纲厚度和努塞特数等主要参数的分布。同时研究了淋浴废水的传热性能，发现强制对流传热比自然对流传热的传热效果更好，并且能够减小污水换热器的体积。

毕海洋提出了一种流化去除方法，以抑制换热器中污垢的沉积。通过将大量小球混入污水中与换热表面连续碰撞，发现换热器的传热性能得到了提高。流化去除方法既可以去除污垢，又可以提高污水的传热性能。以上研究内容帮助了研究人员进一步了解了污水的流动与传热性能。

2.3.3　污水特性

由于污水具有以下特征，将其视为热泵系统的一种可再生热源：污水中含有大量的热能；城市中会产生大量污水；从城市（建筑）中排放的可利用污水量基本稳定；污水温度在夏季低于室外环境温度，在冬季高于环境温度，且总体上在整个供暖和制冷季节污水温度的波动很小。污水温度随着地区、排放源和季节的不同而变化。与热泵的其他传统热源（如地下水、土壤和室外空气）相比，当地居民排水系统的污水温度在供暖季相对较高（在哈尔滨市约为 10℃），而夏季城市排水系统中的污水温度又相对较低（在哈尔滨市约为 22℃）。因此污水可作为热泵系统中良好的热源（汇）进行制热（冷）。

1．污水温度

污水温度与地区和季节有关。孙德兴及其团队测试了哈尔滨市一条用于民用建筑和服务业建筑排污的污水渠全年水温，如图 2-17 中曲线 1 所示。考虑到地区对污水温度的影响，吴荣华分析了大庆市一条中型污水渠的污水温度特点，如图 2-17 中曲线 2 所示。可以看出，大庆市的污水温度在 12 月达到了 20℃，高于哈尔滨市，但两个城市夏季的污水温度几乎相同。

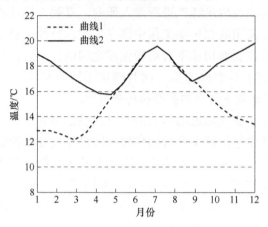

图 2-17　不同城市一年以上的污水温度

吴荣华比较了哈尔滨市污水温度、松花江江水温度和大气温度，结果如图 2-18 所示。与江水温度和大气温度相比，污水温度在冬季最高，夏季最低。哈尔滨市的污水温度全年相对稳定，最高温度为 18℃，最低温度为 10℃，全年最大温差仅为 8℃。在华南地区，全年大气和江河水的温差约为 24℃，而污水温差只有 10℃。对比之下，污水温度相对稳定，更适合作为热泵的冷热源。

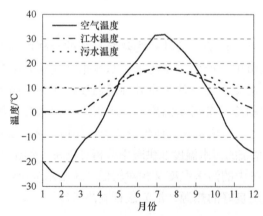

图 2-18　一年中的污水、江水和大气温度

Cipolla 测试了位于意大利博洛尼亚的污水系统中六个月的污水的特性。根据图 2-19 和图 2-20，虽然污水温度每日均在波动，但大多数情况下变化系数可保持在 0.9～1.05 范围内。

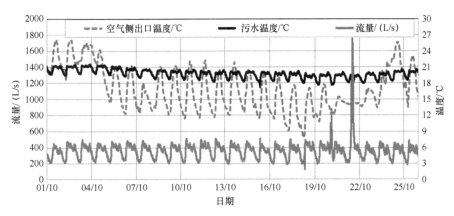

图 2-19　十月份代表性室外气温、污水温度和污水流量的变化趋势

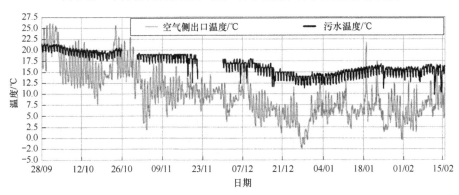

图 2-20　五个月时间段污水和室外空气的温度变化

此外，根据公共浴室排放污水的实测温度（见图 2-21）可知，淋浴废水的温度在 31.4～33.6℃范围内变化，平均温度为 32.5℃，污水温度相对稳定。

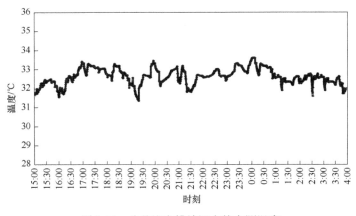

图 2-21　公共浴室排放污水的实测温度

2. 污水量

虽然污水的排放总量很大，但由于其分布在整个城市中，某些地区仍会出现污水流量不足，无法作为热泵热源的情况。同时需注意城市污水的排放量会随时间而发生变化。例如，在夜间污水量降至最低，但在该时段用户对热量的需求又达到峰值。因此，应考虑设置污水储存箱，以补充污水排放量在谷值时的热量。

工业污水作为城市污水渠中污水来源之一，其排放量较稳定，但总量不及生活污水。一天中污水量的变化如图 2-22 所示，污水渠在 8：00—9：00、11：00—12：00、19：00—22：00 三个时段内的污水量较大，而在 4：00—6：00、14：00—17：00 两个时段内污水量较小，大型水渠的污水量比小型水渠的污水量更加稳定。

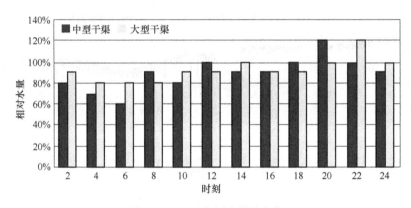

图 2-22　一天中污水量的变化

根据一间带有 13 个淋浴头的公共浴室淋浴废水的排放量，由于收集的淋浴废水仅来自一间浴室，表 2-12 中的总排放量实际上小于从整个洗浴中心排放的总污水量。在工作日中排放量通常在 20：00—24：00 达到峰值，而周末则是在下午达到峰值，周末排放的污水量少于工作日的污水量。

表 2-12　公共浴室排放的污水量　　　　　（单位：m³）

时　间	周一	周二	周三	周四	周五	周六	周日	平均	营业状态
04：00—12：00	0	0	0	0	0	0	0	0	暂停
12：00—14：00	0.50	0.61	0.44	0.75	0.55	0.83	0.73	0.63	营业
14：00—16：00	2.11	1.78	1.61	1.95	1.50	2.75	2.84	2.07	营业
16：00—18：00	3.95	4.29	4.46	4.12	3.67	3.95	4.13	4.08	营业
18：00—20：00	3.65	3.78	4.01	3.95	4.18	3.60	3.18	3.76	营业

（续）

时 间	周一	周二	周三	周四	周五	周六	周日	平均	营业状态
20：00—22：00	5.55	5.87	6.27	6.04	5.68	3.17	3.65	5.17	营业
22：00—0：00	5.96	5.66	6.04	5.80	5.74	2.90	3.14	5.03	营业
00：00—02：00	1.92	1.59	1.81	1.47	1.64	0.94	1.14	1.50	营业
02：00—04：00	0.55	0.66	0.48	0.53	0.66	0.42	0.33	0.52	营业
总 量	24.19	24.24	25.12	24.61	23.62	18.56	19.14	22.76	

观察位于意大利博洛尼亚的污水系统的水流量：平日污水流量（每小时流量与每日中值流量之间的比值）的变化趋势与人口有关，系数在 0.25～1.50 范围内，峰值在 1.30～1.50 范围内，其流量影响因素与我国存在较大差异。

2.4 污水废热回收专用设备

污水在利用时需关注两个问题：一是污水中含有大量的大颗粒物，容易堵塞流道，需在其流入换热器前去除；二是虽然经污水取水装置过滤后，长期运行时污水换热器的表面仍会沉积污垢，影响传热效率，进而导致污水源热泵系统的性能降低。为了解决这两个问题，研究者们需要开发两种设备——污水取水装置和污水换热器。

2.4.1 污水取水装置

1．污水自动过滤器

污水自动过滤器是由日本开发的原生污水源热泵系统中关键设备之一，如图 2-23 所示。当大块污杂物堆积或堵塞在旋转滤网时，利用旋转的毛刷对过滤网进行上下刷洗，同时利用过滤网内的刀片对截留在过滤网表面的毛发等纤维物质进行切割，刷洗和切割下的污杂物汇集到过滤器的底部并定期排出。过滤网内外表面的污垢通过周期性的自动水力反冲洗进行清理。

2．开式污水自动旋筛过滤器

由欧洲开发的开式污水自动旋筛过滤器由旋转筛滤筒、刮刀、反冲洗喷嘴、电动机、污水入口、污水出口、排污口和壳体构成，如图 2-24 所示。该设备可以实现连续稳定地过滤污水和滤面清洗再生，保证了热泵机组的稳定高效运行。

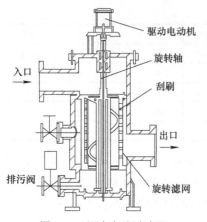

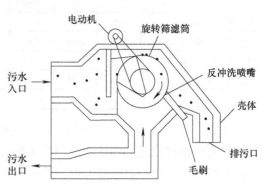

图 2-23　污水自动过滤器　　　　图 2-24　开式污水自动旋筛过滤器

3．国产污水过滤器

大连华丰公司生产的污水过滤器的结构如图 2-25 所示，该结构是对图 2-23 装置的改进。

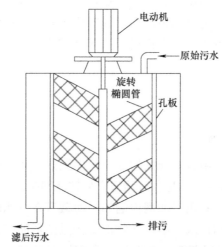

图 2-25　大连华丰公司生产的污水过滤器的结构

4．水力连续自清污水防堵机

由我国开发的"设置有滚筒格栅的城市污水水力自清方法及其装置"是目前我国市场上污水取水装置的原型之一。该防堵机如图 2-26 所示，防堵机滤面自身旋转，大部分滤面（约 3/4）位于过滤区，余下部分（1/4）位于反冲洗区。在保证有足够的过滤面积来过滤污水的同时，反冲洗区的冲洗流速较大，有利于清洗污杂物。在滤面旋转一圈的过程中，滤面上的每个滤孔都有部分时间经过过滤区，以对污水进行过滤，过滤后的滤面附着大量污物。其余时间旋转滤面上的滤孔经过反冲区，堆积的污物被反冲洗，滤面恢复过滤功能。污水经过该防堵机进行过滤后，流入热泵机组的污水换热器进行换热，而换热后的污水可返回该防堵机的反冲区对滤面进行反冲洗，将滤面上反冲掉的污物一同带至污水排放处。

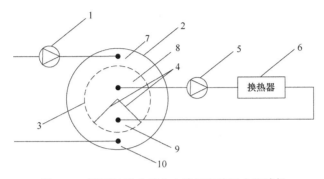

图 2-26　滤面过滤功能水力连续自清污水防堵机

1—污水泵Ⅰ　2—腔体外壳　3—旋转滤网　4—内挡板　5—污水泵Ⅱ　6—污水换热器　7—原生污水送水腔
8—过滤后污水送水腔　9—过滤后污水回水腔　10—原生污水排水腔

5. 旋转半球形过滤器废水收集装置

该装置如图 2-27 所示，设计了半球形过滤器，污水水管的进出口设计为斜口连接的椭圆管，该装置可避免污水在进出口短路。

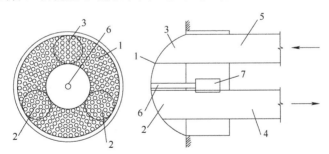

图 2-27　旋转半球形过滤器废水收集装置

1—过滤器　2—吸入管入口　3—排放管出口　4—污水吸管　5—污水排放管　6—旋转轴　7—电动机

6. 旋转套筒过滤器废水收集装置

该装置如图 2-28 所示，通过重力作用将污水收集，可以避免在吸入管和排出管的管口处出现冷热水掺混现象。

7. 开放式废水收集装置

该装置如图 2-29 所示，为开环结构，可在常压下运行，对材料强度要求较低。通过该装置的流体压降小，有助于降低水泵的扬程。可以进一步降低运营成本，也可以避免动力密封的问题。

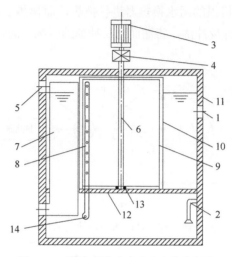

图 2-28 旋转套筒过滤器废水收集装置

1—进水管 2—排水管 3—电动机 4—减速器 5—溢流口 6—旋转轴 7—污物排放室 8—注水管
9—机架 10—套筒过滤器 11—壳牌 12—旋转装置的支架 13—方位 14—浸泡式水泵

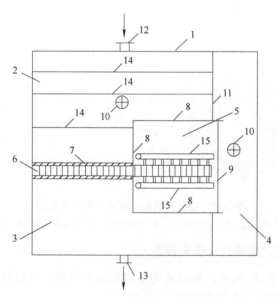

图 2-29 开放式废水收集装置

1—废水收集装置 2—大型污物室 3—储水室 4—污物排放室 5—清洁室 6—旋转过滤器
7—隔板 8—清洁室侧的隔板 9—清洗室的底板 10—污物排放管 11—溢流板
12—污水进入管 13—污水排出管 14—冲击板 15—清洁管道

2.4.2　污水换热器

1．污水-循环水板式换热器

该换热器应用于间接式污水源热泵系统，污水与循环水进行热量交换后，循环水与制冷剂在蒸发器（冷凝器）进行二次换热。污水-循环水板式换热器可实现城市污水与清水的换热。其原理如图 2-30 所示，经取水装置过滤后的污水，仍含有尺寸不大于 3mm 污杂物，宽-宽通道板式污水换热器缓解了细小污泥及污水软垢对换热器设备的堵塞问题。

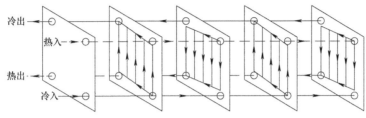

图 2-30　污水-循环水板式换热器原理

不足之处：不能从根本上解决污垢问题；换热面积、换热器体积偏大；污垢不便于清理。

2．喷淋式（淋激式）污水蒸发器

该换热器原理如图 2-31 所示，应用于直接、干式热泵系统。城市污水经过缝宽为 2mm 的旋转式筛分器过滤后，由粗孔喷嘴喷淋到开式蒸发器上，直接从污水中提取热量避免管内污垢堵塞。同时，污水淋在管外，便于对污垢的清洗。

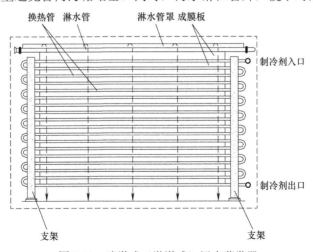

图 2-31　喷淋式（淋激式）污水蒸发器

不足之处：换热器体积庞大；需要较大安装空间；需要附加热水喷淋系统来清除油膜。

3. 橡胶棉球清洗系统

该系统如图 2-32 所示，由三条水路组成，适用于直接、满液式系统。第一条是常规的污水流过管程进行换热的污水路线；第二条是橡胶棉球回收环路，可以将小球从换热后的污水中分离；第三条是橡胶棉球注入环路，将回收的小球送入污水环路与即将换热的污水进行混合；通过程序的设定，可定期开启清洗系统，对壳管式换热器的铜管内壁进行清洗。系统中的小球冲水后直径略大于换热管。橡胶棉球通过管内水流的作用，以挤压的形式流过铜管，从而达到防垢的目的。

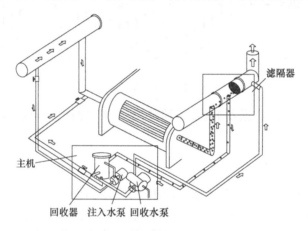

图 2-32　橡胶棉球清洗系统

不足之处：初投资较大；清洗小球的损耗较大；橡胶棉球易堵塞换热管，无法保证胶球回收数量、清洗效果受到影响；随机性大、铜管清洗率低。

4. 尼龙刷清洗系统

该系统适用于直接式、满液式污水源热泵系统。该系统如图 2-33 所示，在系统运行时，尼龙刷停留在一端刷笼内；在需要对系统清洗时，水流通过四通换向阀换向流动，污水将尼龙刷从刷笼内冲出，并在水流压力作用下沿螺旋槽旋转前进，实现对管内壁的清洗，最终进入另一端刷笼。停顿几十秒后，四通换向阀换向复位，尼龙刷再次被污水带回初始一端的刷笼内，等待下次清洗。

不足之处：存在个别尼龙刷无法回收的问题；四通阀换向使水流反向，机组冷凝器与蒸发器进出水出现混水，导致在尼龙刷清洗时机组瞬时制冷量和COP 下降；需要配以四通换向阀，改变污水的流动方向。

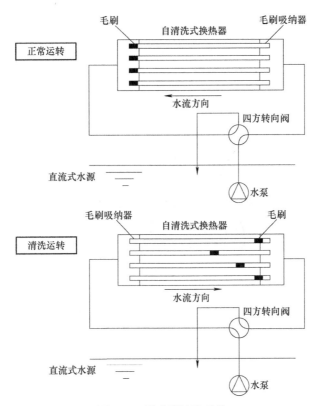

图 2-33 尼龙刷清洗系统

5. 内置游离弹簧清洗系统

该系统如图 2-34 所示，适用于直接、满液式污水热泵系统。该换热设备是传统换热设备的一种变形，没有明显的改进内容。

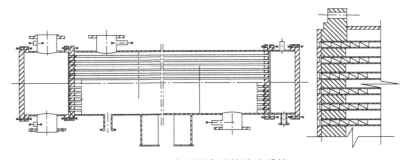

图 2-34 内置游离弹簧清洗系统

6. 强冲洗清洗功能换热器

该装置如图 2-35 所示，其增加了一个额外的水泵，向水射流提供高压水。

通过将高速水注入管道，以去除管道内表面的污垢。水射流与中心旋转轴一起在每个管的入口附近旋转，因此高速水可以依次冲洗每个管。显然，该装置的功耗高于上述其他类型的污水换热器。

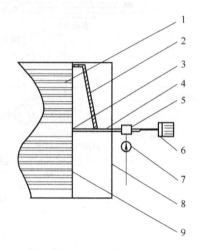

图 2-35　强冲洗清洗功能换热器

1—换热器管束　2—注水口　3—轴上出水口　4—主轴　5—关节

6—电动机　7—高压水泵　8—壳盖　9—管板

7. 除垢流化换热器

该装置如图 2-36 所示，混合在污水中的小球与换热管表面碰撞，可提高换热管的传热性能，去除管表面的污垢。

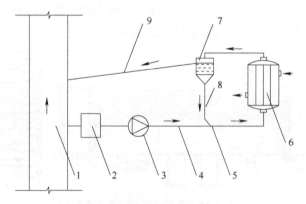

图 2-36　除垢流化换热器

1—污水排放　2—污水收集装置　3—水泵　4—水管　5—喷射器　6—流化床换热器

7—液体和固体分离器　8—水管　9—溢流管线

现有的污水换热器的分类如图 2-37 所示，图中针对不同形式换热器对应的热泵系统的运行特性及其设计内容进行对比。间接式系统结构复杂、初投资高，而直接式系统具有更好的运行性能及成本效益。因此，直接式系统是污水源热泵的发展趋势。从图 2-37 中看出，干式除污型污水换热器是目前污水换热器领域的一个研究空白，需要进一步补充和考虑。另外，具有除污功能的污水换热器目前存在如下问题：尽管管内清污方法提高了污水换热效率，但也会导致内置清洗物被污泥黏住、换热管路发生堵塞；蒸发温度过低时换热管内容易结冰，导致换热管胀裂等。在我国，针对实际工程中的污垢问题常采用较高流速运行方法与高速水流反冲洗方法来解决。前者（一般在 2.5～3m/s）虽然可以抑制污垢的堆积，但由于流速的增大会造成泵耗急剧增加，与节能的初衷相违背。

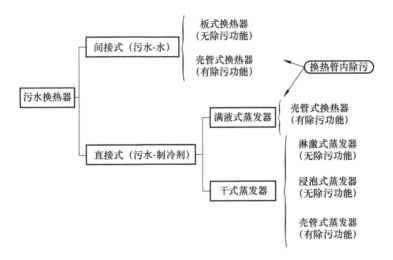

图 2-37　现有污水换热器的分类

第3章

污水中污垢特性及除污型换热器研发

由于污水水质较差，污水换热器长期运行时其表面就会结垢，这导致其换热效率严重下降，阻碍了污水源热泵系统的工程应用。为此，研究者在污水换热器表面的污垢生长特性、污水专用换热器的开发等方面做了一系列研究工作，对污水源热泵系统的推广起到了积极作用。

3.1 污水换热器表面的污垢特性

实验研究了污水流速、污水换热器的安装位置对污垢沉积的影响规律，分析了污水中引起换热器表面结垢的主要颗粒物粒径范围，对于认识污垢的沉积过程以及针对性地开发专用污水换热器具有指导意义。

3.1.1 实验介绍

1. 实验材料

实验所用污水取自养猪场的污水水池。将清洗猪舍以及冲刷猪粪的污水全部排放至水池中进行沉淀过滤，经过长时间的静置及生物降解，大量污物沉积在池底，污物层上面的污水中仅含有部分污浊颗粒物。采样的污水取自污水水面以下40cm处的污水层（污水总深度为80cm）。污水样本中几乎不含毛发和大片杂物，但可见大量微小悬浮颗粒。实验用污水的特性参数见表3-1。

表 3-1 实验污水的特性参数

参　　数	数　　值
总干物质浓度/（mg/mL）	3.04
可挥发干物质浓度/（mg/mL）	2.67
悬浮干物质浓度/（mg/mL）	1.65
可挥发悬浮干物质浓度/（mg/mL）	1.47

（续）

参　　数	数　　值
悬浮灰尘颗粒浓度/（mg/mL）	0.18
pH 值	7.9
氨氮形式的氮含量/（mg/mL）	0.71
COD/（mg/mL）	3.44
磷酸盐/（mg/mL）	0.056

2. 实验台

实验系统如图 3-1 所示，实验台主要由污水储水箱、污水-水壳管式换热器以及水-空气热泵组成，实验台实物如图 3-2 所示。其中污水-水壳管式换热器为主要测试部件，可手动拆洗。热管为纯铜材质，折流板材料为不锈钢。污水（热流体）流过壳程并与管程中的循环水（冷流体）进行换热。壳程流量为 $3.785 \times 10^{-3} \mathrm{m}^3/\mathrm{s}$，管程流量为 $1.893 \times 10^{-3} \mathrm{m}^3/\mathrm{s}$。污水-水壳管式污水换热器的结构参数见表 3-2。

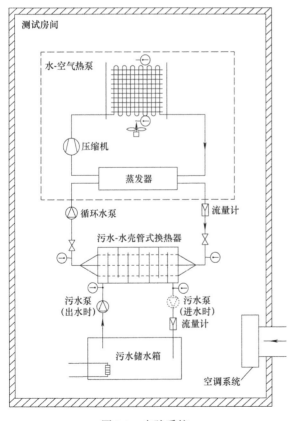

图 3-1　实验系统

图 3-2　实验台实物

表3-2　污水-水壳管式污水换热器的结构参数

部 件 参 数	规　格	部 件 参 数	规　格
壳体直径/mm	127	换热管外径/mm	9.525
换热管长度/mm	356	折流板间距/mm	38.1
壳体长度/mm	470	折流板缺口面积比（%）	25
换热管总数/根	80	管程数	4
换热管中心距/mm	11.5	总换热面积/m²	0.84539
换热管内径/mm	8.255	—	—

为了模拟实际情况，在污水储水箱内安装电加热器用以维持污水温度处于设定的范围内。水-空气热泵吸收循环水中的热量，保证污水-水壳管式换热器两侧流体的换热温差。水-空气热泵入口的空气温度（实验室的室内环境温度）可由实验室内的空调系统进行控制。污水温度由污水储水箱的电加热器进行控制，实验系统可在稳定工况下运行。

3．实验方法

（1）污垢测试　考虑到文献[230]和[231]中污垢的生长周期，每组实验的测试时间定为 35 天，确保污垢堆积达到渐近值。表 3-3 中前三组实验（测试 1、2、3）分别对应了不同的流量（低、中、高）。测试 1、2、3 中将换热器安装在污水泵出口，而测试 4 中将换热器安装在污水泵入口，通过对比测试 2 和 4 的结构，可分析换热器的安装位置对污垢沉积的影响。采用激光扫描粒子分布测试仪（HORIBA、LA-300）测试实验用污水中悬浮粒子以及堆积在换热管表面粒子的直径分布。

表3-3　测试条件

测　　试	1	2	3	4
流量/（10⁻⁴m³/s）	2.53（低）	3.79（中）	5.68（高）	3.79（中）
换热器安装位置（相对于污水泵）	出口	出口	出口	入口

每组实验中污水流量保持不变，波动幅度（标准偏差/平均值）小于 5%。为反映实际养猪场废水池的水温，污水箱内热水温度控制在（30±1）℃。实验室内的空气温度控制在（20±1）℃。实验中污水的物理和化学参数，如 pH 值、导电性、盐分浓度变化很小。实验期间系统连续运行，但只采集每天 14：00—16：00的运行数据。采集参数包含：壳管式换热器进出口污水/循环水温度、热泵进出口空气温度/流量、壳管式换热器中污水/循环水流量。所有数据每 30s 自动采集并存储，用以计算污垢生长过程中换热器总换热热阻的变化。

（2）数据处理　换热器总换热热阻常用总传热系数的倒数表示，具体计算方法见式（3-1）。

$$R = \frac{1}{U} = \frac{F_T A \left[(T_{ww,out} - T_{cw,in}) - (T_{ww,in} - T_{cw,out}) \right]}{V \rho c_p (T_{cw,out} - T_{cw,in}) \ln \left(\dfrac{T_{ww,out} - T_{cw,in}}{T_{ww,in} - T_{cw,out}} \right)} \qquad (3\text{-}1)$$

式中　　　　　R ——总换热热阻（$m^2 \cdot K/W$）；

　　　　　　　U ——总传热系数 [$W/(m^2 \cdot K)$]；

　　　　　　　F_T ——温差修正系数，实验中取 0.96～0.98；

　　　　　　　A ——换热面积（m^2）；

$T_{ww,in}$、$T_{ww,out}$ ——分别为换热器进、出口污水温度（℃）；

$T_{cw,in}$、$T_{cw,out}$ ——分别为换热器进、出口循环水温度（℃）；

　　　　　　　V ——循环水的体积流量（m^3/s）。

污垢热阻 R_f 可通过式（3-2）求得。

$$R_f = \frac{1}{U_f} - \frac{1}{U_c} \qquad (3\text{-}2)$$

式中　U_c ——清洁状态下换热器的总传热系数 [$W/(m^2 \cdot K)$]；

　　　U_f ——结垢状态下换热器的总传热系数 [$W/(m^2 \cdot K)$]。

3.1.2　实验结果

为研究污水流速和换热器安装位置对污垢生长过程的影响，基于搭建的实验台开展污垢沉积过程的测试研究。实验时向污水中添加足量的液氯和甲苯三唑以抑制生物垢和析晶垢的生成，实验周期内未发现腐蚀垢的形成。实验得到的污垢中 71% 的成分为不可挥发的灰尘粒子，只有约 29% 为可挥发物质，分析结果见表 3-4。

表 3-4　每组测试中换热表面的污垢不可挥发物成分分析

测　　试	1	2	3	4	平　均　值
总的污垢质量/g	0.524	0.856	0.768	0.686	0.709
可挥发污垢质量/g	0.142	0.280	0.195	0.211	0.207
不可挥发污垢质量/g	0.382	0.576	0.573	0.475	0.502
不可挥发物的质量分数（%）	72.9	67.3	74.6	69.2	70.8

1. 实验用污水中颗粒物粒子直径分布

实验用的污水中颗粒物粒子直径分布如图 3-3 所示。污水中颗粒物粒子直径主要分布在两个区间：59.1%的粒子直径集中在 22.8μm 左右，分布在 1.5～88μm 范围；40.9%的粒子直径偏大，集中在 262μm 附近，分布在 88～592μm 范围。污水中颗粒悬浮物浓度为（1.65±0.04）mg/mL。污水的其他成分分析见表 3-1。

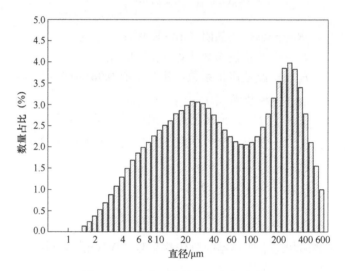

图 3-3　污水中颗粒物粒子直径分布

2. 流速的影响

（1）传热系数的变化　图 3-4 所示为低、中、高三种不同流速下（表 3-3 测试 1、2、3）换热器总传热系数的变化曲线。随着运行时间延长，每组实验中换热器总传热系数整体呈下降趋势。在 36 天的连续测试中，低流速下传热系数从 328W/（m²·K）降低到 241W/（m²·K），降幅为 87W/（m²·K）；中等流速下传热系数从 361W/（m²·K）降到 298W/（m²·K），降幅为 63W/（m²·K）；高流速下传热系数从 381W/（m²·K）降低到 351W/（m²·K），降幅为 30W/（m²·K）。在污垢形成初期，传热系数增大并高于初始清洁状态下的数值，但几天后传热系数开始下降并低于初始值，这一现象被定义为"反强化换热"，即污垢的生长并未导致传热系数的降低反而增大了换热量。在低流速下"反强化换热"现象持续了 7 天；在中等流速下该现象持续了 4 天；在高流速下，未出现"反强化换热"现象。同时，在"反强化换热"现象对应的低、中、高三种流速中，实验初期污垢导致的传热系数增幅分别为 11.14W/（m²·K）、3.5W/（m²·K）和 0W/（m²·K）。结果表明，污水流速越低，"反强化换热"现象越明显。

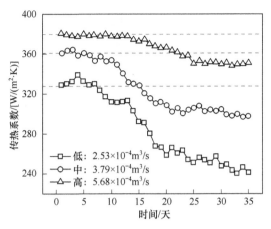

图 3-4 不同流速下换热器总传热系数的变化曲线

图 3-5 所示为不同流速下换热管表面的污垢热阻变化曲线。污垢热阻变化呈渐近型曲线，且三种流速下的渐近污垢热阻值分别为 $1.1×10^{-3}m^2·K/W$（低流速）、$0.59×10^{-3}m^2·K/W$（中等流速）和 $0.22×10^{-3}m^2·K/W$（高流速），低流速下形成的渐近污垢热阻值较大。在污垢生长的初期阶段，污垢热阻出现负值，与"反强化换热"现象对应，将其定义为"负污垢热阻"。低、中流速下，最小负污垢热阻值分别为$-0.1×10^{-3}m^2·K/W$ 和$-0.03×10^{-3}m^2·K/W$；而在高流速下并未出现"负污垢热阻"现象。

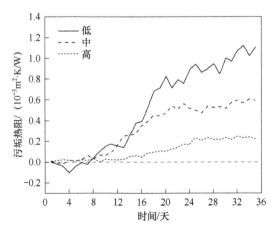

图 3-5 不同流速下换热管表面的污垢热阻变化曲线

（2）表面堆积污垢粒子的直径分布 图 3-6a 所示为低流速下（测试 1）堆积在换热表面的粒子直径分布。其中 80%的粒子直径分布在 7～88μm 范围内，46%的粒子直径以高浓度出现在 7～23μm 范围内。低流速下堆积在换热表面的粒子的平均直径为 40.8μm。由图 3-6b 可知，在中等流速下（测试 2），81%的粒子直径出现在 4.5～52μm 范围内，53%的粒子主要以高浓度集中在 6～20μm 范围内。中等流速下，粒子的平均直径为 24.4μm。图 3-6c 给出了在高流速下（测试 3）粒子直径的分布。有 81%的粒子直径在 4～34μm 范围内，53%的粒子以高浓度集中在 6～17μm 范围。高流速下粒子的平均直径为 18.6μm。因此，污水流速越大沉积在换热表面的污垢粒子的直径越小。

对比沉积在换热表面的污垢粒子（见图 3-6）与实验用污水中颗粒物粒子直径分布情况（见图 3-3）可知，污水中直径在 1.5～88μm 范围的粒子是在换热表面形成的污垢的主要成分，另有小部分沉积粒子的直径在 88～592μm 范围内。

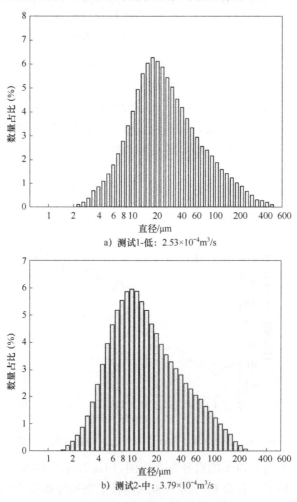

a）测试1-低：2.53×10⁻⁴m³/s

b）测试2-中：3.79×10⁻⁴m³/s

图 3-6 不同流速下沉积在换热表面的污垢粒子直径分布

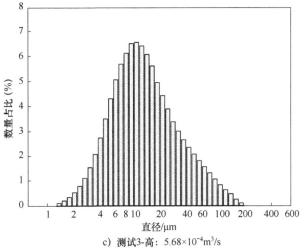

c) 测试3-高：$5.68 \times 10^{-4} \mathrm{m}^3/\mathrm{s}$

图 3-6　不同流速下沉积在换热表面的污垢粒子直径分布（续）

3. 换热器安装位置的影响

（1）传热系数的变化　图 3-7 所示为换热器处于不同安装位置（水泵出口和入口）时，传热系数的变化曲线。当换热器安装在水泵的出口时，整个测试阶段其传热系数下降了 $63\mathrm{W}/(\mathrm{m}^2 \cdot \mathrm{K})$，而当换热器安装在水泵的吸入口时，传热系数下降了 $87\mathrm{W}/(\mathrm{m}^2 \cdot \mathrm{K})$。换热器安装在水泵的吸入口时，会加剧结垢现象。同时，当换热器安装在水泵的吸入口时，污垢形成初期的"反强化换热"现象比安装在出口时更明显。

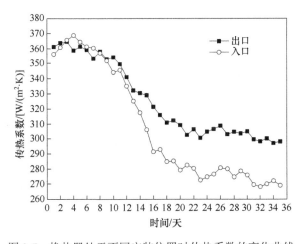

图 3-7　换热器处于不同安装位置时传热系数的变化曲线

图 3-8 所示为换热器处于不同的安装位置时,污垢热阻的变化曲线。安装在吸入口时,渐近污垢热阻值为 $0.908×10^{-3}m^2 \cdot K/W$,比安装在出口时的渐近污垢热阻值($0.59×10^{-3}m^2 \cdot K/W$)高 53.8%。安装在吸入口时(测试 4),最小负污垢热阻值为$-0.098×10^{-3}m^2 \cdot K/W$;而安装在出口时(测试 2),最小负污垢热阻值为$-0.065×10^{-3}m^2 \cdot K/W$,"负污垢热阻"现象减弱。

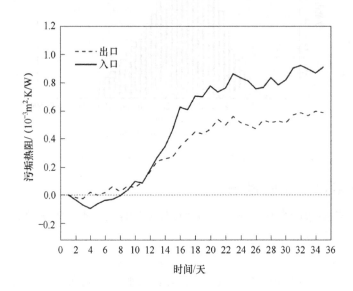

图 3-8　换热器处于不同安装位置时污垢热阻的变化曲线

(2)表面堆积的污垢粒子的直径分布　图 3-9 所示为换热器安装在水泵的入口时(测试 4)堆积在换热表面的粒子直径分布情况。对比分析换热器安装在出口时(测试 2)的结果(见图 3-6b),换热器安装在吸入口时 80%的粒子直径分布在 4.4~51.5μm 范围内,与安装在出口时的结果"81%的粒子直径出现在 4.5~52μm 范围内"基本一致。不同的是,安装在吸入口时,所形成污垢中 54%的粒子以高浓度集中在 6~22.8μm 范围内,最高浓度的粒子直径为 11.56μm。在出口时,53%的粒子主要以高浓度集中在 6~20μm 范围内,最高浓度的粒子直径为 10.1μm。测试 4 中所得到污垢的平均粒子直径为 28.8μm,而测试 2 中平均粒子直径为 24.4μm。因此,当换热器安装在水泵的吸入口时,较大粒子更容易沉积在换热器表面。

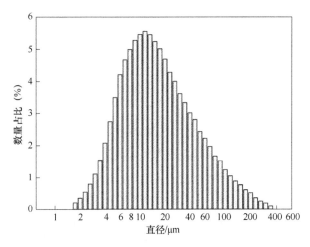

图 3-9　安装在水泵的入口时（测试 4）堆积在换热表面的粒子直径分布情况

3.1.3　结果分析

1. 渐近污垢热阻

不同的流速下渐近污垢热阻 R_f^* 也不同，R_f^* 随流速的增加而减小。为了解释其原因，应从污垢热阻的表达式出发，分析其影响参数。

在 1959 年 Kern 和 Seaton 首次提出了污垢堆积模型，他们认为污垢的净增长量等于沉积率与剥蚀率的差值。文献[111]、[125]基于 Kern-Seaton 模型给出换热管表面污垢热阻随时间变化的表达式：

$$R_f = R_f^*(1 - e^{-Bt}) \tag{3-3}$$

其中，渐近污垢热阻为

$$R_f^* = \frac{K_D P C_b \xi}{\tau_S k_f \rho_f} \tag{3-4}$$

且

$$B = \frac{\tau_S}{\xi} \tag{3-5}$$

式中　t——运行时间（s）；

　　K_D——粒子沉积系数（m/s）；

　　P——附着概率；

　　C_b——粒子浓度（kg/m³）；

　　ξ——黏合强度（N·s/m²）；

　　τ_S——表面剪切应力（N/m²）；

k_f ——污垢的导热系数 [W/(m·K)];

ρ_f ——污垢的密度（kg/m³）。

式（3-4）中，除粒子沉积系数 K_D 以及表面剪切应力 τ_S 为变量外，其他各项参数均为固定值。因此可将式（3-4）简化为

$$R_f^* \propto \frac{K_D}{\tau_S} \qquad (3\text{-}6)$$

粒子沉积系数 K_D 以及表面剪切应力 τ_S 均与水体的流速有关，下面叙述其关系式推导过程。

（1）粒子沉积系数 K_D 　粒子沉积系数在不同的粒子传递机制下的计算方法也存在差异。换热管表面的粒子传递机制主要分三种情况考虑——扩散区、惯性区和碰撞区。在扩散区（$t_r^+<0.2$），粒子直径很小，主要通过布朗运动穿过湍流流体的黏性底层。粒子沉积系数可以通过传统的传热传质类比公式得到。在惯性区（$0.2 \leqslant t_r^+ \leqslant 10$），粒子的直径相对较大，流体垂直于换热面的分速度对未能完全进入边界层的粒子进行挤压使其穿过黏性底层。在碰撞区（$t_r^+>10$），粒子的直径非常大。t_r^+ 为弛豫时间，是一个无量纲时间表述，其表达式为

$$t_r^+ = \frac{\rho_p d_p^2 v^{*2}}{18\mu\nu} \qquad (3\text{-}7)$$

式（3-7）中 t_r^+ 随着粒子直径 d_p 及流体雷诺数 Re 的增加而增加。当 $d_p<12\mu m$ 时，粒子传递过程由扩散区机制控制。当 $d_p=12\sim100\mu m$ 时，粒子传递过程受惯性区机制控制。由于实验流体中的 d_p 主要处于 $1.5\sim88\mu m$（见图 3-3），且 $Re3756\sim8430$，因此污垢粒子的沉积过程包括了扩散区和惯性区两种机制。

在扩散区（$d_p<12\mu m$），粒子沉积系数 K_D 等于传质系数 K_m。基于传热传质类比公式，传质系数 K_m 与传热系数 h 的关系为

$$\frac{K_m}{v}Sc^{2/3} = \frac{h}{\rho v c_p}Pr^{2/3} \qquad (3\text{-}8)$$

其中

$$Sc = \frac{v}{D} \qquad (3\text{-}9)$$

$$D = \frac{K_B T}{3\pi\mu d_p} \qquad (3\text{-}10)$$

式中　ν ——运动黏度（m²/s）；

D —— 布朗扩散率；

K_B —— 玻尔兹曼常数（J/K）；

μ —— 动力黏度（N·s/m^2）；

d_p —— 粒子平均直径（m）。

在惯性区（12μm< d_p <100μm），粒子沉积系数 K_D 可计算为

$$K_D = \frac{K_m P v_{p,r}}{K_m + P v_{p,r}} \tag{3-11}$$

式中　K_m —— 传质系数（m/s）；

　　　P —— 附着概率；

　　　$v_{p,r}$ —— 粒子在换热面的法向分速度（m/s）。

其中传质系数 K_m 由式（3-8）计算。在惯性区粒子的法向分速度 $v_{p,r}$ 影响了粒子沉积系数 K_D。式（3-12）中，换热表面粒子的法向分速度由两部分组成：一部分是流体垂直于换热面的分速度 $v_{l,r}$（m/s）；另一部分是粒子本身的布朗运动速度 v_B（m/s）。

$$v_{p,r} = v_{l,r} + v_B \tag{3-12}$$

实验中污水的流动为流体垂直流过圆柱体的绕流运动。流体在换热面的法向分速度 $v_{l,r}$ 可由式（3-13）计算，粒子布朗运动速度 v_B 的计算式由式（3-14）计算。

$$v_{l,r} = v |\cos\theta| \left(1 - \frac{r^2}{S^2}\right) \tag{3-13}$$

$$v_B = \left(\frac{K_B T}{2\pi m_p}\right)^{1/2} \tag{3-14}$$

式中　v —— 流体流速（m/s）；

　　　θ —— 流体流动方向与粒子所在位置换热面法向的夹角（°）；

　　　r —— 换热管半径（m）；

　　　S —— 粒子距离换热管中心的距离（m）；

　　　K_B —— 玻尔兹曼常数（J/K）；

　　　T —— 流体温度（K）；

　　　m_p —— 粒子质量（kg）。

较小直径的粒子（直径约为 1～10μm）布朗运动现象明显，而惯性区的粒

子直径均大于 12μm，布朗运动不显著。因此式（3-12）中的布朗运动速度 v_B 可以忽略处理。粒子法向分速度 $v_{p,r}$ 与流体流速 v 的关系可简化为

$$v_{p,r} \approx v_{l,r} \propto v \tag{3-15}$$

由式（3-8）和换热管管外对流传热系数的计算公式可以推导出传质系数与流速的比例关系为

$$K_m \propto h \propto Nu \propto Re^a \propto v^a \quad (a<1) \tag{3-16}$$

综上分析，扩散区和惯性区的粒子沉积系数 K_D 与流体流速 v 的关系可分别由式（3-17）和式（3-18）表述。

扩散区：

$$K_D = K_m \propto v^a \quad (a<1) \tag{3-17}$$

惯性区：

$$K_D \propto \frac{v^{a+1}}{mv^a + nv} \quad (a<1) \tag{3-18}$$

式中　m 和 n——大于 0 的固定常数。

（2）表面剪切应力（τ_S）　由于实验中流体流动属于湍流工况，因此表面剪切应力 τ_S 与流体流速 v 之间存在如下关系：

$$\tau_S \propto v^b \quad (b<1) \tag{3-19}$$

将式（3-17）～式（3-19）代入式（3-6），可以得到渐近污垢热阻 R_f^* 与流体流速 v 的关系式。

扩散区：

$$R_f^* \propto \frac{K_D}{\tau_S} \propto \frac{1}{v^{(b-a)}} \quad (a<1<b) \tag{3-20}$$

惯性区：

$$R_f^* \propto \frac{K_D}{\tau_S} \propto \frac{1}{mv^{(b-1)} + nv^{(b-a)}} \quad (a<1<b) \tag{3-21}$$

渐近污垢热阻随流体流速的增加而减小，即高流速下形成的渐近污垢热阻值较小。

2. 负污垢热阻

当污水处于低流速（见图 3-5）或中等流速（见图 3-8）时，在污垢生长初期，会出现"负污垢热阻"现象。对圆形换热管总污垢热阻的计算如下：

$$R_l = \frac{1}{h_{cw}\pi D_i} + \frac{1}{2\pi k_T}\ln\frac{D_o}{D_i} + \frac{1}{2\pi k_f}\ln\frac{D_x}{D_o} + \frac{1}{h_{ww}\pi D_x} \qquad (3\text{-}22)$$

式中 R_l——单位长度的总热阻（m·K/W）；

   h_{cw} 和 h_{ww}——分别为循环水和污水侧的对流传热系数［W/（m²·K）］；

   k_T 和 k_f——分别为换热管以及污垢的导热系数［W/（m²·K）］；

   D_i 和 D_o——分别是换热管的内径和外径（m）；

     D_x——污垢层外径（m），$D_x = D_o + 2\delta_f$。

由于实验中 D_i 和 D_o 为固定值，式（3-22）中的子式 $\dfrac{1}{h_{cw}\pi D_i}$ 和 $\dfrac{1}{2\pi k_T}\ln\dfrac{D_o}{D_i}$ 可

作为固定值处理。后两项子式污垢热阻 $\dfrac{1}{2\pi k_f}\ln\dfrac{D_x}{D_o}$ 和污垢层表面的对流换热热阻

$\dfrac{1}{h_{ww}\pi D_x}$ 随着污垢堆积而变化。污垢在换热器表面堆积时污垢层外径 D_x 逐渐增

加，污垢热阻 $\dfrac{1}{2\pi k_f}\ln\dfrac{D_x}{D_o}$ 逐渐增加，而污垢层表面的对流换热热阻 $\dfrac{1}{h_{ww}\pi D_x}$ 逐渐

减小。

对式（3-22）进行一阶求导，可得

$$\frac{\mathrm{d}R_l}{\mathrm{d}D_x} = \frac{1}{\pi D_x}\left(\frac{1}{2k_f} - \frac{1}{h_{ww}D_x}\right) \qquad (3\text{-}23)$$

依据单调函数的一阶导数判定定律可知：当 $D_x < \dfrac{2k_f}{h_{ww}}$ 时，$\dfrac{\mathrm{d}R_l}{\mathrm{d}D_x} < 0$，$R_l$ 随

着 D_x 的增加而减小；当 $D_x = \dfrac{2k_f}{h_{ww}}$ 时，$\dfrac{\mathrm{d}R_l}{\mathrm{d}D_x} = 0$，$R_l$ 有最小值；当 $D_x > \dfrac{2k_f}{h_{ww}}$ 时，

$\dfrac{\mathrm{d}R_l}{\mathrm{d}D_x} = 0$，$R_l$ 随着 D_x 的增加而增大。

图 3-10 所示为换热器总热阻 R_l 随污垢层外径 D_x 的变化曲线。当换热管外径

$D_o < \dfrac{2k_f}{h_{ww}}$ 时，在区间 $D_o < D_x < D_o'$ 中换热器总热阻低于初始清洁状态下的换热热

阻。随着污垢的逐渐累积，当污垢层外径 D_x 超过 D_o' 时，换热器总热阻开始高

于清洁状态时的换热热阻，即污垢开始抑制热量在两侧冷/热流体之间的传递。

因此，在污垢逐渐积累的过程中，"负污垢热阻"现象是否出现取决于

D_o、k_f 和 h_{ww}。当管外污水侧对流传热系数很大时，即污水流速较高，并且换

热管外径也比较大时，则有 $\dfrac{2k_f}{h_{ww}} < D_o < D_x$，会导致 $\dfrac{\mathrm{d}R_l}{\mathrm{d}D_x} > 0$，故换热器总热阻

R_l 是污垢层外径 D_x 的单调递增函数。例如，测试 3 中污水流速较高，"负污垢热阻"现象不会发生。

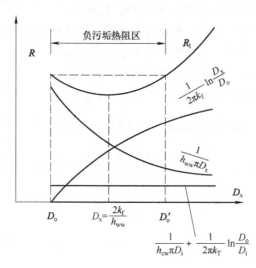

图 3-10　换热器总热阻随污垢层外径的变化曲线

"负污垢热阻"现象也可以从另一个角度进行解释。当换热管外径较小，管外污水侧对流传热系数较低且污垢的导热系数较大时，在结垢初期吸附在换热表面的粒子增加了换热面的面积和粗糙度。粗糙结构增加了黏性底层的扰动，从而增大了换热表面的对流传热系数。当其可以抵消甚至超过污垢热阻时，就会出现"负污垢热阻"。

3. 最小负污垢热阻

根据 3.1.2 节测试结果，低流速运行时负污垢热阻值较低，当换热器安装在水泵的吸入口时，负污垢热阻值比安装在出口时低。进一步分析以上现象：当运行条件满足 $\dfrac{2k_f}{h_{ww}} > D_o$ 时，在污垢堆积初期将会出现"负污垢热阻"现象。如图 3-10 所示，将 $D_x = \dfrac{2k_f}{h_{ww}}$ 代入式（3-22），可以得到最小负污垢热阻表达式：

$$R_{f,min} = R_{l(D_x=2k_f/h_{ww})} - R_{l(D_x=D_o)}$$

$$= \frac{1}{2\pi k_f}\ln\frac{2k_f}{h_{ww}D_o} + \frac{1}{2\pi k_f} - \frac{1}{h_{ww}\pi D_o} \tag{3-24}$$

对其进行一阶求导，得

$$\frac{\mathrm{d}R_{\mathrm{f,min}}}{\mathrm{d}h_{\mathrm{ww}}} = \frac{1/D_{\mathrm{o}} - h_{\mathrm{ww}}/2k_{\mathrm{f}}}{\pi h_{\mathrm{ww}}^2} \tag{3-25}$$

由于产生"负污垢热阻"的前提条件是 $\dfrac{2k_{\mathrm{f}}}{h_{\mathrm{ww}}} > D_{\mathrm{o}}$，即 $\dfrac{1/D_{\mathrm{o}} - h_{\mathrm{ww}}/2k_{\mathrm{f}}}{\pi h_{\mathrm{ww}}^2} > 0$，

因此式（3-25）满足 $\dfrac{\mathrm{d}R_{\mathrm{f,min}}}{\mathrm{d}h_{\mathrm{ww}}} > 0$，从而得知式（3-24）中 $R_{\mathrm{f,min}}$ 是关于管外污水侧

传热系数 h_{ww} 的增函数。因此最小负污垢热阻随管外流体流速的增加（h_{ww} 随之增加）而向零靠近，即"负污垢热阻"现象变得不明显（见图 3-5）。

另一方面，由于在水泵出口的动能高于吸入口，当换热器安装在水泵吸入口时，污水的流动较安装在出口时稳定，因此其管外污水侧传热系数较低。如图 3-8 所示，在测试 4 中（换热器安装在水泵入口）的最小负污垢热阻值比测试 2 中（换热器安装在水泵出口）要低，即"负污垢热阻"现象明显。

4. 污垢的粒子直径

对比污水中粒子与沉积在换热器表面粒子的直径分布，沉积在换热器表面的污垢粒子主要为污水中的小粒径颗粒。这是由于粒子在换热表面的质量传递系数 K_{m} 与 $Sc^{-2/3}$ 成正比，见式（3-8）。在扩散机制下，沉积率 ϕ_{d}、质量传递系数 K_{m} 以及施密特数 Sc 存在关系 $\phi_{\mathrm{d}} \propto K_{\mathrm{m}} \propto Sc^{-2/3}$。同时，由式（3-9）和式（3-10）可知，施密特数与粒子直径成正比，因此小粒径颗粒更容易沉积在换热器表面。

实验发现，污水流速越大，沉积在换热器表面粒子的平均直径越小。对此分析粒子的受力情况，每个粒子主要受到以下四种力的作用：

1）重力：

$$F_{\mathrm{g}} = \frac{\pi}{6}d_{\mathrm{p}}^{3}(\rho_{\mathrm{p}} - \rho_{\mathrm{l}})\vec{g} \tag{3-26}$$

2）附着力：附着力与一系列物理-化学参数有关，附着力的表达式为

$$F_{\mathrm{a}} = ad_{\mathrm{p}} \tag{3-27}$$

式中　a——常数。

3）升力：在黏性底层，流体作用在粒子上的力非上下对称。粒子上部（远离壁面的一侧）的流体流速高于其下部的流体流速，使得粒子下部的压力高于粒子上部的压力。这两种压力的差即 Saffman 升力，其表达式为

$$\overrightarrow{F_{\mathrm{sl}}} = 0.81\rho\nu^2(v^*d_{\mathrm{p}}/\nu)^3 \tag{3-28}$$

式中　v^*——壁面摩擦速度（m/s）。

4）阻力：作用在沉积粒子上的阻力表达式为

$$F_D = 8\rho v^2 (v^* d_p / v)^2 \qquad\qquad (3\text{-}29)$$

式中　$v^* d_p / v$ ——基于摩擦速度 v^* 的粒子雷诺数。

与其他三个力相比较，重力对粒子的作用很小，可忽略不计。通过式（3-28）和式（3-29）可知，作用在粒子上的升力与粒子雷诺数的三次方成比例，阻力与粒子雷诺数的二次方成比例。由于 $v^* d_p / v < 1$ 对于实验中的微小粒子恒成立，粒子在黏性底层中所受的阻力总大于升力。

黏性阻力作用于粒子所产生的力矩使其可以克服附着力，但如果没有升力的作用，只能使粒子沿表面滚动而无法离开表面。只有当升力与附着力之比大于 1 时，粒子才有可能脱离壁面。由式（3-27）和式（3-28）可知

$$(\rho v^2 / d_p)(v^* d_p / v)^2 > 常数 \qquad\qquad (3\text{-}30)$$

Cleaver 和 Yates 认为在给定的流体下，式（3-30）可以简化为

$$\tau_S d_p^{4/3} > a \qquad\qquad (3\text{-}31)$$

式中　a ——常数。

由式（3-31）可知，随着流速的增加，表面剪切力 τ_S 增加，较大直径的粒子更容易从换热器表面脱落，而较小的粒子则黏固在换热器表面上。

3.2　除污型干式壳管式污水蒸发器

依据污水中的污垢特性，结合第 2 章既有污水换热器的优点，构建一种以氟-水为换热方式的除污型干式污水换热器。为测试其综合性能，对其系统原理、关键构件及运行机理进行细致描述。对比传统浸泡式换热器（湿式污水换热器）性能及除污特性，验证其特点和替代价值。

3.2.1　除污型干式污水蒸发器的提出与实验研究

1. 除污型污水蒸发器的提出

（1）新型蒸发器的结构　图 3-11 所示为具有除污功能的干式壳管式污水蒸发器的结构，壳体长为 1100mm，直径为 220mm。该蒸发器由制冷剂分液器、壳体、换热管以及折流板组成。40 根直径为 10mm 的 U 形铜管在壳体内穿过 13 片 172mm 高的折流板，并固定在左侧管板上。壳体内换热管的空间位置成三角形布置（见图 3-11b），换热管中心距为 20mm。壳体中心一根直径为 20mm 的

螺纹转轴穿过所有折流板，其左端安装在左管板的轴承上，右端穿过右管板上的密封轴承并伸出壳体，在末端安装手动旋转轮。

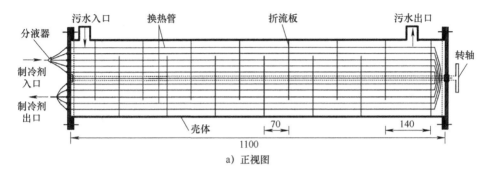

a) 正视图

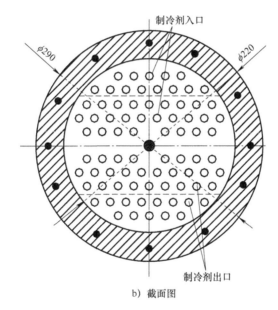

b) 截面图

图 3-11　具有除污功能的干式壳管式污水蒸发器的结构

图 3-12 所示为折流板结构详图。每片折流板由三层组成，外面两层为硬塑料板，起支撑作用，中间层是橡胶垫。对应于每根换热管，折流板上留有相应的圆孔。为了保证折流板可以沿换热管轻松移动，外面两层硬塑料板上的圆孔直径稍大于换热管外径。而中间橡胶垫层上的圆孔直径与换热管外径一致，使得橡胶层可以与换热管充分接触，从而保证具有较高的除污效率。在每片折流板的中心安装螺母，用来实现折流板与中间转轴的螺纹连接。

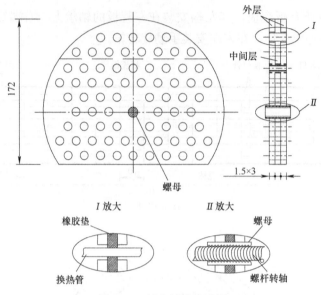

图 3-12 折流板结构详图

如图 3-11 所示，13 片折流板上下交错安装在壳体内，板间距为 70mm。而折流板可移动距离为 210mm，因此在水平移动过程中，能够清理所有换热管表面的污垢。壳管式蒸发器的外表面覆盖一层 20mm 厚的保温材料。详细结构参数见表 3-5。

表 3-5　新型蒸发器的详细结构参数

名　　称	数　　值
壳体直径/mm	220
壳体长度/mm	1100
换热管总数/根	40
折流板间距/mm	70
换热管中心距/mm	20
换热管外径/mm	10
换热管内径/mm	8
换热面积/m^2	2.38

（2）蒸发器的特点　如图 3-11 所示，高温的污水流入壳管式蒸发器的壳程，低温的制冷剂流入管程，两种流体在蒸发器内进行热交换。随着运行时间的延长，污水中的污杂物逐渐沉积在蒸发器表面形成污垢，并影响蒸发器的换热效率。在需要除污的时候，手动顺时针或逆时针旋转壳管式蒸发器中心的转轴，由于折流板中心的螺纹帽与中间转轴的螺纹传递作用，壳体内的折流板沿

着换热管左右移动，其中间橡胶层刮擦换热管表面，实现对污垢的清理。

　　具有除污功能的干式壳管式污水蒸发器是由传统的壳管式蒸发器改造而来。在保留了壳管式蒸发器结构紧凑和传热系数高等优点的同时，该壳管式污水蒸发器与现有的污水蒸发器相比费用更低、除污时更易操作。

2．实验台介绍

　　（1）除污型污水源热泵系统　为了研究该除污型污水换热器的运行特性以及除污效率，在深圳某洗浴中心搭建了一台以该除污型换热器为蒸发器的污水源热泵系统。从公共浴室排放的洗浴废水中回收废热并用来加热洗浴用水。该污水源热泵系统主要由四部分组成：污水收集系统、热泵系统、热水系统以及数据采集与控制系统。除污型污水源热泵系统原理如图 3-13 所示。

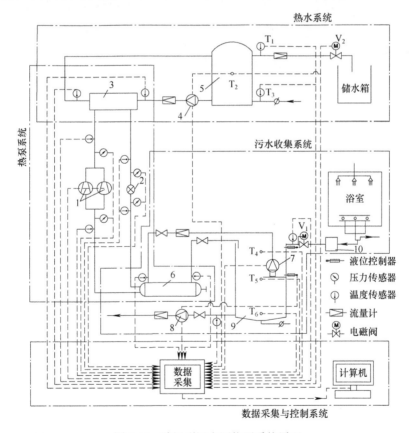

图 3-13　除污型污水源热泵系统原理

1—压缩机　2—膨胀阀　3—板式冷凝器　4—热水泵　5—热水储水箱　6—除污型换热器
7—污水泵Ⅰ　8—污水泵Ⅱ　9—污水储水箱　10—过滤器

实验台系统实物如图 3-14 所示。污水收集用污水箱的三维结构尺寸为900mm（长）×700mm（宽）×1200mm（高）。污水泵Ⅰ安装在污水箱内，将污水从污水箱中送入蒸发器再返回污水箱进行循环。热水系统中的热水储水箱用来存储加热过程中产生的热水。在污水箱中心线上布置 3 个温度测点（T_4、T_5和 T_6），分别安装在距离水箱底部 1080mm、750mm 和 50mm 处。

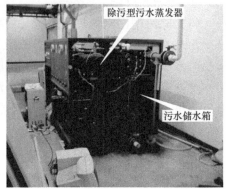

a）系统左视图 b）系统右视图

图 3-14　实验台系统实物

从浴池流出的高温洗浴废水经过过滤器后进入污水储水箱内。在污水源热泵系统热回收的过程中，污水箱内的污水被污水泵Ⅰ送入蒸发器内，在与制冷剂换热后，低温污水返回污水箱。由于污水在蒸发器内被循环冷却，污水水温逐渐下降，当温度低于设定的温度时，污水箱内污水由污水泵Ⅱ从底部排走。另一方面，在热泵系统运行过程中，热水储水箱底部的低温水由水泵送入板式冷凝器，在与制冷剂换热后，高温水从顶部返回热水箱。热水在冷凝器内循环加热，水温逐渐升高，当中心水温达到设定温度时，热泵停止运行，热水从热水箱排出。

由于污水循环流过壳管式蒸发器，污水中的悬浮物将沉积在换热管表面，形成一层软垢。对热泵系统进行一个月的连续监测后，就要利用除污装置对换热器进行一次除污，以验证其除污效率。

（2）数据采集与控制　蒸发器和冷凝器进、出口水温，压缩机进、出口制冷剂温度，膨胀阀前后制冷剂温度以及污水箱和热水箱内水温，均用热电偶温度计进行测量。蒸发器和冷凝器中的水流量、污水箱底部排水管的排水量以及热水箱排水量，均用电磁流量计进行测量。同时，对整个系统的电流和电压（包含压缩机和水泵）进行在线测量。热水箱出水口上的电磁阀可设为常开状态，即热水箱内热水可连续流出，以模拟实际应用中可能出现的热水连续供应情况。通过调节热水箱底部排水管上的阀门来控制热水排放速度。

3．实验测试

在表 3-6 所列的运行工况下连续监测一个月系统运行参数，得到制冷剂的蒸发温度、蒸发器的换热量、系统性能系数 COP 的连续值。另外，在 30 天连续运行后对换热器进行除污实验，通过分析除污前后的系统性能以及运行参数，验证蒸发器的除污效率。

表 3-6　热泵系统的运行工况

参　　数	数　　值
蒸发器中污水流量/（m³/s）	1.3×10^{-3}
热水箱热水温度设定数值/℃	45～50
污水箱中污水排走流量/（m³/s）	0.33×10^{-3}
冷凝器中热水流量/（m³/s）	0.38×10^{-3}

根据该洗浴中心的营业时间（12：00—04：00），设定系统的运行时间为每天的14：00—24：00。每天进行约 20 个热水加热周期（20 次热水排放），每个热水加热周期持续约 30min（加热 25min、排放 5min）。每次热水加热过程中，热水温度由45℃加热到50℃，排放热水约 120L。测量过程中，每 30s 对数据进行一次采集。

4．实验结果与分析

（1）污垢生长对系统的影响　一个月内蒸发温度随污垢生长的变化如图 3-15所示，在换热器完全干净的情况下，该系统的日平均蒸发温度为 11.4℃。随着换热器表面出现污垢堆积，系统传热效率下降，制冷剂蒸发温度在第 30 天降低到 9.4℃。如图 3-16 所示为蒸发器换热量随污垢生长的变化，由 8.2kW 降低到5.8kW，下降了 29.3%。系统 COP 随污垢生长的变化如图 3-17 所示，在 30 天的测试过程中，由最初的 3.09 降低到 2.50。

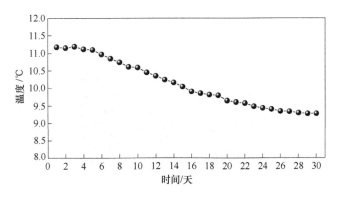

图 3-15　一个月内蒸发温度随污垢生长的变化

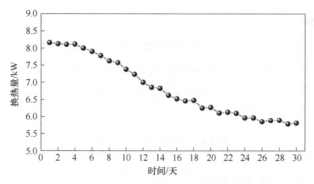

图 3-16 一个月内蒸发器换热量随污垢生长的变化

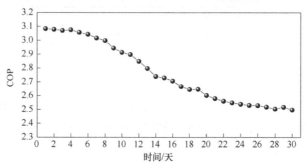

图 3-17 一个月内系统 COP 随污垢生长的变化

如图 3-18 所示为清洁换热器与结垢后的换热器表面的对比，污垢的生长对系统的影响十分严重。洗浴废水中含有的大量悬浮物，在污水流经换热器时，会堆积在换热表面形成污垢，导致热泵系统性能下降。当以洗浴废水为热源进行废热回收时，只有对污水换热器进行定期清洗，才能保证热回收系统正常高效地运行。

图 3-18 清洁换热器与结垢后的换热器表面的对比

（2）换热器的除污效率　经过 30 天的长时间运行后，利用换热器的除污装置对换热管表面进行除污。除污后的换热器表面如图 3-19 所示。对比图 3-19 与图 3-18，除污后的换热管表面更干净。但由于纯铜管表面被氧化以及部分微小颗粒扩散到换热管表面，令其颜色比清洁状态下的换热器更加黯淡。

图 3-19　除污后的换热器表面

观察图 3-20 中除污前后以及清洁状态制冷剂蒸发温度的对比可知，系统在结垢时制冷剂的平均蒸发温度为 9.4℃，除污后蒸发温度升高至 11.2℃。除污后基本恢复至初始状态，仅与第 1 天完全清洁状态下的蒸发温度（11.4℃）相差 0.2℃。同样，分析图 3-21 中除污前后蒸发器换热量的对比可知，除污后换热器的换热量由除污前的 5.8kW 提高至 8.0kW，除污后的换热量与完全清洁状态换热量（8.2kW）相差 2.4%。该污水换热器执行除污后可将较低的换热量提高至接近清洁时。

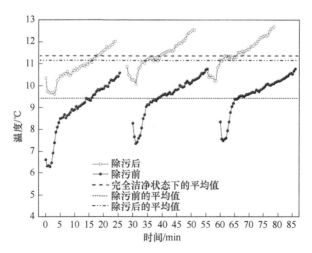

图 3-20　除污前后及清洁状态制冷剂蒸发温度的对比

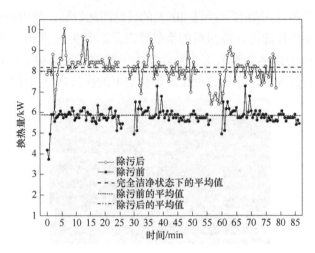

图 3-21　除污前后蒸发器换热量的对比

分析图 3-22 中除污前后系统 COP 的对比可知，当系统在结垢状态下运行时，COP 仅为 2.50。除污后，COP 提升至 3.04，仅比第 1 天完全清洁状态下的 COP 低 0.05，基本恢复至初始状态。

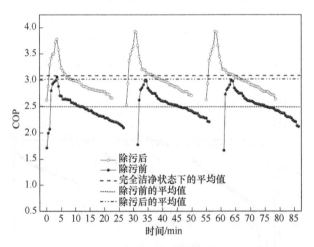

图 3-22　除污前后系统 COP 的对比

综上，除污型换热器不仅可以实现有效的污水换热过程，而且对换热管表面的污垢具有高效的清洁能力。

（3）不同热水供应模式下的系统性能　对该机组在连续和间断热水供应模式下的运行参数，包括制冷剂蒸发温度、废热回收系统 COP、冷凝器入口水温、供热水温、压缩机排气温度等进行测试，以比较两种模式下的系统性能，结果如图 3-23～图 3-26 所示。

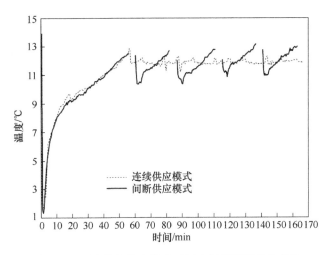

图 3-23　两种热水供应模式下制冷剂蒸发温度的变化

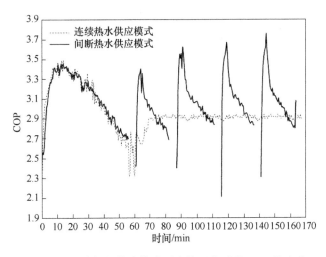

图 3-24　两种热水供应模式下废热回收系统 COP 的变化

图 3-23 给出了两种热水供应模式下制冷剂蒸发温度的变化。连续热水供应模式下，蒸发温度波动较小，平均值为 10.1℃；间断热水供应模式下，蒸发温度随热水侧水温以及热泵系统的开关而变化，平均值为 9.9℃。两种热水供应模式下蒸发温度基本一致，但连续热水供应模式更稳定。

图 3-24 给出了两种热水供应模式下系统 COP 的变化。间断热水供应模式下，COP 波动较大，加热初期 COP 瞬间由 2.5 增加到 3.5 以上，随后缓慢下降。连续热水供应模式下，COP 变化很小，基本处于稳定状态。测试过程中间断热水供应模式下系统的平均 COP 为 3.08，连续热水供应模式下的平均值为 2.95。间断热水供应模式下，由于在停机排放热水过程中，低温水进入并充满热水储水箱底部。在下一次加热过程初期，低温水进入冷凝器，因此换热器的换热温差较大，导致换热量增加，系统 COP 增大。

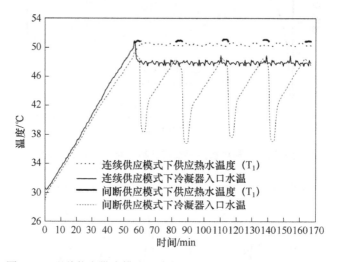

图 3-25　两种热水供应模式下冷凝器入口水温和供热水温的变化

图 3-25 给出了两种模式下冷凝器入口水温（即热水箱底部水温）和供热水温的变化。在间断热水供应模式下，冷凝器入口水温波动较大，热水加热初期其温度只有 37℃，5min 后升高到 42℃，随后缓慢升高。其中冷凝器入口水温的剧烈变化是导致整个热泵系统各参数波动较大的主要原因。同时测试结果再次揭示了热水加热初期 COP 迅速升高的原因——进入冷凝器的水温较低。从图 3-25 中也可以看出，间断热水供应模式中热水供应温度比连续模式时略高。

图 3-26 给出了两种热水供应模式下压缩机排气温度的变化。连续热水供应模式下压缩机的排气温度可维持在 100℃；间断热水供应模式下，压缩机排气温度波动较大。虽然间断供应热水时会出现排气温度较低的情况，但根据图 3-26 中的数据统计可知，当系统进入正常的加热周期（60min）后，仅有 14.8% 的运行时间排气温度值低于 90℃，且排气温度最大值比连续热水供应模式高。

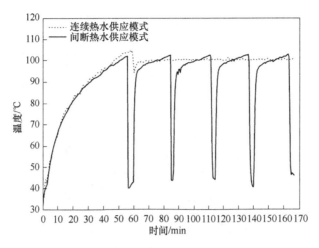

图 3-26　两种热水供应模式下压缩机排气温度的变化

综合以上两种热水供应模式的测试结果可知，两种模式下各参数的平均值基本接近，但考虑到热泵系统稳定的运行工况有利于保证其较长的使用寿命，因此在条件允许的情况下应尽可能保证热泵系统在连续热水供应模式下运行。

3.2.2　壳管式与浸泡式污水蒸发器的实验对比分析

1. 测试装置介绍

干式壳管式污水换热器中污水的流动换热属于强迫对流换热，而传统浸泡式换热器属于自然对流换热。这会导致两种换热器在运行特性、结构参数中存在很大差别。因此，需要进一步认清两种换热器的流动换热机制。

（1）实验台的构成　将除污型干式壳管式污水蒸发器（DESTE，见图 3-11、图 3-12、表 3-5）与传统的浸泡式污水蒸发器（IE，见图 3-27、表 3-7）以并联形式安装在同一台污水源热泵机组中进行对比实验，如图 3-28 所示，系统中的标签说明见表 3-8。通过开关制冷剂阀门（V_3、V_4、V_5 和 V_6）来选择接入系统的蒸发器类型。具体而言，V_3 和 V_4 开，V_5 和 V_6 关，则除污型干式壳管式污水蒸发器接入系统中（DESTE-WWSHP）；V_3 和 V_4 关，V_5 和 V_6 开，则浸泡式污水蒸发器接入系统中（IE-WWSHP）。实验台使用的其他部件参数以及热泵系统的控制过程与上一节中相同。热水箱排水管的电磁阀可以实现连续热水供应。以洗浴中心排放的高温废水为热源，测试这两种不同类型污水蒸发器的性能。为实现不同的污水流动路线，设计了 6 条不同的污水环路，见表 3-9。

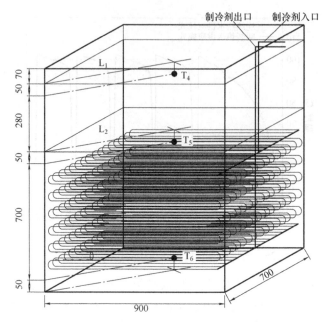

图 3-27 浸泡式污水蒸发器（IE）的结构

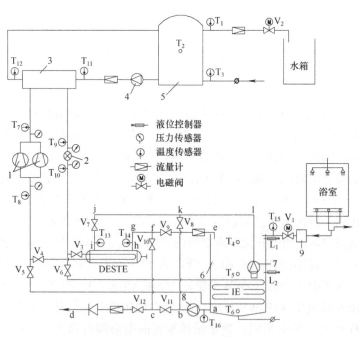

图 3-28 两种蒸发器对比实验装置

1—压缩机 2—膨胀阀 3—板式冷凝器 4—热水泵 5—热水储水箱
6—污水箱 7—污水泵 I 8—污水泵 II 9—过滤器

表 3-7　传统浸泡式污水蒸发器（IE）的结构参数

参　数	数　值
换热管外径/mm	10
换热管内径/mm	8
换热管中心矩/mm	40
换热管总长度/mm	800
换热管布置层数	12
每层换热管根数	16

表 3-8　实验台系统中的标签说明

标 签 名 称	说　明
V_1	污水储水箱入口电磁阀
V_2	热水储水箱出口电磁阀
V_3 和 V_4	干式壳管式蒸发器制冷剂进、出口闸阀
V_5 和 V_6	浸泡式蒸发器制冷剂进、出口闸阀
V_7 至 V_{12}	污水管阀门
T_1 和 T_3	热水储水箱出口/进口温度测点
T_2	热水储水箱中间温度测点
T_4、T_5、T_6	污水储水箱内上、中、下污水温度测点
T_7 和 T_8	压缩机进、出口制冷剂温度测点
T_9 和 T_{10}	膨胀阀进、出口温度测点
T_{11} 和 T_{12}	冷凝器进、出口水温测点
T_{13} 和 T_{14}	干式壳管式蒸发器进、出口污水温度测点
T_{15} 和 T_{16}	污水储水箱进、出口温度测点

表 3-9　实验系统中的几种污水水环路流程

DESTE-WWSHP 系统中	
（A）	污水循环冷却
路线 1	l→k→j→i→h→g→f→e→污水箱，污水泵 I 带动循环
路线 2	a→b→k→j→i→h→g→f→e→污水箱，污水泵 II 带动循环
（B）	污水从蒸发器直接排走
路线 3	l→k→j→i→h→g→f→c→d，污水泵 I 带动循环
路线 4	a→b→k→j→i→h→g→f→c→d，污水泵 II 带动循环
IE-WWSHP 系统中	
（A）	污水循环冷却
路线 5	a→b→c→f→e→污水箱，污水泵 II 带动循环
（B）	污水从蒸发器直接排走
路线 6	a→b→c→d，污水泵 II 带动循环

在热水连续供应的实验中，热水以某一流量不断地从热水箱顶部排走，自来水从热水箱底部持续流入。热水排放速率可通过调节阀门的开度进行控制，实现与热泵系统加热能力的匹配，保证热水排放温度达到设定值。

（2）测试过程　在相同的运行条件下进行一系列实验，以对比两种换热器的换热特性，实验条件与过程见表 3-10。测试中均采用热电偶温度计对热水储水箱内温度、冷凝器和蒸发器进、出口水温、压缩机和膨胀阀进、出口制冷剂温度、热水箱内中心温度，以及污水箱内温度进行连续测量。使用流量计测量冷凝器中热水流量、蒸发器中污水流量、污水箱以及热水箱排放水流量，并对系统总电流和电压进行连续监测与采集。

表 3-10　实验条件与过程

测 试 项 目	设定热水温度	运 行 条 件		结 果
		浸泡式污水蒸发器系统 IE-WWSHP	干式壳管式污水蒸发器系统 DESTE-WWSHP	
间断性热水供应模式				
实验 1：不同的热水加热温度	40～45℃；45～50℃；50～55℃	污水箱内污水不循环	壳管式污水蒸发器污水流量：$1.23 \times 10^{-3} m^3/s$	图 3-29
		污水箱内污水以 $0.22 \times 10^{-3} m^3/s$ 的流量连续排走	污水箱内污水以 $0.22 \times 10^{-3} m^3/s$ 的流量连续排走	
实验 2：污水箱内污水连续冷却，但不排走	50～55℃	测试 1：污水泵Ⅱ带动污水箱内污水以 $0.5 \times 10^{-3} m^3/s$ 的流量循环；污水流动路线：a→b→c→f→e→污水箱	测试 2：DESTE 中污水被污水泵Ⅱ以 $0.5 \times 10^{-3} m^3/s$ 的流量带动循环；污水流路路线：a→b→k→j→i→h→g→f→e→污水箱	图 3-30
			测试 3：DESTE 中污水被污水泵Ⅰ以 $1.32 \times 10^{-3} m^3/s$ 的流量带动循环；污水流动路线：l→k→j→i→h→g→f→e→污水箱	
连续性热水供应模式				
实验 3：不同的热水供应温度	40℃；44℃；48℃；52℃	污水箱内污水不循环；污水箱内污水以 $0.167 \times 10^{-3} m^3/s$ 的流量连续排走	DESTE 中污水被污水泵Ⅰ以 $1.32 \times 10^{-3} m^3/s$ 的流量带动循环；污水箱内污水以 $0.167 \times 10^{-3} m^3/s$ 的流量连续排走	图 3-31

2. 结果与讨论

（1）两种系统的性能比较　为了保证两组对比实验在相同的条件下进行，

每组测试开始之前先将热水箱内热水温度预热到设定温度上限。之后，热水箱中的热水开始从顶部排放而低温自来水从底部流入。热水降低到设定温度下限时，实验开始并记录数据。图 3-29 所示为加热过程中热水箱内温度以及两组系统 COP 的变化。开始时热水箱中心水温持续下降，约 3min 后才上升，直至达到最大设定温度值，系统停机，排放热水。由于热水箱底部的低温水进入冷凝器，换热温差增大导致换热量提升，COP 迅速上升。随测试进行，热水温度增加，COP 逐渐下降。

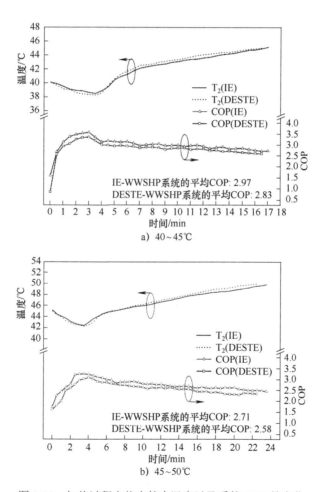

图 3-29　加热过程中热水箱内温度以及系统 COP 的变化

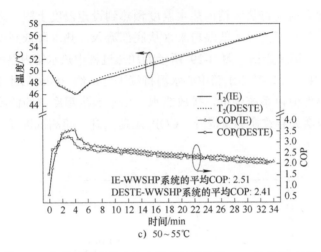

图 3-29　加热过程中热水箱内温度以及系统 COP 的变化（续）

根据图 3-29 所示，两组系统将热水温度从温度设定下限加热到设定上限所用的时间差别不大。在相同热水温度设定下，干式壳管式污水蒸发器系统的热水加热持续时间比浸泡式污水蒸发器短 1min，但干式壳管式污水蒸发器系统的 COP 稍低。在热水温度设定为 40～45℃、45～50℃、50～55℃时，浸泡式污水蒸发器的平均 COP 比干式壳管式污水蒸发器的平均 COP 分别高 0.14、0.13、0.10，两者差异不明显。这是由于干式壳管式污水蒸发器系统中需要配以污水泵Ⅰ来实现污水的循环流动，系统总能耗增加了一个水泵的能耗，系统 COP 较低。

（2）污水箱内污水温度分布　分析图 3-30 中两组系统热水温度以及污水箱内污水温度变化情况可知，浸泡式污水蒸发器系统污水箱内顶部与底部污水温差从 0.7℃升高到 1.8℃，而在干式壳管式污水蒸发器系统中，分别由 0.4℃升高到 0.58℃，干式壳管式污水蒸发器系统中污水箱内污水温度垂直分布更均匀。对比图 3-30b 和图 3-30c，在干式壳管式污水蒸发器系统中，蒸发器循环污水泵从污水箱底部取水要比从中部取水时的箱内污水温度分布更均匀。在三次热水加热循环中，浸泡式污水蒸发器系统（污水循环流量为 $0.50×10^{-3}m^3/s$）耗时 131min；干式壳管式污水蒸发器系统（污水循环流量为 $0.50×10^{-3}m^3/s$）耗时 137min 和（污水循环流量为 $1.32×10^{-3}m^3/s$）耗时 128min。当除污型干式壳管式污水蒸发器以合理的污水循环流量运行时，其性能可以代替传统的浸泡式污水蒸发器，甚至具有更大的换热量。

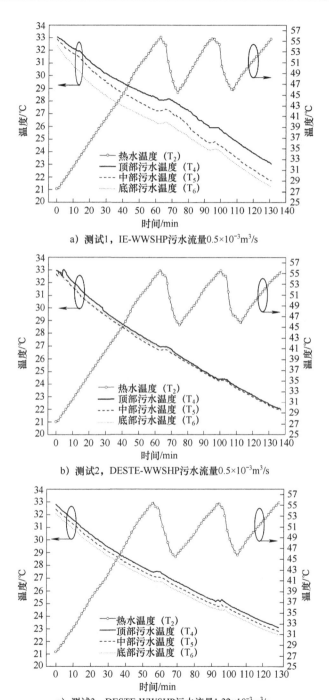

a) 测试1，IE-WWSHP污水流量$0.5\times10^{-3}\mathrm{m}^3/\mathrm{s}$

b) 测试2，DESTE-WWSHP污水流量$0.5\times10^{-3}\mathrm{m}^3/\mathrm{s}$

c) 测试3，DESTE-WWSHP污水流量$1.32\times10^{-3}\mathrm{m}^3/\mathrm{s}$

图 3-30　污水箱内污水温度分布

（3）连续供热模式下的系统性能 将热水箱内热水以设定的温度连续排出，对比两种系统在连续供热模式下热水排放量与热水供应温度的关系，结果如图 3-31 所示。在设定热水供应温度为 44℃时，干式壳管式污水蒸发器系统可连续提供的热水流量为 $5.528 \times 10^{-5} \mathrm{m}^3/\mathrm{s}$，浸泡式污水蒸发器系统为 $5.245 \times 10^{-5} \mathrm{m}^3/\mathrm{s}$，前者高出 5.4%。在连续的供热模式下，干式壳管式污水蒸发器系统同样具有更好的热水加热性能。

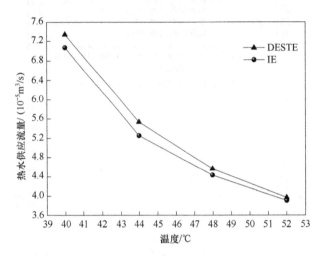

图 3-31 连续供热模式下热水排放量与热水供应温度的关系

3. 系统优势与经济性分析

前面详细地分析了除污型干式污水蒸发器的换热特性，在实际使用时同样需要关注该换热器的经济性情况。

（1）传热、紧凑度与成本

1）传热。对于壳管式污水蒸发器和浸泡式污水蒸发器来说，其不同点之一在于换热管外污水侧的流动换热形式。基于表 3-10 中实验 3 的运行条件，对两种传热器污水侧的传热系数进行计算分析。

浸泡式污水蒸发器中的污水流速为 $0.32 \times 10^{-3} \mathrm{m/s}$，污水侧属于自然对流换热，其传热系数按照表 3-11 计算。而干式壳管式污水蒸发器属于强迫对流传热，其传热系数按照表 3-12 计算。壳管式污水蒸发器污水侧传热系数是浸泡式换热器的 3.1 倍，具有更好的换热性能。

表 3-11 浸泡式污水蒸发器污水侧的传热系数

参 数	描 述
T_{T}	换热管管壁温度，22℃
T_{ww}	平均污水温度，28℃
k_{ww}	污水的导热系数，$61.4 \times 10^{-2} \mathrm{W/(m \cdot K)}$
ω	污水的体积膨胀系数（28℃），0.0037
Pr	水的普朗特数，5.7
Gr	$\dfrac{g\omega(T_{\mathrm{ww}}-T_{\mathrm{T}})D_{\mathrm{o}}{}^{3}}{V^{2}} = \dfrac{9.8 \times 0.0037 \times (28-22) \times 0.01^{3}}{(0.8452 \times 10^{-6})^{2}}$ $= 0.3046 \times 10^{6}$
Nu	$C(Gr \cdot Pr)^{n} = 0.48 \times (1.7359 \times 10^{6})^{0.25} = 17.42$
h	$\dfrac{k_{\mathrm{ww}}Nu}{D_{\mathrm{o}}} = \dfrac{61.4 \times 10^{-2} \times 17.42}{0.01} \mathrm{W/(m^{2} \cdot K)} = 1069 \mathrm{W/(m^{2} \cdot K)}$

表 3-12 壳管式污水蒸发器污水侧的传热系数

参 数	描 述
T_{T}	换热管管壁温度，12℃
T_{ww}	污水平均温度，27.6℃
v_{ww}	掠过换热管的污水流速，0.16m/s
k_{ww}	污水的导热系数，$61.4 \times 10^{-2} \mathrm{W/(m \cdot K)}$
Pr_{ww}	污水的普朗特数，5.42
$Pr_{\mathrm{ww,T}}$	壁面温度下污水的普朗特数，9.02
Nu	$0.35Re_{\mathrm{ww}}{}^{0.6}Pr_{\mathrm{ww}}{}^{0.36}\left(\dfrac{Pr_{\mathrm{ww}}}{Pr_{\mathrm{ww,T}}}\right)^{0.25}\left(\dfrac{S_{1}}{S_{2}}\right)^{0.2} = 53.63$
h	$\dfrac{k_{\mathrm{ww}}Nu}{D_{\mathrm{o}}} = \dfrac{61.4 \times 10^{-2} \times 53.63}{0.01} \mathrm{W/(m^{2} \cdot K)} = 3288 \mathrm{W/(m^{2} \cdot K)}$

2）紧凑度 紧凑度（$\mathrm{m^{2}/m^{3}}$）指换热器换热面积与换热体积的比值。若换热器具有较高的传热系数以及紧凑度，则意味着在相同换热量的基础上大大缩减了壳管式污水蒸发器体积、重量以及制作成本。

除污型干式壳管式污水蒸发器和浸泡式污水蒸发器的紧凑度为

$$\theta = A/V_{\mathrm{T}} \tag{3-32}$$

式中　θ——换热器的紧凑度（$\mathrm{m^{2}/m^{3}}$）；

　　　A——换热面积（$\mathrm{m^{2}}$）；

　　　V_{T}——换热器体积（$\mathrm{m^{3}}$）。

对于浸泡式污水蒸发器换热器来说，其紧凑度的计算如下：

$$A_{IE} = \pi dL = 3.14 \times 0.008 \times 12 \times 16 \times 0.8 m^2 = 3.86\ m^2 \tag{3-33}$$

$$V_{IE} = (1.3 - 0.4) \times 0.9 \times 0.7 m^3 = 0.504\ m^3 \tag{3-34}$$

$$\theta_{IE} = (3.86 / 0.504)\ m^2/m^3 = 7.66\ m^2/m^3 \tag{3-35}$$

在关于浸泡式污水蒸发器体积的计算中，换热器的高度是指污水箱底部到箱内液位控制器的距离，以上的部分不作为换热器的体积。

对于干式壳管式污水蒸发器换热器，其紧凑度的计算如下：

$$A_{DESTE} = \pi dL = 3.14 \times [(0.008 + 0.009)/2] \times 80 \times 1.05 m^2 = 2.25\ m^2 \tag{3-36}$$

$$V_{DESTE} = \pi(d^2/4)L = 3.14 \times (0.22^2/4) \times 1.1 m^3 = 0.0418\ m^3 \tag{3-37}$$

$$\theta_{DESTE} = (2.25/0.0418)\ m^2/m^3 = 53.83\ m^2/m^3 \tag{3-38}$$

进一步计算可知

$$\theta_{DESTE} / \theta_{IE} = 53.83 / 7.66 = 7.027 \tag{3-39}$$

$$V_{DESTE} / V_{IE} = 0.0418 / 3.86 = 8.29\% \tag{3-40}$$

干式壳管式污水蒸发器的紧凑度是浸泡式污水蒸发器的 7 倍，而体积只有浸泡式污水蒸发器的 8.29%，可以缩减热泵系统的体积，节约占地空间。

3）成本。由于体积的缩小，生产干式壳管式污水蒸发器所需的材料也将相应地缩减。举例说明，如果生产一台换热量为 7kW 的污水换热器，对于浸泡式污水蒸发器来说所需的纯铜管长度为 216m，而如果采用干式壳管式污水蒸发器，则只需 84m 即可。基于表 3-5 和表 3-7 中给出的两种换热器的规格，将节省纯铜材料的质量为

$$m_{co} = \pi(D_o^2 - D_i^2)(L_{IE} - L_{DESTE})\rho_{co} \tag{3-41}$$

$$= \pi \times (0.005^2 - 0.004^2) \times (216 - 84) \times 8.96 \times 10^3$$

式中　　D_o——换热管外径（m）；

D_i——换热管内径（m）；

L_{IE}——IE 换热器所需的换热管长度（m）；

L_{DESTE}——DESTE 换热器所需的换热管长度（m）；

ρ_{co}——纯铜管的密度（kg/m³）。

2010 年全国污水处理厂的处理后污水的总量为 $2.784 \times 10^{10} m^3$，其中包含可回收热量 $3.846 \times 10^{17} J$。若将废热全部通过干式壳管式污水蒸发器来回收，将比浸泡式污水蒸发器节省 5819 吨纯铜。

（2）除污方法　传统浸泡式污水蒸发器系统需要人工除污。在除污时，需将换热器的顶部端盖揭开，导致难闻气体的泄漏，严重影响周围环境。人工清

理污垢用的附加工具，如毛刷、高压水枪及水泵，也会相应地增加成本。

相比之下，干式壳管式污水蒸发器系统清除污垢的过程简单。只需手动旋转壳体外的手柄即可实现快速除污，几乎不会有难闻气体泄漏。这种除污方式可以使换热器的换热量由除污前的 5.8kW 提升到 8.0kW，恢复到清洁状态下换热量的 97.6%。除污后 COP 可上升至 3.04，基本恢复到清洁状态。干式壳管式污水蒸发器不仅避免了难闻气体的扩散，而且具有低成本、高效率的除污功能。

（3）能源消耗　在实际工程中，常将排水泵与壳管式污水蒸发器的循环水泵合并为同一台使用，即从壳管式污水蒸发器流出的污水直接排走，可节省水泵成本。但干式壳管式污水蒸发器系统需要多加一台污水泵给蒸发器提供循环污水，略微增加系统耗电量。

此前的几种壳管式污水蒸发器需要附加清洗系统。为缓解污水蒸发器表面的污垢问题，提出了两种应用高流速的污垢清理方法：一种使用高速水流对换热管进行反冲洗；另一种仅通过提高蒸发器中污水的设计流速来延缓污垢的生长。这些方法都会大大增加系统的运行耗能，有悖废热回收系统节能的初衷。相较而言，该干式壳管式污水蒸发器的除污功能方便快捷，在除污时只需手动转动旋柄即可，无须消耗电能。

3.2.3　除污型蒸发器的实验和数值研究

3.2.1 节提出的具有除污功能的干式壳管式污水蒸发器的工作原理为制冷剂与污水直接换热，其内部管程的制冷剂与壳程的污水交缠换热（流型均为曲线），而常见的换热器中两侧流体的某一侧流体一般做单一直线的流动，干式壳管式污水蒸发器模型与传统污水蒸发器的求解方式有一定的差异。

本节建立污水-制冷剂干式蒸发器的稳态分布参数模型，分析清洁状态下，不同的制冷剂和污水流量时，制冷剂焓、干度、空泡率沿流动方向的变化。对除污前后换热器两侧流体的温度分布以及传热系数的变化情况进行了对比，进一步分析污垢堆积过程对换热的影响。

1．污水蒸发器的结构简述

传统的壳管式污水蒸发器中一般污水走管程，制冷剂或循环水走管外的壳程，但这种方式不能实现干式蒸发换热。3.2.1 节的壳管式污水蒸发器与以往不同，污水在管外流动，制冷剂在管内流动。图 3-32 所示为干式污水蒸发器壳体内换热管的构造实物。根据图 3-11 所示，多根 U 形换热管安装于换热壳体内，形成两管程结构。折流板为可活动部件，折流板与中间转轴螺纹连接，当转动中间螺杆转轴时，由于螺纹的作用，折流板沿着换热管左右移动。折流板的中间胶皮夹层刮擦换热管，实现除污。

图 3-32 干式污水蒸发器壳体内换热管的构造实物

2. 数学模型的建立

（1）假设条件 为了简化数学模型，考虑到蒸发器的结构（直径、长度、布局等）与换热特点，在建立模型前，做如下假设：

1）稳态稳流运行。

2）流动方向上的热传导忽略不计。

3）换热管的横截面积在整个长度上不变。

4）制冷剂在径向上混合均匀。

5）换热管横截面上制冷剂具有相同的温度和压力。

6）重力的影响忽略不计。

7）蒸发器绝热运行。

由于在蒸发器内制冷剂主要呈环状流的形式流动，故对蒸发器两相区以环状流进行建模。

（2）制冷剂侧守恒模型 控制容积 i 如图 3-33 所示，选取节点 i 为控制微元体，根据质量、动量和能量守恒定理构建制冷剂的守恒方程。

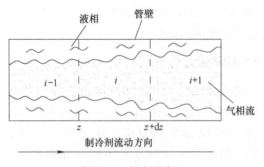

图 3-33 控制容积 i

1）两相区：

质量守恒方程表达式为

$$\frac{\partial \left[\langle \alpha \rangle \rho_v v_v + (1 - \langle \alpha \rangle) \rho_l v_l \right]}{\partial z} = 0 \tag{3-42}$$

式中　$\langle \alpha \rangle$——空泡系数，过热区中，空泡系数 $\langle \alpha \rangle = 1$；过冷区和饱和液相区中，$\langle \alpha \rangle = 0$；两相区中，$\langle \alpha \rangle$ 介于 0、1 之间；

　　　v_v，v_l——气相工质和液相工质的流速（m/s）；

　　　ρ_v，ρ_l——气相和液相工质的密度（kg/m³）。

动量方程表达式为

$$\frac{\partial \left[\langle \alpha \rangle \rho_v v_v^2 + (1 - \langle \alpha \rangle) \rho_l v_l^2 \right]}{\partial z} = \frac{\partial P}{\partial z} - F_{T,r} \tag{3-43}$$

式中　$F_{T,r}$——管壁与制冷剂液体的摩擦力（N/m³）。

能量方程表达式为

$$\frac{\partial \left[\langle \alpha \rangle \rho_v v_v h_v + (1 - \langle \alpha \rangle) \rho_l v_l h_l \right]}{\partial z} = \frac{\pi D_i}{A_c} q_{f,T} \tag{3-44}$$

式中　h_v，h_l——气相工质和液相工质的比焓（J/kg）；

　　　D_i——管内径（m）；

　　　A_c——管截面积（m²）；

　　　$q_{f,T}$——制冷工质与管壁的热流密度（W/m²），$q_{f,T} = h_{r,T}(T_T - T_r)$；

　　　$h_{r,T}$——制冷剂与管壁的对流传热系数 [W/(m²·K)]。

控制容积内干度 x 与空泡系数的关系式为

$$\langle \alpha \rangle = \frac{x \rho_l}{x \rho_l + (1 - x) \rho_v} \tag{3-45}$$

2）过热区：

质量守恒方程表达式为

$$\frac{\partial (\rho_{si} v_{si})}{\partial z} = 0 \tag{3-46}$$

能量守恒方程表达式为

$$\frac{\partial (\rho_{si} v_{si} h_{si})}{\partial z} = \frac{\pi D_i}{A} q_{si} \tag{3-47}$$

动量守恒方程表达式为

$$\frac{\partial (\rho_{si} v_{si}^2)}{\partial z} = -\frac{\partial P}{\partial z} - F_{T \cdot si} \tag{3-48}$$

（3）制冷剂侧换热模型　过热区的制冷剂侧传热系数由 Dittus-Boeler 换热关联式进行计算，

$$Nu_r = 0.023Re_r^{0.8}Pr_r^{0.3} \tag{3-49}$$

式中　　Nu_r——制冷剂的努塞特数；

　　　　Re_r——制冷剂的雷诺数；

　　　　Pr_r——制冷剂的普朗特数。

对于两相区制冷剂侧的传热系数，采用 Teraga 和 Guy 提出的计算公式进行计算：

$$h_{tp,r} = \begin{cases} h_r(x) & \text{湿壁区：} 0.2 < x_d \\ h_r(x_d) - [(x-x_d)/(1-x_d)]^2[h_r(x_d) - h_{si}] & \text{蒸干区：} x \geqslant x_d \end{cases} \tag{3-50}$$

其中

$$h_r(x) = 3.4\left(\frac{1}{\chi_{tt}}\right)^{0.45}h_{l,r} \tag{3-51}$$

$$\chi_{tt} = \left(\frac{1-x}{x}\right)^{0.9}\left(\frac{\rho_{v,r}}{\rho_{l,r}}\right)^{0.5}\left(\frac{\mu_{l,r}}{\mu_{v,r}}\right)^{0.1} \tag{3-52}$$

$$h_{l,r} = 0.023(k_{l,r}/D_i)Re_{l,r}^{0.8}Pr_{l,r}^{0.3} \tag{3-53}$$

$$x_d = 7.943\left[Re_{v,r}(2.03\times10^4 Re_{v,r}^{-0.8}(T_{T,i} - T_e) - 1)\right]^{-0.161} \tag{3-54}$$

式中　　　　χ_{tt}——马丁内利数；

　　　　　　$h_{l,r}$——全液相制冷剂传热系数 ［W/（m²·K）］；

$\rho_{v,r}$ 和 $\mu_{v,r}$——分别为气相制冷剂的密度（kg/m³）和动力黏度（N·s/m²）；

$\rho_{l,r}$ 和 $\mu_{l,r}$——分别为液相制冷剂的密度（kg/m³）和动力黏度（N·s/m²）；

　　　　　　$k_{l,r}$——液相制冷剂导热系数 ［W/（m·K）］；

　　　　　　$Re_{l,r}$——全液相制冷剂雷诺数；

　　　　　　$Pr_{l,r}$——全液相制冷剂普朗特数；

　　　　　　x_d——蒸干点的干度；

　　　　　　$Re_{v,r}$——全气相制冷剂雷诺数；

　　　　　　$T_{T,i}$——管内壁温度（K）；

　　　　　　T_e——蒸发器的蒸发温度（K）。

（4）制冷剂侧压降模型　制冷剂侧压降可根据动量守恒方程求解或采用下列方程求解。

过热区的压降方程为

$$\Delta p_{\mathrm{si}} = f_{\mathrm{si}} \frac{L}{D_{\mathrm{i}}} \frac{\rho_{\mathrm{si}} u_{\mathrm{si}}^2}{2} \tag{3-55}$$

式中　Δp_{si}——单项制冷剂压降（Pa）；

　　　f_{si}——单项制冷剂摩擦阻力系数；

　　　L——管长（m）。

其中摩擦阻力系数为

$$f_{\mathrm{si}} = \begin{cases} 64/Re_{\mathrm{si}} & (Re_{\mathrm{si}} < 2320) \\ 0.3164Re_{\mathrm{si}}^{-0.25} & (2023 \leqslant Re_{\mathrm{si}} \leqslant 8\times10^4) \\ 0.0054+0.3964Re_{\mathrm{si}}^{-0.3} & (Re_{\mathrm{si}} > 8\times10^4) \end{cases} \tag{3-56}$$

两相区的压降方程为

$$\Delta p_{\mathrm{tp,r}} = \left[\Delta p_{\mathrm{l,r}} + 2(\Delta p_{\mathrm{v,r}} - \Delta p_{\mathrm{l,r}})x \right](1-x)^{1/3} + \Delta p_{\mathrm{v,r}} x^3 \tag{3-57}$$

式中　$\Delta p_{\mathrm{tp,r}}$——两相区制冷剂的流动压力（Pa）；

　　　$\Delta p_{\mathrm{l,r}}$——制冷剂全部为液相流动的压降（Pa）；

　　　$\Delta p_{\mathrm{v,r}}$——制冷剂全部为气相流动的压降（Pa）。

（5）污水侧换热模型　在污水侧存在多种流动换热形式（见图 3-34）。污水流过折流板的上缺口时，污水与制冷剂属于顺流和斜交叉流共存，流型如图 3-34a 所示。在二、三层微元体中污水与制冷剂属于垂直交叉流，如图 3-34b 所示。污水流过折流板的下缺口时，污水与制冷剂属于逆流与斜交叉流共存，流型如图 3-34c 所示。

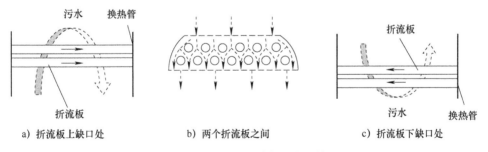

a）折流板上缺口处　　　　b）两个折流板之间　　　　c）折流板下缺口处

图 3-34　蒸发器污水与制冷剂的流动换热形式

（6）换热温差计算　将微元体的换热视为逆流换热得到对数换热温差。

$$\mathrm{LMTD} = \frac{(T_{\mathrm{r,in}} - T_{\mathrm{ww,out}}) - (T_{\mathrm{r,out}} - T_{\mathrm{ww,in}})}{\ln\left[(T_{\mathrm{r,in}} - T_{\mathrm{ww,out}}) / (T_{\mathrm{r,out}} - T_{\mathrm{ww,in}}) \right]} \tag{3-58}$$

实际上污水和制冷剂的换热在第二、三层属于垂直交叉流换热，在折流板下缺口处为交叉流与顺流换热共存，在上缺口处为交叉流与顺流换热共存。因此完全按照逆流换热取对数温差不合适，需要将对数平均温差加以修正。F_T 为修正系数，由模拟数据与实验数据对比确定：在二、三层微元处取 0.96，折流板下缺口处取 0.98，上缺口处取 0.94。因此，该换热器各微元的换热温差为

$$\Delta T = F_T \times \text{LMTD} \tag{3-59}$$

（7）流体参数　通过查表得到制冷剂 R134a 的物性参数，污水物性参数则参考宋艳博士根据水物性参数提出的污水物性参数拟合方程进行计算。

1）密度：

$$\rho_{ww} = (1.00 - 1.36 \times 10^{-4} T_{ww} - 3.06 \times 10^{-6} T_{ww}^2) \times 10^3 \tag{3-60}$$

2）比定压热容：

$$C_{p,ww} = (4.21 - 2.06 \times 10^{-2} T_{ww} + 3.066 \times 10^{-5} T_{ww}^2 - 9.26 \times 10^{-7} T_{ww}^3) \times 10^3 \tag{3-61}$$

3）动力黏度：

$$\mu = (1.55 \times 10^{-2} - 3.40 \times 10^{-5} T_{ww} + 3.42 \times 10^{-7} T_{ww}^2 - 1.29 \times 10^{-9} T_{ww}^3) \times 10^3 \tag{3-62}$$

$$\mu_{ww} = (1.5 \sim 2.5)\mu \tag{3-63}$$

4）导热系数：

$$k_{ww} = 5.62 \times 10^{-1} + 1.88 \times 10^{-3} T_{ww} - 6.69 \times 10^{-6} T_{ww}^2 \tag{3-64}$$

将式（3-60）～式（3-64）编制成污水热力性能参数和物性参数的子程序，在总程序计算中对其调用。

3. 数学模型的求解与验证

（1）求解方法　首先将该污水蒸发器进行微元划分，左右方向以折流板为分界线划分，划分为 $j-1$ 列（$j=15$）；上下方向将 10 层换热管分为四组，如图 3-35 所示。第一组由 1、2 层组成，3～5 层为第二组，6～8 层为第三组，9、10 层为第四组。由于换热器除污功能的要求，第 14 列的轴向宽度为其他列宽度的 2 倍。折流板的上缺口和下缺口处的微元体与其他微元体不同，其轴向宽度也为其他列宽度的 2 倍。基于以上的划分方式，将该蒸发器划分出 $2(j-1)+6+7=43$ 个微元体。每个微元体进出口的污水和制冷剂温度点在图 3-35 中标出。

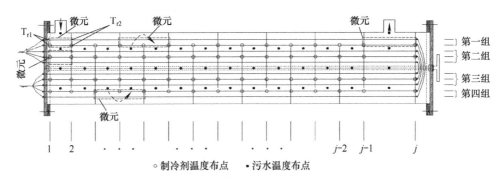

图 3-35　干式壳管式污水蒸发器的微元划分与温度节点示意图

以往应用 MATLAB 软件对换热器的求解中，两侧流体有一侧为直流，可以直接逐个微元依次求解，每个微元所得结果作为下一个微元的初始条件。对于多管程多壳程结构的壳管式换热器，两侧流体相互交叉换热，在求解每个微元时，由于已知参数不足无法按常规方法求解。一方面，干式壳管式换热器各个微元的制冷剂侧传热系数不是定值，它与微元进出口参数有关，该参数也是未知量。另一方面，壳管式换热器是由多个壳程与多个管程相互耦合进行换热的，而现有关于换热器的求解模型几乎不考虑耦合换热的情况。这些特点决定了以某一侧流体入口已知参数为计算起点，依次求解每个微元进出口两侧流体参数，最终得到换热器中两侧流体的参数分布的方法，不再适合该换热器的模型求解。

考虑到换热器的特点，将以往沿一侧流体流动方向求解的思想转换为根据温差换热关系由一侧流体各微元参数寻求另一侧流体解的思想。然后再由求得的一侧解，通过能量守恒关系反推另一侧流体的解，直至收敛到要求精度为止即为稳态参数，求解流程如图 3-36 所示。

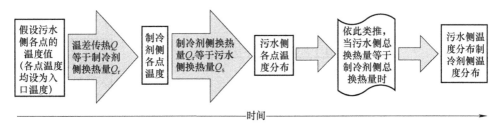

图 3-36　壳管式换热器的模型求解流程

在两侧流体参数互推的过程中，又是沿一侧流体的流动方向进行求解的。

这个过程必须要求某一侧流体所有微元的参数为可计算的数值，所以在初始条件中设污水侧所有微元体进出口污水温度等于壳管式换热器入口污水温度，计算流程如图 3-37 所示。

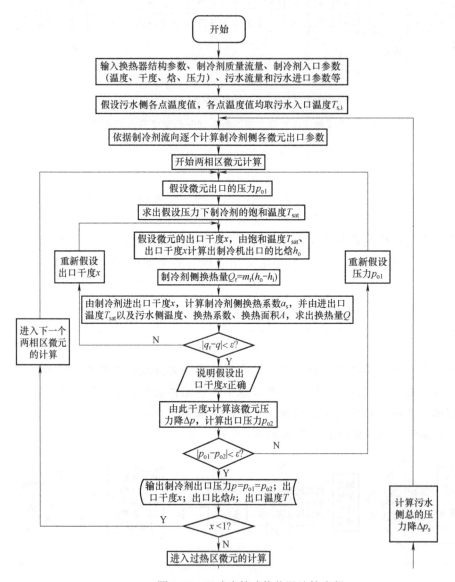

图 3-37　干式壳管式换热器计算流程

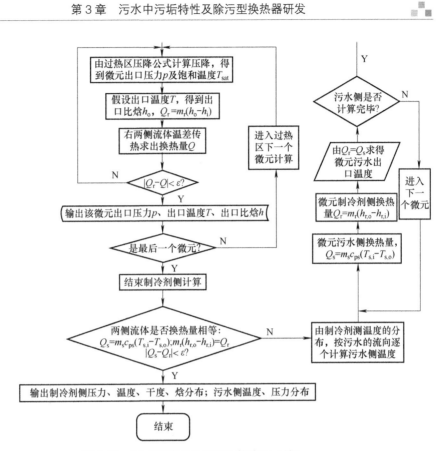

图 3-37　干式壳管式换热器计算流程（续）

（2）实验测试与模型验证　基于 3.2.1 节搭建的废热回收系统，开展了两组测试（见表 3-13）。第一组测试中，污水流量从 0.45L/s 升高到 1.43L/s。第二组测试中，主要分析了在 0.75L/s 的污水流量下蒸发器入口污水温度对换热性能的影响。测试中监测参数包括蒸发温度、干式壳管式蒸发器进出口污水温差、换热量以及系统 COP。

表 3-13　两组测试的实验测试条件

组　　号	测试 1
	污水流量/（L/s）
1	0.45
2	0.48
3	0.72
4	0.83
5	1.04

（续）

组　号	测试 1	
	污水流量/（L/s）	
6	1.24	
7	1.30	
8	1.43	
组　号	测试 2（污水流量 0.75L/s）	
	污水温度/℃	制冷剂温度/℃
1	18.2	4.1
2	20.5	4.8
3	21.5	5.2
4	23.6	5.9
5	23.2	5.7
6	24.6	6.3
7	24.1	6.2
8	24.9	6.7
9	26.7	7.4
10	26.9	7.5
11	29.3	8.4
12	30.4	8.7
13	31.8	9.2

1）系统测试结果与分析。污水流量对系统的影响如图 3-38 所示，在测试 1 中，蒸发温度、换热量和 COP 与污水流量成正比，而污水进出口温差与污水流量成反比。换热量随污水流量变化有很大的提升空间。系统 COP 起初增速较大，随后逐渐变缓。随着污水流速的增加，污水进出口温差变小，表明在高流速下污水中的废热不能充分回收。

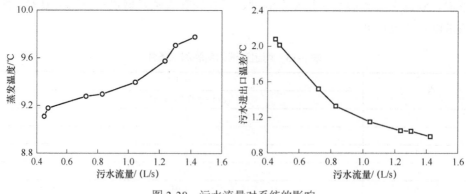

图 3-38　污水流量对系统的影响

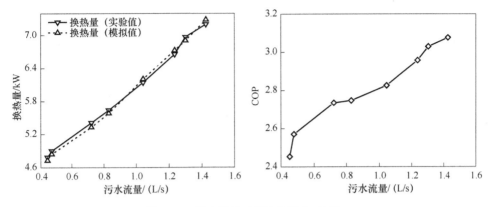

图 3-38　污水流量对系统的影响（续）

　　污水入口温度对换热器性能的影响如图 3-39 所示，在测试 2 中，蒸发器换热量、污水出口温度和制冷剂出口温度均随污水入口温度的增加而增大。污水进出口温差在 1.6～1.8℃ 范围内逐渐增加，虽然增幅较小，但对换热量的影响很大。随着污水温度的增加，制冷剂出口温度增幅较大，废热回收量明显增加。

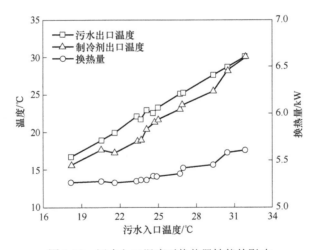

图 3-39　污水入口温度对换热器性能的影响

　　2）模型的验证。图 3-40 所示为测试 1 中实测数据与模拟结果的对比。制冷剂出口温度的对比结果显示实测数据与模拟数据没有明显的差别（置信度 $p = 0.32$），两者误差低于 9%，最大误差为 2.6℃，出现在污水流量为 0.83L/s 时。两组换热量数据没有显著差异（置信度 $p = 0.89$），最大偏差为 8.3%。

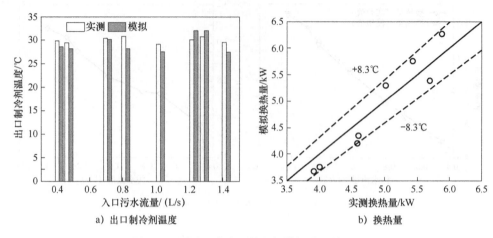

a) 出口制冷剂温度   b) 换热量

图 3-40　测试 1 中实测数据与模拟结果的对比

测试 2 中实测数据与模拟结果的对比如图 3-41 所示。两组数据的统计结果显示实验与模拟无明显差异（置信度 $p=0.79$ 和 $p=0.9$）。制冷剂出口温度的最大误差为 2.4℃，换热量的最大误差为 3.8%。

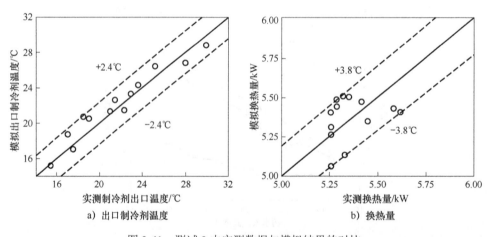

a) 出口制冷剂温度   b) 换热量

图 3-41　测试 2 中实测数据与模拟结果的对比

模拟结果与实测数据的偏差可能来自模型建立过程中的假设与测量工具的误差。以上统计结果表明，该稳态数学模型可以准确地反映测试系统的运行特性，并可用于对换热器的其他特性做进一步模拟分析。

4. 模拟研究与分析

污垢的生长是一个长期过程，全部基于实验研究的可行性不高，因此，污垢对换热器特性的影响以及制冷剂内部的参数变化可基于数值模拟的方法展开研究。

（1）不同制冷剂流量下蒸发器的特性　对实验系统进行优化后，基于建立的稳态数学模型对不同制冷剂流量 M_r 下蒸发器的运行特性进行模拟研究。运行工况如下：污水流量为 0.75L/s、制冷剂入口温度为 9℃，污水入口温度为 24℃，以上三个运行参数为定值。清洁状态，三种制冷剂流量（0.0593kg/s、0.0791kg/s、0.0988kg/s）下，制冷剂沿流动方向的压力变化如图 3-42 所示。可以看出，制冷剂的压降随制冷剂流量的增加而增加。与制冷剂入口压力相比，三组模拟结果的最大制冷剂压降均很小，可忽略。因此在整个蒸发器中可将制冷剂视为处于等压过程，即制冷剂的蒸发温度可认为是固定的。

图 3-43 所示为三种流量下，制冷剂沿流动方向的空泡率变化。由方程 $d\langle\alpha\rangle = \dfrac{\rho_{l,r}\rho_{v,r}}{\left[x(\rho_{l,r}-\rho_{v,r})+\rho_{v,r}\right]^2}dx$，（$\rho_{l,r}\gg\rho_{v,r}$）可知，当 $x<0.1$ 时，$\dfrac{\rho_{l,r}\rho_{v,r}}{\left[x(\rho_{l,r}-\rho_{v,r})+\rho_{v,r}\right]^2} \to +\infty$。因此，在制冷剂的入口段，制冷剂的干度很小，其空泡率迅速上升到 0.9（$L=0.14m$）。之后，沿着流动方向空泡率缓慢增加（$\langle\alpha\rangle>0.9$）。

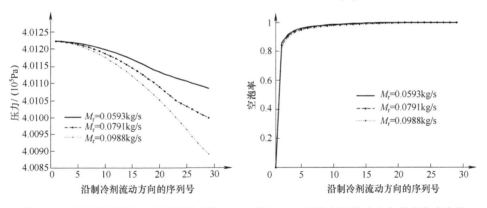

图 3-42　制冷剂沿流动方向的压力变化　　图 3-43　制冷剂沿流动方向的空泡率变化

图 3-44 所示为三种流量下，制冷剂沿流动方向的平均比焓变化，在两相区（$x<1$）制冷剂的平均比焓沿流动方向线性增加，且随着制冷剂的流量增大，其增加速率逐渐升高。在过热区，制冷剂的平均比焓增加较慢，其增加速率要远远小于两相区。出现这一现象原因如下：在过热区，制冷剂的温度偏高，制冷剂与管壁之间温差很小，因此温差传热量较小，制冷剂的平均比焓的增量较小；过热区的传热系数比两相区的传热系数低，因此制冷剂在过热区吸收的热量较少，比焓增加速率较低。

图 3-45 所示为三种流量下，制冷剂沿流动方向的温度分布。制冷剂的流量越大，两相区越长，过热区越短。当制冷剂的流量大于 0.0988kg/s 时，制冷剂换热管中将几乎不再出现过热区。在实际工程中，从蒸发器流出的制冷剂通过压缩机吸走，当液态制冷剂进入压缩机时，会因为吸气带液而损坏压缩机。因此需尽可能保证蒸发器出口的制冷剂处于过热区，即气态。因此该模型在其运行条件下，最大的制冷剂流量为 0.0988kg/s。

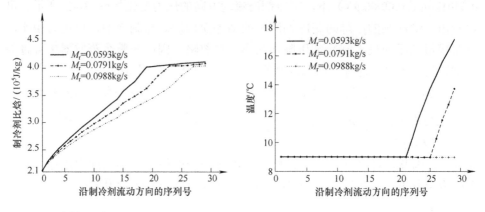

图 3-44　制冷剂沿流动方向的平均比焓变化　　　图 3-45　制冷剂沿流动方向的温度分布

（2）不同污水流量下蒸发器的特性　对实验系统进行优化后，基于建立的稳态数学模型对不同污水流量 V_{ww} 下干式壳管式蒸发器的运行特性进行了模拟研究，见表3-14。污水流量由 0.39L/s 逐渐增加到 0.75L/s，而污水入口温度、制冷剂入口温度以及制冷剂流量为固定值。模拟结果显示，当污水流量处于 0.39~0.48L/s 时，随着污水流量的增加，蒸发器的换热量迅速增大。当污水流量大于 0.48L/s 时，污水流量对换热量的影响较小（增加速率低）。与之前的实测系统相比，优化后的换热器增加了制冷剂流量，因此换热量有较大提高。模拟结果中，换热量随污水流量的变化趋势与之前实测系统中的变化趋势相似（见图3-38）。

表 3-14　不同污水流量下干式壳管式蒸气器的模拟运行特性

污水流量/（L/s）	换热量/kW	污水出口温度/℃	制冷剂出口温度/℃	制冷剂出口焓/（kJ/kg）
0.39	13.8	15.6	9.0	385.7
0.42	14.3	15.9	9.0	392.1
0.45	14.8	16.1	9.0	399.6
0.48	15.1	16.5	9.0	403.4

（续）

污水流量/（L/s）	换热量/kW	污水出口温度/℃	制冷剂出口温度/℃	制冷剂出口焓/（kJ/kg）
0.51	15.2	16.9	9.0	403.9
0.54	15.2	17.3	9.4	404.3
0.57	15.3	17.6	11.6	406.3
0.60	15.4	17.9	12.0	406.6
0.63	15.5	18.1	13.7	408.2
0.66	15.5	18.4	14.0	408.2
0.69	15.5	18.6	14.0	408.4
0.72	15.5	18.8	14.0	408.4
0.75	15.5	19.1	15.4	408.4

注：换热器污水侧和制冷剂侧的入口温度分别为 24℃和 9℃；制冷剂流量为 0.0791kg/s。

表 3-14 显示，随着污水流量的增加，污水出口温度逐渐增加，进出口温差减小。当污水流量小于 0.51L/s 时，制冷剂出口处于两相区，制冷剂出口温度均为 9℃。这是由于污水流量的增加提高了换热效率，有利于饱和制冷剂从污水中吸收更多的热量，因此制冷剂出口焓与污水流量呈正比关系。当污水流量在 0.51～0.63L/s 范围内变化时，由于蒸发器出口段制冷剂处于过热区，气态制冷剂的比定压热容较小，制冷剂出口温度随着污水流量的增加而迅速增大，而制冷剂出口焓增加并不明显。因此制冷剂出口温度的变化对焓的影响较小。当污水流量大于 0.63L/s 时，制冷剂出口温度和出口焓随污水流量的增加而缓慢增加，此时已基本达到设计蒸发器的最大换热量。因此，为确保制冷剂出口为气态，最小的污水流量为 0.51L/s，最高换热量可达 15.5kW，优化后的换热量为实测系统中换热器换热量的 2.5 倍。

（3）污垢生长过程对蒸发器的影响　污垢的生长将直接影响换热器传热系数，因此在模拟过程中用污垢热阻 R_f 的变化来反映污垢的生长过程。美国管式换热器制造商协会标准中规定 $CaCl_2$ 和 $NaCl$ 溶液中形成的渐近污垢热阻值取 $5.28×10^{-4}m^2 \cdot K/W$。因此模拟中设定污垢热阻从清洁状态的 $0m^2 \cdot K/W$ 增加到结垢状态的 $5.0×10^{-4}m^2 \cdot K/W$，设定步长为 $0.5×10^{-4}m^2 \cdot K/W$。

模拟污垢生长过程中蒸发器的性能见表 3-15，随着污垢热阻的增加，换热量逐渐减小。当污垢热阻小于 $2.5×10^{-4}m^2 \cdot K/W$ 时，污垢对换热量的影响较小，出口段制冷剂依然可以完全汽化（$x=1$）。当污垢热阻大于 $2.5×10^{-4}m^2 \cdot K/W$ 时，它对换热性能的影响较大，出口段制冷剂不能完全汽化（$x<1$），制冷剂出口焓随污垢的生长表现出相同的变化趋势。因此，为保证蒸发器出口段制冷剂

完全汽化，应控制污垢热阻小于 $2.5\times10^{-4}\mathrm{m}^2\cdot\mathrm{K/W}$。这一结论从换热量的变化过程中也能得到，当污垢热阻大于 $2.5\times10^{-4}\mathrm{m}^2\cdot\mathrm{K/W}$ 时，污垢热阻每增加 $0.5\times10^{-4}\mathrm{m}^2\cdot\mathrm{K/W}$，换热量降低 $0.16\sim0.34\mathrm{kW}$，比当污垢热阻小于 $2.5\times10^{-4}\mathrm{m}^2\cdot\mathrm{K/W}$ 时的 $0.03\sim0.12\mathrm{kW}$ 的降幅高得多。

表 3-15　模拟污垢生长过程中蒸发器的性能

$R_f/(10^{-4}\mathrm{m}^2\cdot\mathrm{K/W})$	0	0.5	1.0	1.5	2.0	2.5	3.0	3.5	4.0	4.5	5.0
换热量/kW	15.50	15.40	15.35	15.23	15.20	15.12	14.96	14.71	14.48	14.18	13.84
制冷剂出口干度	1	1	1	1	1	0.99	0.98	0.96	0.95	0.92	0.90
制冷剂出口焓/(kJ/kg)	408.2	406.6	406.3	404.3	404	403.2	400.9	397.7	394.6	389.7	385.9

注：污水流量 0.63L/s；制冷剂流量 0.0791kg/s；污水/制冷剂入口温度分别为 24℃和 9℃。

根据表 3-15 给出的性能参数变化，为了保证该污水蒸发器以较高的效率运行，最佳除污时刻为污垢热阻到达 $2.5\times10^{-4}\mathrm{m}^2\cdot\mathrm{K/W}$ 时。

（4）除污前后蒸发器的特性　为了研究除污作用对蒸发器的影响，对除污前后制冷剂和污水温度以及制冷剂侧传热系数沿各自流动方向的变化情况进行了分析。除污前的污垢热阻取美国管式换热器制造商协会标准中的推荐值（$5.28\times10^{-4}\mathrm{m}^2\cdot\mathrm{K/W}$）。由于污垢不能保证完全清除，除污后污垢热阻值不为 $0\mathrm{m}^2\cdot\mathrm{K/W}$。3.2.1 节的测试数据表明除污后换热器的换热量恢复到完全清洁状态下的 97.6%，因此认为除污后的污垢热阻值为 $0.13\times10^{-4}\mathrm{m}^2\cdot\mathrm{K/W}$。

除污前后沿制冷剂流动方向的温度分布如图 3-46 所示，由于污垢的存在导致换热量下降，除污前制冷剂不能充分吸收热量，因此整个污水蒸发器的制冷剂侧没有出现过热区。然而在同样的制冷剂流量下，除污后蒸发器中制冷剂的出口段出现了过热区。说明换热器表面的污垢对换热量的影响很大，严重时会导致制冷剂无法吸收足够的热量，系统无法正常运行。对污水换热器进行合理且有效的污垢清理工作才能保证制冷剂充分吸热，在出口段达到气态，确保压缩机正常运行，延长其使用寿命。

除污前后沿污水流动方向的温度分布如图 3-47 所示。除污前，在污水的入口段，污水温度下降的速度比除污后快（温度点序列号<18）。虽然除污后污垢热阻减小，但正是由于除污后传热系数的提高导致制冷剂在出口段变成气体状态（过热区）或气体段长度变长。然而制冷剂气体的传热系数较低，综合制冷剂侧传热系数的降低与换热管外污垢热阻的降低（换热增强）的整体影响，除污后在制冷剂出口一段距离内总传热系数较小。从换热器的结构中可以看出，这种制冷剂气体段正好和污水的入口段相交叉进行换热，因此当流入的污水经过这段区域进行换热时，污水不能很好地被冷却（见图 3-48 中的过热区）。总的

来说，在污水的入口段上，除污后的污水温度下降速度反而比除污前慢，但在后半部分（温度点序列号>18），除污后的污水温度冷却速度要远远超过除污前，其结果是除污后污水出口段的污水温度（温度点序列号>30）低于除污前。

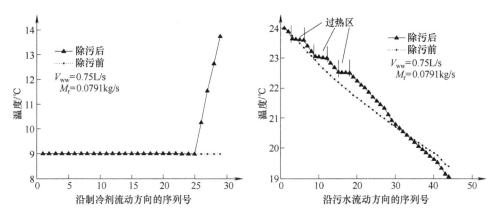

图 3-46　除污前后沿制冷剂流动方向的温度分布　　图 3-47　除污前后沿污水流动方向的温度分布

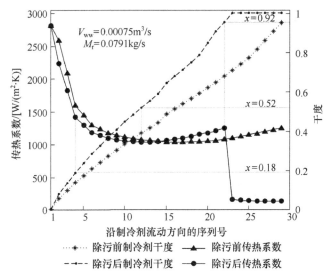

图 3-48　除污前后制冷剂侧的传热系数及制冷剂干度沿制冷剂流动方向的变化

除污前后制冷剂侧的传热系数及制冷剂干度沿制冷剂流动方向的变化如图 3-48 所示。除污后，制冷剂传热系数在入口段（$x<0.18$）下降迅速。随着制冷剂干度的增加，当干度在 0.18~0.52 范围内时，其下降速率变缓，当干度为 0.52 时，制冷剂侧传热系数达到最小值；当干度在 0.52~0.92 范围内时，制冷剂传热系

数沿流动方向上随干度的增加而增大。而当干度增加到 1 时，制冷剂进入过热区，传热系数瞬间降到很低的数值。在过热区，传热系数一直保持很低的数值且仍有降低的趋势，但这种下降幅度很小。除污前（结垢状态）这种制冷剂侧传热系数随干度的变化曲线与除污后（清洁状态）的变化趋势一致，但没有过热区的出现。正是由于除污前没有过热区的出现，可以认为除污前（结垢状态）的制冷剂侧与除污后（清洁状态）相比一直具有相对较高的传热系数。但是由于除污前换热管外污垢热阻的存在，除污后清洁状态时的换热器总传热系数要高于除污前结垢状态时的总传热系数。

5. 本节小结

本节对污水蒸发器内能量的传递和流动特性进行了理论分析，建立了除污型干式壳管式污水蒸发器的稳态分布参数模型。采用两侧流体相互迭代与单侧流体单向求解相结合的方式对模型进行编程求解，基于验证后的模型对干式污水蒸发器进行了模拟分析，并得到如下结论：

1）蒸发器内制冷剂侧压降很小，可以忽略。制冷剂平均比焓在两相区线性快速增加，在过热区增加缓慢。制冷剂的空泡率在入口段迅速地增加到 0.9，但此后增加缓慢。

2）沿污水流动方向的入口段，除污后的污水温度的下降速率反而比结垢状态下低，但此后换热段除污后的污水温度下降速度要比结垢状态下快。总体上，除污后的蒸发器出口污水温度要低于除污前的出口污水温度。

3）优化后的壳管式换热器的换热量可达 15.5kW。最小污水流量为 0.51L/s，而最佳污水流量为 0.63L/s，最佳除污污垢热阻为 $2.5\times10^{-4}\mathrm{m^2\cdot K/W}$。

3.3 枕板式换热器的设计

本节意在研究从源头减轻污垢沉积量，构建另一种以氟-水为换热方式的防垢型污水换热器，并对比浸泡式换热器（湿式污水换热器）性能，验证其防垢特性和替代价值。

3.3.1 污水源热泵系统原理

枕板式换热器的结构可以减轻传统污水换热器在废热回收过程中存在的结垢和堵塞问题。通过污水与制冷剂直接换热的方式，利用枕板式污水源热泵系统从污水中获取废热来加热生活用水，可以有效缓解污垢问题。该实验系统可分为三个环路——污水环路，制冷剂环路和热水环路，图 3-49 和图 3-50 分别展示了其实验原理及实物。

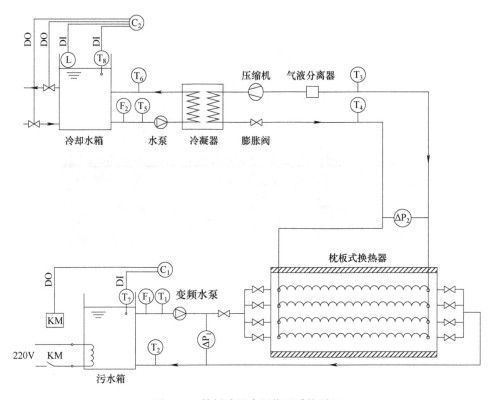

图 3-49　枕板式污水源热泵系统原理

T—热电阻 Pt100　H—湿度传感器　F—流量计　ΔP—压差变送器　L—浮球阀　C—控制器　KM—继电器

1）在污水环路中，污水与热泵系统的蒸发器直接接触，即污水从换热器左侧进水口均匀进入换热片夹层空间，与内通道流向偏转的制冷剂 R134a 逆流换热后，在污水泵驱动下从换热器右侧流出。

2）在制冷剂环路中，从污水处吸收废热后的制冷剂 R134a 在枕板换热器内通道定压汽化成为饱和或接近干饱和蒸汽。随后在压缩机的作用下将热量带至冷凝器，向热水储水箱中的水等压放热。冷凝成饱和液状态的制冷剂再通过节流阀完成绝热节流过程，最后流回蒸发器进行下一个循环。

3）在热水环路中，由来自热水储水箱中的冷却水在冷凝器处与制冷剂 R134a 换热，从而得到热水。

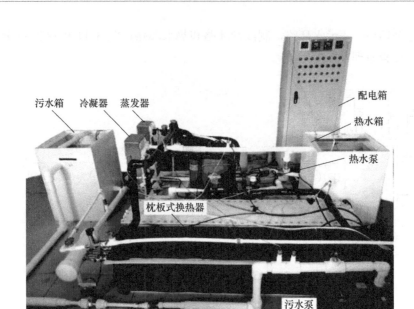

图 3-50　枕板式污水源热泵系统实物

实验污水取自哈尔滨市某小区，污水中污染物颗粒的粒径大小范围为 2～700μm，干物质的浓度为 366mg/L。

3.3.2　枕板式污水换热器及其系统的性能分析

为探究枕板式污水换热器的换热特性、系统性能以及阻力特性，分别研究了污水温度、污水流量对 COP、传热速率以及传热系数的影响，并讨论其阻力特性和节能潜力。通过直观地了解枕板式换热器的特性，可以对换热器及系统性能做出正确的评价并为优化其性能提供科学依据。

1. 枕板式污水换热器传热系数的测试与分析

（1）枕板式污水换热器传热系数的测试　为了探究该枕板换热器在回收不同温度的污水废热时的性能表现，参考城市污水温度范围（10～30℃），分别设定了污水温度 T_{ww} 为 5℃、15℃、25℃、30℃，以热水预置温度为 45℃，对该换热器在污水流量为 1.64～4.22m³/h 时的传热系数 h 进行了测试实验。图 3-51 所示为不同污水温度下换热器传热系数随污水流量的变化趋势以及拟合曲线，其中拟合公式的各项系数列于表 3-16。图 3-52 所示为污水温度为 30℃时枕板换热器两侧流体的关键部位温度曲线。

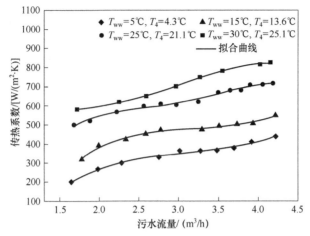

图 3-51　不同污水温度下换热器传热系数随污水流量的变化趋势以及拟合曲线

表 3-16　传热系数拟合公式

公式：$h = Ax^4 + Bx^3 + Cx^2 + Dx + E$						
系数温度	A	B	C	D	E	R^2
$T_{ww} = 5℃$　$T_4 = 4.3℃$	0.82	18.58	−222.77	791.25	−585.64	0.98589
$T_{ww} = 15℃$　$T_4 = 13.6℃$	−7.84	136.47	−818.72	2102.39	−1514.54	0.98046
$T_{ww} = 25℃$　$T_4 = 21.1℃$	−24.26	296.66	−1323.19	2624.43	−1393.55	0.97847
$T_{ww} = 30℃$　$T_4 = 25.1℃$	−7.42	59.88	−126.60	103.25	548.69	0.99723

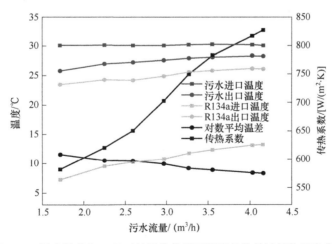

图 3-52　污水温度为 30℃时枕板换热器两侧流体的关键部位温度曲线

从图 3-51 中可以看出，传热系数 K 受污水温度的影响较大：当污水流量为 4.22m³/h 时，$K_{T_w=5℃}$ 最高为 456.16J/（m² · K），而 $K_{T_w=30℃}$ 最高可达 826.78

J/($m^2 \cdot K$)。考虑实际城市污水温度最高约为 30℃，因此通过提高污水温度来获得强化换热的效果有限。

此外，图 3-51 和图 3-52 证明了污水流量对传热系数也有影响。当污水温度恒为 30℃时，随着污水流量的增加，污水进出口平均温度增加、蒸发温度提高，传热系数增加 29.6%。值得注意的是，当污水流量超过 4.0m³/h 后，采用增大污水流量的方式提高换热器传热系数的效果同样有限。

（2）污水侧对流传热系数的对比　枕板式换热器的换热过程为高温污水在换热器壳体间流动、低温制冷剂在枕板内部通道间流动，两种流体逆向流动换热。显然本节涉及的枕板式换热器属于浸泡式蒸发器。因此，为了揭示特殊的枕板结构在污水源热泵中的应用优势，将其污水侧对流传热系数与传统浸泡式蒸发器进行对比。设定枕板式污水换热器和传统浸泡式蒸发器的对比条件如下：污水温度为 30℃；换热壁面温度为 20℃，参数对比见表 3-17、表 3-18。

表 3-17　传统浸泡式污水换热器参数

参　数	描　述
T_{ww}	污水平均温度，$T_{ww} = 30$℃
T_T	换热片壁面温度，$T_T = 20$℃
v_{ww}	污水流速，$v_{ww} = 1$m/s
k_{ww}	污水的导热系数，$k_{ww} = 61.3 \times 10^{-2}$W/($m \cdot K$)
Re	雷诺数 $Re = \dfrac{v \cdot d}{v_{ww}} = 1.49 \times 10^6$
ω	污水的体积膨胀系数，0.037
Pr	污水的普朗特数 $Pr = 5.42$
Gr	格拉斯霍夫数 $Gr = \dfrac{\vec{g} \cdot \omega \cdot (T_{ww} - T_T) \cdot d^3}{v^2} = 362600$
Nu	努塞特数 $Nu = C \cdot (Gr \cdot Pr)^n = 0.48 \times (5.42 \times 362600)^{0.25} = 17.97$
h_{ww}	污水侧对流传热系数 $h_{ww} = \dfrac{k_{ww} \cdot Nu}{d} = 1102$W/($m^2 \cdot K$)

表 3-18　枕板式污水换热器污水侧对流传热系数

参　数	描　述
T_{ww}	污水平均温度，$T_{ww} = 30$℃
T_T	换热片壁面温度，$T_T = 20$℃
v_{ww}	污水流速，$v_{ww} = 1$m/s
k_{ww}	污水的导热系数，$k_{ww} = 61.3 \times 10^{-2}$W/($m \cdot K$)
Re	雷诺数 $Re = \dfrac{v \cdot d}{v_{ww}} = 1.49 \times 10^6$

（续）

参　　数	描　　述
Pr	污水的普朗特数 $Pr = 5.42$
Nu	努塞特数 $Nu = 0.0308 \cdot Re^{\frac{4}{5}} \cdot Pr^{\frac{1}{3}} = 0.0308 \times (1.49 \times 10^6)^{0.8} \times 5.42^{0.333} = 4684.17$
h_{ww}	污水侧对流传热系数 $h_{ww} = \dfrac{k_{ww} \cdot Nu}{d} = 1914\mathrm{W}/(\mathrm{m}^2 \cdot \mathrm{K})$

由于传统浸泡式蒸发器腔体较大，需要考虑传统浸泡式蒸发器换热过程中存在的自然对流；而枕板式换热器污水通道相对较窄，因此仅考虑换热过程中的强迫对流。表 3-17 和表 3-18 表明，当两种换热器污水流速均为 1m/s 时，枕板式换热器污水侧传热系数为 1914W/($\mathrm{m}^2 \cdot \mathrm{K}$)，是传统浸泡式换热器的 1.73 倍，枕板式污水换热器比传统浸泡式换热器具有更好的换热性能。

2. 换热器特性的影响因素测试

（1）污水温度对换热器及系统的影响　污水来源广泛，其温度、流量随地域、季节、场所的不同而有所差别，因此探究污水换热器及污水源热泵系统在回收污水时的换热量可以为设备的设计提供参考。

在污水温度设定为 5℃、15℃、25℃、30℃时，以热水预置温度为 45℃，研究枕板式换热器的 COP 和热水侧传热速率（Q_{hw}）污水侧传热速率（Q_{us}）。图 3-53 所示为污水流量在 4.2m^3/h 时 COP 和污水侧传热速率随污水温度的变化。

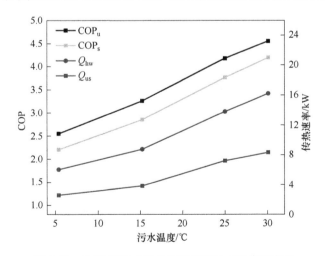

图 3-53　COP 和污水侧传热速率随污水温度的变化

从图 3-53 可以看出，污水流量一定时，污水侧传热速率（Q_{us}）和热水侧传热速率（Q_{hw}）均随污水温度的升高而增加。当污水温度从 5.41℃提高到 30.05℃时，Q_{hw} 从 6.00kW 增加到 16.19kW，Q_{us} 从 2.60kW 增加到 8.31kW。污水温度越高，系统的换热量越大，枕板式换热器的优势也就越明显。同时，由于整个系统功率消耗随温度升高的增加速率要小于传热量的增加速率，COP 也随污水温度的升高而增加。具体而言，污水温度为 5.41℃时，COP_u 和 COP_s 分别为 2.55 和 2.20；污水温度上升至 30.05℃时，COP_u 和 COP_s 分别为 4.55 和 4.19。该系统在回收较高温污水废热时，可以获得更大的传热量、更高的 COP 和更高的节能率。

（2）污水流量对换热器及系统的影响　污水与制冷剂在枕板换热器内逆流换热过程中，污水流量对系统的高效运行也会产生影响。图 3-54 所示为污水温度在 30℃时，COP 和传热速率随污水流量的变化。从图 3-54 可以看出，受污水湍流程度的影响，污水流量越大，湍流度越高，传热速率越大，且污水侧传热速率和热水侧传热速率的变化趋势相近，即流量较小时两者的增速较快，流量较大时增速则趋于平缓。随着污水流量从 1.717m³/h 增加到 4.155m³/h，污水侧传热速率从 8.614kW 增加到 8.961kW，热水侧传热速率从 13.228kW 增加到 16.748kW。

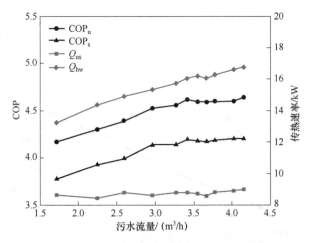

图 3-54　COP 和污水侧传热速率随污水流量的变化

污水泵功率消耗量随流量增加的增加速率小于传热量随污水流量增加的增加速率，使 COP 随污水流量的增加呈现增加趋势。通过适当地增加污水流量可以提高该系统的废热回收量，从而获得更大的传热量、更高的 COP 和更高的节能率。

从图 3-55 可以看出，随着污水流量从 1.717m³/h 增加到 4.155m³/h，污水进出口温差从 4.3℃减小到 1.9℃、R134a 进出口温差从 16.3℃减小到 12.9℃，热水进出口温差从 6.4℃增加到 8.3℃，对数传热温差从 11.6℃减小到 8.3℃。实验结果表明，若系统采用较大的污水流量，就可以降低污水温降，在对污水热环境影响较小的同时可以回收更多的污水废热量。另外，随着污水流量增加，逆流换热的对数平均温差减小，说明污水流量越大换热器两侧流体进出口温度越相近，枕板式换热器接近了换热极限。

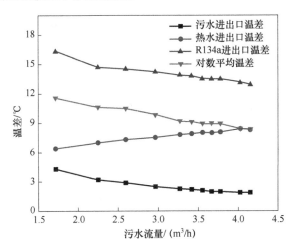

图 3-55　污水流量对传热温差、传热系数的影响

3. 枕板式污水换热器的节能分析

节能减排、推广利用可再生能源是全人类密切关注的话题，本部分从阻力特性和模拟实际用水两方面探讨枕板换热器的特点，对其节能技术推广具有长远和现实的意义。

（1）枕板式换热器污水侧阻力特性　污垢堵塞流道是污水换热器的常见问题，除了使换热性能发生恶化，还会引起流动阻力的增加。为掌握枕板式换热器的阻力特性，分别测试了污水进出口处的压力，得到污水侧压降随污水流量的变化规律。

由图 3-56 可知，枕板式换热器的污水侧压降与污水流量呈二次函数关系。当污水流量为 4.40m³/h 时，污水侧压力损失仅为 1.41mH₂O，这是由于枕板式换热器的污水通道较宽，对应的摩擦阻力较小。因此，从节能角度来说，枕板式换热器内污水的运输功耗较小，具有较大的节能潜力。

（2）系统优势及适用性分析　若将该系统应用于哈尔滨市某住宅小区，对生活废水进行余热回收，为小区住宅地板辐射供暖提供热水。测试废水温度为10.5℃，供热温度设置为 50℃，补水温度为 12℃。当热水箱中的水温到达上限值时，温度控制器打开电磁阀，开始排出热水。当水温降到下限时，排水阀关闭，热水停止排放。如果在排水过程中热水箱的液位低于设定高度，则打开供水管上的电磁阀以补充自来水。

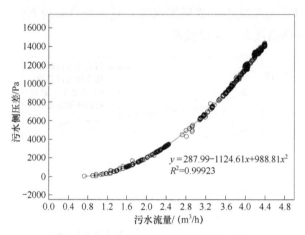

图 3-56　污水侧压降随污水流量的变化

图 3-57 所示为系统运行期间枕板式换热器污水进出口和冷凝器进出口水温的变化。设定污水流量为 3.68m³/h，加热 19.3～27.2min 后，热水箱的上层水温从 45.2℃升至 59.6℃。模拟用户实际用水时的冷凝器侧平均传热速率达到 7.25kW，系统平均能耗为 3.15kW，COPᵤ 和 COPₛ 分别为 2.62 和 2.31。因此从供热温度的角度来说，当回收的废水温度为 10.5℃时，热水箱水温最低 45.2℃，最高可达 59.6℃，该系统可以满足地板辐射供暖要求。

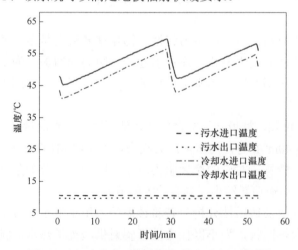

图 3-57　污水进出口和冷凝器进出口水温的变化

以黑龙江省哈尔滨市某小区为例，计算应用本系统回收废热进行供暖的节能效果。小区总建筑面积为 $28587m^2$，供热方式为 45℃/35℃地板辐射供暖，建筑物供暖面积热指标取 $70W/m^2$，估算该小区的供热负荷为 2000kW。利用枕板式污水源热泵系统从废水中回收热量，在允许热量损失 5% 的情况下，每天将消耗 $21.8×10^3kW·h$ 的电能。若采用电热水器直接加热热水，每天将消耗电能 $50.4×10^3kW·h$，枕板式污水源热泵系统每天可节能 $28.6×10^3kW·h$。

3.3.3　枕板式换热器的数值分析

本节建立枕板式换热器的稳态分布参数模型，基于速度场、压力场和温度场分析枕板换热器内部流体流动和传热原理，通过模拟数据进一步拟合传热系数和摩擦系数与雷诺数之间的关联式。

1．几何模型与网格划分

虽然焊点的热传导可能增大内部传热面积，但由于焊点面积仅占枕板表面积的 3%～10%，其对整体传热的影响有限。因此，在构建几何模型时忽略焊接区域是合理的。枕板换热器几何模型如图 3-58 所示，模型长 1150mm，宽 250mm，换热器尺寸参数见表 3-19。换热器表面由余弦曲面构成，余弦曲面几何参数可表示为

$$z = \frac{\delta}{2}\left[1 + \cos\left(2\frac{x}{L_x}\pi\right)\cos\left(2\frac{y}{L_y}\pi\right)\right] \tag{3-65}$$

图 3-58　枕板换热器几何模型

表 3-19　枕板换热器尺寸参数

参　　数	沿流向焊点间距 S_T/mm	垂直流向焊点间距 S_L/mm	焊点直径/mm	凸包厚度 δ/mm
数　　值	50	50	10	9

2. 边界条件与网格无关性验证

根据换热器内部流体的流向，将换热器入口设置为速度入口边界条件，出口设置为充分发展的流动即压力出口边界条件，其余几何表面均使用标准壁面函数计算。由于流体在换热器内部的流动是一个连续的过程，当系统稳定运行时，换热器内部各点物理状态不随时间发生变化。因此选择稳态"湍流，$k\text{-}\varepsilon$"模型进行模拟。

模型的边界条件如下：

1）进口：速度进口，工作介质为水，流体温度为20℃。

2）出口：压力出口。

3）上下壁面：恒温壁面，温度为60℃。

4）左侧：绝热壁面，无滑移边界条件。

5）右侧：绝热壁面，无滑移边界条件。

为保证计算的准确度，通过增加网格数量来观察换热器努塞特数 Nu 和压降 Δp 的变化，对其进行网格无关性验证。在综合考虑计算速度和计算精度的情况下，最终确定计算的网格数为2073896。

3. 模型验证

为了验证模型的准确性，选取 Tran 等人的实验数据进行了验证。将实验测得的努塞特数和压降值与模拟结果进行比较，结果如图 3-59 所示。模拟数值和实验结果之间的相对偏差低于 15%，模型能较好地捕捉枕板通道中复杂的流动传热过程。

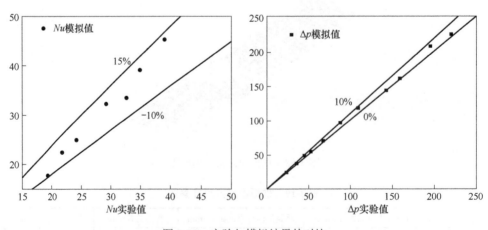

图 3-59　实验与模拟结果的对比

4．模拟结果分析

（1）速度场分析　对枕板片表面的流体流动进行捕捉，有利于探究板片间流体流动与换热的影响机制。如图 3-60 所示，当换热器入口速度为 2m/s 时，换热器通道中焊接点以及通道壁的波纹度导致流动强烈偏转，显著增加了二次流效应。图 3-60 所示为换热器沿介质流动方向水平切面的速度分布，在换热器内部流动有两个明显分区，其中流体流速较高的区域为核心区，流速低的区域为回流区。除了两个区域的交界处存在明显的速度梯度外，在焊点处附近速度梯度也较大，速度几乎从焊点边缘的 0 增大到约 3.85m/s。另外，核心区的流速在通道中间达到最大值。由于传热过程主要在核心区进行，该区域的流体局部雷诺数约为总流道平均雷诺数的两倍。回流区流体流速低，流体对板片的冲刷比核心区平缓，传热性能明显较差。

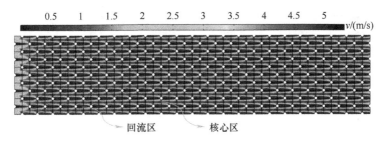

图 3-60　换热器沿介质流动方向水平切面的速度分布

从图 3-61 所示的换热器内部流体流线图可知，流体在焊点之间的回流区形成了明显的漩涡。其原因为焊点附近通道最窄，产生较大的流动阻力，一次流受到焊点和回流区的强烈偏转，流体被引导离开焊接点，在焊接点后面产生大面积的再循环。

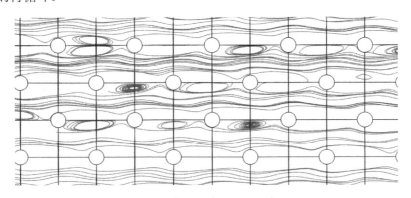

图 3-61　换热器内部流体流线图

（2）压力场分析 由于流体的速度与压力存在密切联系，需要进一步探索沿介质流动方向水平切面的压力分布、沿介质流动方向竖直剖面的压力分布及垂直介质流动方向竖直剖面上的压力分布，压力分布图如图 3-62 所示。流体从入口流向出口的过程中压力不断降低，当入口流速为 2m/s 时，流体的压力损失为 101kPa。同时，靠近焊点的界面压力较低，此处压降更大。

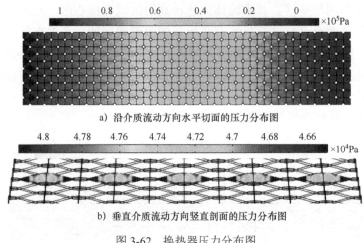

a）沿介质流动方向水平切面的压力分布图

b）垂直介质流动方向竖直剖面的压力分布图

图 3-62 换热器压力分布图

图 3-63 所示为换热器沿流动方向压力等值面分布，换热器内部压力损失主要分布在焊点附近。流体在流动方向上受焊点的阻挡，流量在此处重新分配。当流体流经狭窄的通道时，压力逐渐下降，沿流动方向每经一个焊点，压力损失约 5kPa。

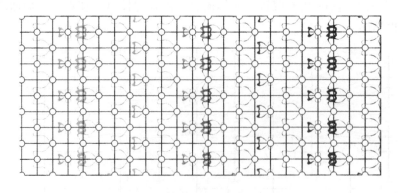

图 3-63 换热器沿流动方向压力等值面分布

（3）温度场分析 流体在流道中的温度分布也受速度分布的影响。需进一步研究介质在流道内的温度分布特性。

1）沿介质流动方向的切面温度分布。对比图 3-64、图 3-65 的温度分布与图 3-60 的速度分布可知，两者云图分布均较为均匀，且靠近枕板片边缘的梯度均较大。不同的是，与回流区相比，核心区的流速较大，导致流体与外界传热更剧烈，使得两个区域的温度大小关系与流速相反。文献[245]中的模拟结果表明，即使在高雷诺数下，仍有几乎 50%的壁面被回流区覆盖，但回流区内垂直于壁面的传热效率仅为总传热效率的 15%，表明核心区流体主导传热。此外，流体在入口处温度上升较快，该处流体的换热性能高，符合流体在换热器入口段普遍存在的入口效应。

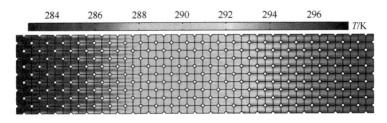

图 3-64　换热器沿介质流动方向水平切面的温度分布

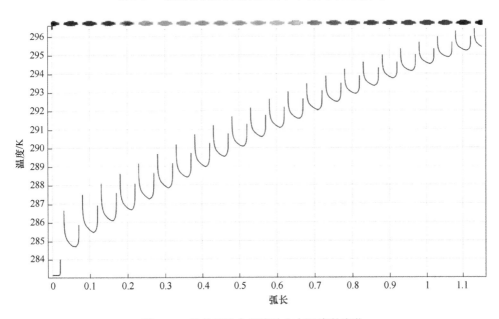

图 3-65　换热器沿介质流动方向温度的变化

2）垂直介质流动方向切面温度分布。由图 3-66 和图 3-67 可知，靠近换热器边界附近的温度差异较大。在换热流道截面靠近焊点区域流体温度较低，而流道中心区域流体温度较高。根据流道内速度分布规律可知，流道中心区域流体速度较大，换热性能较好，流体温度较高，而靠近焊点处流体速度较小，换热性能较差，流体温度较低。

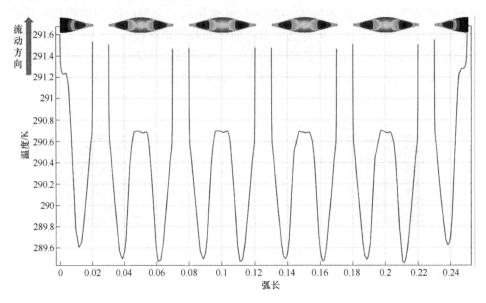

图 3-66　换热器垂直介质流动方向切面温度的变化

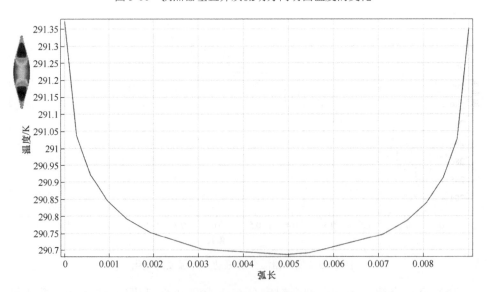

图 3-67　换热单元温度的变化

5．关联式拟合

（1）传热系数计算　传热系数可用努塞特数表示为

$$h = \frac{k}{d} Nu \tag{3-66}$$

$$Nu = cRe^{m} Pr^{n} \tag{3-67}$$

式中　　　　Pr——普朗特数常数，取 5.97；

c、m、n——常数；冷却热流体时，n 取 0.3；加热冷侧时，n 取 0.4。

当换热器的结构与其运行工况中的雷诺数范围确定时，可通过实验拟合该换热器的 c、m 值。

对流传热系数计算公式如下：

$$h = \frac{Q}{A \cdot (T_{ww} - T_{T})} \tag{3-68}$$

对图 3-68 中的实验数据进行拟合，即可得到努塞特数与雷诺数的关联式：

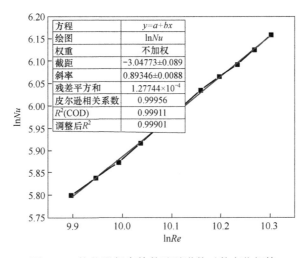

方程	$y = a + bx$
绘图	$\ln Nu$
权重	不加权
截距	-3.04773 ± 0.089
斜率	0.89346 ± 0.0088
残差平方和	1.27744×10^{-4}
皮尔逊相关系数	0.99956
R^2(COD)	0.99911
调整后 R^2	0.99901

图 3-68　换热器努塞特数随雷诺数对数变化规律

$$\ln Nu = 0.89346 \ln Re - 3.04773 \tag{3-69}$$

对公式（3-69）的两边同时取指数，并按公式（3-67）的形式进行分配得

$$Nu = 0.02777 Re^{0.89346} Pr^{0.3} \tag{3-70}$$

（2）摩擦系数计算　枕板式换热器压降主要为摩擦阻力，可用摩擦系数 f 表示为

$$\Delta p = f \frac{L}{D} \frac{\rho v^2}{2} \tag{3-71}$$

$$f = cRe^n \qquad (3\text{-}72)$$

c、n 可通过数据拟合确定其数值。

换热器内侧摩擦系数随雷诺数的变化如图 3-69 所示，因此摩擦系数和雷诺数的关系为 $f=1.15349Re^{-0.08042}$。

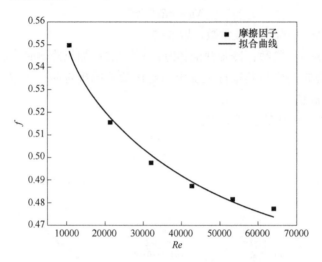

图 3-69　换热器内侧摩擦系数随雷诺数的变化

本章小结

为了更好地缓解或解决污水废热回收过程中面临的污垢问题，对换热器表面污垢特性进行了实验研究和理论分析。研究了生活废水余热回收过程中污垢对系统的影响，提出了一种具有除污功能的干式壳管式污水蒸发器，测试了该新型除污型污水换热器的运行特性以及除污效率，并将其流动换热特性、经济性与传统的浸泡式污水蒸发器进行了对比分析。为进一步研究该蒸发器的换热特点，对不同工况以及污垢生长过程中换热器两侧流体参数分布变化进行了模拟研究。此外，还设计了一种抗垢、防堵、易清洗的枕板式污水换热器，旨在从源头上减少污垢生长所导致的负面影响。通过探究换热器性能的影响因素及换热器的节能效益，促进枕板式结构在污水源热泵系统中的推广。主要成果与结论如下：

1）污水中直径分布在 1.5~88μm 范围内的粒子是形成污垢的主要成分；污水流量为 $2.53\times10^{-4}\text{m}^3/\text{s}$ 时，堆积在换热器表面污垢粒子的平均直径为 40.8μm，污水流量为 $3.79\times10^{-4}\text{m}^3/\text{s}$ 时为 24.4μm，污水流量为 $5.68\times10^{-4}\text{m}^3/\text{s}$ 时为 18.6μm。

在三种（低、中、高）污水流量下，形成的渐近污垢热阻值分别为 $1.1\times10^{-3}\,\mathrm{m^2\cdot K/W}$、$0.59\times10^{-3}\,\mathrm{m^2\cdot K/W}$ 和 $0.22\times10^{-3}\,\mathrm{m^2\cdot K/W}$；低流速下，在污垢形成初期，会出现"负污垢热阻"现象，即污垢的形成有利于换热的进行。同时，将换热器安装在污水泵的吸入口会使结垢更严重，且平均污垢粒子直径增大。

2）实验研究了洗浴废水这一特殊水质中形成的污垢对换热器的影响。污垢堆积导致系统的平均 COP 一个月内降低了 0.5。与除污前结垢状态下的运行参数相比，实施除污功能后系统 COP 基本回到洁净状态的水平。间断热水供应模式与连续热水供应模式下系统平均 COP 相当，但前者热泵系统的运行波动较大，后者更加稳定，可根据条件尽量保证热泵系统在连续热水供应模式下运行。

3）提出了具有除污功能的干式壳管式污水蒸发器，并搭建了测试实验台。对新型壳管式污水蒸发器（DESTE）与传统的浸泡式污水蒸发器（IE）的换热特性以及经济性进行了对比研究。该壳管式换热器可以取代传统的浸泡式换热器。与 IE-WWSHP 系统相比，DESTE-WWSHP 运行时污水箱内垂直方向的污水温度分布更均匀。在连续热水供应模式中，DESTE-WWSHP 的热水加热能力比 IE-WWSHP 系统高。通过对两种换热器污水侧流动换热的对比分析发现，新型壳管式换热器污水侧传热系数是传统浸泡式污水换热器的 3.1 倍。DESTE 的紧凑度是 IE 换热器的 7 倍，因此 DESTE 的体积仅为 IE 体积的 8.29%。利用DESTE-WWSHP 系统对全国处理后的污水进行废热回收要比用 IE-WWSHP 系统节省 5818677kg 纯铜。该新型的污水换热器可节省传统换热器除污所需要的人力与能耗，并避免了难闻气体的散发。

4）换热器制冷剂入口的空泡率迅速达到 0.9 以上，但在以后的管段增加缓慢。沿制冷剂流动方向两相区的制冷剂比焓增加速率比过热区大。除污后由于制冷剂过热区的延长，导致在污水入口段污水的温度下降速度反而比除污前要慢，但在以后的管段部分污水温度下降速度明显增加。优化后的壳管式换热器换热量可达 15.5kW。最小污水流量为 0.51L/s，而最佳污水流量为 0.63L/s；最佳除污污垢热阻为 $2.5\times10^{-4}\,\mathrm{m^2\cdot K/W}$。

5）枕板式污水换热器的传热系数 K 受污水温度的影响较大：当污水流量为 $4.22\,\mathrm{m^3/h}$ 时，$K_{T_{\mathrm{ww}}=5\,℃}$ 最高为 456.16J/（$\mathrm{m^2\cdot K}$），$K_{T_{\mathrm{ww}}=30\,℃}$ 最高可达到 826.78J/（$\mathrm{m^2\cdot K}$）。当污水温度 T_{ww} 为 25℃或 30℃时，污水流量超过 $4.0\,\mathrm{m^3/h}$ 后，采用增大污水流量的方式提高换热器传热系数 K 的效果不明显。另外，通过计算表明枕板式换热器污水侧传热系数是传统浸泡式换热器的 1.73 倍，枕板式污水换热器比传统浸泡式换热器具有更好的换热性能。

6）系统在回收较高温污水废热时，可以获得更大的传热量、更高的 COP 和更高的节能率。污水温度越高，系统的换热量越大，枕板式换热器的优势就越明显：随着污水温度 T_{ww} 从 5.41℃提高到 30.05℃，污水塔的传热速率从 2.60kW 增加到 8.31kW；热水的传热速率从 6.00kW 增加到 16.19kW。此外，传热速率、COP 也随污水流量的增加而增加。通过适当地增加污水流量可以提高该系统的废热回收量，并获得更高的节能率。

7）从节能角度来说，枕板式换热器的污水通道较宽，对应的摩擦阻力较小，因此枕板式污水换热器的污水侧流动阻力较小、流体运输功耗较小。从实际用水的角度来说，水温可以满足地板辐射供暖要求，在允许热量损失 5%的情况下，枕板式污水源热泵系统每天可以节约电能 $28.6\times10^3kW\cdot h$。

第4章

以空气为媒介的抑垢型污水源热泵系统

在第 3 章构建的两种以氟-水为换热方式的除污型和防污型污水换热器，可以有效对结垢后的污水换热器进行清洗，比传统浸泡式换热器可靠性更高。但目前污水换热器只是在换热表面污垢形成后，对其采取不同的机械方法进行去除，并没有从根本上抑制污垢的形成。

本章开发另一类以氟-风为换热方式的抑垢型污水源热泵系统。利用相变潜热换热的污水废热提取技术，实现循环介质空气与污水直接接触换热。由于蒸发器与污水不再直接接触，该系统可有效避免换热器表面的污垢问题。同时依靠部分污水的汽化潜热能力以吸收污水中的热量，将显著提高换热效果。该技术在增强换热效率的同时，可有效缓解或解决常规污水换热器的结垢和堵塞问题。

4.1 折流板式污水塔污水源热泵

根据提出的利用相变潜热换热的污水废热提取技术，设计搭建以空气为媒介的抑垢型污水源热泵系统。研究新型污水源热泵系统的换热特性和节能特性。探究运行参数对系统性能的影响，分析相变换热的换热特性，认清潜热换热、显热换热在整个污水废热回收过程中的比例关系。结合第 3 章的分析思路探究这类系统的换热特性和抑垢性能。

4.1.1 污水废热回收折流板式换热器的提出

针对污水源热泵结垢及堵塞问题，提出一种以空气为媒介的高效抑垢型污水源热泵系统。并对该新型系统的运行原理、实验台的设计搭建进行了详细介绍。

1．系统运行原理

高效抑垢型污水源热泵系统的原理如图 4-1 所示。该系统在传统污水源热泵机组的基础上增加了一座污水换热塔和一个闭式空气回路。其中关键部分为污水换热塔，详细结构如图 4-2 所示。污水从塔顶喷出，沿着塔内折流板向下流动，空气从底部进入塔内并沿折流板向上流动，形成对流。在塔内空气与污水的逆流过程中，部分污水吸热后蒸发并进入循环气流，循环空气湿度增加，焓增大，同时由于温差传热的存在，循环空气温度升高。在空气与污水接触换热的过程中，成垢组分留在了污水中，循环空气未被其污染。空气-水蒸气混合物从污水塔顶部流出，与管翅式蒸发器进行换热。由于空气-水蒸气混合物几乎不含成垢组分，可减轻或避免蒸发器表面的结垢问题。污水中的热量在污水换热塔内被提取，其传热机理与传统冷却水塔相同。

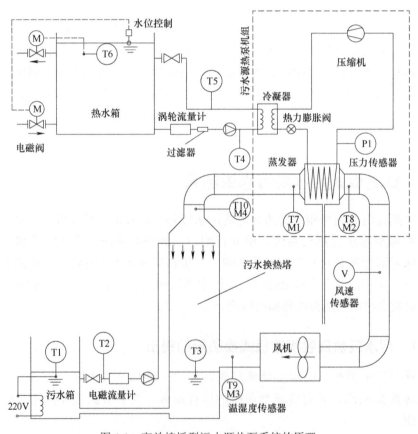

图 4-1 高效抑垢型污水源热泵系统的原理

如图 4-1 所示，高效抑垢型污水源热泵系统由四个循环组成——污水循环、空气循环、制冷剂循环和热水循环，为间接式污水源热泵系统（间接式污水源热泵系统指制冷剂不与污水直接换热，而是在两者之间存在循环水或循环空气环路）。采用闭式循环空气回路代替传统间接式污水源热泵的循环水回路，通过循环空气先与污水直接接触再与制冷剂换热，以实现污水回路和制冷剂回路的热传递。基于传热传质过程，通过污水在换热塔内蒸发，从污水中提取热量的同时避免了蒸发器表面结垢。在污水换热塔内完成污水回路和循环空气回路之间的传热。低焓的干冷循环空气向上流经换热塔，高焓的热湿空气从塔顶流入管翅式蒸发器。由于蒸发器的表面温度较低，水蒸气在此处冷凝。同时，循环空气也被蒸发器冷却，循环空气的显热和潜热能量均被蒸发器带走。因此，新型污水源热泵系统中蒸发器的传热性能优于仅发生显热传递的传统空气源热泵的空气-制冷剂蒸发器。

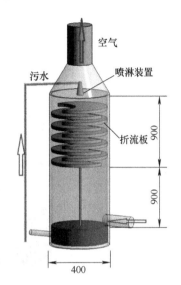

图 4-2　污水换热塔详细结构

2．高效抑垢型污水源热泵系统实验台搭建

根据图 4-1 所示的原理图，搭建了高效抑垢型污水源热泵系统实验台（见图 4-3）。如图 4-2 所示，该污水换热塔的壳体由内径为 400mm 的 PVC 管构成，从进气口到污水喷淋装置的高度为 1800mm。在换热塔的上半部分安装了总共 10 块折流板交叉放置，任意两块板之间的距离为 80mm。下半部分未安装其他部件。污水箱的污水被送到污水换热塔的顶部，经喷淋后沿着 10 块折流板向下流动。污水塔的底部与污水箱相连，通过高度差作用，使低温污水回流到污水箱。污水箱内两个电加热器负责加热污水，以维持所需的实验污水温度。至于循环空气回路，所有的风道均由直径为 200mm 的 PVC 管和热绝缘材料制成。在蒸发器底部设置排水管将冷凝水排放到污水箱中。选用 R134a 作为制冷剂回路的冷媒工质。采用板式换热器作为冷凝器，制取高温热水。自来水通过水位控制器从底部进入热水箱，热水通过热水温度控制器从热水箱的顶部流出。表 4-1 列出了污水源热泵系统中其他关键部件的规格。

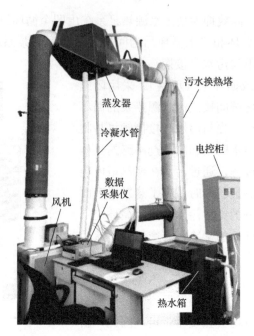

图 4-3　高效抑垢型污水源热泵系统实验台

表 4-1　污水源热泵系统中其他关键部件的规格

装　　置	规　　格
压缩机	活塞式；额定功率：4.12kW
膨胀阀	工质：R134a；孔口直径：6mm
蒸发器	翅片管换热器；尺寸：400mm×400mm×150mm； 翅片间距：2.5mm；翅片数：150；换热面积：10m²
冷凝器	钎焊板式换热器；最大换热量：5.5kW； 尺寸：310mm×111mm×80mm；换热面积：0.72m²
风机	最大输入功率：225W；最大转速：2450r/min； 最大风量：1405m³/h
水泵	最大流量：100L/min；最大扬程：16m

4.1.2　高效抑垢型污水源热泵系统运行特性研究

1. 测试规划与汇总

为了测试高效抑垢型污水源热泵系统的运行性能，首先研究了包括污水/热水预设温度、污水流量和循环空气流量在内的运行参数对这种污水源热泵系统运行性能的影响。其次，论证了该系统在洗浴废水热回收中的应用，包括三个加热水循环在内的 53min 连续运行性能。测试实验得到的性能数据包括热水的温升、污水的温降、污水换热塔和蒸发器的传热能力、污水源热泵机组和系统 COP、压缩机和系统的功率输入、潜热传递百分比和敏感度。各组实验工况见表 4-2。

表 4-2　高效抑垢型污水源热泵系统运行性能的各组实验工况

实　验	实 验 参 数	运 行 工 况	结 果 分 析
1	污水温度	污水温度：8℃，10℃，12℃，17℃，22℃，27℃，32℃ 热水温度：40℃ 污水流量：1.77m³/h 循环空气流量：380m³/h	第 2 部分
	热水温度	污水温度：12℃，32℃ 热水温度：40℃，45℃，50℃ 污水流量：1.77m³/h 循环空气流量：380m³/h	
2	污水流量	污水温度：32℃ 热水温度：40℃ 污水流量：1.28m³/h，1.40m³/h，1.55m³/h，1.70m³/h，1.77m³/h 循环空气流量：380m³/h	第 3 部分
3	循环空气流量	污水温度：32℃ 热水温度：40℃ 污水流量：1.77m³/h 循环空气流量：300m³/h，350m³/h，400m³/h，450m³/h，500m³/h，550m³/h，600m³/h	第 4 部分
4	应用示例	污水温度：29℃ 热水温度：45℃； 污水流量：1.85m³/h； 循环空气流量：380m³/h	第 5 部分

2. 污水和热水温度对系统运行性能的影响

不同的地域、季节，或是不同的场景所产生的污水通常具有不同的温度。因此根据实际情况，在污水温度为 8~32℃ 的范围内探究其回收废热时的性能表现。

从图 4-4 中可以看出，当污水温度从 8℃增加到 32℃时，机组 COP 从 2.97
上升到 5.56，系统 COP 从 2.00 上升到 3.50，污水换热塔的传热速率从 2.24kW
上升到 4.7kW。污水温度越高，系统的热回收效率越高，节能性能越好。由于
循环空气含湿量很高，几乎为饱和湿空气，系统在实际运行过程中，需要关注
蒸发器处是否结霜。污水温度越低，与污水完成换热后的循环空气温度也就越
低，当循环空气流经翅片管式蒸发器时，将导致蒸发器中的制冷剂蒸发温度也
越低，蒸发器越易结霜。然而测试结果表明，当污水温度低至 8℃时，该系统仍
能够稳定工作，且机组 COP 为 2.97，系统 COP 为 2.00。由于实际应用场景
中，污水温度一般不会低于该值，因此暂不考虑更低温度时污水的热回收情况。

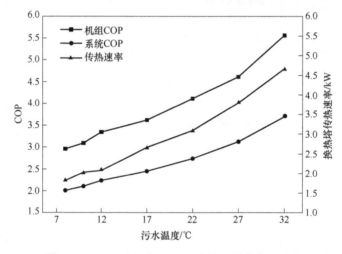

图 4-4　不同污水温度下 COP 和换热塔的传热速率

　　循环空气与污水在污水换热塔中直接接触换热，既存在显热传递也存在潜
热传递，两者之间传热传质同时发生。污水温度会影响换热后的循环空气温
度，空气温度越高，其饱和状态下的含湿量也就越高，能够获得的潜热也就越
多，系统的换热量更好。如图 4-5 所示，随着污水温度的升高，显热传热速率从
0.85kW 上升到 1.1kW（增加 29.5%），而潜热传热速率从 1.0kW 线性上升到
3.51kW（增加 71.5%）。潜热的百分比从 8℃时的 54.7%上升到 32℃时的
75.7%。对塔内总传热速率中的潜热百分比与污水温度进行拟合，发现两者呈线
性递增关系。随着污水温度的升高，潜热的传热速率增加幅度更大，相应的占
比也越来越大，而显热的传热速率增加幅度较小，占比也逐渐降低。因此该污
水源热泵在高温污水热回收方面的性能表现更加优秀。

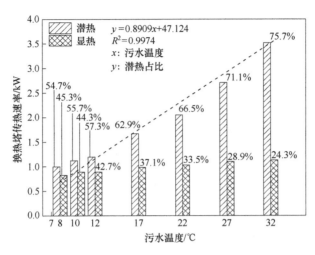

图 4-5　不同污水温度下塔内潜热显热换热量及百分比

表 4-3 显示了该系统在不同热水预设温度变化时的性能。在污水温度为 12℃ 时，当热水预设温度从 40℃ 提高到 50℃ 时，机组 COP 从 4.14 下降到 3.12，系统 COP 从 2.23 下降到 2.08，污水换热塔内的传热速率从 2.093kW 下降到 1.847kW。而在污水温度为 32℃ 时，当热水预设温度由 40℃ 提高到 50℃ 时，机组 COP 从 5.56 下降到 4.87，系统 COP 从 3.71 下降到 3.15，污水换热塔内的传热速率从 4.648kW 下降到 4.385kW。升高热水预设温度将导致制冷剂冷凝温度上升，使得压缩机的输入功率变大，增加了系统回收热量的难度。因此，随着热水预设温度的升高，高效抑垢型污水源热泵系统的运行性能会逐渐降低。且当该系统从高温污水中回收热量时，热水预设温度对其性能的影响大于低温污水。

表 4-3　系统在不同热水预设温度变化时的性能

污水温度/℃	12			32		
热水预置温度/℃	40	45	50	40	45	50
机组 COP	4.14	3.21	3.12	5.56	4.99	4.87
系统 COP	2.23	2.14	2.08	3.71	3.43	3.15
换热塔传热速率/kW	2.093	2.018	1.847	4.648	4.415	4.385

3. 污水流量对系统运行性能的影响

该污水换热塔以水的蒸发为基础，完成污水与循环空气之间的传热过程。因此，改变污水流量相当于改变污水换热塔中的水气比，会影响污水的蒸发量和污水与空气的换热效果。如图 4-6 所示，在污水温度为 32℃、热水预设温度为 40℃ 的条件下，随着污水流量从 1.28m³/h 增加到 1.77m³/h，换热塔的传热速率由 4.35kW 增加到 4.54kW。尽管传热速率随着污水流量的增大有一定的增加，但潜热和显热的占比却几乎不变，潜热占总传热速率的百分率保持在 75% 左右。污水流量的增加对潜热和显热在总传热速率中的占比不及污水温度对它们的影响大。如图 4-7 所示，当污水流量为 1.28m³/h 时，塔内污水温降为 2.9℃，当污水流量增加到 1.77m³/h 时，塔内污水温降为 2.19℃，机组 COP 从 5.40 增加到 5.53，系统 COP 从 3.60 增加到 3.69。增加污水流量可以提高系统性能，同时降低塔内的污水温降。在实际的工程中，需要对出塔污水进行再循环，使污水的热量得到进一步的回收。

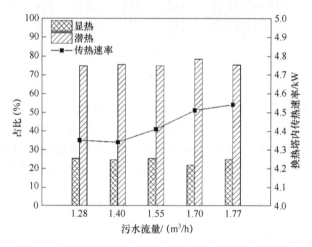

图 4-6　不同污水流量下塔内传热速率和潜热显热占比

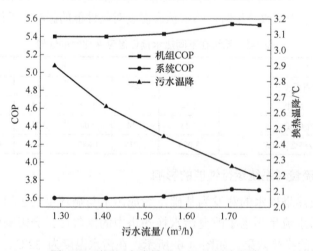

图 4-7　不同污水流量下 COP 和污水温降

4. 循环空气流量对系统运行性能的影响

改变循环空气流量，除了会影响污水换热塔内的水气比，也会影响翅片管式蒸发器的表面风速，从而影响污水换热塔内污水和循环空气之间的换热过程以及翅片管式蒸发器处的换热过程。为了探究循环空气流量对高效抑垢型污水源热泵系统运行性能的影响，在污水温度为 32℃、热水预设温度为 40℃的条件下，循环空气流量由 300m³/h 增加到 600m³/h。如图 4-8 所示，随着空气流量增大，冷凝器的传热速率和机组 COP 逐渐上升，但在 500m³/h 后冷凝器的传热速率几乎保持恒定。系统 COP 最大值（3.65）出现在风量 350m³/h 时，此后随着风量的增加，风机功耗更高，导致系统总功耗增加，系统 COP 减小。通过优化污水换热塔内部结构（折流板间距和片数），优化循环风道直径，匹配循环风机，来降低系统阻力从而降低风机的能耗，是提高系统 COP 的一个途径。

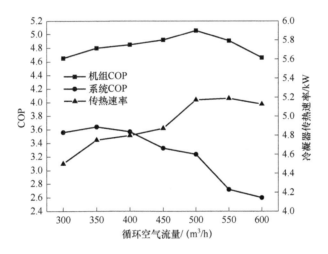

图 4-8　不同循环空气流量下 COP 和冷凝器传热速率

如图 4-9 所示，在 300～500m³/h 范围内，换热塔的传热速率与空气流量成正比，当空气流量大于 500m³/h 时，换热塔的传热速率随空气流量的增大而变化不大。同时随着循环空气流量的增加，潜热占比几乎不变。

如图 4-10 所示，随着空气流量的增加，压缩机的输入功率略有增加，而且空气流量的增加也意味着风机电动机输入功率较大，结果导致系统总输入功率迅速增加。在空气流量超过 350m³/h 后，系统 COP 持续下降（见图 4-8）。

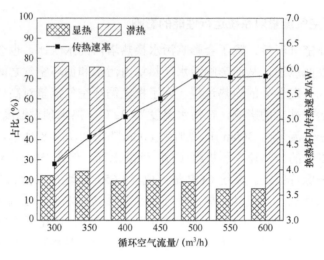

图 4-9　不同循环空气流量下塔内潜热显热换热量及占比

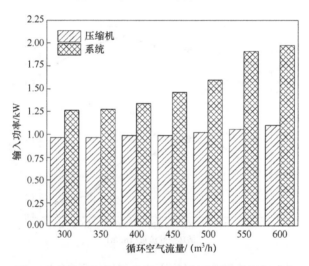

图 4-10　不同循环空气流量下压缩机和系统的输入功率

5. 污水源热泵系统回收洗浴废水热量时的性能

为了模拟污水源热泵系统从洗浴废水中回收热量时的运行性能，将实验污水温度设定为 29℃，热水预设温度设定为 45℃。通过污水换热塔的污水流量为 1.85m³/h，循环空气流量为 380m³/h，通过冷凝器的热水流量为 0.95m³/h。

图 4-11 展示出污水换热塔进出口处污水温度、冷凝器进出口热水温度的变化，及污水换热塔内传热速率和冷凝器内传热速率的变化。在测试时间段内，污水换热塔进口处的平均污水水温为 29.3℃，经过与循环空气的换热，出口处

污水温度降低为 27.6℃。在冷凝器中热水被加热，使得热水箱内水温逐渐上升，到达预设温度后放出，平均加热周期为 21min。中间水温呈周期性下降是因为热水箱上部放出热水，同时下部补入冷水，当水箱温度降低到温度控制器设定下限时停止放水，当水箱水面上升到液位控制器设定高度时停止补水。污水换热塔内平均换热量为 3.62kW，冷凝器的平均传热速率为 4.3kW。从系统热平衡来分析，冷凝器内热水得到的热量来自污水换热塔内空气得到的热量、风机散失的热量和压缩机运行消耗散热，因此污水换热塔平均传热速率小于冷凝器平均传热速率是正常现象。

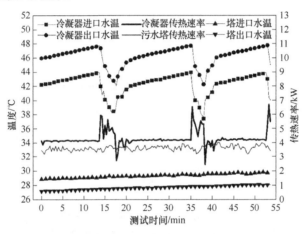

图 4-11　污水/热水温度变化和换热塔/冷凝器传热速率变化

　　图 4-12 和图 4-13 列出了蒸发器和污水换热塔进出口循环空气的温湿度变化。图中循环空气的温度和湿度均相对稳定，因此当保证有充足的污水供应时，系统可以实现稳定运行。空气在循环过程中不同位置处的温度列于表 4-4。空气在蒸发器中换热后温度从 26.5℃下降到 15.8℃，风机电动机散热和循环空气与实验室室内环境温差引起的传热导致从蒸发器出口处到污水换热塔入口处空气温度升高了 1.1℃。空气通过污水换热塔后温度从 16.9℃（底部入口）再次上升到 26.5℃（顶部出口）。通过蒸发器时循环空气的含湿量从 20.0g/kg 下降到 10.2g/kg，除湿率为 4.464kg/h。由于水的蒸发，循环空气在污水换热塔内与水蒸气混合，含湿量又从 10.0g/kg 增加到 19.7g/kg，塔内污水的蒸发速率为 4.428kg/h，与蒸发器的除湿速率几乎平衡，系统可保持稳定运行。在整个过程中循环空气的相对湿度基本不变，在 83%～90% 范围内，几乎处于饱和湿空气状态。循环空气通过风机时温度升高，在含湿量不变的情况下相对湿度降低，导致污水换热塔入口处的相对湿度比其他位置稍低。

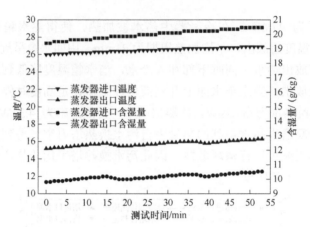

图 4-12　蒸发器进出口循环空气的温湿度变化

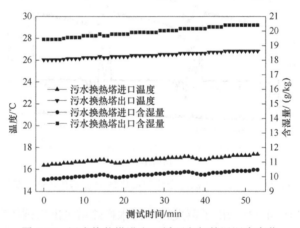

图 4-13　污水换热塔进出口循环空气的温湿度变化

表 4-4　闭合空气环路中不同位置处的空气平均参数

参　　数	蒸　发　器		污水换热塔	
	进　口	出　口	进　口	出　口
温度/℃	26.5	15.8	16.9	26.5
含湿量/（g/kg）	20.0	10.2	10.0	19.7
相对湿度/（%）	90	90	83	90
焓/（kJ/kg）	77.6	41.7	42.8	77.7
除湿速率/（kg/h）	4.464		—	
蒸发速率/（kg/h）	—		4.428	
焓降/（kJ/kg）	35.9		—	
焓增/（kJ/kg）	—		34.9	

　　图 4-14 列出了蒸发器和污水换热塔进出口处循环空气焓的变化。随着运行时间的增加，不同位置的空气焓基本保持稳定。污水换热塔出口处空气焓（77.7kJ/kg）与蒸发器入口处空气焓（77.6kJ/kg）接近。由于风机电动机的散热，离开蒸发器的循环空气焓（41.7kJ/kg）低于进入污水换热塔的空气焓（42.8kJ/kg）。

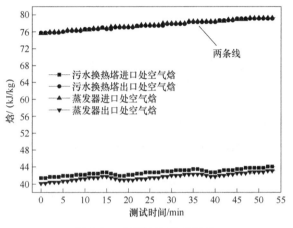

图 4-14　循环空气焓的变化

　　高效抑垢型污水源热泵系统通过水的蒸发潜热传递和温差显热传递实现了污水的热回收。在 28℃时，水的蒸发潜热为 2432kJ/kg，高于水的比热容 4.2kJ/（kg·K），以及空气的比热容 1.005kJ/（kg·K）。由于蒸发器还回收了来自风机电动机的附加显热，造成在蒸发器处制冷剂吸收的热量中，潜热占 69.8%，低于污水塔处的 72.1%，如图 4-15 所示。潜热传递速率在全热传递速率中占比高，系统以水的蒸发潜热传递为主，具有很好的热回收性能。

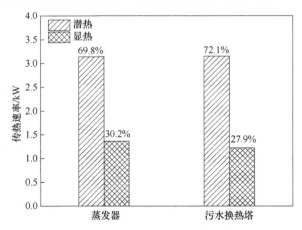

图 4-15　蒸发器/污水换热塔处潜热显热占比

图 4-16 中，在污水温度为 29℃、热水预设温度为 45℃时，平均机组 COP 为 4.99，平均系统 COP 为 3.43，高于文献［215］中污水源热泵系统的系统 COP（3.04，污水为 32℃，热水为 45℃）和文献［246］中污水源热泵系统的系统 COP（2.95，污水为 27～32℃，热水为 45℃）。相比之下，该新型污水源热泵系统具有更好的性能。

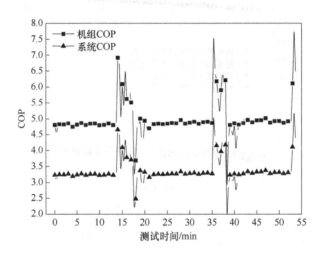

图 4-16　新型污水源热泵系统机组和系统 COP

4.1.3　抑垢型污水源热泵系统的抑垢特性

1. 污水水质和测试实验安排

选用居住区的生活污水作为实验污水（见图 4-17）测试该新型污水源热泵系统的抑垢性能。污水非常浑浊，并含有大量污染物。如图 4-18 所示，污水中污染物的粒径在 2～700μm 范围内，60μm 的粒子占比最多，干物质浓度为 366mg/L（干物质浓度=烘干后质量/污水体积）。

在传统污水源热泵系统中，随着污水换热器结垢量的增加，系统性能将会降低。本次测试将洗浴污水作为热泵的热源，并与传统浸泡式污水源热泵系统进行对比。实验中污水温度设定为 16.5℃，热水预设温度为 40℃，污水流量为 1.85m³/h，循环风量为 500m³/h。通过连续进行 41

图 4-17　实验污水照片

天（总计 492h，每天 9：00—21：00）测试，根据监测数据分析污垢生长的关键参数。

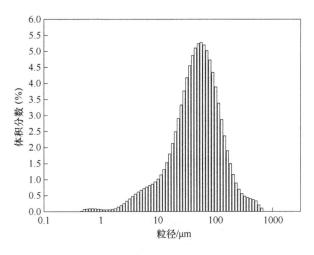

图 4-18　污水中污垢粒径分布

2．清洁条件下的系统性能

为了监测蒸发器表面污垢的生长情况，在第一天对清洁状态下的系统进行了 116min 的连续性能测试，其中包括三个加热水循环，结果在图 4-19～图 4-23 中展示。

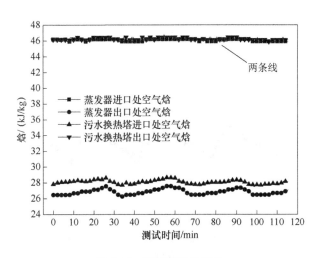

图 4-19　循环空气焓变化

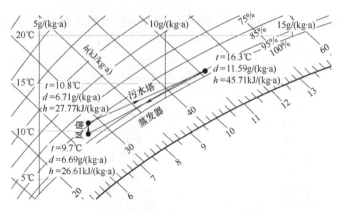

图 4-20　焓湿图中循环空气的工作路径

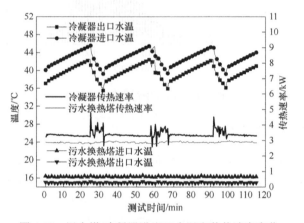

图 4-21　污水塔/冷凝器进出口水温和传热速率变化

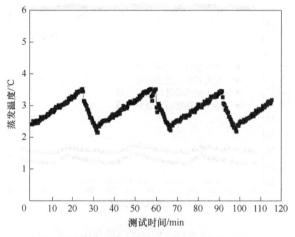

图 4-22　蒸发器内制冷剂蒸发温度的变化

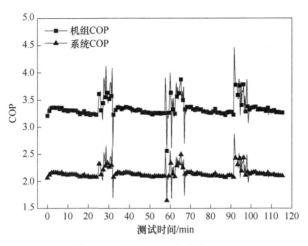

图 4-23　机组 COP 和系统 COP

如图 4-19 所示，在 116min 的连续测试实验中，污水换热塔出口处的空气焓与蒸发器进口处的空气焓基本相同，稳定在 45.71kJ/kg 左右。换热塔进口处的空气焓为 27.77kJ/kg，高于蒸发器出口处的空气焓。换热塔内循环空气的焓增为 17.94kJ/kg，低于蒸发器内循环空气的焓降（19.1kJ/kg）。蒸发器内循环空气传递的热量包括在污水塔内获得的热量、风机电动机的散热以及通过风管壁进入空气循环回路得到的热量（循环空气温度低于实验室环境温度）。

图 4-20 表示在焓湿图中循环空气的工作路径。循环空气的含湿量在污水塔中从 6.71g/（kg·a）增加到 11.59g/（kg·a），相对湿度从 83% 增加到 96%。在蒸发器中，空气含湿量从 11.59g/（kg·a）下降到 6.69g/（kg·a），相对湿度从 96% 下降到 85%。循环空气通过风机时，状态变化线与等含湿量线平行，即循环空气的含湿量在这个过程中是恒定的。蒸发器中的焓降等于风机散热和污水塔中的焓增的总和。

图 4-21 显示，在给定的操作条件下完成一个热水循环需要 35min。冷凝器入口与出口之间的热水温差维持在 3.0～3.1℃ 内且周期性波动，冷凝器出口处的最高热水温度为 45.5℃。污水塔内进出口污水温度稳定，水温从 16.5℃ 降到 15.1℃，换热塔平均传热速率为 2.88kW，冷凝器平均传热速率为 4.19kW。

图 4-22 所示为蒸发器内制冷剂蒸发温度的变化。随着热水温度的波动，蒸发温度在 2.14～3.53℃ 范围内波动，平均为 2.79℃。图 4-23 中的平均机组 COP 为 4.15，平均系统 COP 为 2.15。压缩机的功率消耗占系统总功率输入的 64.4%，其余设备（包括污水泵、热水泵和风机）占 35.6%。进一步优化系统结构，合理配置设备，可以减少水泵和风机的功耗，提高系统的 COP。

3. 抑垢性能

在 41 天实验期间里系统的监测性能如图 4-24～图 4-30 所示，根据蒸发器传热速率、蒸发器总热阻、蒸发温度、系统 COP，将所有变化曲线与第 3 章除污型干式浸泡式污水蒸发器中关于换热表面污垢生长的实验结果进行比较，以确定该污水源热泵系统的抑垢性能。

（1）蒸发器传热速率　图 4-24 所示为抑垢型污水蒸发器的传热速率的变化，传热速率在 3.69～3.98kW 范围内波动，平均值为 3.80kW。在 41 天实验中蒸发器的传热速率没有下降趋势，蒸发器表面未发生明显污垢沉积。而在一个月的测试中（见图 4-25），除污型浸泡式污水蒸发器的日平均传热速率从 8.2kW 下降到 5.8kW，即减少了 29.3%，污垢生长对传热能力有显著影响。相比之下，在长期运行过程中，该系统的传热能力不受结垢的影响，具有良好的抑垢性能。

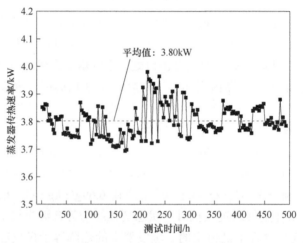

图 4-24　抑垢型污水蒸发器传热速率的变化

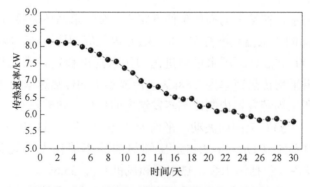

图 4-25　除污型浸泡式污水蒸发器传热速率的变化

（2）蒸发器总热阻　图 4-26 中蒸发器总热阻在 $0.0267\mathrm{m}^2 \cdot \mathrm{K/W}$ 附近波动。清洁状态下总热阻为 $0.0266\mathrm{m}^2 \cdot \mathrm{K/W}$，运行 41 天后为 $0.0268\mathrm{m}^2 \cdot \mathrm{K/W}$，几乎没有增加污垢热阻。如图 4-27 所示，浸泡式污水源热泵系统运行 35 天后，污垢热阻在低流速时为 $1.1 \times 10^{-3}\mathrm{m}^2 \cdot \mathrm{K/W}$，中流速时为 $0.59 \times 10^{-3}\mathrm{m}^2 \cdot \mathrm{K/W}$，高流速时为 $0.22 \times 10^{-3}\mathrm{m}^2 \cdot \mathrm{K/W}$。两者对比，该新型污水源热泵系统的蒸发器没有额外的污垢热阻，具有良好的抑垢性能。

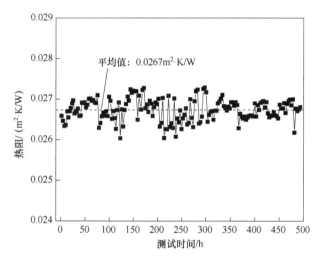

图 4-26　抑垢型污水蒸发器总热阻变化

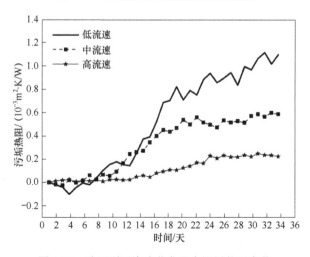

图 4-27　除污型浸泡式蒸发器中污垢热阻变化

（3）制冷剂蒸发温度　蒸发器中污垢的生长会引起热泵系统蒸发温度的降

低。在第 1 个实验日，浸泡式蒸发器表面洁净，日平均蒸发温度为 11.4℃，随着运行时间的延长，污垢问题导致蒸发温度在第 30 个实验日下降到 9.4℃（见图 4-29）。抑垢型系统的蒸发温度在 41 天实验中是恒定的，平均温度为 2.74℃，其中最小值为 2.52℃，最大值为 2.93℃，展示出良好的抑垢性能。

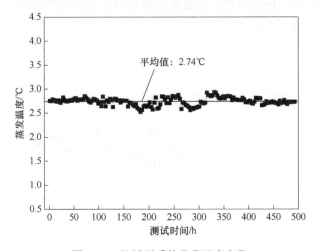

图 4-28　抑垢型系统蒸发温度变化

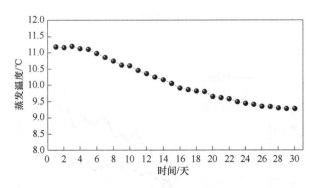

图 4-29　除污型系统蒸发温度变化

（4）机组与系统 COP　机组和系统 COP 是评价热泵系统性能的重要参数。如图 4-30 所示，该系统在 41 天的测试实验中性能稳定，平均机组 COP 为 3.32，平均系统 COP 为 2.13。图 4-31 中传统浸泡式污水源热泵的性能受污垢沉积的影响严重，系统 COP 在起初的 5 天内无明显变化，但在随后的 20 天中从 3.39 迅速下降到 2.89。污垢对传统浸泡式污水源热泵的 COP 影响较大，而高效抑垢型污水源热泵可有效防止污垢在换热器表面的生长。

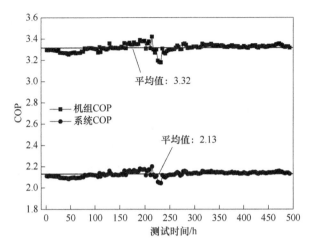

图 4-30　抑垢型系统 COP 变化

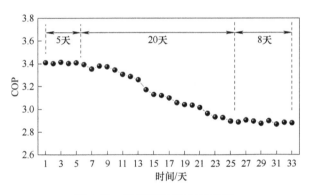

图 4-31　除污型系统 COP 变化

（5）污水换热塔传热效率　高效抑垢型污水源热泵系统中污水换热塔的设置避免了污水与蒸发器的直接接触，有效防止了蒸发器表面结垢。循环空气与污水之间的传热方式为直接接触换热，存在以潜热传递为主导的显热、潜热同时传递的传热方式。在长期运行过程中，随着部分污水蒸发，成垢组分残留在剩余污水中，污水换热塔的内表面依然会结垢。因此污水换热塔的传热速率是确定内表面污垢对换热塔传热性能影响的一个重要参考。图 4-32 表明，污水换热塔的传热速率保持在 3.71kW 的稳定水平，最小值为 3.62kW，最大值为 3.87kW，污垢对污水换热塔的传热性能基本无影响。

通过在测试结束后时对蒸发器表面进行观察（见图 4-33），几乎未发现明显的污垢沉积，说明该系统可以有效阻止污水中的成垢组分进入循环空气。

（6）冷凝水水质　循环空气与蒸发器进行换热时会产生大量冷凝水，冷凝水向下流动会对蒸发器表面产生冲刷作用。如果蒸发器表面结垢，则水中会含有一定量的杂质，因此冷凝水的水质能从侧面反映蒸发器表面的结垢情况。收集蒸发器排出的冷凝水（见图 4-34），比较图 4-17 中污水池的污水，蒸发器处收集的冷凝水水质清澈。因此在污水换热塔热回收过程中，污水蒸发的传热方式会将污水中的污垢留下，蒸发器表面几乎不会结垢，保证了系统在长期运行中维持良好的热回收性能。另外由于冷凝水水质较高，在对其进行采样时，测试装置无法给出准确的粒度分布测试结果。

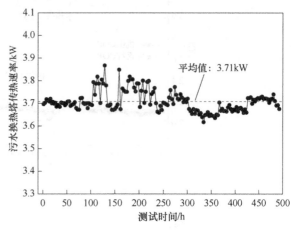

图 4-32　污水换热塔平均传热速率

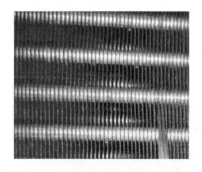

图 4-33　测试结束后蒸发器表面照片

图 4-34　蒸发器冷凝水照片

4. 系统优势与经济性分析

本节将以黑龙江省哈尔滨市为例，阐述高效抑垢型污水源热泵系统在实际工程应用中的优势与经济性分析。哈尔滨市位于严寒地区，一般 1 月份为最冷月，日平均气温在-30～-15℃范围内，月平均气温在-19℃左右，空气源热泵在这种室外环境温度下运行容易发生室外机结霜的现象。在室外气温为-10℃，热水预设温度为45℃时，空气源热泵系统的制热 COP 一般在 2.4 左右。因此冬季在哈尔滨地区采用空气源热泵系统将会面临制热效率低且运行不稳定等一系列问题。

哈尔滨冬季天空中云量较少，日照率可达 67%，但该地区白昼时间短，11

月份至次年 3 月份的日平均可照时数不足 6h。在哈尔滨地区只能在白天短暂地运行太阳能集热系统，晚上或阴雪天将无热可取。

哈尔滨市各街区分布着大量的公共浴池、洗浴中心等需要消耗大量热水的场所，其洗浴污水日产量相当可观，其中蕴含着大量可以回收利用的废热能。在 4.1.2 节中的洗浴污水废热回收实验中，所用污水温度为 29℃，污水温度偏低，但此时系统 COP 仍然高达 3.43。得益于污水换热塔避免了污水与蒸发器的直接接触，有效避免了污垢降低系统传热性能的问题。在严寒地区的采暖季，应用高效抑垢型污水源热泵系统具有明显的优势。

为了进一步了解高效抑垢型污水源热泵系统的优势，将以该系统的制热量（4.3kW）为基准，并与其他热水加热系统比较进行经济性分析。表 4-5 列出了几种热水加热系统的初投资。初投资由低到高依次为：电加热热水器、太阳能+辅助电加热热水器、空气源热泵系统、直接式污水源热泵系统、高效抑垢型污水源热泵系统。

表 4-5　几种热水加热系统的初投资

系　　统	序　号	部件及费用	初投资/千元	说　　明
电加热热水器	1	热水储水箱	4.2	1m³，热水器可以在用电低谷期运行
	2	电加热器、附件以及安装费	2.6	电加热器加热能力为 4.3kW
		总计	6.8	
太阳能+辅助电加热热水器	1	热水储水箱	1.2	265L
	2	太阳能集热板、辅助电加热器、附件以及安装费	6.8	日照不足时使用电加热
		总计	8.0	
空气源热泵系统	1	热水储水箱	1.0	200L，系统可随时运行
	2	热泵系统	7.5	包括压缩机、翅片管式蒸发器、板式换热器
	3	水泵、附件以及安装费	3.2	
		总计	11.7	
直接式污水源热泵系统	1	热水储水箱	1.0	200L，系统运行时间需要与浴池开放时间一致
	2	热泵系统	9.7	包括压缩机、浸泡式铜管蒸发器、板式换热器、污水箱以及控制部件
	3	水泵、附件以及安装费	3.2	
		总计	13.9	

（续）

系　　统	序　号	部件及费用	初投资/千元	说　　明
高效抑垢型污水源热泵系统	1	热水储水箱	1.0	200L，系统运行时间需要与浴池开放时间一致
	2	热泵系统	7.8	包括压缩机、翅片管式蒸发器、板式换热器、污水箱以及控制部件
	3	循环空气系统	2.2	包括风机、风管、污水换热塔
	4	水泵、附件以及安装费	3.2	包括污水泵
		总计	14.2	

　　考虑将几种系统同时用于加热热水，假定每日需用热水 1m³，冬季市政自来水温度为 10℃，将其加热至 45℃，在 4.3kW 的制热速率下需用时 9.5h，采暖季总制热量为 7353kW·h。哈尔滨市的峰值电价时段为 7：30—11：30 以及 17：00—21：00，峰值电价为 1.038 元/kW·h；低谷电价时段为 22：00—次日 5：00，低谷电价为 0.334 元/kW·h；平段电价时段为 5：00—7：30、11：30—17：00 以及 21：00—22：00，平段电价为 0.686 元/kW·h。

　　电加热热水器主要在用电低谷期运行，储存热水供次日白天使用，22：00—次日 7：30 刚好为 9.5h，其中 7h 为低谷时段，2.5h 为平段电价，按比例计算其用电费用为 0.427 元/kW·h，考虑热效率以后的 COP 为 0.95。太阳能+辅助电加热热水器受制于天气影响，日照不足时需使用电加热，上午日照充足时使用太阳能集热器，按照三分之一的热量为太阳能集热器所得进行计算，其用电集中在平段电价时段，COP 为 1.5。空气源热泵系统可随时运行，用电费用考虑为峰值电价和平段电价的均值——0.862 元/kW·h，采暖季制热 COP 为 2.4。直接式污水源热泵系统和高效抑垢型污水源热泵系统的运行时间都需要与浴池开放时间一致，以哈尔滨工业大学第二校区的浴池为例，其运行时段为 12：00—22：00，因此这两个系统的用电费用也考虑为峰值电价和平段电价的平均值——0.862 元/kW·h，直接式污水源热泵系统的制热 COP 考虑为结垢前和结垢后的均值 3.04，高效抑垢型污水源热泵系统的制热 COP 为 3.43。表 4-6 给出了几种热水加热系统的采暖季运行费用。

表 4-6　几种热水加热系统的采暖季运行费用

系统类型	COP	能源消耗/kW·h	单价/(元/kW·h)	运行费用/千元
电加热热水器	0.95	7740	0.427	4.105
太阳能+辅助电加热热水器	1.5	4902	0.686	4.163
空气源热泵系统	2.4	3064	0.862	2.642
直接式污水源热泵系统	3.04	2419	0.862	2.085
高效抑垢型污水源热泵系统	3.43	2144	0.862	1.848

　　几种热水加热系统的采暖季运行费用由低到高依次为高效抑垢型污水源热

泵系统、直接式污水源热泵系统、电加热热水器、太阳能+辅助电加热热水器、空气源热泵系统。以系统使用年限为 15 年进行计算，几种热水加热系统的 15 年总投资对比如图 4-35 所示。高效抑垢型污水源热泵系统具有很高的经济性，非常适合在严寒地区采暖季使用。

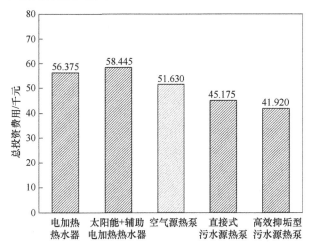

图 4-35　15 年总投资对比（初投资+15 年运行费用）

4.1.4　污水换热塔内部气流流场数值模拟

1. 污水换热塔性能模拟

（1）几何模型与网络划分　如图 4-36 所示，污水换热塔几何模型为一个直圆柱形管段，管段长度为 2m，直径为 0.4m。管段上半部分为 10 块折流板，交叉放置。折流板厚度为 2mm，任意两块板之间的距离为 80mm。气流进口位于底部上方 0.2m 处，进口直径为 0.2m，气流出口位于塔顶端，出口直径为 0.4m。

采用 COMSOL 软件对模型进行自由四面体网格划分，并对折流板过弯处的网格加密。自由四面体网格属于非结构化网格，对于流场边界比较复杂的情况有很好的适应性。通过网格无关性验证，综合考

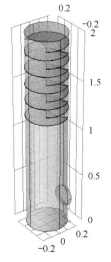

图 4-36　污水换热塔几何模型（单位：m）

虑确定模型的网格数为281930。

（2）边界条件设置　根据污水换热塔内部的气流流向，将塔底部的入口设置为速度入口，出口设置为充分发展流动即压力出口，平均压力为100000Pa，其余几何表面均使用标准壁面函数计算。循环空气流动是一个连续的过程，当系统稳定运行时，污水换热塔内部各点物理状态不随时间发生变化。实验工况下雷诺数约为30000，应选择稳态湍流模型来模拟气体流动。

（3）模拟结果与分析　由于污水与空气在污水换热塔中的传热传质过程为非满管多相流模型，模型较为复杂，因此只考虑空气侧的气流流场以简化模型。通过实验阶段测试了风量在400m³/h，污水流量在1.28m³/h、1.55m³/h、1.77m³/h以及关闭污水泵的情况下污水换热塔空气侧的压降，探究污水流量对空气侧压降的影响，结果如图4-37所示。污水流量的变化对空气侧压降的影响非常小，关闭污水泵时压降最小，将污水泵档位调到最大时压降最大，两种状态的空气侧压降差值仅为6Pa，不足压降的2%。这是由于污水在塔内都以分散水滴状存在，对空气侧阻力影响较小。因此可以选择用关闭污水泵状态的空气侧压降来代替污水泵调至最大档位时的空气侧压降。

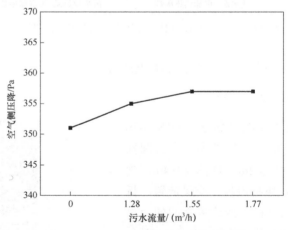

图4-37　不同污水流量下的空气侧压降

从图4-38显示的污水换热塔内部流场流线可看出，循环风量为500m³/h时空气从入口进入污水换热塔后，会与底部水面之间形成涡流，使干空气湿度增大。气流经过每个折流板的缺口时，向四周均匀扩散充满整个折流板间的空隙，也会使其与水流进行比较充分的逆流热湿交换，增大空气的温湿度。

图4-39显示了污水换热塔内部气流的速度场。速度最小值为0.03m/s，主要出现在气流进入折流板回弯段前的污水塔段；速度最大值为10.01m/s，主要出现在折流板缺口处的过弯位置。在过弯处水流与气流相遇，高速气流将增强水

气之间的对流传热与传质。

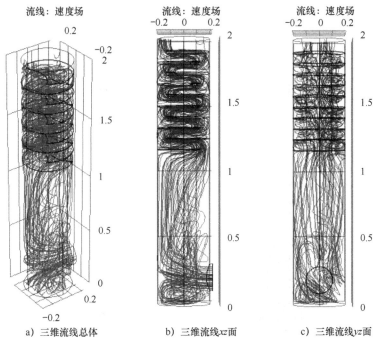

a) 三维流线总体　　　b) 三维流线 *xz* 面　　　c) 三维流线 *yz* 面

图 4-38　污水换热塔内部流场流线（单位：m）

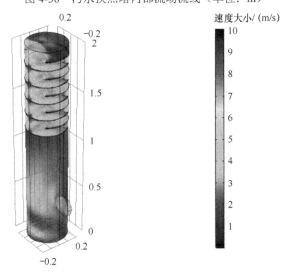

图 4-39　污水换热塔内部气流的速度场（单位：m）

污水换热塔是整个空气循环系统中压力损失最大的一部分，明确空气流经污水换热塔的压力分布，对整个系统的优化有着重要的意义。根据图 4-40 可知，压力损失主要发生在折流板处，循环空气每经过一片折流板都会出现明显的压力降，空气经过污水换热塔的压力损失为 542Pa。

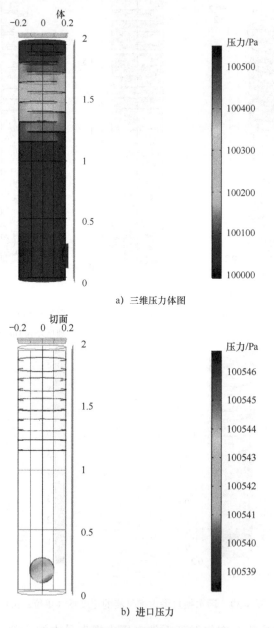

a）三维压力体图

b）进口压力

图 4-40　污水换热塔内部压力场

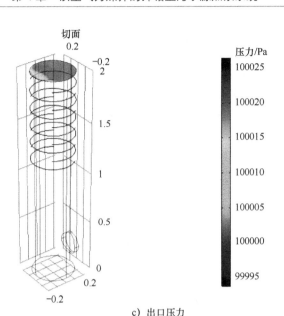

c）出口压力

图 4-40　污水换热塔内部压力场（续）

在同样的污水换热塔结构下，不同的循环空气流量会导致压降产生差异。图 4-41 显示了污水换热塔在循环风量为 300m³/h、35m³/h、400m³/h、450m³/h、500m³/h 的工况下空气侧压降的模拟计算结果。在以上五个风量值附近测量了实际的空气侧压降，发现塔内空气侧压降与循环空气流量呈二次函数关系。随着循环空气流量的增加，塔内空气侧压降逐渐增大。此外，实验测量值与模拟计算值的最大相对偏差小于 20%，该模拟方法有效且结果可信。

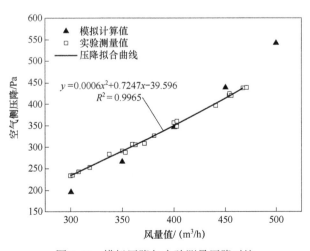

图 4-41　模拟压降与实验测量压降对比

2. 污水换热塔参数分析结果

（1）折流板数目对气流流场的影响　由于污水换热塔内部的压力损失主要发生在折流板处，探究折流板对流场的影响可为换热塔设计提供参考建议。除实验设置的 10 片折流板之外，控制折流板间距为 80mm，并设计了折流板片数分别为 4、5、6、7、8、9 共六种不同内部结构的污水换热塔，如图 4-42 所示。

从图 4-43 中污水换热塔内部压力等值面分布可知，不论折流板片数为何值，循环气流经过一片折流板的压力损失均为 56Pa，从气流入口到第一片折流板前的压力损失为 17Pa，从最后一片折流板到出口的压力损失为 21Pa。循环气流经过污水换热塔的压力损失值与折流板的数量成线性关系。如图 4-44 所示，在折流板间距为 80mm 时，通过设计的已知折流板数量，可预测污水换热塔内空气侧压降。

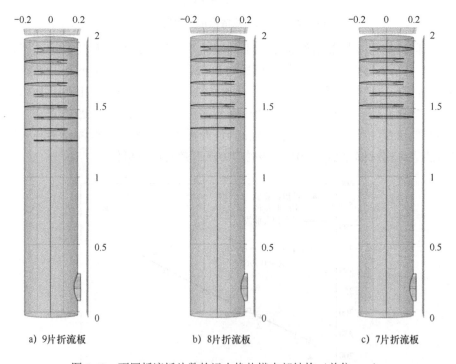

a）9片折流板　　　　b）8片折流板　　　　c）7片折流板

图 4-42　不同折流板片数的污水换热塔内部结构（单位：m）

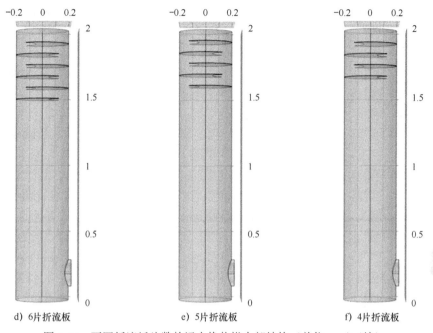

d) 6片折流板　　　　　　e) 5片折流板　　　　　　f) 4片折流板

图 4-42　不同折流板片数的污水换热塔内部结构（单位：m）（续）

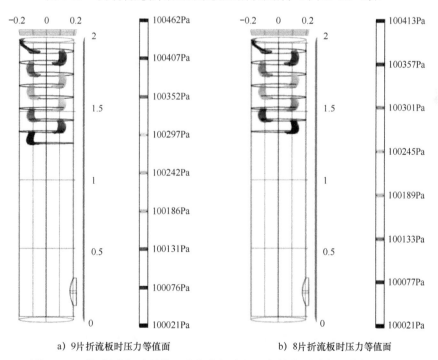

a) 9片折流板时压力等值面　　　　　　b) 8片折流板时压力等值面

图 4-43　不同折流板片数的污水换热塔内部压力等值面分布（单位：m）

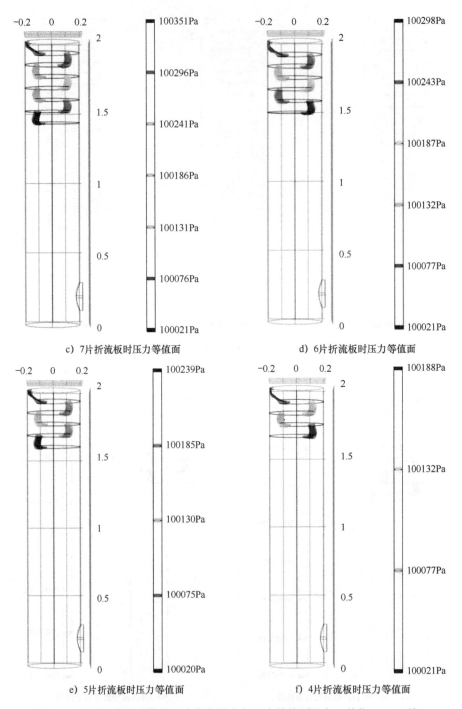

c) 7片折流板时压力等值面

d) 6片折流板时压力等值面

e) 5片折流板时压力等值面

f) 4片折流板时压力等值面

图4-43 不同折流板片数的污水换热塔内部压力等值面分布（单位：m）（续）

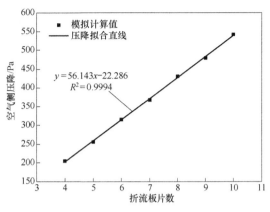

图 4-44　污水换热塔压降与折流板片数的关系

（2）折流板间距对气流流场的影响　循环空气流经折流板时，折流板的间距会影响循环气流的速度，进而影响整个污水换热塔空气侧压降。除实验设置的80mm 折流板间距之外，控制折流板片数为 10 片，设计了折流板间距为 90mm、100mm、110mm、120mm 共四种不同内部结构的污水换热塔，如图 4-45 所示。

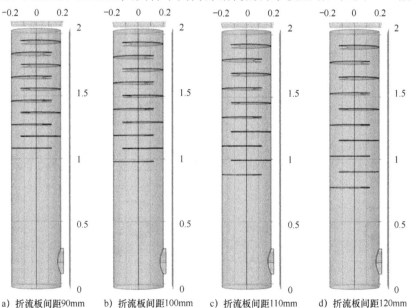

a）折流板间距90mm　　b）折流板间距100mm　　c）折流板间距110mm　　d）折流板间距120mm

图 4-45　不同折流板间距的污水换热塔内部结构

图 4-46 显示，随着折流板间距变大，从气流入口到第一片折流板的行程变短，因此压降减小，从 19Pa 减小到 15Pa。折流板间距为 90mm 时，循环气流经过一片折流板的压力损失是 50Pa，随着折流板间距增大，循环气流经过一片折

流板的压力损失减小为 46Pa、43Pa、41Pa。从最后一片折流板到出口的压力损失也随着折流板间距的增大而减小，分别为 14Pa、13Pa、10Pa、9Pa。

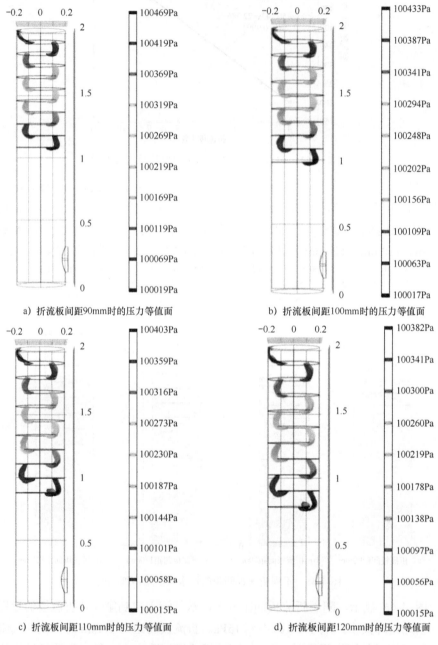

a) 折流板间距90mm时的压力等值面　　　　b) 折流板间距100mm时的压力等值面

c) 折流板间距110mm时的压力等值面　　　　d) 折流板间距120mm时的压力等值面

图 4-46　不同折流板间距的污水换热塔压力等值面分布图

　　将折流板间的截面看作矩形通道，分析压降与折流板间距的数学关系。忽略沿程损失，压降与动压头为线性关系，因此压降与折流板间距的倒数为二次多项式关系。如图 4-47 所示，当折流板片数为 10 片时，已知折流板间距，可预测污水换热塔内空气侧压降。

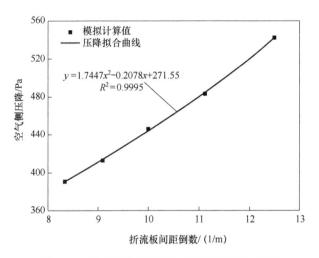

图 4-47　污水换热塔压降与折流板间距的关系

4.2　导流板式污水塔污水源热泵

　　带折流板结构的污水塔可以增强潜热交换，有效缓解或解决污水换热器使用中的污垢问题，但该系统中水泵与风机能耗占比较高，占总功率的 35.6%。需进一步针对污水塔空气侧存在的压降问题，对污水塔塔芯结构提出相应的改进措施，构建一种间接式换热器——导流板塔式污水全热交换器。针对导流板塔式污水源热泵的换热量、性能影响因素（包括污水流量、温度等），以及冷凝水回收可行性、节能性等方面进行探究。

4.2.1　实验台搭建

　　为了降低系统阻力和风机能耗，同时提高系统的换热容量，提出一种带导流板的新型污水换热塔，污水塔内导流板如图 4-48 所示。导流式污水塔壳体由外径为 400mm 的 PVC 管组成，在污水塔进风口 1800mm 以上安装 50 片 PVC 透明导流板，导流板布置如图 4-48b 所示，具体结构参数见表 4-7。

a) 立体图

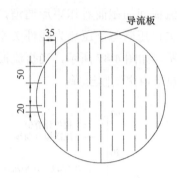

b) 剖面图

图 4-48　污水塔内导流板

表 4-7　污水塔内导流板结构参数

参　　数	长/mm	宽/mm	片　　数	总面积/m²
数值	800	50	50	4

　　污水与热泵系统的蒸发器通过循环空气间接换热，污水与空气在交换全热的同时，可以减轻甚至杜绝污水中杂质堵塞蒸发器的现象。污水从污水塔顶喷出，经换热塔上方的布水器（见图 4-49）均匀喷射。布水器主管直径为

40mm，支管直径为 20mm，并且为了使布水更加均匀，为六根直管设计了三种长度（70mm、110mm、150mm）。污水从主管进入支管后，使污水偏离中轴线形成反作用力矩，进而推动布水器旋转，最终污水在塔内部分散形成液滴，在导流板上形成液膜。污水与逆向流动的空气在污水塔中充分接触，进行全热交换。携带废热的高焓空气从塔顶部排出后，进入热泵系统的蒸发器完成后续换热过程。

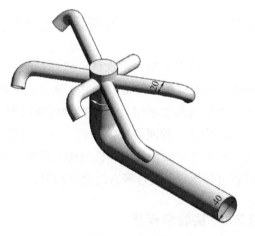

图 4-49　布水器

4.2.2　污水温度对系统性能的影响

污水温度决定了热泵机组的蒸发温度，进而影响整个系统的冷凝温度和运行特性，探究污水换热器及热泵系统在回收不同水温污水时的换热量可以为设备优化和型号设计提供参考。

设定污水温度变化范围为 8～32℃，以还原城市污水温度，污水流量设定为 1.67m³/h，热水温度设定为 40℃。从图 4-50 可以看出，机组 COP、系统 COP、热水侧传热速率和污水侧传热速率均随着污水温度升高而增加。污水温度为 9.44℃时，机组 COP 和系统 COP 分别为 3.02 和 2.11；污水温度为 31.41℃时分别为 5.01 和 3.65。当污水温度从 9.44℃提高到 31.41℃时，污水侧传热速率从 1.657kW 增加到 3.803kW，热水侧传热速率从 2.629kW 提高到 4.876kW。污水温度的提升增大了污水与空气之间的焓差，从而可驱动更多的热量向空气传递，使得在污水塔内的循环空气被加热至更高的温度，进一步提高了 COP 和传热速率。

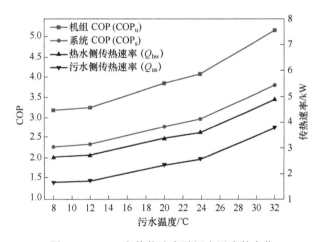

图 4-50　COP 和传热速率随污水温度的变化

从图 4-51 可以看出，当污水温度范围为 9.44～31.41℃时，循环空气在污水塔内吸收了污水的潜热和显热，温度升高了 0.36～4.86℃，污水塔出口的空气温度低于污水进口温度。因此，与污水直接进入蒸发器相比，以循环空气为介质的热泵系统降低了蒸发器的工作温度。此外，流经污水塔后污水温度降低了 0.31～2.56℃。

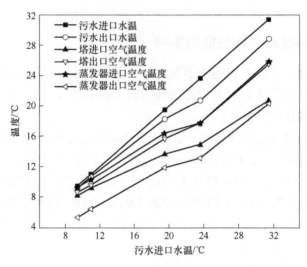

图 4-51　各关键部位温度曲线

4.2.3　气液体积流量比对系统性能的影响

在污水塔中，污水与空气充分接触进行逆流全热交换。不同的空气流量和污水流量都将对换热过程产生不同的影响，因此需探究系统高效运行的空气-污水流量比（即气液体积流量比）。

污水塔内空气与污水的体积流量比对污水塔内 COP 和传热速率的影响如图 4-52 所示。当空气与污水的体积流量比小于 359∶1 时，随着空气与污水体积流量比的增大，机组 COP 和系统 COP 均显著增加，但此后有所降低。当体积流量比为 359∶1 时，机组 COP 和系统 COP 达到最大值，分别为 5.01 和 3.65。随着气液体积流量比的增大，污水侧传热速率从 2.206kW 提高到 4.052kW，热水侧的传热速率也从 3.242kW 提高到 5.231kW。

COP 和污水侧传热速率随气液体积流量比的变化而不同。当污水流量一定时，随着气液体积流量比的增加，循环空气回收污水的热量增加，污水侧传热速率增长速度受气液体积流量比的影响很大。显然当空气与污水的体积流量比小于 359∶1 时，传热速率增长速度快。但当气液体积流量比大于 359∶1 时，传热速率增长速度缓慢。如图 4-52 所示，在空气与污水的体积流量比小于 359∶1 时，随着循环空气的增加，机组 COP 和系统 COP 均升高；但当比值大于 359∶1 时，流量比的增加并不能进一步改善系统性能，COP 无法随之升高。当体积流量比大于 359∶1 时，随着气液体积流量比的增大，系统 COP 减小。其原因为空气流量的增加在提高传热速率的同时也增加了风机的电能消耗，此时热回收量的增加幅度小于风机耗电量的增加幅度。根据对图 4-52 中所示不同要素的分析，在测试条件下空气与污水的最佳体积流量比为 359∶1。

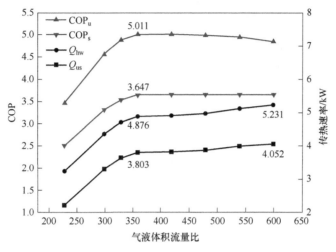

图 4-52　COP 和传热速率随气液体积比的变化

4.2.4　导流板式全热换热器与折流板式换热器的性能对比

1. 与折流板结构对比 COP

通过对比导流板和折流板的两种不同塔芯结构的系统特性，确定节能效率更高的换热器及对应的热泵系统性能。设定污水温度为 32℃，污水流量为 1.67m³/h，热水预设温度保持 40℃不变，通过改变空气流量得到系统性能结果。

图 4-53 分别展示了导流板式和折流板式污水塔的 COP 随空气流量的变化趋势。两种结构的最大机组 COP、最大系统 COP 没有明显差别，且 COP 变化趋势相同（均存在峰值）。显然导流板结构的最大机组 COP 和最大系统 COP 在同一风量下出现（600m³/h）；而折流板结构的最大机组 COP 和最大系统 COP 不在同风量下出现，最大机组 COP 出现在风量为 500m³/h 时，对应的系统 COP 仅为 3.24。从机组和系统的匹配程度来看，改进后的导流板污水塔更具优势。

由于污水塔内部结构的不同，两种结构的最大 COP 出现在不同的空气流量下（即紊流强度不同）。在相同风量下，折流板结构的紊流强度大于导板结构的紊流强度，导致折流板在较小风量（500m³/h）时就已获得最大传热速率和最高的机组 COP；而折流板空气侧阻力大于导流板空气侧阻力，导致风机能耗增加幅度大于传热速率增加幅度，因此系统 COP 过早地呈现降低趋势。

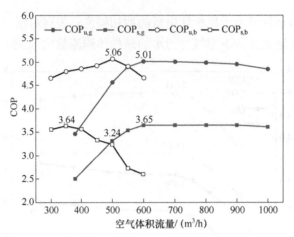

图 4-53　两种结构污水塔的 COP 随空气流量的变化曲线

2. 与折流板结构对比传热速率

传热速率是表征供给生活用水或其他用途的重要热量指标。通过对比导流板和折流板两种不同塔芯结构的传热速率，可确定换热量更大的换热器及对应的热泵系统性能。

图 4-54 比较了带导流板和折流板的污水源热泵系统的传热速率，两条曲线趋势相近。随着空气流量的增加，折流板的传热速率先增加后减小，在风量为 $550m^3/h$ 时达到最大值（5.19kW），此时两种结构的传热速率相似，随后导流板的传热速率一直增加，并在 $1000m^3/h$ 时达到 5.71kW。结果表明，带导流板的污水塔热泵系统其换热量更大。

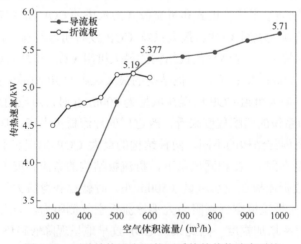

图 4-54　两种结构污水源热泵系统的传热速率对比

4.2.5　导流板式全热换热器的节能分析

1.　塔内空气侧的阻力特性

污水塔中风机能耗是一个影响系统性能的主要因素，合理使用导流板式污水塔是解决该问题的方案之一。测试导流板和折流板两种不同结构的污水塔空气侧压降，通过对比两种不同塔芯结构的空气阻力，可确定更节能的塔芯结构及对应的热泵系统特性。

根据图 4-55 可知，导流板系统总风量较大，空气侧压降明显更小。两种结构的空气阻力均随空气流量的增加而呈二次函数规律增加。随着空气流量的增加，导流板结构的空气侧压降缓慢增加，而折流板污水塔的空气侧阻力迅速增加。导流板结构的最大风量可达 1100m³/h，大于折流板结构的空气流量（480m³/h）。采用带导流板的污水源热泵系统能够有效降低空气侧阻力，从而减小循环风机的能耗，提升整个系统的能效。

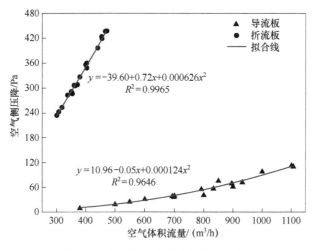

图 4-55　空气侧压降随空气流量的变化

2.　系统优势及适用性分析

假设将系统应用于哈尔滨市某公共洗浴中心，通过从洗浴废水中回收余热来制取高温的洗浴用水。废浴水温度为 31℃，热水箱热水预设温度为 42±2℃，补水温度为 12℃。当热水箱中的水温上升到上限值时，打开电磁阀，排出热水。当水温下降到下限时，关闭排水阀。如果在排水过程中热水箱的液位低于设定高度，则打开供水管上的电磁阀以补充自来水。

图 4-56 显示了系统运行期间污水塔进出口水温和冷凝器进出口水温的变化。在系统运行 13～15min 后，热水箱的上层水温从 40℃升至 46℃。冷凝器侧平均传热速率达到 4.39kW，系统能耗为 1.50kW，机组 COP 和系统 COP 分别为 3.92 和 2.93。

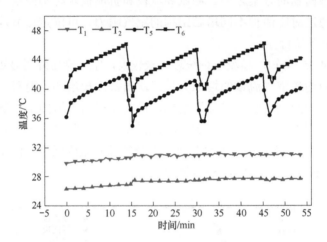

图 4-56　污水和热水的进出口水温的变化

假设公共洗浴中心每天需要 20m³ 的热水，热水的温度需从 12℃加热到 43℃，则每天需要 2604MJ 的热能。利用热泵系统从废洗浴水中回收热量，在允许热量损失 5%的情况下，每天将消耗 260kW·h 的电能。而对比采用电热水器直接加热热水的方式，每天将消耗 760kW·h。基于以上对比结果，若在公共洗浴中心应用导流板式污水源热泵系统，每天可以节约近 500kW·h 电量。

3. 水质对比分析

高焓的循环空气在蒸发器中与制冷剂换热的同时会凝结出冷凝水。对污水和系统运行 12h 后的冷凝水进行取样，测试两水样的氨氮浓度和 pH 值，将测试结果列于表 4-8。

表 4-8　水质对比分析结果

类　　别	氨氮含量/（mg/L）	pH 值	氨氮去除率（%）
污水	40.48	6.5	—
冷凝水	14.72	6.4	63.64

原污水源中的氨氮浓度为 40.48mg/L，而冷凝水中的氨氮浓度只有

14.72mg/L，低于城市绿化的供水标准（<20mg/L），氨氮去除率可达 63.64%。观察图 4-57 中污水冷凝水中颗粒物的粒径分布，颗粒物的平均粒径为 392nm，396nm 的颗粒物含量最多，占 20.3%。颗粒为纳米级，冷凝水水质良好。

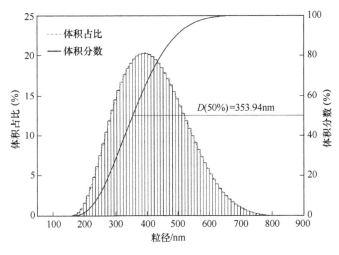

图 4-57　污水冷凝水中颗粒物的粒径分布

　　污水经蒸发、冷凝后形成的冷凝水水质情况良好，可以降低水处理成本。从氨氮含量和 pH 值方面来看，冷凝污水的处理和再利用可广泛应用于环境卫生，包括城市公共绿化灌溉、建设等方面。由于冷凝水对蒸发器表面存在冲刷作用，冷凝水中粒径小、水质好的特点反映出该系统具有良好的抑垢性能。

　　另外，以哈尔滨市某小区为例，依据该地气候条件计算分析系统的热回收、冷凝水回收情况。该小区的住宅楼为 18 层 I 类建筑，总用地面积为 25.2hm²，人口数为 9000 人，日排水量为 2500m³/d。绿地及道路面积为 2.772hm²，热泵系统的设计相关参数见表 4-9。通过计算，冷凝器侧换热量为 20×10⁶kJ/天，冷凝水产量为 2.98t/天（为污水量的 1.2‰），耗电量为 1922kW·h/天。小区所需集中热水供应量为 450t/天，加热这部分集中热水所需热量为 94×10⁶kJ/天；小区绿地、道路所需的浇洒水量为 27.2t/天。应用此系统可以提供所需集中热水 21.3%的热量以及所需浇洒水 11%的水量，节能节水效果显著。

表 4-9　设计相关参数

项目	污水温度/℃	污水流量/（m³/h）	热水设定温度/℃	热水流量/（m³/h）	空气流量/（m³/h）
数值	20	1.67	50	0.91	600

本章小结

针对污水废热回收过程中换热器的污垢和堵塞问题，首先提出了一种结合污水换热塔的折流板式污水源热泵系统，通过水的相变完成污水的热回收。采用实验测试和数值模拟的方法，测试了系统的运行性能和抑垢性能，并探究了换热塔结构参数对内部气流流场的影响。随后，基于折流板式结构特性，为降低系统阻力和风机能耗，同时提高系统的换热容量，对该污水塔进一步优化，提出了一种带导流板的污水换热塔。通过对污水全热交换器以及系统性能的实验测试，分析了导流板式结构的优势以及系统的节能性。主要成果与结论如下：

1）对比分析了不同污水温度和热水预设温度对折流板式污水源热泵系统运行性能的影响。该系统在预设热水温度为 40℃，污水温度为 8℃ 的条件下，仍能回收污水热量，且机组 COP 为 2.97，系统 COP 为 2.0。随着污水温度从 8℃ 增加到 32℃，潜热传热速率迅速增加，而显热传热速率上升很小，潜热占总传热的百分比从 54.7% 增加到 75.7%。相比低温污水，在较高的污水温度下，热水预设温度对系统性能的影响更大。

2）污水流量对潜热在折流板式污水换热塔总传热率中的占比影响不大，但较高的污水温度可显著提高潜热在污水换热塔总传热率中的占比。当塔内污水流量从 1.28m³/h 增加到 1.77m³/h 时，塔内污水温降从 2.9℃ 降至 2.19℃，与传统空调系统冷却塔温降相当。当空气流量小于 500m³/h 时，增加空气流量可提高折流板式污水换热塔的传热性能，而当空气流量超过 500m³/h 时，传热速率增加很小。机组 COP 最大值出现在空气流量为 500m³/h 时，系统 COP 最大值出现在空气流量为 350m³/h 时。循环风量的变化对污水换热塔内潜热与显热传热率的比值没有影响。

3）在 41 天的连续测试中，折流板式污水塔污水源热泵系统具有良好的抑垢性能。

4）对于导流板式污水源热泵系统，污水温度越低，水温越稳定，对系统的运行影响越小；污水温度越高，废热热回收量越大，COP 越高。当空气与污水的体积流量比小于 359∶1 时，随着空气与污水体积流量比的增大，传热速率增长速度快，COP 显著增加，但此后传热速率增长速度比较缓慢，COP略有降低。

5）导流板结构的机组 COP 最大值和系统 COP 最大值在同一风量下出现，说明该系统的机组 COP 和系统 COP 更匹配；在传热速率方面其容量更大，具有更大的热回收能力。

　　6）从压降的角度来看，带导流板的塔式污水源热泵系统能够明显降低空气侧阻力，降低循环风机的能耗，从而提高整个系统的 COP。从实际用水的角度来说，在允许热量损失 5% 的情况下，导流板式污水源热泵系统每天可以节约 500kW·h。从冷凝水水质和水量的角度来说，污水经蒸发、冷凝，形成冷凝水，可以降低水处理成本，节能节水效果显著。

第 5 章

空调系统中的污垢特性及在线监测与测试技术

在进一步推广热泵技术的过程中，面临的最大问题仍然是末端采集设备换热表面容易被换热介质中的污染物污染而产生污垢，严重影响设备的换热性能。目前针对热泵系统的污垢主要有两种，都具有各自的特点和推广问题：

1）一种是主要利用壳管式换热器，直接将循环水暴露在冷却塔中与周围空气进行蒸发散热。在该方法实际运行中换热管表面容易被循环水中的悬浮物和溶解物污染而产生污垢，难以实现可持续化利用。恶劣的水质条件会在短时间内使设备换热性能降低约50%～90%，导致工程中换热系统只能在第一年满足设计需求的情况普遍发生。

2）另一种是主要利用管翅式换热器，通过制冷剂进行对流换热从空气取热。在运行过程中，空气侧污垢一直是影响其性能的一大痛点。尤其是当其用作空气源热泵室外机时，换热面将同时面临结霜和脏堵两大难题。一方面，由于供暖季的室外气温低且相对湿度较高，热泵机组室外机的温度常常会低于空气露点温度且低于 0℃，因此结霜问题频发。另一方面，长期暴露于室外的换热器表面不可避免地会被空气中的悬浮颗粒污染。尽管污垢的积累通常需花费数周甚至数个月才能产生直观的影响，但在大气严重污染的背景下，污垢生长周期已被大幅缩短。因此，空气源热泵室外机表面污垢、霜冻问题常常相互耦合，伴随发生。在霜、垢共存时，其不均匀分布现象将对更多的换热面造成封堵。此前研究发现，在空气温度高于 3℃，相对湿度低于 70%时，空气源热泵室外机的结霜区域位于空气出口侧，而空气中的颗粒物主要沉积在室外机的入口侧。在霜、垢的联合影响下，空气源热泵室外机的进出口侧或将可能被完全封堵，严重影响其运行性能。

5.1 空调系统的污垢概述

本章针对热泵制冷技术中的两种主要成垢内容及组分——水侧污垢（颗粒

垢和析晶垢）和空气侧污垢（脏堵和霜），进行深入分析与讨论。构建热泵制冷设备换热表面污垢在线监测与测试技术，通过分析测试过程中流速与热流密度的变化对换热总传热系数的影响，提出污垢热阻计算修正公式，以减小测试过程中两者的变化对污垢数据的影响，提高测试数据的准确性。

5.2　水侧污垢在线监测与测试技术

由于冷却塔水系统中强化管表面污垢生长缓慢，实验耗时较长，因此研究人员通常采用浓度高于实际冷却水的循环水来开展实验测试，从而缩短污垢实验周期，而这类实验被称为"加速污垢"实验。最具典型的是，美国 Webb 教授及其所在团队，已经针对强化管开展了一系列的加速颗粒污垢实验，针对性地研究强化管内表面颗粒污垢的成长机理。加速实验的结果表明，虽然在大多数情况下强化管的结垢率比光管高，但是结垢后的传热性能仍比光管好。基于加速颗粒污垢的实验数据，一些针对强化管表面颗粒污垢的预测模型得到了初步的发展和改善。然而上述的研究都是基于单一污垢实验开展的。循环水中的颗粒浓度远高于实际冷却水，现有的加速污垢实验是否可以定性地描述污垢生长结果还有待商榷。

在以往的实验研究中，针对强化管开展的水侧污垢（非加速）在线监测非常少。Rabas 等人利用河水针对电力蒸汽冷凝管开展了管内污垢测试实验，并将波纹管和光管的实验结果进行对比。Haider 和 Webb 对浸泡式冷水机组中的蒸发器开展了长期污垢测试实验，实验结果表明蒸发器内的污垢小到可忽略不计，这是因为实验所用的循环水非常干净，只能产生颗粒污垢。Webb 和李蔚教授的实验结果表明，冷却塔水系统中强化管表面形成的污垢属于混合污垢，由颗粒污垢和析晶污垢组成。但其实验中仅用了一组水质参数，仅有一组流速工况，不足以反映污垢的真实生长规律。

目前的加速实验以及现有的非加速实验数据，都不足以描述混合污垢的真实生长情况，需进一步补充和完善研究成果。本节将对基于已有经验重新设计并改进的污垢热阻测试技术展开具体介绍。由于在实际污垢测试实验过程中，污垢生长缓慢且量级较小，而污垢不断沉积会增大各设备的耗损，影响系统稳定性，因此测试系统对设备的精度和灵敏度要求较高，在选型时有一定的限制。

5.2.1　水侧污垢（非加速）在线监测系统介绍

水侧污垢（非加速）在线监测系统主要用于测试壳管式冷凝器中强化管内

表面（水、制冷剂分别在测试管内、外流动）长时间运行后所形成的污垢热阻。图 5-1a、图 5-1b 分别列出了监测系统和实验用冷却塔的实物图，其中冷却塔置于室外，而其他实验设备置于室内。

a）监测系统   b）冷却塔

图 5-1　水侧污垢（非加速）在线监测系统

根据图 5-2 所示污垢在线监测系统原理，实际污垢监测系统主要由三个环路组成——制冷剂环路、冷却水环路和冷冻水环路。为了在单组实验中同时对多种特定内部几何尺寸的强化管进行测试，考虑到系统稳定性并提高研究对象的数量，选用三台相互独立且型号相同的制冷机组，在每台制冷机组内同时测试三种不同的强化管。三台制冷机组并联运行且共用一套冷冻水系统、冷却水系统和室外冷却塔。该系统不仅能够在测试过程中对各参数进行实时的控制与监测，而且可以根据运行工况的要求对各运行参数进行调整，实现在不同冷却水水质、流速的情况下，对九根表面几何参数不同的强化管进行长时间污垢热阻连续监测。

图 5-2 中制冷机组系统的制冷剂环路包括一个冷凝器、两个视液镜、一个过冷器、一个干燥过滤器、一个蒸发器、一个储液罐、一个压缩机、一个油分离器和三个测试强化管。图 5-2 中冷却水环路包括多个冷却水泵、多根测试管、一个冷却塔、冷却水箱、一个补充水箱和一个壳管式换热器。通过调节安装在测试管入口段、出口段的闸阀，改变测试管内的冷却水流速；为维持测试管的入口温度恒定，通过冷却水箱内冷却水泵与回水口的相对位置和冷却塔的温度控制器共同调节；通过调节过冷器的水侧流量，改变冷凝器内的饱和压力来实现不同的换热量。冷冻水环路包括冷冻水泵、一个冷冻水箱、一个壳管式换热器

和一个蒸发器。上述三个环路的调试与稳定,是保证该系统在给定的工况下正常运行的关键。

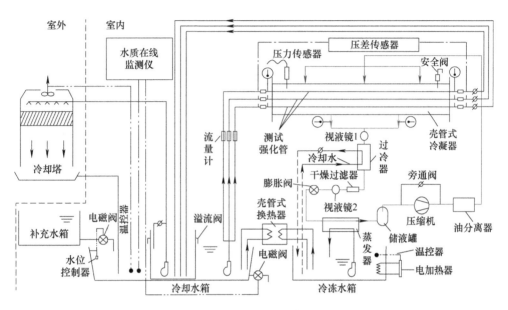

图 5-2　水侧污垢(非加速)在线监测系统原理

1. 在线检测系统设备

水侧污垢(非加速)在线监测系统需要满足不同实验工况的运行要求,下文将针对系统中的主要测试设备及运行环路展开具体介绍。

(1)冷凝器　以九根测试管为研究对象,为避免制冷剂与上部测试管换热后生成制冷剂液滴形成降膜流,影响下部测试管的传热性能,须将所有的测试管放置在同一水平面上。在冷凝器的设计过程中,若将九根测试管安装在同一个冷凝器内,会使得冷凝器的直径过大,且大部分空间无法得到利用,设计并不合理。同时,为了避免将冷凝器设计为 ASME 压力容器,测试冷凝器的直径应小于换热管直径的六倍,因此将九根测试管分为三组,放置于三台冷凝器中用于完成整个测试。如图 5-3 所示,冷凝器由 6in 的 NPS Schedule 40 管(外径 168.3mm,壁厚 7.1mm,内径 154.1mm)制成。三台冷凝器安装在各自独立的制冷剂环路内,按照完全相同的运行参数进行设定,以确保测试管的实验条件相同。

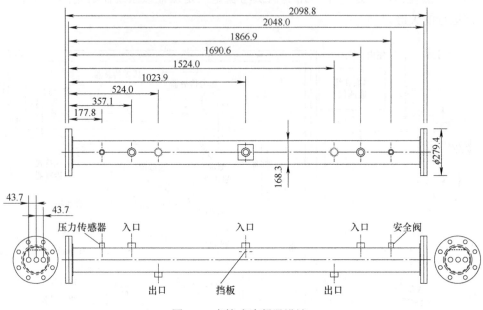

图 5-3　壳管式冷凝器设计

　　同时，为保证制冷剂均匀地分配在冷凝器内，将制冷剂的三个入口均匀地布置在冷凝器上部，且在中心入口下方布置一个 L 形冲击板，制冷剂的两个出口布置在冷凝器下部。其中 L 形冲击板有效地减轻了高速制冷剂对测试管的冲击作用。上述的五个入口、出口均与制冷剂铜管相连接并用卡套管接头进行连接处的密封处理。与此同时冷凝器顶部设计了两个耦合接头，其中左侧接头用于安装压力传感器，从而确定冷凝器内的饱和温度（利用制冷剂属性数据表将饱和压力转换为饱和温度）；右侧接头用于安装安全阀，保证冷凝器内压力不超过额定压力。

　　为了便于更换测试管，将冷凝器两端与测试管的连接处设计成可拆卸式法兰连接，其中法兰接头处采用 O 形圈密封。在测试管的安装过程中，将润滑剂或油脂涂抹在 O 形圈上，其目的有以下两点：1）润滑剂能够将 O 形圈固定在正确的位置上，避免 O 形圈滑出凹槽；2）润滑剂可以填充 O 形圈或凹槽表面的凹陷处，避免了制冷剂的泄露，润滑剂的选择需要兼容制冷剂和 O 形圈材料。

　　由于该系统用于测试不同换热管内污垢的生长情况，在每组实验开始前，需将全新的九根测试管安装在冷凝器内，以确保测试在换热管清洁的状态下开始。因此置于冷凝器内的测试管也应该是可替换的。测试管安装完毕后，采用具有良好密封性能的卡套管接头将测试管固定到冷凝器两端的管板上。为了便于测试管的拆卸和更换，压缩接头中使用聚四氟乙烯密封垫圈来实现进一步的密封，该密封垫圈遵循热胀冷缩原理，可多次重复使用。

（2）测试管　实验中共选用九根表面几何参数不同，且在现代工业生产中应用较为普遍的换热管进行污垢测试实验，其中八根管为强化管（测试管内外都具有强化换热面），一根管为光管（测试管外表面为强化换热结构，内表面光滑）。九根测试管的管长一致，均为 2m，该长度由管壳式冷凝器设计阶段的误差分析确定。表 5-1 中给出了测试管表面几何参数，将测试管表面几何参数以 1 号测试管为基准进行无量纲化处理。其中 9 号管为光管，7、8 号测试管为三维强化管，其余测试管为二维强化管。

表 5-1　测试管表面几何参数

测 试 管	e_i/e_1	α_i/α_1	N_{si}/N_{s1}	D_i/D_{i1}
1	1.000	1.000	1.000	1.000
2	1.102	1.000	4.200	1.002
3	1.181	1.222	1.300	0.988
4	1.181	1.222	2.100	0.988
5	1.312	0.556	4.000	1.005
6	0.919	1.000	5.200	0.988
7	0.919	—	—	0.988
8	1.234	—	—	1.062
9	—	—	—	0.991

注：e_i/e_1，α_i/α_1，N_{si}/N_{s1}，D_i/D_{i1} 分别表示测试管 i 与 1 号测试管的肋高比、螺旋角比、螺纹数比及管径比。

（3）制冷剂环路　每台冷凝器都布置在一个独立的制冷剂环路内。环路中的主要设备如图 5-4 所示，其中选用 R134a 型往复式压缩机，在压缩机进出口处安装旁通阀，用来调节压缩机的有效容量。在压缩机出口安装油分离器，避免油掺杂在制冷剂内进入冷凝器，从而保证测试管外表面的传热系数不受润滑油的影响。

图 5-4　制冷剂环路的主要设备

在制冷循环过程中，由压缩机排出的制冷剂气体分别从三个入口流入冷凝器，在被测管外表面冷凝换热后，制冷剂液体和部分制冷剂气体从冷凝器下方两个出口流出，进入过冷器。通过调整过冷器内冷却水的流量实现对测试冷凝器内制冷剂饱和温度（压力）的调节与控制。视液镜 2 和干燥器安装在过冷器的出口处。流过膨胀阀的制冷剂液体进入蒸发器释放冷量。图 5-2 中视液镜 1 和 2 分别用来观测冷凝器出口、膨胀阀入口的制冷剂状态，判断制冷剂冷凝过程以及运行状态点是否正常，在实际运行中视液镜 1 内制冷剂应为气液混合状态，视液镜 2 内应为液态。安装在蒸发器之后的气液分离器既能够保证压缩机吸气口为气态，又可以用来存储系统内过量的制冷剂。

（4）冷却水环路　单台冷却水泵同时为同一冷凝器内三根测试管供应冷却水，冷却水的流速则由测试管入口段、出口段的闸阀来共同调节，如图 5-5 所示。但需要注意的是，当测试条件为较低流速时，为保证测试管内充满冷却水，此时应调节出口段阀门。由此可见，下游管道上必须安置调节阀。为了便于测试管的拆卸替换，铜管的末端与 PVC 冷却水管之间也采用卡套管接头进行连接。

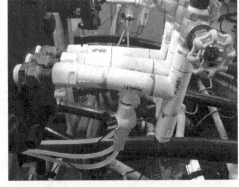

图 5-5　PVC 管和闸阀

如图 5-6 所示，被加热的冷却水从冷凝器流出，进入冷却水箱中心处的独立水箱内，之后由水泵将一部分冷却水送至室外冷却水塔中散热后返回外侧冷却水箱，另一部分冷却水则通过溢流管直接流入外侧冷却水箱。上述两个回水管线的设计可自动平衡进出冷却塔的水流量。

a）外侧冷却水箱

b）中心处冷却水箱

图 5-6　冷却水箱

　　由于每组水侧污垢（非加速）在线监测的周期约为 4 个月，实验装置需要考虑在冬季运行。而监测系统所在地冬季室外最低温度约为-20℃，为了避免室外冷却塔内发生结冰现象，监测系统设有一密封的冷却塔保温壳、连接室内外空气的风道，以及控制风机，该风机由位于保温壳内的温度探头及控制器来控制启停，如图 5-7 所示。当保温壳内空气温度低于设定下限值时，风机开启将温度相对较高的室内空气输送到冷却塔保温壳内，以保持冷却塔运行环境；当冷却塔保温壳内的空气温度达到上限时，风机关闭。在其他运行季节，将拆除冷却塔保温壳，无须保温操作。

a）冷却塔保温壳

b）风道的风扇

图 5-7　冷却塔防冻措施

（5）冷冻水环路　实验过程中冷冻水分别从蒸发器和过冷器内换出冷量，为了避免蒸发器和过冷器内有污垢生成，冷冻水采用干净的去离子水。由热平衡分析可知，若实验过程中无外部热量的输入，冷冻水箱内的水温会一直下降，影响机组正常运行。该系统利用换热器在冷却水（～29.5℃）与冷冻水（～15℃）之间进行换热，在加热冷冻水的同时可初步冷却冷却水，实现系统内部的热量平衡，从而将冷冻水水温控制在一定范围内。流经三个蒸发器的冷冻水都配置单独的冷冻水泵；流经三个过冷器的冷冻水则由同一台水泵分成三个支路管道进行循环供水，上述所有的冷冻水泵及潜水泵都置于同一个冷冻水箱内（见图 5-8）。在过冷器的出水段安装闸阀，用以调节通过过冷器的冷冻水流量，从而调节冷凝器压力，其中流经过冷器的水流量越大，冷凝器内的饱和压力就越小，对应的饱和温度也越小。

图 5-8　冷冻水箱

在搭建水侧污垢（非加速）在线监测系统时，设备选型都是基于冷凝器的容量进行的。压缩机为往复式压缩机，其额定制冷量为 14.5kW。过冷器和蒸发器均为钎焊板式热交换器，最大容量分别为 8.79kW 和 17.58kW。表 5-2 列出了水侧污垢（非加速）在线监测系统的主要设备。

表 5-2　监测系统的主要设备

名　称	制 造 商	设 备 描 述
压缩机	Danfoss	往复式压缩机 型号：MTZ72HN3BVE 额定功率：14.5kW
冷凝器	Alfa Laval	定制，功率：13.5kW
测试管	Wieland	有效长度：2m
过冷器	Bell & Gossett	钎焊板式换热器 型号：BPR410-35-LCA 最大功率：8.79kW
干燥器	SPORLAN Catch-All	型号：C-163-S 额定功率：3.5～17kW
膨胀阀	SPORLAN	感温式外部均压膨胀阀 型号：KT43JCP60 R134a
蒸发器	Bell & Gossett	钎焊板式换热器 型号：BPR415-28-LCA 最大功率：17.58kW
气液分离器	Refrigeration Research	型号：HP3700，垂直型 最大制冷剂容量：5.95kg
水泵	Geoglobal Partners	潜水泵 型号：PW5000
换热器	Bell & Gossett	壳管式换热器 型号：SN503003014005 最大功率：79.1kW

2. 数据采集与控制系统

（1）铂电阻温度计（RTD）和热电偶温度计　在水侧污垢（非加速）在线监测中，采用铂电阻温度计和热电偶温度计测量温度。测试管入口和出口水温是关键的控制参数，其测试精度决定了污垢热阻测量的准确性。在此利用精度较高的铂电阻温度计进行测量，如图 5-9 所示，其标定前精度为±0.03℃，标定后精度为±0.012℃。由于测试管内的水温分布不均，其中靠近壁面的水温明显高于中心线，为采集到进入、离开冷凝器水温的平均代表性数据，将温度传感器安装在测试管两端弯头接头的下游。除此之外在冷冻水箱、冷却水箱中安装精度为±0.1℃热电偶温度计，分别对冷冻水水温、冷却水水温进行监测。

在测试仪器的初步校准过程中，对铂电阻温度计进行了两次标定，其标定温度范围为 27～36℃。利用第一次标定结果中设定温度与测试温度之间的线性关系，对铂电阻温度计进行校准修正。随后在此基础上进行第二次标定。

（2）压差传感器　为了研究污垢对测试管进出口水侧压降的影响，采用压差传感器对各测试管的水侧压降进行监测，其测量精度为±0.08%，如图5-10所示。

图 5-9　铂电阻温度传感器

图 5-10　压差传感器

在监测系统中，每三根测试管共用一个压差传感器，在单次记录数据之前，打开测试管两端的闸阀，将被测管接入测试回路，而未被测量的测试管两端闸阀必须关紧，以免引起水侧压降读数错误。为了保证测试数据稳定，防止空气进入压力输送管道，将每个测试管的压力采集点放置在测试管两端进出口的底部。由于实验过程中部分污垢会进入压力输送管道中，因此在正式实验之前应将压力输送管道内污垢清理干净。与此同时在测试过程中还应定期检查压力管道内是否有体积较大的隔断气泡存在，排除其对压力测量结果的影响。

（3）压力传感器　在图 5-11 中，冷凝器内制冷剂的饱和压力由绝对压力传感器（测量精度为±0.25%）进行监测。通过调节过冷器的水流量，基于制冷剂的性能数据能较好地对制冷剂饱和压力进行控制，从而控制制冷剂饱和温度。

（4）流速的测量　流速是决定污垢生长的重要参数。在初步设计中，为了减少测试的工作量、提高测量精度，采用精度为±1.5%的流量计对各测试管中冷却水流速进行测量。但当冷却水的结垢潜质

图 5-11　压力传感器

过高时，流量计会发生堵塞，从而易将测试管内已生成的污垢冲刷掉。为了避免上述现象的发生，将流量计从系统内卸下，在正式实验过程中采用时间质量法测量流速，流速测试过程如图 5-12 所示。首先将测试容器放置在智能秤上并进行清零处理，然后称量 30s 内水管流出的冷却水，最后通过质量除以时间来计算流速。将上述过程重复三次，取平均值作为最终测试结果。如图 5-13 所示，上述步骤中所使用的智能秤的精度为±0.05kg，量程为 200kg（440lb）。

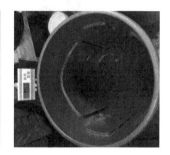

图 5-12　流速测试过程

（5）水质检测仪　水质是决定污垢生长速率及发展趋势的另一个重要参数。在单组污垢测试过程中，冷却水的水质应保持在要求的范围内。根据其对污垢沉积的影响作用将冷却水水质指标分为以下两类："钠、铁、铜"参数对污垢的生成无作用，为无影响指标，无须控制其粒子浓度；其余各指标共同影响混合污垢的生成。其中总溶解固体（TDS）和 pH 值可通过图 5-14 中的水质在线检测仪进行初步测定，再在实验室内对其进行二次高精度测量。

图 5-13　实验用称　　　　　　　　　　　　　　图 5-14　水质在线检测仪

循环水中的电导率采用图 5-15a 中的电导率检测仪测量，测量精度为±2%。总溶解固体采用 TDS 检测仪测量，测量精度为±2%。循环水 pH 值通过 pH 计进行测试，如图 5-15b 所示。其他离子参数则采用化学滴定的方法进行测试，水质测试反应试剂如图 5-16 所示，其测试步骤如下：

a) 电导率和总溶解固体检测仪

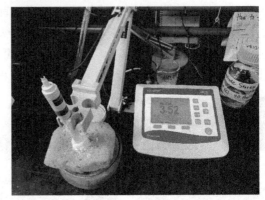

b) pH计

图 5-15 水质检测仪

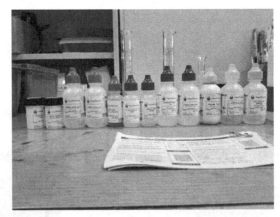

图 5-16 水质测试反应试剂

① 取样。采用特定的取样瓶从冷却水箱内取样，单次取样之前需将取样瓶润洗 3～5 次以减少测量误差，与此同时尽可能保证每日取样的位置相同。

② 测量总硬度及钙离子指标。取 5mL 待测液并稀释至 10 倍，将稀释后的溶液平均分成两份，分别标记为样品 1、样品 2。向样品 1 中加入五滴硬度缓冲液及一平勺硬度指示剂粉末混合搅拌，此时液体颜色变紫。随后逐滴添加若干高浓度或低浓度的硬度滴定液，直至液体由紫色变为蓝色，记录滴定液的滴数，其中一滴高浓度滴定液代表 100mg/L，一滴低浓度滴定液代表 20mg/L，将滴数进行换算即可求出总硬度指标。测钙离子指标时，向样品 2 中加入五滴钙缓冲液及一平勺钙指示剂粉末，其余步骤与总硬度测试完全一致。

③ 测量氯离子浓度。取 5mL 待测液并稀释至 10 倍，向稀释后的溶液中加入两滴酚酞指示剂并混合搅拌，若溶液变粉则需向溶液中逐滴添加低浓度的碱度滴定剂，直至溶液变至无色；若溶液颜色始终保持无色，可跳过上述步骤，且由经验可知中、低浓度的水质条件下，该溶液大多始终保持无色。随后向待测液中加入六滴铬酸钾指示剂并混合搅拌，此时溶液变黄，逐滴添加若干氯离子滴定液，直至液体由黄色变为红色，记录滴定的滴数，其中一滴氯离子滴定液代表 50mg/L，将滴数进行换算即可求出氯离子的浓度大小。

④ 测量碱度指标。直接取 25mL 待测液，并向其中加入三滴酚酞指示剂，待测液由无色变为粉色，随后向溶液中逐滴添加低浓度的碱度滴定剂，直至溶液变至无色，记录滴定液的滴数，其中一滴低浓度碱度滴定液代表 10mg/L，该滴数即对应 P-碱度的大小。紧接着向滴定完的无色溶液中加入三滴甲基橙指示剂并混合均匀，此时溶液变为黄色，随后逐滴添加若干高浓度或低浓度的碱度滴定剂，直至液体由黄色变为橙色，记录滴定液的滴数，其中一滴高浓度碱度滴定液代表 50mg/L，将本组实验所有的滴数相加（包括 P-碱度的滴数）即对应 M-碱度。

需要注意的是，在上述操作过程中，需采用去离子水进行稀释，且每次加完化学指示剂或滴定剂后都应充分搅拌均匀后再进行下一步操作。与此同时为提高测量结果的精度，滴定剂需要逐滴添加，且②～④操作需重复两次，并取两次测量结果的平均值作为最终结果。

除此之外，冷却水的干物质含量反映了冷却水中溶解固体和不溶固体的浓度，该指标是混合污垢（颗粒污垢和析晶污垢）预测模型中的重要参数，可通过直接干燥称量得到。LSI 是冷却水水质参数的一个重要判定指标，可以通过上述各水质参数测量结果计算求得。

（6）控制系统　冷凝器内制冷剂的饱和温度与饱和压力成正比，在实验过程中通过改变过冷器流量来调节冷凝器的饱和压力，可以更好地控制制冷剂的饱和温度。受冷却水泵电压不稳、污垢生成等因素的影响，冷却水流速会自动发生变化，而冷凝器内的饱和压力会随冷却水流速的升高而降低。为保证热流密度不变，实验过程中对过冷器出口闸阀及冷却水流速不断调整，尽可能保证单根测试管在污垢生长过程中热流密度不变。

由上文的水质测量分析可知，一旦冷却水的某一指标高于要求，系统将用补水更换冷却水进行调节。当冷却水电导率高于水质在线检测仪的设定上限时，水质检测仪将监测结果信号传输至安装于冷却水箱底部的电磁阀中（见图 5-2）。随后电磁阀打开，高电导率的冷却水从冷却水箱中排出。为保证冷却水箱内的水位，通过水位控制器（见图 5-17）进行补水。当冷却水电导率低于设定下限时，冷却水箱底部的电磁阀将完全关闭，停止更换冷却水。与此同时在日常运行过程中补给水箱内的水被用来补充蒸发所耗散的冷却水。

图 5-17　水位控制器

　　为提高测量精度，在整个实验过程中需将冷却水水温控制在 29.5℃附近，通过调节温度控制器（见图 5-18）的设定值改变冷却水的温度。在实验过程中，当冷却水温度高于设定值上限时，温度控制器会打开冷却塔风扇，冷却系统中的冷却水；当温度降低到下限时，风扇将关闭，实验过程中冷却水的温度会发生周期性波动。

图 5-18　冷却塔温度控制器

　　（7）数据采集系统　　使用安捷伦数据采集系统对实验系统的重要运行参数进行记录和采集，其中主要包括以下八个变量：冷却水进口温度，冷却水出口温度，制冷剂饱和压力，制冷剂入口温度，制冷剂出口温度，冷却水水侧压降，冷却塔中的水温和冷冻水箱内的平均冷冻水温度。将数据采集系统的采集周期设置为 3s，单组实验数据的采集时间约为 10min，每天记录约 200 个数据点，取其平均值作为最终的实验结果。

Agilent 34972A 数据采集开关单元（见图 5-19）包括 3 插槽主机，借助直观的图形界面，能够通过网络远程控制每个通道的测量配置、数据记录和数据监测。

图 5-19   数据采集开关单元

表 5-3 列出了数据采集与控制系统中的主要测量设备，并详细介绍了各个设备的型号和说明。

表 5-3   监测系统主要测量设备

名　　称	制　造　商	设　备　描　述
压差传感器	OMEGA	型号：PX409-015DWU5V 0.08% BSL
压力传感器	OMEGA	型号：PX309-200A5V 精度：0.25%BSL 量程：1.379MPa
铂电阻温度计（RTD）	OMEGA	型号：P-M-1/10-1/8-6-3/8-P-6 精度：在 0℃时±0.03，在 50℃时±0.05
热电偶温度计	OMEGA	型号：TTIN-M30（U）−300 不锈钢保护套能承受最大温度：900℃
智能秤	Smart Weight	型号：FBA-ACE200 精度：±0.025%
电导率检测仪	HM Digital	型号：EC-3M 精度：±2%
总溶解固体检测仪	KETOTEK	型号：KT-3-2 精度：±2%
pH 计	Fisher Scientific	型号：AB150 pH Meter 精度：±2mV
温度控制器	Elitech	型号：STC-1000 精度：±1℃
数据采集系统	Agilent	数据采集开关单元，型号：34972A 电枢多路复用器模块，型号：34901A
水质在线检测仪	Advantage Controls	MegatronXS 控制器：罐式安装 可测参数：温度，电导率，pH 值

5.2.2 在线污垢（加速工况）监测平台

1. 系统简介

在线污垢（加速工况）监测平台原理如图 5-20 所示，可监测壳管式换热器长时间运行后换热管内表面（水流经管程、制冷剂壳程）冷却水侧所形成的污垢热阻值。平台由三部分组成——制冷剂环路、冷却水环路和冷冻水环路。图 5-21 为监测平台实物，主要设备见表 5-4。本平台可以根据实验需求对各运行参数进行调节，从而实现在不同工况下，实时监测三根内部结构不同的换热管的污垢热阻，测试管的具体参数见表 5-5。

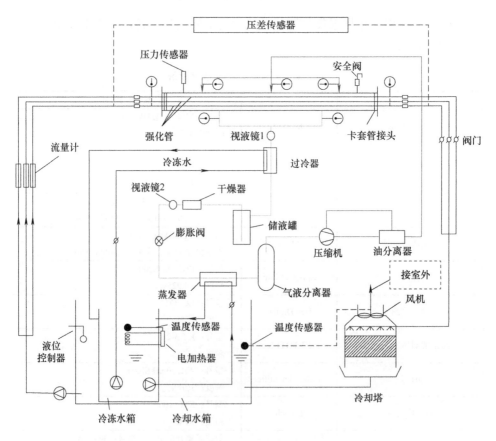

图 5-20　在线污垢监测平台原理

图 5-21 在线污垢监测平台实物

表 5-4 污垢热阻监测系统主要设备

名　　称	厂　　商	备　　注
压缩机	Danfoss	往复式压缩机 型号：MTZ080 额定制冷量：16.04kW
冷凝器		定制最大换热量：13.5kW
强化换热管	Wieland	有效测试长度：2.05m
干燥过滤器	Danfoss	型号：DML164
膨胀阀	Danfoss	外平衡式热力膨胀阀 型号：TEN2 R134a
蒸发器	Danfoss	钎焊式板式换热器 型号：B3-030-70-3.0-HQ
循环水泵	Grundfos	型号：CM10-2

表 5-5 三根测试管几何参数

测 试 管	外径 D_o /mm	内径 D_i /mm	肋片高度 e /mm	螺旋角 α (°)	螺纹数 N_s	p/e	说　　明
1	19.1	15.5	0.432	45	10	9.88	选自 Webb 和 Li 非加速实验（低结垢率）
2			0.356	45	45	2.81	选自 Webb 和 Li 非加速实验（高结垢率）
3			0	0	0	0	光管

（1）制冷剂环路 选用制冷剂为 R134a 的往复式压缩机。在压缩机出口安装油分离器，保证测试管外表面的传热系数不受润滑油的影响。在制冷循环过程中，由压缩机排出的气态制冷剂从三个入口流入冷凝器，经三根测试管外表面冷凝换热后，饱和制冷剂液体从冷凝器下方两个出口流出，再进入过冷器。通过调节过冷器内循环水的流量，实现对冷凝器内制冷剂饱和温度（压力）的调节与控制。通过图 5-20 中的视液镜 1 和 2，分别观测冷凝器出口和膨胀阀入口制冷剂的状态，以此判断制冷剂冷凝过程以及系统运行状态是否正常。安装在膨胀阀入口前的储液罐起调节和保证系统正常运行所需的制冷剂循环量的作用。而安装在蒸发器之后的气液分离器可以保证进压缩机吸气口的制冷剂为气态，又可用来存储系统内过量的制冷剂。

（2）冷却水环路 三根测试管沿壳管式冷凝器的水平切面方向平行布置，可有效避免制冷剂在测试管外壁冷凝成的液滴对相邻测试管的影响，因此该系统可同时对三根换热管进行测试。如图 5-21 所示，在三根测试管内流动的冷却水由同一台水泵供应，每根测试管出口处均安装闸阀，冷却水的流速由闸阀调节（为确保实验过程中测试管内充满冷却水，调节阀需要安装在下游管道上）。被加热的冷却水从冷凝器流出送至冷却塔散热后返回到冷却水箱，冷却水水温通过开关冷却塔风扇进行控制。

开式冷却塔是利用水与空气流动接触实现冷热交换的蒸发散热设备。空气与水接触时，空气中粗颗粒物（如灰尘、絮状物）、细颗粒物（如 PM2.5）、有毒物质（如重金属、微生物）等在大气中滞留时间长的气体污染物会被带入水中。尤其当水箱中循环水体积较小时，水中颗粒物粒径、化学成分等会在一定时间内发生变化。因此在对水质要求较高的污垢实验中，这些因素需得到有效控制。

冷却塔与水箱如图 5-22 所示，监测系统选用机械通风逆流湿式冷却塔。选择轴流风机进行抽风工作，风机与管道连接处安装止回阀，并用铝箔胶带密封，防止室外空气倒流。冷却塔下部直接插入水箱箱盖中，空隙处安装一圈滤网（风主要由该处进入）。过滤网由不锈钢网（保证结构强度，拦截过滤灰尘、毛发、细屑、絮状物等较大悬浮物）、空气过滤棉（滤网以折叠方式制作，减少风阻，允许空气快速流通，同时过滤微米级的微小粒径，如 PM2.5、花粉等）、活性炭（主要吸附空气中的甲醛、甲苯、硫化氢等气体污染物）组成，最大限度防止测试水质被空气污染。

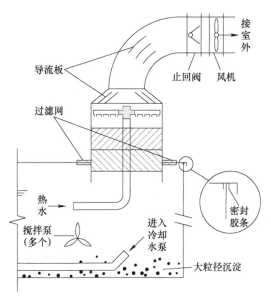

图 5-22　冷却塔与水箱

冷却水箱选用食品级 316 不锈钢材质，尺寸为 1500mm×1000mm×1000mm，整个系统可循环的总水量约为1000L。选用大水箱主要有以下两个优点：

1）入口水温更容易保持恒定。在系统运行过程中，换热管入口水温的变化会引起出口水温、测试冷凝器饱和压力的变化，选用大水箱可以减小入口温度的波动。

2）水质等各项参数更容易保持稳定。根据实际冷凝器不同流速参数计算可知，该监测系统的测试冷凝器循环水流量为 1800～4900L/h。当系统中参与循环的冷却水总体积较小时，冷却水水质易发生变化。同时，加大总水量可以更好地减少系统管路与外界环境对水箱水质的干扰。

水箱中设置五台搅拌泵，但随着冷却水不断循环，大粒径粒子仍会沉积到水箱底部。因此将取水口提高，在保证工作流体在取水点处满足冷却水浓度标准的同时，尽可能减少粒子团聚的干扰。

（3）冷冻水环路　在实验过程中，为防止冷冻水水温不断降低而影响机组正常运行，如图 5-20 所示，将冷冻水水箱安置在冷却水水箱中，通过冷却水（～29.5℃）与冷冻水（～15℃）的换热，初步实现系统内部的热量平衡。再由恒温控制设备辅助调节冷冻水温度，使其控制在要求范围内（±0.1℃）。相比于两个水箱独立控制的方案，该方法不仅可以提高系统的稳定性，同时在实验过程中可以有效实现节电节水。

（4）数据采集与控制系统　为确保监测系统安全稳定运行，实验过程中需对温度、压力、热流密度、水质等参数进行监测与控制，并准确采集与记录数据。本监测系统在冷冻水箱、冷却水箱中安装了温度控制器，通过电加热器和冷却塔风扇的启停，分别对冷冻水和冷却水的温度进行控制。采用 RTD 热电阻温度传感器（±0.03℃）对每根测试管进、出口的水温进行测量，其余温度测点则采用热电阻温度传感器（±0.1℃）测量。测试管中冷却水流量由流量计（±1.5%）进行测量。冷凝器内制冷剂的饱和压力采用压力传感器（±0.25%）进行监测，饱和压力可通过改变过冷器的水流量进行调节，进而控制冷凝器内制冷剂的饱和温度。换热管的水侧压降采用压差传感器（±0.08%）进行测试。冷却水其他参数如粒子浓度、粒子直径等经采样后在实验室完成检测。

实验系统可实现多参数可调可控的污垢测试，可调参数主要有制冷剂饱和压力、循环水流速、水质、温度和测试管热流密度等，以上参数均能实现连续监测及稳定控制，同时保证测量精度在合理范围内。主要测试设备见表 5-6。

表 5-6　污垢热阻监测系统主要测试设备表

名　称	厂　商	备　注
压差传感器	OMEGA	型号：PX409-015DWU5V 精度：0.08%BSL
压力传感器	OMEGA	型号：PX309-200A5V 精度：0.25%BSL 最大量程：1.379MPa
RTD 温度传感器	OMEGA	型号：P-M-1/10-1/8-6-1/2-G-9 精度：1/10DIN 0℃时±0.03，100℃时±0.08
流量计	OMEGA	FL4402，校对后精度 1.5%
采集设备	Agilent	型号：34972A 通道模块型号：34901A

2. 监测平台的调试与运行

（1）实验测试仪器校对　污垢形成是一个微观的过程，测试仪器的精度、误差及稳定性都会影响测试数据的准确性。如图 5-23 所示，使用恒温油槽（WIKA，CTB9500，温度控制稳定性达 0.02℃）及两根精密温度计（WIKA，CTP5000-250D，稳定性达 0.005℃）对六根温度传感器（测量换热管进、出口温度）进行标定。标定前的偏差值见图 5-24a。

a) CTR5000温度采集设备　　　　　b) CTB9500恒温油槽（介质为硅油）

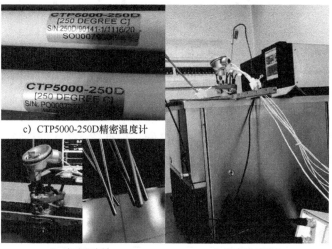

c) CTP5000-250D精密温度计

d) 校对温度计　　　　　　　e) 温度校对设备

图 5-23　温度校对实验设备

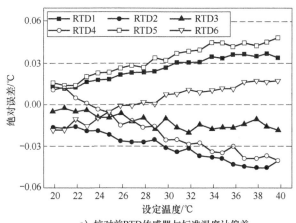

a) 校对前RTD传感器与标准温度计偏差

图 5-24　RTD 温度传感器校对

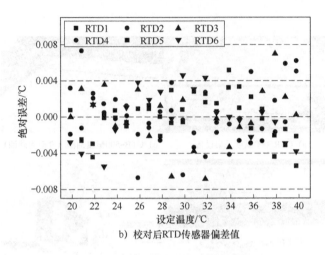

b）校对后RTD传感器偏差值

图 5-24 RTD 温度传感器校对（续）

　　为使测得的换热管进出口温差更加准确，根据图 5-24a 偏移情况对六根温度传感器进行正负偏差分组，最大限度地减小测试仪器的系统误差。线性回归方程与分组情况见表 5-7。校对结果如图 5-24b 所示，同一温度下两个传感器差值小于 0.03℃，满足实验精度要求。

表 5-7 RTD 传感器正负偏差分组情况表

编　　号	k 值	b 值	拟合优度 R^2	偏差类型	组　　别
1	0.998647118	+0.014342070	0.999999889	正	1
2	1.001619882	−0.017614188	0.999999861	负	2
3	1.000689985	−0.008656145	0.999999707	负	3
4	1.002681129	−0.060871150	0.999999591	负	2
5	0.998233783	+0.020068337	0.999999826	正	1
6	0.998145431	+0.052421490	0.999999785	正	3

　　（2）系统性能测试　为测试系统性能、检验系统的运行稳定性与自控能力，在冷却水流速为 1.6m/s，入口水温设定为 29.50℃，冷凝温度设定为 33.70℃的条件下，对污垢测试平台进行了 24h 的连续测试。图 5-25 所示为系统连续运行 100min 性能测试数据，图中列出了实验台性能参数的平均值及三种换热管在无污垢状态下各参数的标准值。通过图 5-25a 中的测试结果可以看出，随着换热管入口水温的变化，出口水温、饱和压力均出现了相似的变化趋势。三根测试管进水温度一致，并控制在 29.35～29.65℃范围，满足污垢实验要求。出口温度平均值为 1 号管 31.50℃、2 号管 31.94℃、3 号管 31.07℃。测试冷凝器出口温度

与监测到的饱和压力对应的饱和温度几乎一致，考虑到测试仪器的误差以及由于冷凝器出口未进行保温而产生的热损失，该结果在合理范围内。根据表 5-8，三根换热管的热流密度平均值分别为 1 号管 21386W/m^2、2 号管 26029W/m^2、3 号管 16877W/m^2；换热量平均值为 1 号管 2560W、2 号管 3115W、3 号管 2020W；总传热系数平均值为 1 号管 7015W/（m^2·K）、2 号管 8378W/（m^2·K）、3 号管 5093W/（m^2·K）。在连续测试中，污垢测试系统性能稳定可靠，运行参数合理，能够实现各参数的自动控制；三根测试管在系统运行时入口水温基本保持一致；各测量参数精度均在合理范围内。

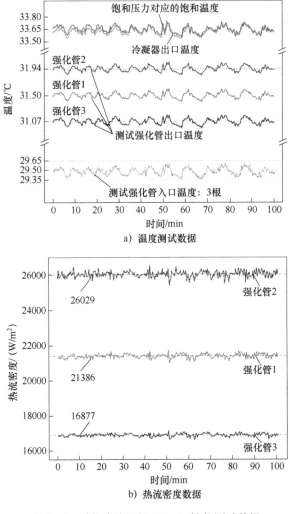

a）温度测试数据

b）热流密度数据

图 5-25　系统连续运行 100min 性能测试数据

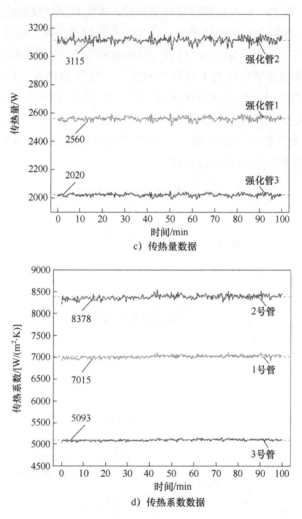

c) 传热量数据

d) 传热系数数据

图 5-25 系统连续运行 100min 性能测试数据（续）

表 5-8 流速 1.6m/s 时实验系统性能参数平均值

测 试 管	入口水温/℃	出口水温/℃	制冷剂饱和温度/℃	制冷剂出口温度/℃	换热量/W	热流密度/(W/m²)	传热系数/[W/(m²·K)]	热阻/(10⁻³m²·K/W)
1	29.50	31.50			2560	21386	7015	0.14255
2	29.50	31.94	33.65	33.63	3115	26029	8378	0.11936
3	29.50	31.07			2020	16877	5093	0.19635

5.3　水侧污垢分析方法

　　污垢监测是一个对精度要求很高的测试过程，但是长期的污垢测试实验往往伴随着很大的实验误差。例如，在 Cremaschi 的 ASHRAE 研究项目（RP-1345）中，污垢热阻的实验误差高达 60%；在 Webb 的实验研究中，测试管的污垢热阻误差为 $1.1×10^{-5}$ m^2·K/W，其中测试管 1 的污垢热阻实验误差为 $2.8×10^{-5}$ m^2·K/W，误差约为 39.2%。污垢测试实验的精度主要取决于仪器精度和实验台的设计。根据 5.2.1 节所述，为了确保污垢测试的精度，实验台中所采用的冷凝器是根据测试工况定制的，而其余相关的仪器设备也具有相对较高的精度。本节将围绕数据处理中的误差分析以及测试管长度设计进行介绍。补充分析不同运行参数对污垢测试结果（污垢热阻）误差的影响，其中包括测试管的长度、表面传热系数、热流密度、水流速和污垢热阻。

5.3.1　数据处理的理论基础

　　通过分析冷凝器内冷却水与制冷剂之间的热交换过程，给出了该过程中相关关键参数的计算方法进行参考。

　　（1）对数平均温差（LMTD）ΔT　采用 AHRI-450 标准推荐的方法计算制冷剂与冷却水之间的对数平均温差 ΔT。图 5-26a 列出了在热交换过程中，两种流体（制冷剂、冷却水）的温度分布。如图 5-26a 所示，过热的制冷剂进入冷凝器内被冷却至饱和状态，随后又被进一步冷却至过冷状态。

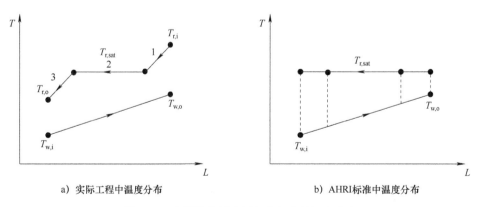

a）实际工程中温度分布　　　　　　　　b）AHRI标准中温度分布

图 5-26　冷凝器内制冷剂与冷却水的温度分布

　　在图 5-26 中，$T_{r,i}$ 和 $T_{r,o}$ 分别表示制冷剂进口及出口温度，即进入和离开冷凝器时的制冷剂温度；$T_{r,sat}$ 代表冷凝器内制冷剂的饱和温度；$T_{w,i}$ 和 $T_{w,o}$ 则分别代表冷却水进入和离开冷凝器内测试管的温度。

根据 AHRI 标准，此时对数平均温差的计算可不考虑冷凝器内制冷剂的过热度或过冷度，相应的温度曲线如图 5-26b 所示。对数平均温差 LMTD 的计算公式为

$$\text{LMTD} = \frac{(T_{r,sat} - T_{w,i}) - (T_{r,sat} - T_{w,o})}{\ln\left(\dfrac{T_{r,sat} - T_{w,i}}{T_{r,sat} - T_{w,o}}\right)} \tag{5-1}$$

（2）换热量 Q　式（5-2）和式（5-3）用于计算每根测试管内的热交换量，其中传热面积是基于最大的内径（D_i）计算求得的。

$$Q_1 = U \cdot A_p \cdot \text{LMTD} \tag{5-2}$$

$$A_p = \pi D_i L \tag{5-3}$$

此外，测试管内的热交换量还可以表达为式（5-4），假设在整个传热过程中不存在热量的损耗，结合式（5-2）和式（5-4）即可得到式（5-5），该公式满足热平衡定律。

$$Q_2 = c_p \rho V (T_{w,o} - T_{w,i}) \tag{5-4}$$

$$Q = Q_1 = Q_2 = U \cdot A_p \cdot \text{LMTD} = c_p \rho V (T_{w,o} - T_{w,i}) \tag{5-5}$$

5.3.2　误差分析的理论基础

污垢热阻的计算公式见式（5-6），与污垢热阻相关的误差传递可以通过式（5-7）进行评估。

$$R_f = \frac{1}{U_f} - \frac{1}{U_c} \tag{5-6}$$

$$\sigma_Y \big|_{Y=f(X_i)} = \sqrt{\sum_{x_i}\left(\frac{\partial f}{\partial X_i}\sigma_i\right)^2} \tag{5-7}$$

由式（5-5）可知，换热管传热系数的误差，即污垢热阻的误差主要是由以下三个物理量的误差导致的：A_p、V、$\ln\dfrac{T_{r,sat}-T_{w,i}}{T_{r,sat}-T_{w,o}}$。在此以广义误差公式（5-7）为基础，推导得到式（5-8）～式（5-10），用以计算污垢热阻的实验误差。

$$\Delta R_f = \pm\sqrt{\left[\Delta\left(\frac{1}{U_f}\right)\right]^2 + \left[\Delta\left(\frac{1}{U_c}\right)\right]^2} \tag{5-8}$$

$$\Delta\left(\frac{1}{U}\right) = \Delta\left[\frac{A_{\mathrm{p}}}{c_{\mathrm{p}}\rho V \cdot \ln\dfrac{T_{\mathrm{r,sat}} - T_{\mathrm{w,i}}}{T_{\mathrm{r,sat}} - T_{\mathrm{w,o}}}}\right]$$

$$= \frac{1}{c_{\mathrm{p}}\rho}\sqrt{\left(\frac{\Delta A_{\mathrm{p}}}{V \cdot \ln\dfrac{T_{\mathrm{r,sat}} - T_{\mathrm{w,i}}}{T_{\mathrm{r,sat}} - T_{\mathrm{w,o}}}}\right)^2 + \left(\frac{A_{\mathrm{p}} \cdot \Delta V}{V^2 \cdot \ln\dfrac{T_{\mathrm{r,sat}} - T_{\mathrm{w,i}}}{T_{\mathrm{r,sat}} - T_{\mathrm{w,o}}}}\right)^2 + \left[\frac{A_{\mathrm{p}}\Delta\left(\ln\dfrac{T_{\mathrm{r,sat}} - T_{\mathrm{w,i}}}{T_{\mathrm{r,sat}} - T_{\mathrm{w,o}}}\right)}{V\left(\ln\dfrac{T_{\mathrm{r,sat}} - T_{\mathrm{w,i}}}{T_{\mathrm{r,sat}} - T_{\mathrm{w,o}}}\right)^2}\right]^2}$$

$$(5-9)$$

$$\Delta\left(\ln\frac{T_{\mathrm{r,sat}} - T_{\mathrm{w,i}}}{T_{\mathrm{r,sat}} - T_{\mathrm{w,o}}}\right) = \pm\sqrt{\frac{(T_{\mathrm{w,i}} - T_{\mathrm{w,o}})^2(\Delta T_{\mathrm{sat}})^2}{(T_{\mathrm{r,sat}} - T_{\mathrm{w,i}})^2(T_{\mathrm{r,sat}} - T_{\mathrm{w,o}})^2} + \frac{(\Delta T_{\mathrm{w,i}})^2}{(T_{\mathrm{r,sat}} - T_{\mathrm{w,i}})^2} + \frac{(\Delta T_{\mathrm{w,o}})^2}{(T_{\mathrm{r,sat}} - T_{\mathrm{w,o}})^2}}$$

$$(5-10)$$

其中，传热面积误差是由换热面过渡区及测试管与管板连接点的公差决定的，在此根据实验所用测试管对其进行处理，视为定值 $1.564 \times 10^{-3}\mathrm{m}^2$。制冷剂的饱和温度是由制冷剂饱和压力计算得出的，其误差为 ± 0.1℃。

5.3.3 基于给定测试管长度的误差分析

测试管长度直接影响污垢测试的结果。在设计阶段，基于初期开展的多组实验和分析，综合考虑了误差和容量等因素，最终将测试管的长度确定为 2m（该值是可接受误差范围内的最佳尺寸）。

表 5-9、表 5-11 和表 5-13 分别列出流速在 2.4m/s、1.6m/s、0.9m/s 条件下对应的冷凝器的运行参数。在每种流速条件下，所有测试管对应的制冷剂饱和温度都相同。为了确保在不同的流速条件下每根测试管的热流密度相对恒定，随着冷却水流速的变化，冷凝器内制冷剂的饱和温度也应不断调整。在不同的流速条件下，每根测试管的热流密度波动较小，例如，测试管 1 在流速为 2.4m/s 时对应的热流密度为 $29.05\mathrm{kW/m}^2$，在 1.6m/s 时对应 $28.88\mathrm{kW/m}^2$，在 0.9m/s 时对应 $28.80\mathrm{kW/m}^2$。

由表 5-10、表 5-12 和表 5-14 可知，污垢测试结果的误差随着测试管的表面几何参数和污垢热阻的变化而变化。由 Cremaschi 的测试结果可知，当实验误差低于 60% 时，污垢误差都是处于可接受的误差范围内（在表 5-10、表 5-12 和表 5-14 中采用 "＊" 来标记）。因此在流速为 2.4m/s、1.6m/s 和 0.9m/s 的条件下对应的相对误差 13/21、17/21 和 19/21 是合理的。如表 5-9、表 5-11 和表 5-13 所示，单根测试管的换热量范围为 2600～4300W，其平均换热量为 3600W。在图 5-2 中，每三根测试管安装在同一冷凝器内，因此冷凝器的容量约为 10800W。

表 5-9 当冷却水流速为 2.4m/s，$T_{r,sat}$=35.4℃，测试管长度为 2m 时冷凝器的运行参数

测 试 管	热流密度/（kW/m²）	换热量/W	$T_{w,i}$ /℃	$T_{w,o}$ /℃
1	29.05	3476.8	29.5	31.34
2	34.93	4181.0	29.5	31.71
3	33.81	4046.4	29.5	31.64
4	30.73	3678.2	29.5	31.44
5	33.00	3949.8	29.5	31.59
6	25.14	3009.5	29.5	31.09
7	23.82	2851.4	29.5	31.01

表 5-10 当冷却水流速为 2.4m/s 时的实验误差

测 试 管	$T_{w,o}$ /℃（结垢状态）			误差 $\left(\frac{\Delta R_f}{R_f}\right)$		
	$R_f=1.8\times10^{-5}$	$R_f=3.5\times10^{-5}$	$R_f=1.8\times10^{-4}$	$R_f=1.8\times10^{-5}$	$R_f=3.5\times10^{-5}$	$R_f=1.8\times10^{-4}$
1	31.19	31.07	30.48	0.842	0.477*	0.209*
2	31.49	31.33	30.57	0.587*	0.339*	0.170*
3	31.44	31.28	30.56	0.624	0.359*	0.176*
4	31.28	31.15	30.51	0.754	0.429*	0.196*
5	31.40	31.25	30.54	0.655	0.376*	0.181*
6	30.98	30.88	30.40	1.125	0.628	0.249*
7	30.91	30.82	30.37	1.253	0.696	0.266*

*：在图表中误差皆为相对误差，例如，0.209 代表相对误差为 20.9%，该符号标记小于 60%的相对误差。

表 5-11 当冷却水流速为 1.6m/s，$T_{r,sat}$=36.8℃，测试管长度为 2m 时冷凝器的运行参数

测 试 管	热流密度/（kW/m²）	换热量/W	$T_{w,i}$ /℃	$T_{w,o}$ /℃
1	28.88	3456.3	29.5	32.24
2	35.44	4241.5	29.5	32.86
3	34.26	4101.2	29.5	32.75
4	30.76	3681.4	29.5	32.42
5	33.31	3987.0	29.5	32.66
6	24.63	2947.8	29.5	31.84
7	23.00	2753.0	29.5	31.68

表 5-12　当冷却水流速为 1.6m/s 时的实验误差

测 试 管	$T_{w,o}$ /℃（结垢状态）			误差$\left(\dfrac{\Delta R_f}{R_f}\right)$		
	$R_f=1.8\times10^{-5}$	$R_f=3.5\times10^{-5}$	$R_f=1.8\times10^{-4}$	$R_f=1.8\times10^{-5}$	$R_f=3.5\times10^{-5}$	$R_f=1.8\times10^{-4}$
1	32.06	31.91	31.11	0.685	0.380*	0.143*
2	32.60	32.38	31.31	0.457*	0.257*	0.111*
3	32.50	32.30	31.27	0.488*	0.274*	0.115*
4	32.22	32.05	31.17	0.604	0.337*	0.132*
5	32.42	32.23	31.24	0.516*	0.289*	0.119*
6	31.70	31.59	30.96	0.943	0.517*	0.178*
7	31.57	31.47	30.90	1.083	0.591*	0.196*

表 5-13　当冷却水流速为 0.9m/s，$T_{r,sat}$=40.2℃，测试管长度为 2m 时冷凝器的运行参数

测 试 管	热流密度/（kW/m²）	换热量/W	$T_{w,i}$ /℃	$T_{w,o}$ /℃
1	28.80	3447.7	29.5	34.36
2	35.92	4299.3	29.5	35.56
3	34.66	4148.1	29.5	35.34
4	30.84	3691.7	29.5	34.70
5	33.60	4021.7	29.5	35.17
6	24.30	2908.4	29.5	33.60
7	22.15	2651.2	29.5	33.23

表 5-14　当冷却水流速为 0.9m/s 时的实验误差

测 试 管	$T_{w,o}$ /℃（结垢状态）			误差$\left(\dfrac{\Delta R_f}{R_f}\right)$		
	$R_f=1.8\times10^{-5}$	$R_f=3.5\times10^{-5}$	$R_f=1.8\times10^{-4}$	$R_f=1.8\times10^{-5}$	$R_f=3.5\times10^{-5}$	$R_f=1.8\times10^{-4}$
1	34.14	33.95	32.79	0.572*	0.308*	0.093*
2	35.23	34.95	33.32	0.374*	0.204*	0.067*
3	35.03	34.77	33.23	0.400*	0.218*	0.071*
4	34.45	34.24	32.95	0.501*	0.271*	0.084*
5	34.88	34.63	33.15	0.425*	0.230*	0.074*
6	33.44	33.30	32.42	0.799	0.428*	0.121*
7	33.10	32.98	32.23	0.960	0.512*	0.140*

5.3.4 运行参数对污垢热阻误差的影响

误差分析是污垢测试系统设计的一个重要环节，需要对比分析各运行参数对结垢热阻误差的影响。

（1）测试管长度的影响　图 5-27 所示为实验误差随测试管长度的变化。在不同的流速和污垢热阻条件下，实验的精度随着测试管长度的增加而增大。当测试管长度较短时（<1.5m），速度的降低和污垢热阻的增加可显著降低实验误差。在图 5-27 中，随着管长的增加，实验误差不断减小，但减小速率渐缓，且该现象在高流速及低污垢热阻的实验条件下尤为显著。与此同时，当污垢热阻很小时，测试管长度的增加对精度的提升影响更大。此外，较长的测试管不仅会造成较小的实验误差，同时也会匹配较大的换热量。如图 5-28 所示，测试管长度每增加 0.5m 时，每根管的换热量将增加 820~900W，但测试系统的容量和初始成本也相应增加。

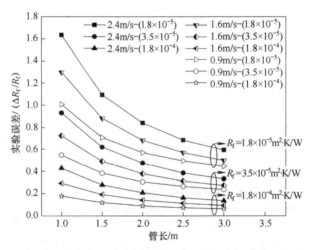

图 5-27　实验误差随测试管长度的变化（测试管 1）

在长期污垢实验研究中，为缩短实验周期，冷却水流速设为 1.07m/s；为了确保实验误差在合理的范围内，测试管的长度设为 3.66m。采用制冷能力为 880kW 的大容量离心式制冷机组开展污垢测试。当污垢热阻为 $4.4×10^{-5}m^2·K/W$ 时，实验的相对误差为 25%。在 5.2 节设计的污垢测试实验台中，测试管管长 2m。如图 5-27 所示，当流速为 1.07m/s 时，污垢热阻为 $4.4×10^{-5}m^2·K/W$，此时测试管 1 的相对误差约为 25%。结果表明该污垢测试实验台设计的不确定度基本与早期参考文献中涉及的实验平台一致。

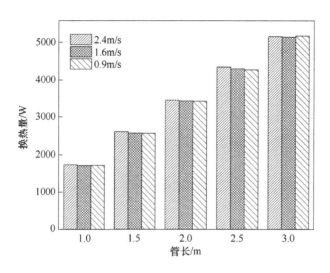

图 5-28　换热量随管长的变化（测试管 1）

（2）表面换热性能的影响　在图 5-29 左侧的独立坐标轴上，将测试管按照传热系数的大小由低到高进行排序，测试管传热系数越大，测试的精度越高。如图 5-29a 所示，在给定流速为 2.4m/s，污垢热阻为 $1.8×10^{-5}m^2 \cdot K/W$ 的条件下，测试管 7 ［传热系数为 11.1kW/（$m^2 \cdot K$）］的实验误差最大为 1.253，而测试管 2 ［传热系数为 26.2kW/（$m^2 \cdot K$）］的实验误差最小为 0.587。如图 5-29b 所示，当给定流速为 1.6m/s，污垢热阻为 $1.8×10^{-5}m^2 \cdot K/W$ 时，测试管 7 ［传热系数为 7.8kW/（$m^2 \cdot K$）］的实验误差最大为 1.083，测试管 2 ［传热系数为 18.8kW/（$m^2 \cdot K$）］的实验误差最小为 0.457。除此之外，当污垢热阻较小时，表面传热系数的变化对实验误差的影响更明显。在图 5-29b 中，当污垢热阻为 $1.8×10^{-5}m^2 \cdot K/W$ 时，测试管的传热系数由 7.8kW/（$m^2 \cdot K$）变化至 18.8kW/（$m^2 \cdot K$），导致实验误差由 1.083 降低至 0.457，但是当污垢热阻为 $1.8×10^{-4}m^2 \cdot K/W$ 时，对应于相同的传热系数变化，实验误差从 0.196 降至 0.111。

ASHRAE RP-134 的项目中研究了光管的结垢特性，为了将污垢控制在合理的范围内，该项目将测试管的管长设为 7.55m，光管污垢测试结果的实验误差为 36%。由于光管较低的传热系数致使其污垢误差较大，与上文中得出的结论一致。因此在设计光管时，应尽可能地延伸其长度以减小测试误差。

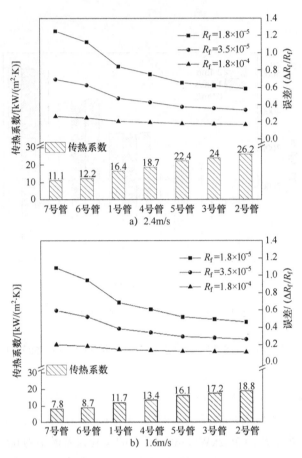

图 5-29　在不同流速条件下误差随传热系数的变化

（3）热流密度的影响　图 5-30 所示为实验误差随制冷剂饱和温度的变化。随着制冷剂饱和温度的增加，测试管热流密度呈线性增长，实验误差也随之降低。如图 5-30 所示，当制冷剂饱和温度由 35℃升高至 39℃时，热流密度相应地从 21.7kW/m² 增大到 37.6kW/m²，此时，$1.8×10^{-5}$m²·K/W 的污垢热阻条件下对应的实验误差由 0.89 降低至 0.54，而 $1.8×10^{-4}$m²·K/W 的污垢热阻条件下对应的实验误差由 0.49 降低至 0.30。由于制冷剂的饱和温度对测试管表面的污垢沉积过程具有显著的影响作用，因此在污垢测试系统的设计阶段中应尽可能地将制冷剂饱和温度与实验台运行工况设置一致。在大多数情况下，由于水温的限制，制冷剂饱和温度的可选范围较小，而饱和温度的增加将导致测试系统输入功率增大。因此，不建议采用提高制冷剂饱和温度的措施来降低污垢测试系统的实验误差。

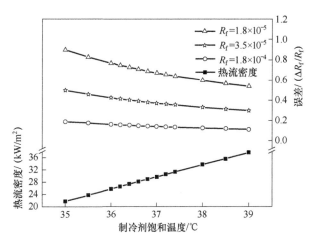

图 5-30　实验误差随制冷剂饱和温度的变化

（4）水流速的影响　图 5-31 所示为流速对污垢实验误差的影响。污垢测试系统的实验误差随着水流速的增加而线性增大。在实际系统中冷却水的流速通常比加速实验条件高。例如，在很多加速污垢测试实验中，为了在短时间内得到污垢沉积结果，冷却水流速一般设置为 1.0～1.5m/s。但是在实际冷却塔系统中水流速通常为 1.5～3m/s。在许多污垢测试中，为了测试典型冷却水流速下的污垢生长情况，通常将流速设为大于 1.5m/s。在污垢实验中，为减少高速实验条件下由流速所带来的实验误差，需加长测试管的长度。如图 5-31 所示，当流速为 2.4m/s 时，如果将测试管的管长由 2m 延长至 2.5m，$1.8×10^{-5}m^2 \cdot K/W$ 的污垢热阻条件下对应的实验误差将由 0.842 减小至 0.688。但是随着水流速的增加，测试管的换热量也随之增大。此外测试管长度的增加又进一步增大其换热量，从而导致测试系统的容量增大，前期运行成本也随之增大。

（5）污垢热阻　图 5-32 所示为污垢热阻对实验误差的影响。当污垢热阻小于 $21×10^{-5}m^2 \cdot K/W$，实验误差随着污垢热阻的增加而急剧减小，但当污垢热阻大于 $21×10^{-5}m^2 \cdot K/W$ 时，实验误差随着污垢热阻的增加呈现缓慢上升的趋势。在图 5-32 中，污垢热阻为 $1×10^{-5}m^2 \cdot K/W$ 时对应的实验误差最大为 1.45。在实验初始阶段，污垢热阻很小，此时污垢的沉积并非导致测试管的传热系数下降，相反在一定程度上会增大其传热系数，称为"负结垢热阻"现象。由上述误差分析结果可知，"负污垢热阻"可能是由测量极小的污垢热阻时存在的误差引起的。

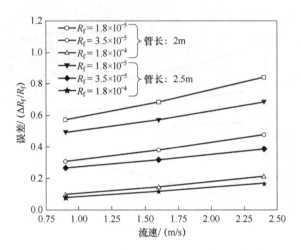

图 5-31　流速对污垢实验误差的影响

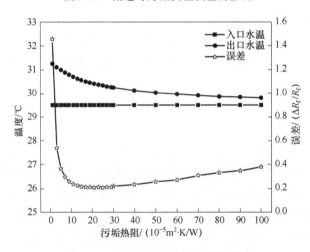

图 5-32　污垢热阻对实验误差的影响

5.3.5　污垢热阻计算修正公式

在污垢热阻测试过程中，随着污垢生长、环境温度的改变，甚至每天不同时段输入设备的电压变化，流经测试管的流体流速和测试管的热流密度均呈现动态变化趋势。

污垢在换热管内生长时会导致换热管内工质流速和热流密度（冷凝温度）的微小变化，这种现象在污垢测试中较为常见。若无人工干预，随着污垢层逐渐变厚，流量逐渐降低，流速先增大后减小，热流密度也会逐渐减小。但流速和热流密度的变化导致的换热管总传热系数的变化，不能认为是因污垢生长造成的。但由于解耦过程复杂，对污垢测试设备精度、测试系统稳定性需求过高，过去的研究实验中多数忽略了这两个参数变化所产生的影响。这主要有以下两个原因：

1）两个参数的变化较小，而微小变化对传热系数的影响较小（但实际上由于污垢热阻数值很小，因此即使是微小影响也不能忽略）。

2）随着污垢的生长，管内介质流速和换热管的热流密度都会降低，而实验测出这两个参数与总传热系数呈现相反的线性关系。根据笔者的实测数据，对于长期污垢实验中的高结垢率强化管，流速降低 15%，总传热系数下降约7.5%；热流密度下降 15%，总传热系数升高约 3.8%，在这种工况下进行的测试，正负变化抵消后总传热系数下降 4%左右。

然而对于高精度的污垢测试结果来说，上述误差是不可忽略的。实验过程中，每经过一段时间，需要将流速和热流密度调到实验初期的设定值。首先，在实际操作过程中，很难将流速调到与设定值一致；其次，为便于相似性比较，过去的研究实验中研究人员常将不同测试管放入同一个测试冷凝器中进行实验。但在实际测试中，各测试管污垢热阻生长速度、同一时间污垢热阻阻值、污垢生长时间皆不相同。若保证测试冷凝器总换热量不变，不同测试管的热流密度将产生巨大变化。

因此在进行换热管污垢热阻实验之前，需要先进行工质流速和换热管热流密度的"去耦"分析，即排除两个参数变化对污垢热阻测试造成的干扰。

1. 流速变化对总传热系数的影响

污垢实验中测试流体的循环方式主要有两种，最常用的方式是直接用稳压水泵增压，但若采用该方法，随着每天不同时段输入电压的变化，水泵的输出功率实时变化，即使有定压罐辅助定压也会使流速有微小变化。另外一种是用高位水箱定压循环，若使用开式水箱，该方法可以忽略电压对流量的影响，但由于需要满足测试流速和管路压降等要求，定压水箱常需要安装在较高的位置，而且开式水箱暴露在室外空气中又会污染测试水质。此外随着污垢生长，每经过一段时间需要调节流速使其保持不变。这些均会使采集到的流速与设定值有一定偏差。

为研究流速变化对传热系数的影响，选择 0.9m/s、1.6m/s、2.4m/s 三种流速进行测试。在保证测试管热流密度不变的前提下，将每种流速分别调节至其设定值的-20%、-10%、0%、+10%、+20%五种工况进行测试。基础实验测试选用去离子水为实验工质，避免污垢生长对测算的总传热系数造成影响。待调节到设定工况稳定运行 15min 后，以 10s 为间隔连续采集 5min 数据（约 30 个点），再对其取平均值并进行数据处理。1 号管热流密度设定为 21.32kW/m²，2 号管设定为 24.36kW/m²，3 号管设定为 16.15kW/m²，本次实验中热流密度最大偏差为 3.3%。

由图 5-33 可知，随着流速增加，总传热系数呈现增加趋势。且随着流速增大，流速的变化对传热系数的影响逐渐降低。通过多项式拟合可知，当热流密度一定时，总传热系数与流速成二次函数关系。三根测试管拟合优度 $R^2 \geqslant 0.99696$，回归线对观测值的拟合程度较好。

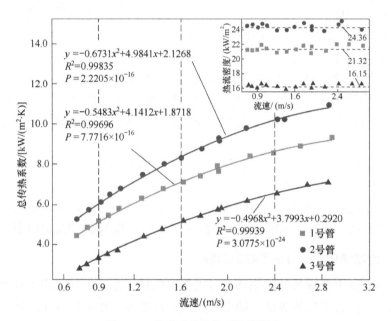

图 5-33 流速对总传热系数的影响

图 5-33 的测试数据中，流速跨度范围较大，为 0.7～2.9m/s。然而在污垢热阻实验测试过程中，流速与设定值只有较小的偏差（±10% 以内），因此可以选取一个较小的变化范围进行测试。根据 1 号管实测数据，每种流速分别取五组工况（±20% 以内）进行对比，结果如图 5-34 所示。图 5-34a 为曲线拟合，拟合优度 $R^2 = 0.99696$，图 5-34b、图 5-34c、图 5-34d 为直线拟合，拟合优度分别为 0.99756、0.99274、0.99229。回归线对观测值的拟合程度较好。

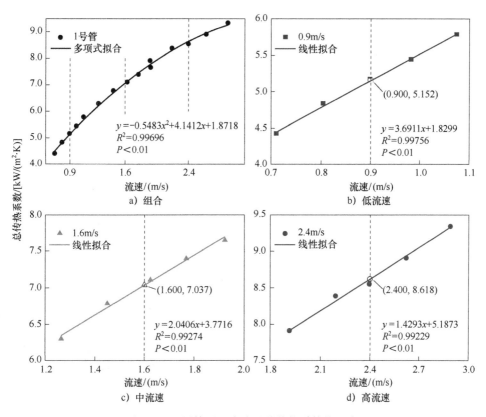

图 5-34　1 号管不同流速对总传热系数的影响

为使处理后的污垢数据更便于计算，根据式（5-11）～式（5-13）取线性拟合直线上的标准点（0.9m/s，1.6m/s，2.4m/s）进行计算，结果如图 5-35 所示。

$$\Delta v = \frac{v_i - v_{\mathrm{ref}}}{v_{\mathrm{ref}}} \times 100\% \tag{5-11}$$

$$\Delta U_u = \frac{U_{\mathrm{u,i}} - U_{\mathrm{ref}}}{U_{\mathrm{ref}}} \times 100\% \tag{5-12}$$

$$Y_u = \Delta U_u = k\Delta v \tag{5-13}$$

式中　　v_i——流速（m/s）；

　　　　v_{ref}——参考点流速（m/s）；

　　　　$U_{\mathrm{u,i}}$——总传热系数 [kW/（$m^2 \cdot$ K）]；

　　　　U_{ref}——参考点总传热系数 [kW/（$m^2 \cdot$ K）]；

　　　　Y_u——流速偏差引起的总传热系数修正因子，无量纲。

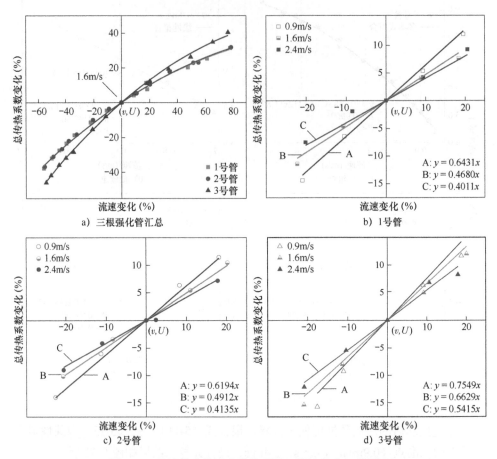

图 5-35　流速的变化对总传热系数（清洁状态）的影响

实验将参考点定义在测试管清洁状态下流速 1.6m/s 时的状态参数，以此在整个速度范围内建立相关关系；在测试管清洁状态下，取流速 0.9m/s、1.6m/s、2.4m/s 时的状态参数，在变化范围内建立相关关系。

2. 热流密度变化对总传热系数的影响

下面在保证流速不变的情况下，研究热流密度的变化对总传热系数的影响。如图 5-36 所示，本次实验循环水流速可以控制在一个恒定值（0.9m/s、1.6m/s、2.4m/s）。实验结果如图 5-37 所示，随着热流密度增加，总传热系数呈线性下降，其相关性见表 5-15，拟合优度 R^2 均大于 0.95，回归线对观测值的拟合程度较好。根据表 5-15 中线性拟合的斜率 k 可知，随着热流密度增加，强化管的总传热系数下降速度高于光管。在测试的冷却水流速范围内，对应斜率如下：1 号管为-0.0396～-0.0503，2 号管为-0.0569～-0.0754，3 号管为-0.0249～-0.0363。换热管总传热系数变化率的大小关系为 2 号管>1 号管>3 号管。即，当热流密度变化时，2 号管的传热系数的变化较 1 号管更"敏感"，而 1 号管又较 3 号管更"敏感"。这一现象与在第 1 部分流速变化对总传热系数的影响实验中得到的结果一致。

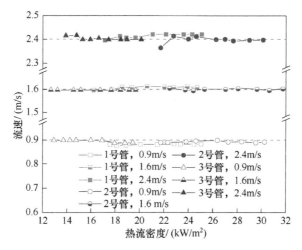

图 5-36　定流速变热流密度实验流速控制情况

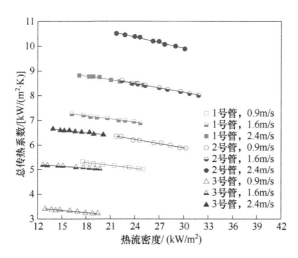

图 5-37　热流密度对总传热系数的影响

表 5-15　定流速变热流密度拟合公式参数

公　式	$y = kx + b$								
编　号	1 号管			2 号管			3 号管		
流速	0.9m/s	1.6m/s	2.4m/s	0.9m/s	1.6m/s	2.4m/s	0.9m/s	1.6m/s	2.4m/s
k	−0.0396	−0.0429	−0.0503	−0.0569	−0.0608	−0.0754	−0.0298	−0.0249	−0.0363
b	6.0016	7.9534	9.6968	7.554	9.963	12.1798	3.7912	5.5119	7.1498
R^2	0.98916	0.98864	0.98013	0.98650	0.99877	0.98523	0.96873	0.98272	0.95300
P	<0.01	<0.01	<0.01	<0.01	<0.01	<0.01	<0.01	<0.01	<0.01

　　研究总传热系数变化与热流密度变化之间的关系时，采用研究总传热系数变化与流速变化的关系相同的参考点，计算方法见式（5-14）～式（5-16）。其结果如图 5-38 所示，相关性和参考点总结见表 5-16。

$$\Delta q = \frac{q_{i} - q_{ref}}{q_{ref}} \times 100\% \tag{5-14}$$

$$\Delta U_{q} = \frac{U_{q,i} - U_{ref}}{U_{ref}} \times 100\% \tag{5-15}$$

$$Y_{q} = \Delta U_{q} = k\,\Delta q \tag{5-16}$$

式中　q_{i}——热流密度（kW/m^2）；

$\quad q_{ref}$——参考点热流密度（kW/m^2）；

$\quad U_{q,i}$——总传热系数 [kW/(m^2·K)]；

$\quad U_{ref}$——参考点总传热系数 [kW/(m^2·K)]；

$\quad Y_{q}$——热流密度偏差引起的总传热系数修正因子，无量纲。

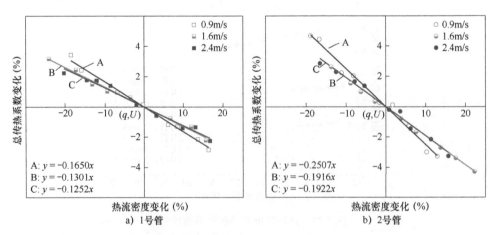

图 5-38　热流密度的变化对总传热系数（清洁状态）的影响

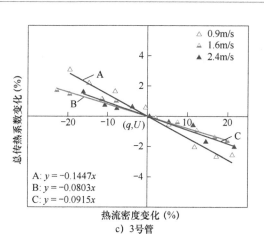

图 5-38　热流密度的变化对总传热系数（清洁状态）的影响（续）

表 5-16　测试强化管解耦实验相关系数汇总

编　号	1 号管					
参考点	$u = 0.9$m/s $q = 21.455$kW/m^2 $U = 5.152$kW/(m$^2 \cdot$ K)		$u = 1.6$m/s $q = 21.361$kW/m^2 $U = 7.037$kW/(m$^2 \cdot$ K)		$u = 2.4$m/s $q = 21.447$kW/m^2 $U = 8.618$kW/(m$^2 \cdot$ K)	
修正因子	Y_u	Y_q	Y_u	Y_q	Y_u	Y_q
k	0.6431	-0.1650	0.4680	-0.1301	0.4011	-0.1252
R^2	0.99604	0.98880	0.99062	0.98929	0.97815	0.98007
P	<0.01	<0.01	<0.01	<0.01	<0.01	<0.01
编　号	2 号管					
参考点	$u = 0.9$m/s $q = 26.134$kW/m^2 $U = 6.067$kW/(m$^2 \cdot$ K)		$u = 1.6$m/s $q = 26.069$kW/m^2 $U = 8.378$kW/(m$^2 \cdot$ K)		$u = 2.4$m/s $q = 26.098$kW/m^2 $U = 10.212$kW/(m$^2 \cdot$ K)	
修正因子	Y_u	Y_q	Y_u	Y_q	Y_u	Y_q
k	0.6194	-0.2507	0.4912	-0.1916	0.4135	-0.1922
R^2	0.99419	0.98726	0.99663	0.99675	0.99163	0.98523
P	<0.01	<0.01	<0.01	<0.01	<0.01	<0.01
编　号	3 号管					
参考点	$u = 0.9$m/s $q = 16.181$kW/m^2 $U = 3.309$kW/(m$^2 \cdot$ K)		$u = 1.6$m/s $q = 16.542$kW/m^2 $U = 5.100$kW/(m$^2 \cdot$ K)		$u = 2.4$m/s $q = 16.551$kW/m^2 $U = 6.549$kW/(m$^2 \cdot$ K)	
修正因子	Y_u	Y_q	Y_u	Y_q	Y_u	Y_q
k	0.7549	-0.1447	0.6629	-0.0803	0.5415	-0.0915
R^2	0.97316	0.96637	0.98805	0.98078	0.98641	0.95372
P	<0.01	<0.01	<0.01	<0.01	<0.01	<0.01

根据图 5-38 可知，在流速为 0.9m/s 时，热流密度变化对总传热系数变化的影响比流速为 1.6m/s 和 2.4m/s 时更加明显。通过比较表 5-16 中线性拟合得到的斜率可知，在相同流速下，2 号管的变化率高于 1 号管和 3 号管。三根换热管传热性能 2 号>1 号>3 号，可得强化传热性能高的换热管，热流密度的变化对总传热系数影响更大。

对比流速变化与热流密度变化对总传热系数的影响可知：当流速变化 20% 时，总传热系数变化 7.5%～15%；热流密度变化 20%，总传热系数变化 0.63%～4.03%。因此在污垢实验中，流速的变化比同比例热流密度的变化所引起的污垢热阻阻值偏差更大。

3. 污垢热阻计算修正公式

在污垢测试时流速与热流密度若有微小偏差，总传热系数的变化主要由三个因素引起——净污垢热阻（污垢本身的热阻），流速变化，热流密度变化。因此在计算净污垢热阻阻值时，应去除流速和热流密度偏差值的干扰。为了更准确地计算净污垢热阻，提出污垢热阻修正公式：

$$R_f = \frac{1}{U_f} - \frac{1}{U_{ref}(1+Y_u)(1+Y_q)} \tag{5-17}$$

式中　　R_f——净污垢热阻（$m^2 \cdot K/W$）；

　　　　U_f——总传热系数 $[kW/(m^2 \cdot K)]$；

　　　　U_{ref}——参考点总传热系数 $[kW/(m^2 \cdot K)]$；

　　　　Y_u——流速偏差引起的总传热系数修正因子，无量纲；

　　　　Y_q——热流密度偏差引起的总传热系数修正因子，无量纲。

为比较修正公式和传统污垢热阻计算公式的区别，选择已测试的清洁状态下的三根换热管，根据表 5-16 所建立的相关关系，利用修正公式和传统污垢热阻计算公式对数据进行计算。在本次测试中，将平均直径为 3μm 的 SiO_2 颗粒物添加到去离子水中，得到粒子浓度为 860mg/L 的冷却水（高于实际冷却水颗粒物含量）。在设定流速为 1.6m/s 的条件下，完成了超过 122h 的污垢热阻测试实验。实验中每隔 1h 以 10s 为间隔采集 5min 数据（约 30 个点）并取平均值，然后利用传统污垢热阻计算公式和修正公式分别对数据进行处理。本次实验中三根换热管的流速变化最大值分别为 1 号管 3.46%，2 号管 2.99%，3 号管 1.97%；热流密度变化最大值分别为 1 号管 5.98%，2 号管−7.85%，3 号管−10.06%；最大相对误差分别为 1 号管 7.27%，2 号管 7.45%，3 号管 6.91%。计算结果显示，流速偏差引起总传热系数修正因子 Y_u 最大分别为 1 号管 1.62%，2 号管 1.47%，3 号管 1.31%。热流密度偏差引起总传热系数修正因子 Y_q 最大分别为 1

号管 0.78%，2 号管 1.51%，3 号管 0.81%。图 5-39 所示为污垢热阻去耦与非去耦数据对比，其中 1 号管的最大偏差值为 $0.2124\times10^{-5}\mathrm{m}^2\cdot\mathrm{K/W}$，2 号管为 $0.2363\times10^{-5}\mathrm{m}^2\cdot\mathrm{K/W}$，3 号管为 $0.1684\times10^{-5}\mathrm{m}^2\cdot\mathrm{K/W}$。对应该处数据偏差：1 号管 129.81%，2 号管 35.18%，3 号管 577.93%，测试数据呈现较大偏差，主要是因为在污垢生长初期，净污垢热阻非常小，而且流速及热流密度的微小变化带来的传热系数的变化极大地影响了净污垢热阻阻值，尤其是当净污垢热阻接近 0 时，甚至出现相差一个数量级的情况。

图 5-39 中污垢热阻出现负值是因为污垢在形成初期，少量黏附在螺纹处或光滑壁面处，形成微小"肋片"，这些"肋片"在一定程度上强化传热。随着污垢的继续生长，污垢阻碍了换热管内表面与工作流体的传热，污垢热阻增加。

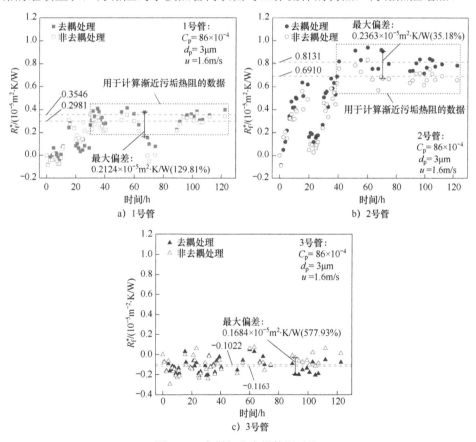

图 5-39　去耦与非去耦数据对比

在表 5-17 中列出了渐近污垢热阻去耦修正前后对比，其中内螺纹强化管（1 号管和 2 号管）修正前后相差分别为 19.0% 和 17.7%，高于光管（3 号管）13.8%。

表5-17　修正前后渐近污垢热阻阻值对比

测　试　管	修正前 R_f^*/(10^{-5}m^2·K/W)	修正后 R_f^*/(10^{-5}m^2·K/W)	对比（%）
1号管	0.2981 ± 0.0338	0.3546 ± 0.0253	19.0
2号管	0.6910 ± 0.0409	0.8131 ± 0.0440	17.7
3号管	-0.1022 ± 0.0360	-0.1163 ± 0.0281	13.8

5.4　空气侧污垢在线监测平台

5.4.1　系统简介

空气侧污垢分为析晶污垢（霜）和颗粒污垢。图 5-40 所示的平台可实现析晶污垢和颗粒污垢的在线监测。该系统由人工环境控制舱、热泵系统以及数据采集系统组成。

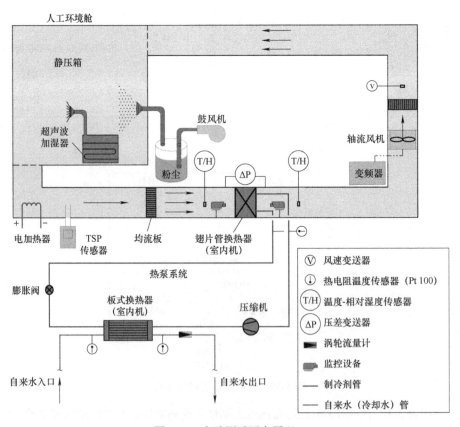

图 5-40　实验测试平台原理

（1）人工环境舱　人工环境舱采用无缝聚乙烯板建造，外表面包裹一层隔热材料，实物如图 5-41 所示。通过改变流过蒸发器的空气条件，人工环境舱可模拟室外环境参数的变化。静压箱外接一套颗粒物发生装置，用于营造颗粒污垢的沉积环境。颗粒物发生装置的鼓风机定时地向增压室内鼓入粉尘，维持流过蒸发器空气的颗粒物浓度在 3mg/m³ 左右，从而模拟严重的大气污染。静压箱内置超声波加湿器，通过自整定 PID 控制调节流过蒸发器的空气相对湿度。蒸发器的上游安装三个电加热器，用以维持流过蒸发器的空气温度。风道内配有两个均流板，以稳定流过蒸发器的气流。风机外接变频器，用于调节风机转速，从而调节通过蒸发器的空气流速。

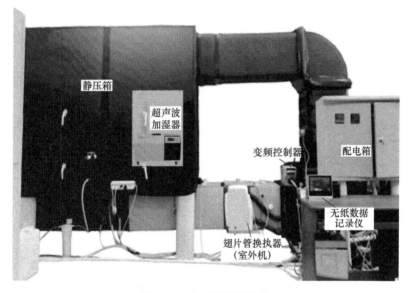

图 5-41　人工环境舱实物

（2）热泵系统　测试对象为一套空气源热泵热水器（air source heat pump water heater，ASHPWH）。选用 ASHPWH 为实验测试对象，一方面是由于空气源热泵热水器在近年来的普及程度逐渐增加，另一方面是由于 ASHPWH 和普通空气源热泵机组在运行特性上有着诸多不同，对 ASHPWH 结霜特性的测试可扩充相关研究成果。ASHPWH 系统四大件参数如下：

蒸发器：蒸发器严格按照空气冷却器的标准设计，如图 5-42 所示，蒸发器横向管排数为 4，纵向管排数为 12。制冷剂管材料为铝钢轧制合金，制冷剂流向为下进上出。管外包围的翅片为铝翅片，共 150 片，尺寸为 300mm×100mm。为匹配蒸发器的尺寸型号，本次研究蒸发器的额定制冷量设定为 2～2.5kW。

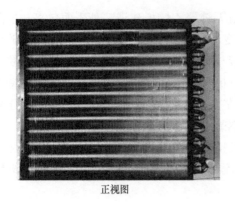

| 正视图 | 俯视图 | 左视图 |

图 5-42　蒸发器

冷凝器：冷凝器为板式换热器，可通过调节冷却水的流量控制冷凝器换热量，根据蒸发器的额定制冷量，冷凝器的额定换热量设定为 2.5～3kW。

压缩机：压缩机根据冷凝器和蒸发器的额定供热量，选用 Danfoss 公司生产的往复式压缩机，型号为 MTZ22JC5VE。

膨胀阀：膨胀阀根据制冷剂流量以及制冷剂管尺寸，选用 Danfoss 集团制造的 TEN2 型膨胀阀。

（3）数据（图像）采集系统　数据采集所安装的传感器包括蒸发器入口和出口的两个温度/相对湿度传感器、蒸发器翅片表面温度传感器、风道中的一个风速变送器、蒸发器进出口侧的一个压差变送器、冷却水进出口的两个温度传感器、冷却水出口的一个涡轮流量计。为实现可视化，在蒸发器的空气进出口侧均安置摄像头。所有测试用传感器（变送器）连接无纸数据记录仪，摄像头连接笔记本电脑，实时监测蒸发器表面污垢动态变化过程。

5.4.2　空气侧污垢分析方法

空气侧污垢主要以析晶污垢（霜）为主，在线监测过程采集的数据经过转换，可以得到流过空调系统室外机的空气流动阻抗、蒸发器总热阻、ASHP 系统供热量、霜生长速率、霜质量等变量，可反映空气侧霜层的生长规律。数据转换过程如下：

（1）蒸发器段空气流动特性　随着霜层或者污垢层的生长，空气流动通道变窄，空气流动受阻。空气流动阻抗是反映蒸发器管段局部阻力和沿程阻力的重要参数，可用以定性分析霜层或者污垢层的生长。空气流动阻抗为

$$s = \frac{\Delta p}{v_a^2} = \frac{\Delta p}{(\dot{v}_a A)^2} \qquad (5-18)$$

式中 s——蒸发器管段阻抗（kg/m^7）；

  Δp——蒸发器空气侧阻力损失（Pa）；

  v_a——空气流速（m/s）。

（2）霜层厚度 霜层厚度是反映结霜状态的重要参数，可基于可视化实验记录的图像进行测量。

（3）霜质量积累量 霜质量反映了结霜过程的传质状况，霜质量积累量等于霜质量积累速率在时间上的积分，为

$$M_f = \int_0^\tau m_f(t)\mathrm{d}t \qquad (5-19)$$

式中 M_f——霜质量积累量（g）；

  m_f——霜质量积累速率（g/min）；

  τ——时间（min）。

其中

$$\begin{cases} m_f = m_a(\omega_{in} - \omega_{out}) \\ \omega_{in(out)} = \omega_{sat,in(out)} \times RH_{in(out)} = \sum_{i=0}^{5} b_i T^i \times RH_{in(out)} \end{cases} \qquad (5-20)$$

式中 m_a——干空气质量流量（kg/s）；

  ω_{in}——蒸发器进口空气含湿量（g/kg）；

  ω_{out}——蒸发器出口空气含湿量（g/kg）；

  ω_{sat}——饱和空气含湿量（g/kg）；

  b_i——计算饱含湿量的经验多项式系数（$b_0 = 3.703$，$b_1 = 0.286$，$b_2 = 9.164 \times 10^3$，$b_3 = 1.446 \times 10^4$，$b_4 = 1.741 \times 10^6$，$b_5 = 5.195 \times 10^8$）。

（4）蒸发器总热阻 蒸发器总热阻反映了霜层和污垢层对蒸发器传热状况的影响程度，为

$$R = \frac{\mathrm{LMTD} \times A_c}{Q_e} = \frac{(T_{a,in} - T_e) - (T_{a,out} - T_e)}{Q_e \times \frac{(T_{a,in} - T_e)}{(T_{a,out} - T_e)}} \times A_c$$

$$\qquad (5-21)$$

$$Q_e = m_a(h_{in} - h_{out}) + \alpha Q_a \rho_a(d_{in} - d_{out})$$

$$h = 1.01T + 0.001d(2501 + 1.85T)$$

式中　R——蒸发器总热阻（$m^2 \cdot K/kW$）；

　　　A_c——总换热面积（m^2）；

　　　Q_a——空气流量（m^3/s）；

　　　Q_e——蒸发器换热量（kW）；

　　　h——空气焓（kJ/kg）；

　　　α——冰凝固潜热，355kJ/kg；

　　　T_e——制冷剂蒸发温度（K）；

　　　T_a——空气温度（K）。

（5）ASHP 系统供热能力　ASHP 系统的供热量等于冷凝器的传热速率，也等于流过冷凝器的冷却水所带走的热量。ASHP 系统的供热量的变化反映了机组运行效率受影响的程度，为

$$Q_c = V_w \rho_w c_p (T_{c,out} - T_{c,in}) \tag{5-22}$$

式中　Q_c——ASHP 系统供热量（kW）；

　　　V_w——冷却水流量（kg/s）；

　　　c_p——冷却水比定压热容，$4.186 \times 10^3 J/(kg \cdot K)$；

　　$T_{c,out}$——冷凝器出口水温（K）；

　　　$T_{c,in}$——冷凝器进口水温（K）。

（6）归一化处理　当对比不同工况下的结霜特性时，由于各工况下测试对象的各运行参数不同，对部分参数的归一化处理，可直观地对比不同工况下的结霜特性。

当实验控制的风机频率不同时，归一化空气流量为

$$N_f = \frac{\dot{m}_a(\tau)}{\dot{m}_{a,max}} \times 100\% \tag{5-23}$$

式中　　N_f——归一化空气流量（%）；

　　$\dot{m}_a(\tau)$——某一工况内流过蒸发器的瞬时空气流质量流量（kg/s）；

　　$\dot{m}_{a,max}$——某一工况内流过蒸发器的最大空气流质量流量（kg/s）。

由于空气温度、风机频率等变量的不同，换热量也应进行归一化处理，归一化换热量为

$$N_h = \frac{Q_c(\tau)}{Q_{c,max}} \times 100\% \tag{5-24}$$

式中　　N_h——归一化换热量（%）；

$Q_c(\tau)$——某一工况内 ASHP 的瞬时换热量（kg/s）；

$Q_{c,max}$——某一工况内 ASHP 的最大换热量（kg/s）。

5.4.3　空调室外机结霜图谱分析

1. 结霜图谱

对结霜过程的准确评估和预测是发展抑霜、除霜策略的前提。由此诞生了一系列结霜图谱。一般来说，传统的 ASHP 机组室外机在室外空气温度低于 5℃，空气相对湿度高于 60%时发生结霜。在 1975 年，日本学者 Adachi 等人在 $RH\text{-}T_a$ 图上描绘出了结霜可能发生的区域，以此为基准粗略地划分了空气源热泵系统结霜图谱（见图 5-43）。在 1997 年，浙江大学王剑锋等人基于数值模拟进一步在结霜图谱中确定了不同结霜的子区域，明确了空气温湿度对结霜速率的影响（见图 5-44）。北京工业大学王伟教授结合理论计算，实地测试以及实验室测试，发展了更加详细的结霜图谱（见图 5-45），该结霜图谱根据 ASHP 室外机与室外空气的换热温差确定了临界结霜线，根据室外翅片温度是否高于 0℃确定临界结露线，划分了结霜区、结露区和非结霜区三个区域。其中结霜区又进一步被划分为严重结霜区、中度结霜区、轻度结霜区等子区域，为不同空气温湿度条件下的结霜程度提供了判断依据。但是，图 5-45 所示结霜图谱的得出仅仅基于固定的空气源热泵机组，对于不同的空气源热泵机组，由于其机组结构的不同，其结霜特性也相应地不同。例如，哈尔滨工业大学倪龙教授团队基于严寒地区的变频空气源热泵机组，得出如图 5-46 所示的结霜图谱，图谱中结霜区域分布规律明显不同于以往研究所展示的结果。

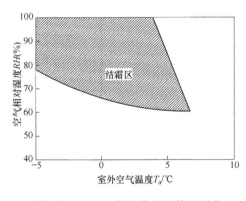

图 5-43　Adachi 等人发展的结霜图谱

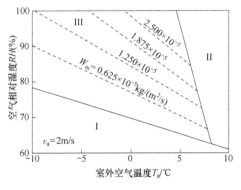

图 5-44　王剑锋等人发展的结霜图谱

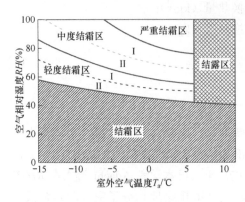

图 5-45 王伟教授团队发展的结霜图谱

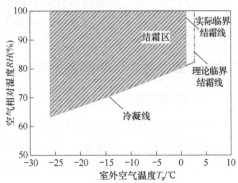

图 5-46 倪龙教授团队发展的结霜图谱

2. 普适性的结霜评估图

结霜图谱的提出在推动除霜、抑霜技术的发展上有巨大贡献,但是结霜图谱仅适用于特定的机组。对于不同的空气源热泵系统,其室外机有其独特的结霜特性,结霜图谱因机组而异。为克服结霜图谱的不兼容问题,提出了一种普适性的结霜评估方法。该评估方法可介绍如下:

(1)结霜区判断 理论上,冷表面发生结霜须满足以下两个条件:

1)冷表面温度低于空气露点温度。

2)冷表面温度低于冰点温度,即 0℃。

当冷表面温度(T_s)低于空气露点温度(T_{dew})且高于 0℃时,冷表面发生结露;当冷表面温度高于空气露点温度时,无论冷表面温度是否低于 0℃,冷表面既不结霜也不结露。空气露点温度可由 Magnus-Tetens 近似法计算:

$$
\begin{cases}
T_{dew} = \dfrac{b \times \gamma(T_a, RH)}{a - \gamma(T_a, RH)} \\[2mm]
\gamma(T_a, RH) = \dfrac{aT_a}{b + T} + \ln RH
\end{cases}
\tag{5-25}
$$

式中　T_{dew}——空气露点温度(℃);

　　　T_a——空气温度(℃);

　　　RH——空气相对湿度(%);

　　　a, b——常数,$a = 17.27$,$b = 237.7$。

当冷表面温度低于空气露点温度时,冷表面与空气之间的换热温差将高于空气干球温度与空气露点温度之差。因此,驱动结霜或结露的最小换热温差为

$$\Delta T_{\min} = T_{a} - T_{\text{dew}} = T_{a} - \frac{b \times \gamma(T_{a}, RH)}{a - \gamma(T_{a}, RH)}$$ (5-26)

式中　$\Delta T_{\min}$——驱动结霜或结露所需的最小换热温差（℃）。

基于式（5-26）可得出在不同空气温湿度下驱动结霜或结露的最小换热温差，如图 5-47 所示。

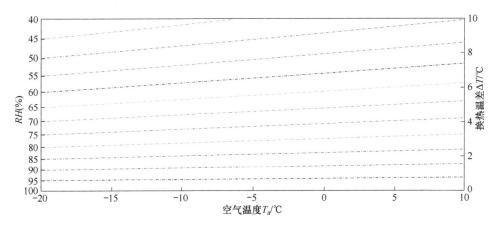

图 5-47　不同空气温湿度下驱动结霜或结露的最小换热温差

空气源热泵机组室外机的换热温差（ΔT_{s}）与室外空气温度之间的关系近似于线性关系。可假设空气源热泵室外机的换热温差和室外空气温度之间满足下列关系：

$$\Delta T_{s} = l(T_{a}) = m T_{a} + n$$ (5-27)

式中　ΔT_{s}——ASHP 机组室外机表面与室外空气的换热温差（℃）；

　　　m, n——常数，不同的 ASHP 机组的 m 和 n 取值不同。

根据式（5-27），可在 $\Delta T - T_{a}$ 图上得到关于换热温差的拟合直线，直线与 $\Delta T - T_{a}$ 图右侧对角线相交，如图 5-48a 所示。图中右侧对角线的数学含义为 $\Delta T = T_{a}$。换热温差的定义为 $\Delta T_{s} = T_{a} - T_{s}$，故交点的数学含义为 $\Delta T_{s} = 0$。如果空气温度低，小于交点的横坐标，则换热器表面温度低于 0℃；如果大于交点横坐标，则换热器表面温度高于 0℃。结合图 5-47 和图 5-48a，可划分出结霜区、结露区、干冷区，如图 5-48b 所示。其中，在结霜区内，换热器表面温度低于 0℃，换热温差大于空气温度与空气露点温度之差，因此结霜将会发生；结露区内换热器表面温度高于 0℃，换热温差大于空气温度与空气露点温度之差，因此结露将会发生；干冷区换热温差小于空气干球温度与空气露点温度之差，结霜和结露均不发生。

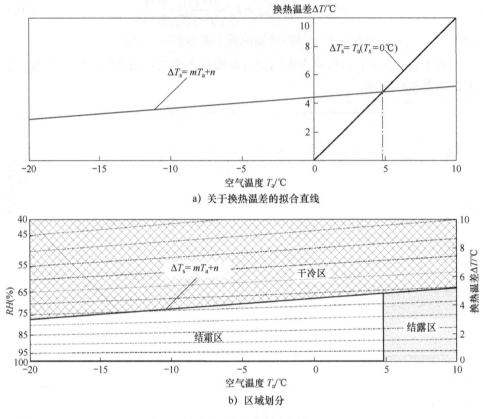

a) 关于换热温差的拟合直线

b) 区域划分

图 5-48　结霜区判定图

（2）结霜区速率判断　无论是结霜或者结露，空气中的水分都处于过饱和
状态。在过饱和的空气中，水蒸气将自发地析出，凝成水滴或者冰晶。水蒸气
析出的驱动力正比于水蒸气析出过程的吉布斯自由能变（ΔG），为

$$f = \frac{\Delta G}{\Delta V} \tag{5-28}$$

式中　f——水蒸气析出过程的驱动力（N/m²）；

　　　ΔG——水蒸气析出过程的吉布斯自由能变（J）；

　　　ΔV——析出水蒸气的体积（m³）。

　　水蒸气析出过程的吉布斯自由能变为

$$dG = -SdT + Vdp = Vdp \tag{5-29}$$

式中　S——水蒸气的熵（J/K）；

　　　p——水蒸气分压力（Pa）。

在空气与冷表面接触的边界层，空气温度近似于等于冷表面温度。因此在冷表面上析出 1mol 水蒸气的吉布斯自由能变为

$$\begin{cases} pV = RT \\ \Delta G = \int_{p_a}^{p_{s,sat}} V \mathrm{d}p = -pV \ln \dfrac{p_a}{p_{s,sat}} = -R(T_s + 273.15)\ln \dfrac{RH}{RH_{\min}} \end{cases} \tag{5-30}$$

式中　R——水蒸气气体常数 $[\mathrm{J/(mol \cdot K)}]$；

　　　p_a——过饱和空气中的水蒸气分压力（Pa）；

　　　$p_{s,sat}$——空气中的饱和水蒸气分压力（Pa）；

　　　$RH_{\min}$——空气温度降至 T_s 时，可自发析出水蒸气的最小空气相对湿度（%）。

以换热温差和 RH 表征水蒸气析出过程的驱动力，则 RH 满足式（5-25），解式（5-25）可知，RH 可由式（5-31）计算：

$$\ln RH = \frac{a(T_a - \Delta T) + \dfrac{aT_a \Delta T}{b + T_a} - \dfrac{aT_a(T_a - b)}{b + T_a}}{T_a - \Delta T - b} \tag{5-31}$$

$RH_{\min}$ 是温度为 T_a 的水蒸气在温度降低至 T_s 时，能自发地析出水蒸气的最小空气相对湿度。$RH_{\min}$ 同时满足式（5-25）以及式（5-26）。联立（5-25）和式（5-26），可解得 $RH_{\min}$：

$$\begin{cases} \ln RH_{\min} = \dfrac{a(T_a - \Delta T_{\min}) + \dfrac{aT_a \Delta T_{\min}}{b + T_a} - \dfrac{aT_a(T_a - b)}{b + T_a}}{T_a - \Delta T - b} \\ \Delta T_{\min} = T_a - T_s = mT_a + n \end{cases} \tag{5-32}$$

联立以上关系式，可求得在冷表面析出 1mol 水分的吉布斯自由能变为

$$\begin{cases} \dfrac{\Delta G}{R} = f_1(T_a)\left[\dfrac{\Delta T}{\Delta T + T_a + b}\right] \\ f_1(T_a) = \dfrac{ab(mT_a + n + 273.15)}{T_a + b} \\ f_2(T_a) = \dfrac{mT_a + n}{(m+1)T_a + b + n} \end{cases} \tag{5-33}$$

如果结霜驱动力一定，则在已知空气温湿度的情况下，实现该结霜驱动力所需的换热温差为

$$\Delta T = \frac{\left[\dfrac{\dfrac{\Delta G}{R}}{f_1(T_a)} + f_2(T_a)\right](T_a + b)}{1 - \dfrac{\dfrac{\Delta G}{R}}{f_1(T_a)} - f_2(T_a)} \qquad (5\text{-}34)$$

由此，可在图 5-48b 的基础上进一步得出等结霜驱动力方程，根据等结霜驱动力方程可确定等结霜驱动力曲线。如图 5-49 所示为结霜程度评估，图中将结霜区按照不同的结霜驱动力划分成多个子区域，图中的粗实线为等结霜驱动力线，等结霜驱动力线之间的吉布斯自由能变梯度为-20R。

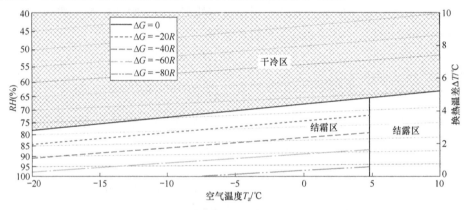

图 5-49　结霜程度评估图

（3）案例分析　基于上述结霜评估方法，对于任意给定的换热器，仅需确定其换热温差与空气温度之间的线性关系系数（确定 m 和 n 的数值），便可得到结霜区、结露区、干冷区。同时，根据式（5-29）可进一步在结霜区划分出等结霜驱动力线。为证明本研究所发展的方法的可靠性，本节以严寒地区结霜图谱为例进行分析。

倪龙教授团队发展了一种关于严寒地区变频空气源热泵机组的结霜图谱，如图 5-46 所示。其室外机温度与室外空气的换热温差满足

$$\Delta T_s = -0.0667T_a + 2.7879 \qquad (5\text{-}35)$$

基于室外机表面换热温差，可绘制出该变频空气源热泵机组的结霜区、结露区、干冷区，如图 5-50 所示。图 5-50 中结霜区与图 5-46 中所确定的理论结霜区一致，证明了该方法所划分的结霜区准确可靠。此外，基于书中所述方法，可进一步在结霜区划分不同空气温湿度下的等结霜驱动力线，确定不同结霜速率的子区域，如图 5-51 所示，为不同空气温湿度下的结霜快慢提供评估依据。

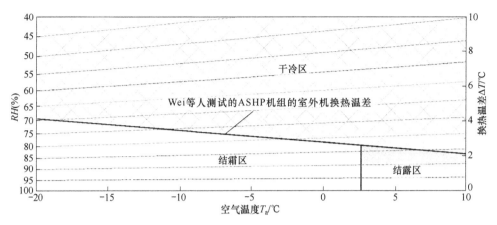

图 5-50　倪龙教授团队测试的机组的结霜区判定图

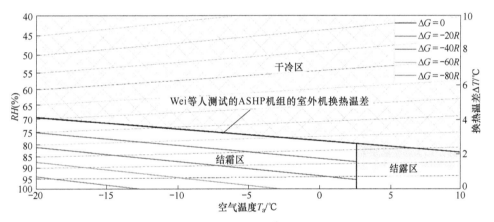

图 5-51　倪龙教授团队测试的机组的结霜程度评估图

（4）实验验证　为验证结霜评估图所划分的不同结霜速率子区域的准确性，针对一空气源热泵热水器机组展开了关于结霜特性测试。空气源热泵热水器机组通常在−5℃以上的室外温度下运行，因此测试工作开展于空气温度范围为−5～10℃的工况。

测试基于以下前提：

1）连接蒸发器的风机频率固定，且每一工况下的初始空气流速均控制为2.4m/s 左右。

2）蒸发器前置均流板，确保空气均匀地流过蒸发器。

3）压缩机定频压缩。

4）蒸发器表面温度测点布置于蒸发器空气出口侧翅片表面。

5）蒸发器表面洁净，且记录蒸发器换热温差时，蒸发器表面无结霜。

基于以上设定，测得不同空气温度下蒸发器换热温差如 5-28 所示，换热温差与空气温度近似满足如下关系：

$$\Delta T_{\mathrm{s}} = 0.3242 T_{\mathrm{a}} + 5.1881 \qquad (5-36)$$

拟合出的换热温差曲线与图 5-52 右侧对角线在空气温度为 7.7℃时相交，因此在空气温度高于 7.7℃时蒸发器表面温度大于 0℃。基于图 5-52 及式（5-36），可得到所测试 ASHPWH 系统的结霜评估图，如图 5-53 所示。

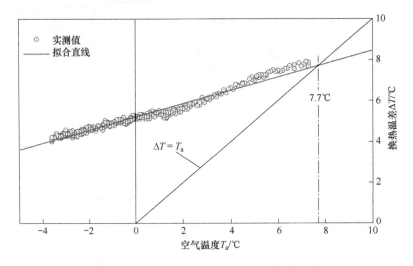

图 5-52 空气源热泵热水器室外机换热温差

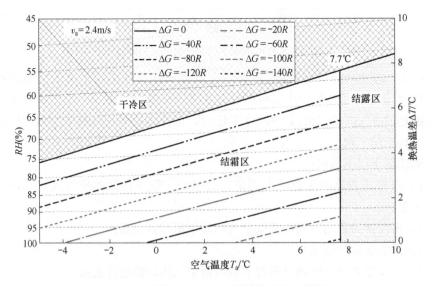

图 5-53 测试 ASHPWH 系统的结霜评估图

为验证不同空气温湿度下结霜驱动力的划分结果，分别在五个空气温湿度条件下开展了实验测试。所选取的五个工况见表 5-18，空气温湿度分别为 2℃/70%、4℃/70%、6℃/70%、4℃/80%和 4℃/90%。实验进行过程中空气温度控制精度为±0.2℃，相对湿度控制精度为±2%。在实验控制条件下，各工况下单位物质的量的结霜过程的 ΔG 可根据图 5-53 得出，结果见表 5-18。ΔG 的平均值由实验测试工况设定值确定，波动范围由实验测试中的参数控制精度确定。

表 5-18　五个实验案例下的结霜驱动力（吉布斯自由能变）

工　　况	T_a/℃		RH（%）		ΔG/（J/mol）	
	平均值	波动范围	平均值	波动范围	平均值	波动范围
1	2				$-18R$	$-8R$～$-27R$
2	4		70		$-28R$	$-19R$～$-36R$
3	6	±0.2		±2	$-38R$	$-29R$～$-46R$
4	4		80		$-63R$	$-54R$～$-72R$
5	4		90		$-95R$	$-85R$～$-104R$

表 5-18 所列为图 5-54 所示的五个工况下，结霜所导致的空气流动特性变化以及系统供热能力变化。霜层积累于蒸发器翅片表面将导致翅片间的空气流动区域被封堵，且空气与蒸发器内制冷剂的总热阻增大。空气流量的变化以及系统供热能力的变化可反映空气流动区域被封堵的程度以及蒸发器换热量的下降程度。

图 5-55a 所示为五个工况下空气流量的变化，为了定量地对比各案例下空气流量的衰减程度，各案例下的空气流速采用了归一化处理。如图 5-55c 所示，在这五个测试的工况中，均存在一个空气流量迅速衰减的时期，而在此时期过后，空气流量保持相对稳定。从工况 1 到工况 5，空气流量迅速衰减期持续时间分别为 73min、65min、49min、35min 和 21min，而这五个工况下的 ΔG 分别为$-18R$、$-28R$、$-38R$、$-63R$ 和$-95R$。结果证明空气流量的衰减速率正相关于 ΔG。

图 5-55b 所示为五个工况下 ASHPWH 系统供热量的变化。由于各工况开展的空气温度各不相同，ASHPWH 系统初始供热能力不同。为此，对个案例下的系统供热能力采用归一化处理，结果如图 5-55d 所示。从工况 1 到工况 5，系统供热能力的衰减速率依次递增，证明系统供热能力衰减速率正相关于 ΔG 的理论计算结果，证明了以结霜驱动力判断结霜速率的方法合理可行。

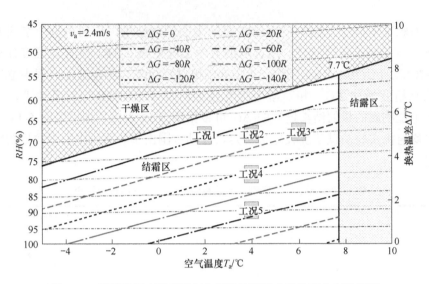

图 5-54　用以验证本研究所划分等结霜驱动力线的五个实验案例

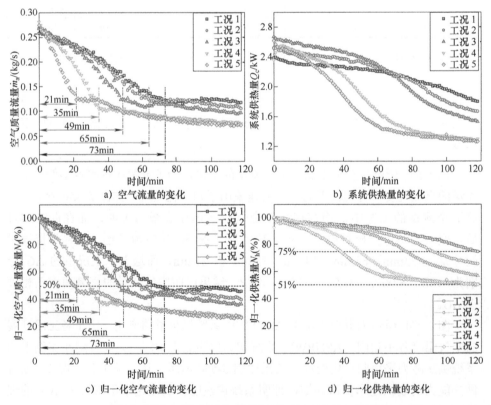

a) 空气流量的变化　　　　　　　b) 系统供热量的变化

c) 归一化空气流量的变化　　　　d) 归一化供热量的变化

图 5-55　所测试的五个工况下的空气流动特性变化以及系统供热能力变化

本章小结

　　本章展示了热泵系统水侧换热表面污垢及风侧换热器表面污垢的在线监测系统，介绍了详细的数据处理及误差分析方法。开展了基准预实验测试，建立了传热系数修正公式，以最大程度规避热流密度及流速变化对污垢热阻计算的影响。

　　对于水侧污垢，首次提出污垢热阻测试过程中流速与热流密度的去耦分析，发展了污垢热阻去耦计算修正公式，最大程度排除了污垢测试过程中流速和热量密度变化引起的测试误差。

　　本章针对风侧污垢构筑了一套空气源热泵蒸发器结霜、结垢特性研究的实验测试平台。实验测试平台通过自整定 PID 能够满足不同温湿度条件的实验控制要求。在人工环境舱外增设了一套颗粒物发生装置，可观测换热器表面污垢沉积过程，且能创造出不同污垢程度的换热器。为了解决传统结霜图谱的不兼容性问题，提出了一种普遍适用于各种类型 ASHP 机组结霜评估的方法，开展了相应的实验以验证方法的准确性。

第6章

空调系统冷却水中污垢的特性

6.1 污垢沉积的影响因素（非加速实验）

依托第 5 章搭建的水侧污垢在线（非加速）监测系统，分别针对影响污垢沉积的三个主要因素（即流速、水质、测试管表面几何参数）开展研究。采用控制变量法，将流速分别控制在 0.9m/s、1.6m/s、2.4m/s，将水质调为具有低结垢潜质、中结垢潜质、高结垢潜质的冷却水（见表 6-1），在单组实验中采用九根表面几何参数不同的测试管进行测试。由于冷却水流速、水质以及测试管类型的排列组合数目众多，对测试配置优化排序，最终确定开展五组实际（非加速）污垢测试，表 6-2 给出了每组污垢测试的测试序列。

表 6-1　典型冷却水的浓度指标要求

结垢潜质	总　硬　度	钙离子（以 CaCO₃ 计）	镁离子（以 CaCO₃ 计）	总碱度（以 CaCO₃ 计）	酚酞碱度（以 CaCO₃ 计）	氯离子/ (mg/L)	硫酸盐/ (mg/L)
低	180～358	13～92	16～53	54～91	4～15	102～258	64～133
中	345～533	18～265	28～109	106～289	6～77	208～884	139～603
高	557～1765	129～391	76～183	204～1813	58～417	491～1947	319～1947

结垢潜质	钠离子/ (mg/L)	铁离子/ (mg/L)	铜离子/ (mg/L)	pH 值	总可溶性固体/ (mg/L)	电导率/ (μS/cm)	LSI
低	43～93	<0.1	NA	8.2～8.4	428～897	649～1359	<1.0
中	87～373	<0.1	NA	8.4～8.8	826～2896	1251～4360	1.1～2.0
高	192～741	<0.1	NA	9.0～9.6	2000～7971	3030～11690	2.1～3.8

表 6-2　实际（非加速）污垢测试的测试序列

测试序列	冷却水结垢潜质	流速/（m/s）	测　试　管	测试周期
1	高	1.6	九根测试管	约 4 个月
2	中	1.6	九根测试管	约 4 个月
3	低	1.6	九根测试管	约 4 个月
4	中	0.9	九根测试管	约 4 个月
5	中	2.4	九根测试管	约 4 个月

在整个污垢测试过程中，各被控参数保持在相对恒定的数值，见表 6-3。在单组污垢测试中，采用质量-时间法将九根测试管的流速同时控制在要求范围内，随后打开压缩机，确保制冷剂环路正常运行，调节室外冷却塔的温控器，保证冷却水进口温度为 29.5℃±0.2℃，与此同时实验用水需定期取样并加以控制调节。由于每三根测试管置于同一冷凝器内，且测试管几何形状存在差异，在此同一冷凝器内仅保证一根测试管的热流密度恒定。因此测试过程中九根测试管的热流密度不同，在 17000～32000W/m² 的范围内变化。此外，在不同的实验条件下，每根管的热流密度也尽可能控制得相近。

表 6-3　实验测试条件

被控测试参数/测试条件	数　值
测试管内冷却水入口温度	29.5℃±0.2℃
流速	低：0.9m/s±0.02m/s
	中：1.6m/s±0.02m/s
	高：2.4m/s±0.02m/s
水质（LSI 控制范围）	低：0.5～1.0
	中：1.1～2.0
	高：2.1～3.8
测试管热流密度	17000～32000W/m²

6.1.1　测试管结构参数对污垢生长过程的影响

为了研究换热管内表面几何参数对污垢生长的影响，针对九根测试管根据表 6-3 中的条件开展测试。被测管表面几何参数的各项数值已在表 5-1 中列出。在污垢生长的过程中，使用 5.3.5 节中提出的污垢热阻计算修正公式对九根测试管的传热系数值进行修正。图 6-1～图 6-5 分别给出不同实验条件下整个实验过程中污垢热阻的变化。同时将测试管 g 在第 t 天的测试数据以测试 3 中光管的渐近污垢热阻值为基准进行无量纲化处理。在此采用式（6-1）定义一个物理量——污垢热阻比，用以表达实验过程中污垢热阻的变化规律：

$$\phi_{f,g,t} = \frac{R_{f,g,t}}{R_{f,p,3}^*} \tag{6-1}$$

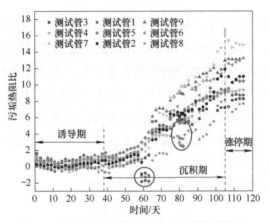

图 6-1　测试 1 中九根测试管的污垢热阻变化

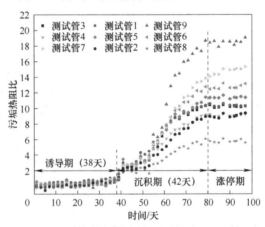

图 6-2　测试 2 中九根测试管的污垢热阻变化

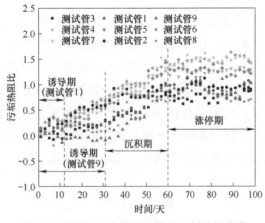

图 6-3　测试 3 中九根测试管的污垢热阻变化

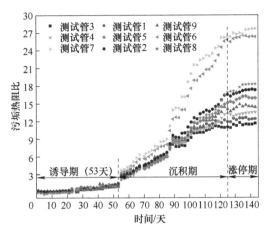

图 6-4　测试 4 中九根测试管的污垢热阻变化

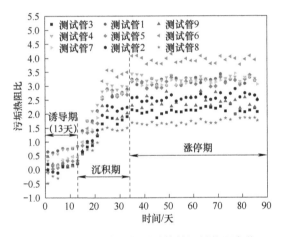

图 6-5　测试 5 中九根测试管的污垢热阻变化

图 6-1～图 6-5 中，横坐标代表测试时间，纵坐标代表污垢热阻比，以散点图的形式表现测试管内表面污垢沉积的渐近规律。每组测试均分析了内表面几何形状对测试管内污垢沉积的影响，分析结果如下文所述。

1. 测试 1（高结垢潜质的冷却水，1.6m/s）

如图 6-1 所示，7 号管（三维强化换热管）的污垢热阻最大，明显高于其他测试管，8 号管对应的污垢热阻最小。当实验进行到第 105 天时，污垢基本稳定且不再生长，渐近污垢热阻比范围为 7.70～14.91。由于实验中采用的冷却水为高结垢潜质（比工业中典型冷却水的结垢潜质高很多），污垢连续不断地在冷却水箱底部沉积，导致置于冷却水箱内的冷却水泵发生故障而损坏。冷却水泵的

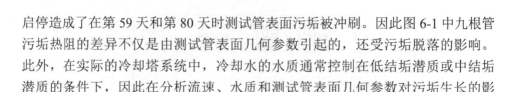

启停造成了在第 59 天和第 80 天时测试管表面污垢被冲刷。因此图 6-1 中九根管污垢热阻的差异不仅是由测试管表面几何参数引起的，还受污垢脱落的影响。此外，在实际的冷却塔系统中，冷却水的水质通常控制在低结垢潜质或中结垢潜质的条件下，因此在分析流速、水质和测试管表面几何参数对污垢生长的影响规律时，排除测试 1 的结果，仅作为参考。

2. 测试 2（中结垢潜质的冷却水，1.6m/s）

如图 6-2 所示，在实验初期的 35 天内，测试管内表面基本没有污垢沉积。当实验进行至第 55 天时，污垢迅速生长。其中 9 号光管的污垢生长速率最快，当污垢涨停时，其污垢热阻值也最大。1 号管和 3 号管的污垢热阻比变化曲线几乎重叠，2 号管和 4 号管的污垢生长曲线相似。7 号管与 8 号管同为三维强化管，其中 7 号管表面污垢热阻较高，仅次于光管。而 8 号管的污垢热阻值最低，可初步推断某些三维强化管的抗垢性能强于光管，甚至强于二维强化管。九根测试管污垢热阻大小的排序为测试管 9>7>6>5>1>3>2>4>8。

在 Webb 的加速颗粒污垢实验中采用氧化铝作为污染物，发现与二维强化管相比，三维强化管具有更高的传热性能，但污垢热阻也更高。Somerscales 在 1.0m/s 和 1.5m/s 的测试流速条件下，采用浓度为 2500mg/L 的 3μm 氧化铝颗粒，对五根强化管和一根光管进行了污垢测试。发现三维强化管比光管的结垢率低。根据 $CaCO_3$ 颗粒污垢实验结果，Watkinson 也发现内翅片管的污垢热阻值低于光管，这与本次测试的实验结果相符。此外 Sheikholeslami 的研究表明颗粒污垢主要沉积在外翅片管的翅片上，因此翅片管的结垢率要低于光管。在 Webb 的长期污垢测试中，冷却水流速为 1.07m/s，水质浓度低于典型冷却水。在八根测试管中，光管的污垢热阻值仅高于两根强化管。如今，由于缺乏实际（非加速）污垢测试实验数据，研究人员暂未明确测试管表面几何参数、流速、水质如何共同影响污垢的沉积。对此将在第 7 章通过混合污垢测试结果进一步解释该类实验过程中强化管污垢热阻小于光管的现象。

污垢的生长过程可以分为以下四个阶段：前期准备阶段，初步形成阶段，快速生长阶段，涨停阶段。在实验的前 35 天，污垢并未在强化换热管表面附着或附着量极少，可忽略不计；第 35 天后（或第 36 天、第 37 天，该日期由测试管自身特性决定），污垢在测试管表面以较慢的速率沉积，污垢进入初步形成阶段，开始逐渐影响测试管的传热性能；污垢自第 55 天后进入快速生长阶段，此阶段持续约 25 天；第 80 天后污垢基本停止生长，污垢热阻值稳定波动，进入涨停阶段。以上四个阶段具体解释如下：在初步形成时期，包括析晶污垢和颗粒污垢在内的混合污垢直接附着在测试管表面的概率很低，污垢生长较慢。一旦污垢覆盖了测试管表面的部分区域，将开始在已形成的污垢表面沉积，即出现污垢重叠沉积的现象，此时污垢开始迅速增长。由此推断，污垢在铜表面的附着概率低于污垢与污垢之间的附着概率。污垢沉积率从初步形成阶段到快速生长阶段开始迅速增加。随着结垢厚度的增加，污垢去除率也增加，当沉积率等于去除率时，污垢生长进入涨停阶段。由图 6-2 可知在第 80 天左右，7 号和 9 号测试管污垢继续生长，但污垢的生长速率十分缓慢，而其余测试管污垢基本涨停。为了提高实验的可靠性，继续运行系统记录数据结果。从图中可以看出在第 80～98 天污垢热阻基本保持不变，可确认污垢已涨停。从图 6-2 中可以观察到，所有的污垢热阻比变化曲线呈现出平行且相似的变化趋势，并且没有出现曲线交叉现象，因此在整个结垢过程中，每根测试管的污垢沉积率是可比的。

3．测试 3（低结垢潜质的冷却水，1.6m/s）

图 6-3 列出了测试 3 的污垢热阻变化曲线图。由于测试 3 中前期准备阶段和初步形成阶段之间的界限不明显，可以将它们合并为一个阶段进行处理。因此在图 6-3 中，污垢的生长仅由三个阶段组成。与此同时，测试 3 采用了低结垢潜质的冷却水，其最终形成的污垢量很少，低于其他测试结果。如图 6-3 所示，不同测试管对应的前期准备阶段的周期是不同的，其中 9 号测试管（光管）的前期准备阶段持续了 31 天，而 1 号测试管仅为 12 天，表明光管对应的前期准备阶段比其他测试管长，与 Hasson 和 Webb 的结论一致。实际上，前期准备阶段的周期的差异在其他测试中也存在，但不明显。

在测试 3 中，九根测试管污垢热阻大小的排序为测试管 7>6>4>5>3>9>2>1>8。对比测试 2 和测试 3 中的污垢热阻大小，当测试流速为 1.6m/s，无论水质条件如何，同为三维强化管，8 号测试管的污垢热阻值最小而 7 号测试管对应值最大（注：在测试 2 中 7 号管的污垢热阻值仅低于光管）。三维强化管的抗垢性能并不绝对优于或劣于二维强化管，具体取决于测试管的表面几何参数。除此之外，对于二维强化管，无论水质条件如何，具有最低肋高和最大螺纹数的 6 号测试管其污垢热阻值最大。

4．测试 4（中结垢潜质的冷却水，0.9m/s）

图 6-4 给出了测试 4 的污垢热阻变化曲线图，九根测试管污垢热阻大小的排序为测试管 7>6>8>2>5>9>4>3>1。其中具有最大螺旋角和最小管径的 3 号测试管对应的污垢热阻值很低，仅高于 1 号测试管。在测试 4 中，7 号测试管和 8

号测试管的污垢热阻值明显高于其他二维强化管（6 号测试管除外）。而相较于其他二维强化管，具有最低肋高和最大螺纹数的 6 号测试管具有最高的污垢热阻值，该现象与测试 2、3 一致。对于九根测试管，渐近污垢热阻比的范围为 12.48~28.96，其中 6 号测试管和 7 号测试管的污垢热阻值明显高于其他测试管。见表 5-1，螺纹数的排序为测试管 6>2>5>4>3>1。对于二维强化管，污垢热阻值的排序与螺纹数的排序一致，这表明随着螺纹数的增加，测试管表面的污垢沉积量不断增大。由于测试 4 中冷却水流速很低，因此重力对污垢沉积的影响很大，最终导致污垢主要沉积在测试管的底部。如图 6-4 所示，测试 4 的污垢生长过程可以分为三个阶段：诱导期，沉积期，涨停期。其中，在实验初期的 54 天内，所有测试管的内表面基本没有污垢沉积；而从实验的第 55 天开始，污垢进入快速生长阶段，该阶段持续了约 70 天。

5. 测试 5（中结垢潜质的冷却水，2.4m/s）

图 6-5 给出了测试 5 的污垢热阻变化曲线，九根测试管污垢热阻大小的排序为测试管 6>4>3>7>5>2>9>1>8。其中具有最大直径的 8 号测试管对应最小的污垢热阻值，该现象与测试 2、3 一致。测试管 1 对应的污垢热阻值相对较低，仅高于 8 号测试管，与测试 3 中的污垢热阻排序一致。在测试 2、3、4、5 中，6 号测试管相较于其他二维强化管始终具有最大的污垢热阻值。在图 6-5 中，对于测试管 2、7、8，污垢的生长过程仅包括沉积期和涨停期。其他测试管污垢的生长过程可以分为诱导期、沉积期和涨停期三个阶段。

6.1.2 水质对污垢生长过程的影响

由于在实际工程项目中几乎不存在持续使用具有高结垢潜质的冷却水的情况，因此只需考虑低结垢潜质和中结垢潜质的冷却水对污垢生长的影响规律，实验过程中测试条件及热流密度变化范围见表 6-3。

图 6-6～图 6-8 对比了不同水质条件下传热系数变化。以测试 3 中光管的传热系数值为基准，将测试管的传热系数进行无量纲化处理。在此采用公式（6-2）定义一个物理量——传热系数比，用以表达实验过程中传热系数的变化规律。

$$\chi_{g,t} = \frac{U_{g,t}}{U_{p,3,1}} \tag{6-2}$$

在测试 2 中，九根测试管在污垢涨停时的传热系数明显低于测试 3。在中结垢潜质的冷却水条件下，测试管传热系数的下降率为 35.58%~63.59%，但在低结垢潜质的冷却水条件下，测试管传热系数的下降率为 4.79%~12.50%。这表明，在实际污垢测试实验中，随着冷却水结垢潜质的增加，测试管的传热系数下降率增大。

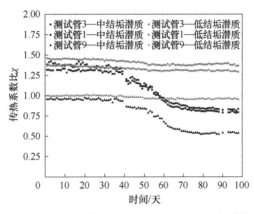

图 6-6　不同水质条件下测试管 1、3、9 的传热系数变化

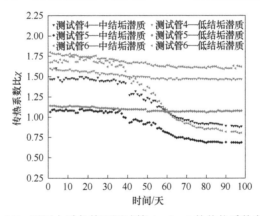

图 6-7　不同水质条件下测试管 4、5、6 的传热系数变化

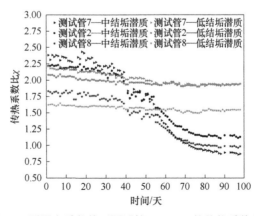

图 6-8　不同水质条件下测试管 2、7、8 的传热系数变化

表 6-4 列出了相同流速、不同水质条件下，在洁净及污垢涨停状态的传热系数比的对比结果。由于测试管内流速一致，同根测试管在洁净状态下对应的传热系数理应相等。但图 6-6～图 6-8 显示每根测试管在洁净状态下对应的传热系数值存在着微小的差异，在系统误差接受范围内。为了分析水质对测试管传热性能的影响，公式（6-3）列出了传热系数比相对差异的定义式。见表 6-4，不同水质条件下传热系数最大相差 53.93%，最小相差 28.66%，传热系数的差异排序由大到小分别为测试管 7>8>2>6>9>1>3>4>5，表明相较于二维强化管，水质变化对三维强化管结垢前后传热性能变化的影响更大。

$$\Delta\chi = \frac{(\chi_{c,2} - \chi_{f,2}) - (\chi_{c,3} - \chi_{f,3})}{0.5(\chi_{c,2} + \chi_{c,3})} \tag{6-3}$$

表6-4　相同流速、不同水质条件下传热系数比的对比结果
（分别在洁净及污垢涨停状态下）

测 试 管		1	2	3	4	5	6	7	8	9
传热系数比	$\chi_{c,2}$	1.32	2.22	1.38	1.47	1.07	1.67	2.38	1.83	0.96
	$\chi_{c,3}$	1.37	2.08	1.46	1.60	1.14	1.80	2.21	1.62	1.00
	$\chi_{f,2}$	0.79	1.13	0.83	0.88	0.69	0.80	0.87	0.98	0.54
	$\chi_{f,3}$	1.29	1.94	1.37	1.47	1.08	1.62	1.94	1.54	0.95
传热系数比相对差异（%）		33.17	44.26	32.23	29.33	28.66	39.70	53.93	44.82	37.65

为了直观地比较水质条件对污垢热阻的影响，图 6-9 给出了不同水质条件下九根测试管的污垢热阻比变化。测试管内表面污垢热阻值随着冷却水结垢潜质的增加而增大，与 Watkinson 的结论一致。在图 6-9 中，测试 3 中的污垢热阻值低于测试 2，两者相差了一个数量级，测试 3 中测试管内表面几乎没有发生污垢沉积现象。如图 6-6～图 6-8 所示，在低结垢潜质的冷却水条件下，由污垢造成的传热性能降幅最大高达 12.5%，表明即使很少的污垢沉积到测试管内表面，污垢对传热系数的影响仍然很大。因此，无论冷却水结垢潜质如何，当评价测试管性能时一定要考虑其抗垢性能的优劣。

表 6-5 给出了不同水质条件下污垢热阻比的对比结果。每根测试管在不同水质下造成的污垢热阻比相对差异为 86.97%～95.09%，表明水质对污垢热阻的影响很大。表 6-5 中不同水质条件下污垢热阻比相对差异的排序为测试管 9>1>3>2>7>5>6>8>4，结果与表 6-4 中不同水质条件下传热系数相对差异排序不同，表明水质、传热性能差异、污垢热阻差异三者之间呈现非线性且复杂的关系。除此之外在表 6-4 和表 6-5 中，4 号测试管的对应值都很小，因此可以推断水质对 4 号测试管的传热系数及污垢热阻影响较小。

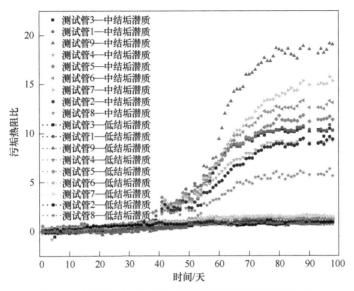

图 6-9　不同水质条件下九根测试管的污垢热阻比变化

表 6-5　不同水质条件下污垢热阻比的对比结果

测　试　管		1	2	3	4	5	6	7	8	9
渐近污垢热阻比	测试 2	11.28	10.33	11.54	10.33	12.64	14.35	16.89	7.37	20.36
	测试 3	0.95	0.96	1.06	1.35	1.33	1.56	1.58	0.91	1.00
渐近污垢热阻比之差		10.33	9.37	10.47	8.98	11.31	12.79	15.32	6.47	19.36
污垢热阻比相对差异（%）		91.58	90.75	90.77	86.97	89.47	89.16	90.68	87.70	95.09

在典型的冷却塔水系统中，冷却水溶解了大量的矿物质，导致测试管表面出现污垢沉积现象，其中碳酸钙（$CaCO_3$）在污垢沉积过程中起到了非常重要的作用。LSI 是由 Langelier 提出的用以表示冷却水析晶能力的指标，可以判断冷却水中 $CaCO_3$ 是否会析出，其定义式为式（6-4）和式（6-5）。在定义式中，pH_{ac}、TDS、C_a、M_{alk} 和 T_w 均为水质指标中的重要参数，而这些参数又共同决定 LSI 值，因此 LSI 可更全面地反映水质对污垢生长的影响。

$$LSI = pH_{ac} - pH_s \qquad (6-4)$$

$$pH_s = 12.18 + 0.1\lg(TDS) - 0.0084(T_w) - \lg(C_a) - \lg(M_{alk}) \qquad (6-5)$$

表 6-6 中列出测试 2、3 中 LSI 与渐近污垢热阻比平均值。当 LSI 增大 28.97% 时，对应的渐近污垢热阻增大 90.72%，表明即使较小的 LSI 变化也会对测试管内的污垢沉积产生较大影响。因此在实际的冷却塔水系统中，应严格控制冷却水的 LSI 指标。

表 6-6　渐近污垢热阻比随 LSI 的变化规律

参　　数	LSI 平均值	渐近污垢热阻比平均值
中结垢潜质	1.17	12.79
低结垢潜质	0.83	1.19
差异	0.34	11.60
相对差异比（%）	28.97	90.72

6.1.3　流速对污垢生长过程的影响

为了研究流速对测试管污垢沉积过程的影响，在中结垢潜质的冷却水条件下，分别将流速控制在 0.9m/s、1.6m/s、2.4m/s（对应测试 4、2、5）。实验条件见表 6-3，其中流速的误差控制在 ±0.02m/s 范围内。

图 6-10～图 6-12 给出不同流速条件下九根测试管的传热系数变化。图中同一颜色的散点代表同一根测试管，同一形状的散点代表同一测试条件。在洁净状态或污垢涨停状态下，测试管的传热系数随着流速的增加而增大。对应图 6-10～图 6-12，表 6-7 中列出了洁净状态下测试 2、4、5 之间传热系数比的对比结果。在初始洁净状态下，当流速变化 43.75% 时，测试 2 和测试 4 之间的传热系数比的相对差异范围为 12.30%～40.60%，平均相对差异为 24.70%。然而当流速变化 50% 时，测试 2 和测试 5 之间的传热系数比的相对差异范围为 11.19%～43.42%，平均差异为 25.70%。而由流速造成的测试 2、4 之间传热系数的差异排序由大到小分别为测试管 7>9>8>2>1>3>6>4>5；测试 2、5 之间传热系数的差异排序由大到小分别为测试管 6>5>4>3>9>1>7>2>8。

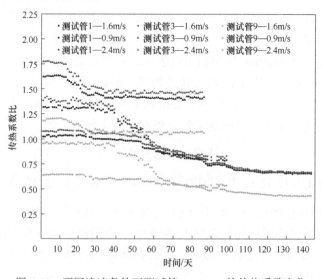

图 6-10　不同流速条件下测试管 1、3、9 的传热系数变化

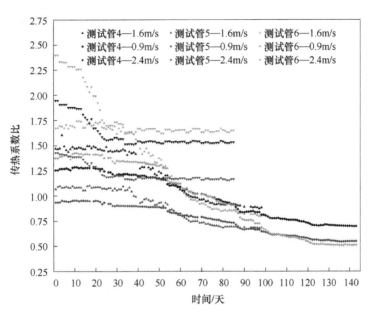

图 6-11　不同流速条件下测试管 4、5、6 的传热系数变化

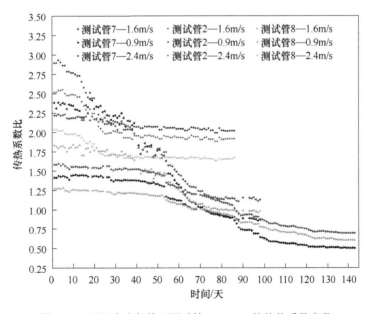

图 6-12　不同流速条件下测试管 2、7、8 的传热系数变化

表 6-7　不同流速条件下传热系数比的对比结果（洁净状态）

测　试　管		1	2	3	4	5	6	7	8	9
传热系数比	$\chi_{c,2}$	1.32	2.22	1.38	1.47	1.07	1.67	2.38	1.83	0.96
	$\chi_{c,4}$	1.02	1.58	1.08	1.25	0.93	1.37	1.42	1.27	0.64
	$\chi_{c,5}$	1.62	2.52	1.77	1.95	1.43	2.40	2.90	2.04	1.18
测试 2、4 的相对差异（%）		22.38	28.67	22.20	14.64	12.30	17.82	40.60	30.51	33.19
测试 2、5 的相对差异（%）		23.07	13.44	28.27	32.47	33.99	43.42	21.58	11.19	23.87

表 6-8 给出了不同流速条件下污垢涨停时通过公式（6-2）计算得到的传热系数比的对比结果。见表 6-8，测试 2 和 5 传热系数比之间的差异大于测试 2 和 4 之间的差异。由流速造成的测试 2、4 之间传热系数的差异排序由大到小分别为测试管 7>9>1>3>8>2>4>5>6；测试 2、5 之间传热系数的差异排序由大到小分别为测试管 9>7>8>1>2>3>4>5>6。6 号测试管对应的差异最小，分别为 0.30%（于测试 2、4 之间结果）、7.12%（于测试 2、5 之间结果），而 7 号测试管和 9 号测试管对应的差异最大。结果表明流速变化对 6 号测试管结垢后传热性能变化的影响最小，对 7 号测试管和 9 号测试管传热性能变化的影响最大。

表 6-8　不同流速条件下传热系数比的对比结果（污垢涨停状态）

测　试　管		1	2	3	4	5	6	7	8	9
传热系数比	$\chi_{f,2}$	0.79	1.13	0.83	0.88	0.69	0.80	0.87	0.98	0.54
	$\chi_{f,4}$	0.67	0.69	0.67	0.70	0.55	0.51	0.50	0.60	0.44
	$\chi_{f,5}$	1.42	1.91	1.47	1.53	1.17	1.65	2.02	1.67	1.06
测试 2、4 的相对差异（%）		12.14	9.02	10.41	1.97	0.66	0.30	25.19	9.77	22.51
测试 2、5 的相对差异（%）		24.66	22.05	17.79	11.71	10.99	7.12	26.74	26.20	31.10

为了比较流速对污垢热阻的影响，图 6-13～图 6-15 给出了中结垢潜质冷却水中不同流速条件下九根测试管的污垢热阻比变化。强化管污垢热阻值的排序由大到小为测试 4（0.9m/s，中结垢潜质）>测试 2（1.6m/s，中结垢潜质）>测试 5（2.4m/s，中结垢潜质），表明流速越低强化管的渐近污垢热阻越大。值得注意的是，光管的最大渐近污垢热阻出现在测试 2 中。总结 6.1.1 节和 6.1.2 节中列出的不同测试条件下渐近污垢热阻排序，多种因素共同影响了测试管内污垢生长。当测试条件发生变化时，光管与强化管之间污垢热阻值的大小关系也随之改变。此外，Watkinson 的研究表明，随着流速的变化，渐近污垢热阻的

变化曲线类似向下的抛物线，而出现峰值的位置由实验条件决定。根据非加速实验的结果可以初步推测，光管的渐近污垢热阻在约 1.6m/s 的流速条件下达到峰值。

如图 6-13～图 6-15 所示，在污垢生长过程中存在着诱导期，在该阶段内污垢并未在强化管表面附着或附着量极少而可忽略不计。当采用中结垢潜质的冷却水时，0.9m/s 的流速条件下污垢在测试管表面开始沉积的时间迟于 1.6m/s 流速，而 1.6m/s 的流速条件下开始沉积时间又迟于 2.4m/s 流速。

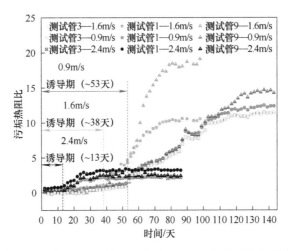

图 6-13　不同流速条件下测试管 1、3、9 的污垢热阻变化

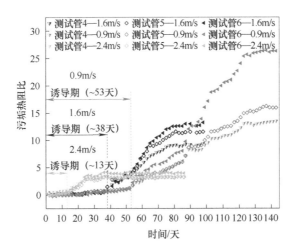

图 6-14　不同流速条件下测试管 4、5、6 的污垢热阻变化

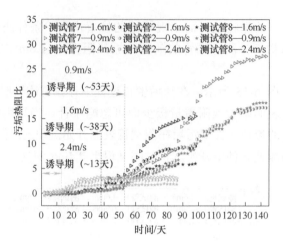

图 6-15　不同流速条件下测试管 2、7、8 的污垢热阻变化

表 6-9 给出了不同流速条件下污垢热阻比的对比结果。测试 2（1.6m/s）和测试 4（0.9m/s）之间的污垢热阻比相对差异的范围为 10.64%～167.29%。然而测试 2（1.6m/s）和测试 5（2.4m/s）之间的污垢热阻比相对差异的范围为 68.05%～87.80%。结果表明流速对测试管内表面污垢热阻的影响较大。表 6-9 中由流速造成的测试 2、4 之间污垢热阻比的差异排序由大到小为测试管 8>6>2>7>4>5>9>3>1；由流速造成的测试 2、5 之间污垢热阻比的差异排序由大到小为测试管 9>7>1>8>5>2>6>3>4，结果与表 6-8 中不同流速条件下传热系数比相对差异排序不同。由于结垢过程是由速度场、温度场和浓度场共同影响的，需结合第 8 章的多场协同理论才能从本质上解释该现象。

表 6-9　不同流速条件下渐近污垢热阻比的对比结果

测　试　管		1	2	3	4	5	6	7	8	9
渐近污垢热阻比	测试 2	11.28	10.33	11.54	10.33	12.64	14.35	16.89	7.37	20.36
	测试 4	12.48	18.58	13.54	14.45	17.28	27.54	28.96	19.70	15.87
	测试 5	2.15	2.63	3.23	3.30	3.16	3.98	3.19	1.74	2.48
测试 2、4 的相对差异（%）		10.64	79.90	17.39	39.89	36.73	91.89	71.44	167.29	22.06
测试 2、5 的相对差异（%）		80.98	74.53	71.99	68.05	74.99	72.24	81.12	76.34	87.80

6.2　二元混合污垢相互影响机制（加速实验）

在实际的冷却水系统中，由于缓蚀剂的广泛使用，降低了生物污垢和腐蚀污垢产生的可能性。因此在典型的冷却水温度下，冷凝器中的污垢主要由颗粒污垢和析晶污垢的生长机制控制。由于污垢机理的复杂性，单一污垢的研究不能反映实际的结垢过程。基于目前对污垢的认识，颗粒污垢与析晶污垢在沉积过程中的相互作用机理仍不清楚。考虑到污垢生长量与换热管的几何参数、设备的运行参数和冷却水水质密切相关，为揭示冷却水中颗粒组分与析晶组分的相互作用规律，在在线污垢（加速工况）监测平台上开展了相关的加速污垢实验。研究二元混合污垢的宏观生长规律，对颗粒污垢、析晶污垢和混合污垢分别进行对比实验研究。

为对比内螺纹强化换热管与光管的结垢特性，每组实验将三种换热管均置于同一冷凝器中测试，测试管几何参数见表 5-5。测试时确保每组实验的入口流速、冷却水温度、冷凝器总换热量等参数保持一致，并根据第 5 章提出的污垢热阻计算修正公式对其进行数据处理。每组实验均选用全新换热管，在对系统保压、抽真空（最少置换三次）、充注制冷剂后开始测试。污垢实验前后对每组温度传感器进行温差比对，以确保实验结果的准确性，测试流程为在污垢实验前（冷却水中未添加污染物）及污垢生长稳定后（停压缩机不停水泵），将冷却水温度控制在 29.50℃±0.05℃，冷凝器内温度控制在 28.50～30.50℃ 范围内，每隔 10s 采集一次数据，共采集 5min（约 30 个点），再取平均值进行数据处理。当三根测试管进口温度平均值取到 29.50℃ 时，根据各个换热管出口温度值计算温差。冷却水流速取 0.9m/s（低流速），1h 测量一次，保证变化量不超过 1%。每隔 12h 在取水点采集一次循环水样本，每次独立采集三次水样，再分别通过浊度仪、分析天平、精密 pH 值测试仪、水质指示剂等进行测量。表 6-10 中列出了不同实验组对应的实验测试工况。

表 6-10 不同实验组对应的实验测试工况

| 实验类型 | 工 况 | | 冷却水水质 | | | | | 实验时间/h |
	流速/（m/s）	温度/℃	污染物浓度/（mg/L）	平均粒径/μm	密度/（g/L）	pH 值	LSI	
颗粒污垢	0.90±0.03	29.50±0.10	1003±66	8.192	1138	8.20±0.22	<1.0	>600
析晶污垢	0.90±0.03	29.50±0.10	971±57	5.956	1210	8.19±0.17	2.0	>720
混合污垢	0.90±0.03	29.50±0.08	970±43	7.110	1174	8.20±0.18	1.6	>720

6.2.1 污垢生长曲线

1. 颗粒污垢

图 6-16 所示为三种换热管颗粒污垢实验污垢热阻值的变化。值得注意的是，与如下的析晶污垢实验和混合污垢实验的污垢热阻相比，在颗粒污垢的整个测试周期内，可认为污垢生长不明显。颗粒污垢热阻约在 40h 处有一个小的上

升趋势，然后在接下来的 20h 出现下降，最后达到稳定状态。三根换热管的渐近污垢热阻值大小相似：1 号管（0.10±0.02）×$10^{-5}m^2 \cdot K/W$，2 号管（0.21±0.02）×$10^{-5}m^2 \cdot K/W$，3 号管（0.09±0.01）×$10^{-5}m^2 \cdot K/W$。

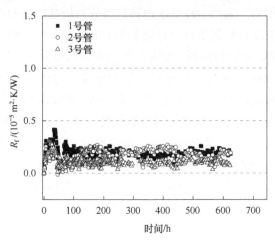

图 6-16　颗粒污垢实验污垢热阻值的变化

2. 析晶污垢

图 6-17 所示为三种换热管析晶污垢实验污垢热阻值的变化。在测试开始时污垢量略有增加，在 40h 左右达到一个小峰值，与颗粒污垢实验达到峰值的时间相似。这是由于加速析晶污垢实验的冷却水是一种过饱和溶液，含有 $CaCO_3$ 颗粒物。系统刚开始运行时，主要是 $CaCO_3$ 颗粒物沉积在换热面上。由于在颗粒污垢实验和析晶污垢实验中，冷却水流速、浓度、换热管热流密度等条件均相同，所以析晶污垢生长曲线的初期与颗粒污垢相似。McGarvey 发现在污垢生长的诱导期内，混合在硫酸钙溶液中的砂子沉积速度与单一组分的颗粒污垢沉积速度相同，与研究结果相似。

值得注意的是，在析晶污垢实验 40h 左右出现的污垢热阻峰值大于颗粒污垢实验。这是因为在析晶污垢实验的循环水中，$CaCO_3$ 的平均粒径为 5.956μm，小于颗粒污垢实验循环水中 SiO_2 的平均粒径（8.192μm）。而小粒径颗粒物更容易沉积在换热面上，与 Chamra 和 Webb 研究得到的结论相同。需要注意的是，与整个测试周期相比，小峰值出现的时间非常短，且对比渐近污垢热阻值，小峰值处的污垢热阻值很小。因此如果在处理数据时未进行数据修正，或记录数据的时间间隔较大，该现象很容易被忽略。

随后，析晶污垢实验又分别在 120h 和 570h 左右出现峰值，直至第 650h 三根换热管污垢热阻值达到稳定状态。1 号管渐近污垢热阻值为（1.08±0.05）×

$10^{-5}\mathrm{m}^2 \cdot \mathrm{K/W}$，2 号管为（$2.00 \pm 0.04$）$\times 10^{-5}\mathrm{m}^2 \cdot \mathrm{K/W}$，3 号管为（$3.14 \pm 0.06$）$\times 10^{-5}\mathrm{m}^2 \cdot \mathrm{K/W}$。显然光管（3 号管）的渐近污垢热阻值高于两根内螺纹换热管。Watkinson 等人研究了 $CaCO_3$ 在螺纹管和光管中的沉积过程。同样发现光管上的析晶污垢生长量高于螺纹管，与研究结果相同。

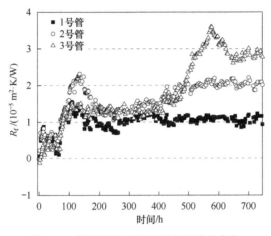

图 6-17 析晶污垢实验污垢热阻值的变化

3. 二元混合污垢

图 6-18 所示为三根换热管混合污垢的生长曲线。对比颗粒污垢和析晶污垢，混合污垢具有更大的渐近污垢热阻值，分别为 1 号管（2.00 ± 0.09）$\times 10^{-5}\mathrm{m}^2 \cdot \mathrm{K/W}$，2 号管（$8.22 \pm 0.10$）$\times 10^{-5}\mathrm{m}^2 \cdot \mathrm{K/W}$，3 号管（$3.87 \pm 0.10$）$\times 10^{-5}\mathrm{m}^2 \cdot \mathrm{K/W}$。且混合污垢热阻的生长曲线中存在明显的诱导期。

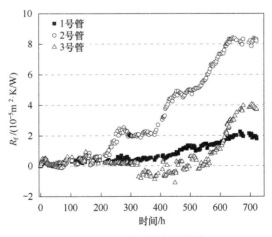

图 6-18 混合污垢生长曲线

表 6-11 中总结了三种换热管对应的不同污垢实验的渐近污垢热阻值。在冷却水中单一 SiO_2 颗粒污染物产生了少量的污垢,单一 $CaCO_3$ 析晶污染物造成的污垢量比 SiO_2 大得多。然而相比单一污染物,以质量比为 1:1(SiO_2:$CaCO_3$)配置的混合污染物产生的渐近污垢热阻值最大。同一根换热管三种不同类型污垢的渐近污垢热阻值从小到大依次为颗粒污垢、析晶污垢、混合污垢。实验结果表明,冷却水中的颗粒污染物可以提高析晶污垢的生长量,造成更大的污垢热阻。在混合污垢的形成过程中,随着大颗粒在换热面或污垢层表面的附着,出现了较大的内部空隙。为小颗粒的沉积和过饱和溶液的析出提供了空间。空隙内的溶液几乎是静止的,随着管壁表面热量向污垢层传递,在这些空隙中 $CaCO_3$ 晶体从溶液中不断析出,增加了污垢密度,降低了污垢的空隙率,增大了热阻。

表 6-11　渐近污垢热阻值

换热管	e/mm	α(°)	N_s/个	p/e	$R_f^*/(10^{-5}\text{m}^2 \cdot \text{K/W})$		
					颗粒污垢	析晶污垢	混合污垢
1	0.432	45	10	9.88	0.18 ± 0.02	1.08 ± 0.05	2.00 ± 0.09
2	0.356	45	45	2.81	0.21 ± 0.02	2.00 ± 0.04	8.24 ± 0.08
3	—	—	—	—	0.09 ± 0.01	3.14 ± 0.06	4.37 ± 0.10

6.2.2　污垢生长的诱导期

通常情况下,在传热过程开始时,污垢不会立刻形成,而是存在一个“无污垢”的时期,称为诱导期。该时期主要是析晶污垢在换热表面形成晶核,污垢生长量较小。研究污垢形成过程中的诱导期对实际工程中的除垢或抑垢过程具有重要意义。通过对比图 6-16～图 6-18 的三种污垢生长曲线可知,污垢诱导期的持续时间由短到长依次为颗粒污垢、析晶污垢、混合污垢。说明混合在水中的颗粒物可以延长污垢的诱导期,推迟污垢生长的开始时间。该结论与 Bansal 等人研究氧化铝(Al_2O_3)悬浮颗粒对板式换热器中硫酸钙($CaSO_4$)析晶污垢的生长影响得到的结果一致。产生该结果的原因可能如下:

1)颗粒组分在污垢生长诱导期的生长机理不同于其他类型的污垢。根据图 6-16 中的颗粒污垢热阻生长曲线及 Somerscales、Kim 的研究结果,可以认为颗粒污垢的诱导期很短或几乎不存在。这是因为当 SiO_2 颗粒物通过流体进入换热管后,其中一些颗粒与接触面发生碰撞并黏附在换热表面上,因此颗粒污垢的形成几乎没有延迟。而对于其他类型的污垢,如析晶污垢、化学反应污垢和

生物污垢等，都需要一定的时间才能形成污垢成分，然后沉积在换热表面。

2）SiO_2 颗粒物具有密度低、比表面积大、吸附能力强、容易团聚等特点，易与冷却水中 $CaCO_3$ 晶体结合形成粒子直径更大的混合污染物。混合后的污染物粒子的密度介于二者密度之间。这种大直径、小密度的污染物不仅会在换热面上运动和碰撞，导致形成污垢所需时间延长，而且更容易对已形成在换热管内表面的污垢层造成剥蚀。这些特性均会延长换热面上析晶污垢的成核时间，使诱导期变长。

6.2.3　污垢热阻变化规律的相似性：加速实验对比长期实验

1. 不同换热管混合污垢诱导期的对比

在实际的冷却水系统中，冷凝器水侧换热面上形成的是混合污垢。根据图 6-18 可知，不同结构换热管的诱导期结束时间不一致，1 号管约为 300h，2 号管约为 200h，3 号管约为 500h，内螺纹强化管少于光管。说明对于混合污垢，光管比强化管具有更长的诱导期。产生该差异的原因如下：

1）螺旋内肋干扰了冷却水在强化管内表面附近的流动。由于强化管肋片处流体发生扰动，颗粒物对管壁及污垢层的撞击更加频繁，缩短了大粒径颗粒物楔入金属表面的时间。而光管管壁处流场相对稳定，虽然测试采用低流速工况，但净重力对大粒径颗粒物的影响仍然有限，仅靠重力作用形成的大粒径颗粒物又容易剥蚀，因此光管的诱导期才会延长。

另一方面，冷却水在此处形成涡流，减轻了污染物的团聚现象，使强化管换热面附近悬浮在冷却水中颗粒物的直径小于光管。而随着粒子直径的减小，颗粒物更易黏附在换热面上，导致管内污垢量的增加。因此强化管比光管具有更短的诱导期。

2）在强化管的螺旋内肋附近，易形成流速缓慢甚至静止的区域，使得颗粒污垢和析晶污垢都易沉积在螺纹处。

3）三种换热管的湿表面积（换热管与冷却水的接触面）之比为 1.74：2.32：1（1 号管：2 号管：3 号管），强化管与冷却水的接触面积大于光管。当换热管的公称直径一定时，较大的湿表面积会导致更大的表面粗糙度。而 Hasson 研究发现，诱导期随着表面粗糙度的增加而减小，因此测试中强化管出现更短的诱导期。

在混合污垢实验中，三根换热管诱导期之比约为 1.70：1：2.47（1 号管：2 号管：3 号管）。图 6-19 所示长期污垢实验中诱导期的对比结果为 1.66：1：2.35。比较可见，尽管浓度较高的加速污垢实验的诱导期比实际的长期污垢实验的诱导期短，但三根换热管的诱导期持续时间的比值在两次实验中是相近的，说明加速实验在一定程度上反映了实际污垢的增长趋势。两次实验的诱导期之比存在较小的差异，原因如下：

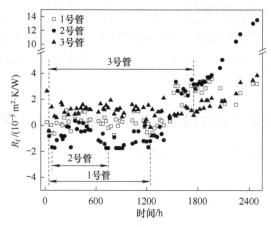

图 6-19　三种换热管长期污垢实验中诱导期的对比

1）混合污垢实验中使用的冷却水污染物浓度为 $970 \pm 43 mg/L$，大于 Webb 在长期污垢实验中使用的 860mg/L。根据 Kern-Seaton 污垢模型，污垢的积累是两个同时发生的相反事件的结果：一个是恒定的沉积过程，另一个是不断增加的剥蚀过程。冷却水污染物浓度越高，沉积速率和剥蚀速率就越大，但综合效果是污垢沉积速度加快。如上所述，由于光滑表面附近的流动相对稳定，光管上的污染物（SiO_2 颗粒覆盖在 $CaCO_3$ 晶体上，所形成的混合污染物）具有更大的直径，因此在对比三种换热管诱导期时间时，光管的占比更大。

2）在长期污垢实验中，污垢层除了颗粒污垢和析晶污垢两种主要成分外，还有化学反应污垢和生物污垢等。虽然该部分所占的比例很少，但也会造成两次实验之间的差异。

3）流速的变化和热流密度的变化对污垢热阻的实验数据处理造成影响，长期污垢实验没有进行数据的修正分析。

综上所述，在以颗粒污垢和析晶污垢组成的二元混合污垢的成垢过程中，颗粒污垢起到了"缓释剂"的作用，延长了混合污垢的诱导期。然而，一旦污垢开始生长，颗粒组分和析晶组分在结垢过程中相互促进，导致污垢生长速度加快，使混合污垢实验得到的渐近污垢热阻高于单一污垢实验。

2. 污垢热阻生长曲线的相似性

$CaCO_3$ 和 SiO_2 污染物的总质量浓度约为 1000mg/L，质量比为 1:1，冷却

水中存在过量的 $CaCO_3$ 晶体颗粒。实验水质的 pH 值为 8.2，冷却水流速设定为 0.9m/s。而在基于实际冷却塔水系统的长期污垢实验中，冷却水的硬度（总硬度以 $CaCO_3$ 计）为 705mg/L，SiO_2 颗粒物的浓度为 43mg/L，冷却水的 pH 值为 8.5，流速控制在 1.07m/s。

将对应的两组实验中混合污垢热阻变化曲线进行对比，如图 6-20 所示。当运行时间按照 2800∶750 的比例缩小时，三种换热管加速污垢实验的污垢热阻变化曲线与长期污垢实验非常相似。说明污垢实验具有一定的相似性，加速混合污垢实验可近似反映实际污垢的生长趋势。

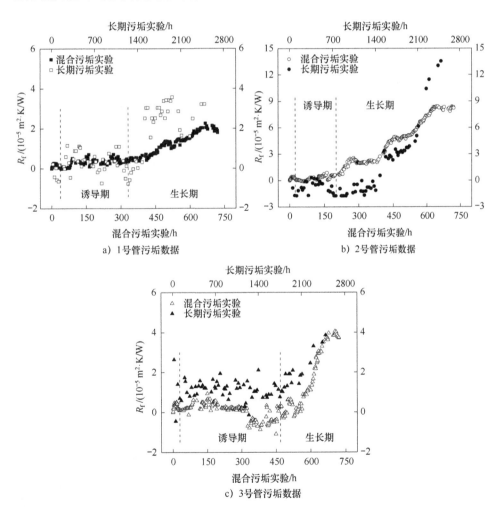

图 6-20　本节实验和长期实验中混合污垢热阻变化曲线的对比

6.3 疏水涂层对污垢沉积的影响

作为一种环境友好的污垢缓解技术，表面改性可通过降低污染物与换热表面间的黏附力来减少污垢沉积。但是，该领域开发的涂层材料多应用于平板、光管等平整表面，对于强化管这类粗糙表面，由于加工工艺难度大、涂覆效果不均匀等问题，相关测试并不充分。同时，大多研究涂层的学者就涂层热阻对换热管整体换热性能的影响考虑不足。这意味着实际应用时涂层虽然抑制了污垢生长，但与无涂层换热管相比，由于涂层热阻较大，涂层换热管结垢后其整体换热性能可能仍较差。

针对以上问题，本节以 6.2 节中的 2 号测试管为研究对象，从表面改性后的总传热性能出发，利用第 5 章的在线污垢（加速工况）监测平台测试洁净状态下不同涂层强化管的热工水力特性，得到涂层热阻值。并基于绘制的污垢生长曲线，分别比较污垢诱导期和最大污垢热阻，以全方面评价涂层的抑垢效果。参考实际冷却水中混合污垢的主要成分（SiO_2、$CaCO_3$），配置了 1000mg/L 测试用水，并在 0.9m/s 流速下开展了超 1200h 的混合污垢实验。整个实验过程中换热管的进口水温控制在 29.50℃±0.15℃。为采集可靠的数据，每次测试都在测试系统以稳定状态运行 30min 后开始。在热工水力性能测试中，以 10s 的间隔连续收集 5min 数据。在混合污垢实验中，系统连续运行，实验前期每 1h、实验后期每 3h 进行数据采集。

6.3.1 涂层强化管的加工

固体表面能是表征固体表面特征和表面现象的主要作用力，表面能的定义对解释如晶体的生长、润湿、吸附等现象具有重要意义。研究表明疏水涂层表面能较低，通过降低污染物与表面间的相互作用力，可达到抑制污垢沉积的效果，在对强化管表面改性时应优先考虑该类涂层。

本节挑选了三种涂层材料分别为广州希森美克新材料科技股份有限公司（Sysmyk）生产的 TZT0043、YCP0005 和北京志盛威华化工有限公司生产的 ZS-511（以下简称涂料 A、B、C，如图 6-21 所示），研究其表面能对抑垢效果的影响规律。三种涂料的主要成分及固化方式见表 6-12。

图 6-21　涂料实物

表 6-12　三种涂料的主要成分及固化方式

涂料种类	主要成分	固化温度/℃	固化时间/h	备　注
A	改性氟树脂	250	0.5	—
B	改性氟树脂	160	0.5	—
C	改性硅氟、改性丙烯酸、纳米氧化铝	25	≤24	主剂：固化剂=20∶1 初步固化后，可低温 60℃ 烘烤加速固化

实验选取了 6.2 节中 2 号管作为换热元件，并在其内表面涂覆涂层。由于强化管内表面粗糙，同时管的尺寸过长且管径较小，难以对其采取刷涂或喷涂的加工方式。此外，较长的固化时间也要求涂层强化管在加工时需考虑重力影响。为防止涂料沉积在强化管底部，提出并采用了二次浸涂烘烤法，能有效减轻重力对涂层分布不均匀的负面影响，加工过程如图 6-22 所示。涂层强化管的关键加工步骤如下：

1）配制好涂料后，用硅胶塞堵住强化管的一端，从另一端倒入涂料。待满管后，将另一端也堵住。涂料在管内浸涂 20min，使之与管内壁充分接触，并在静置过程中，定时旋转强化管。

2）浸涂完毕后回收涂料，评判涂料倾倒干净的标准为涂料从管尾以滴状流出。为了在强化管内表面获得相对均匀的涂层，对管的上下两部分依次进行浸涂和烘烤。即第一次烘烤时将管上部向上，高温固化完毕后，进行第二次浸涂，第二次烘烤时将管下部向上。

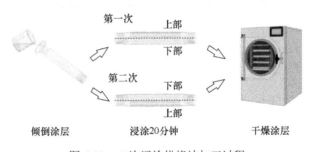

图 6-22　二次浸涂烘烤法加工过程

尽管二次浸涂烘烤法能从宏观上减轻涂层不均匀的现象，但不同涂层表面的微观形貌可能差异巨大。因此，需要观察洁净状态下涂层表面的微观形貌，这对后续阐释不同涂层强化管热工水力特性的差异以及污垢生长情况的差别有着十分重要的意义。图 6-23 所示为不同涂层表面的扫描电镜图。可以看出，涂层 A 表面存在较平整的微褶皱；涂层 B 表面存在较多的凸起结构；涂层 C 表面在三者中最光滑。

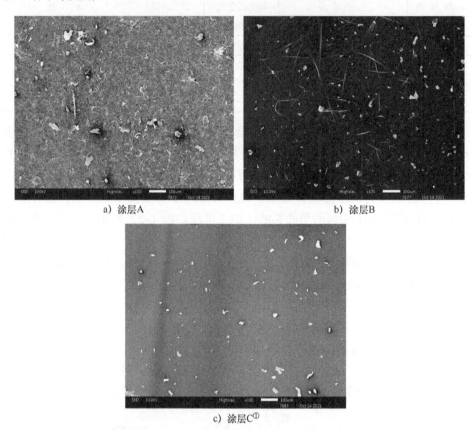

a）涂层A   b）涂层B

c）涂层C①

图 6-23　不同涂层表面的扫描电镜图（×100）

① 纯白色光斑为切割时溅落的铜屑。

6.3.2　涂层强化管的特性

1．润湿特性

接触角法是表面能测定方法中直接有效的方法之一，其核心思想为 Young's 方程的固-液-气界面体系，具体计算见公式（6-6）。

$$\gamma_{LV}(1+\cos\theta) = 2\sqrt{\gamma_{SV}^{d}\gamma_{LV}^{d}} + 2\sqrt{\gamma_{SV}^{p}\gamma_{LV}^{p}} \tag{6-6}$$

式中　　γ_{LV}——单位面积液-气界面自由能；

γ_{SV}^{d} 和 γ_{LV}^{d}——固体和液体表面自由能的色散部分；

γ_{SV}^p 和 γ_{LV}^p ——固体和液体表面自由能的极性部分。对于已知液体，其色散分量 γ_{LV}^d 和极性分量 γ_{LV}^p 是已知的，两者相加，即得液体表面能 γ_{LV}。因此，式（6-6）中未知量仅为固体的色散分量 γ_{SV}^d 和极性分量 γ_{SV}^p。通过测量两种已知液体与涂层表面间的接触角，依次代入式（6-6）中联立求解固体表面能的分量，加和即得固体表面能 γ_{SV}。

本节采用外形图像分析法测量了蒸馏水及乙二醇与三种涂料间的接触角大小。每组测试在铜片上选取不同位置重复进行五次，再计算求其平均值，接触角的测量结果见表 6-13。

表 6-13　涂层表面的接触角

涂 料 种 类	θ_1（°）	θ_2（°）
A	110 ± 1.5	87 ± 2.6
B	108 ± 3.3	95 ± 0.6
C	107 ± 2.9	80 ± 0.04
无涂层（铜基底）	103 ± 3.0	72 ± 2.7

注：θ_1 为水接触角，θ_2 为乙二醇接触角。

表 6-13 显示三种涂料表面为疏水表面，涂料的水接触角 θ_1 及乙二醇接触角 θ_2 均大于无涂层表面，说明涂覆涂料后增强了原表面的疏水性。根据表 6-14 中蒸馏水和乙二醇的表面能，结合上述接触角的测算结果，可求得不同涂层表面的表面能大小，计算结果见表 6-15。

表 6-14　已知液体的表面能

液 体 种 类	γ_{LV}^d /（mN/m）	γ_{LV}^p /（mN/m）	γ_{LV} /（mN/m）
蒸馏水	21.8	51.0	72.8
乙二醇	29.3	19.0	48.3

表 6-15　涂料的表面能

涂 料 种 类	γ_{SV}^d /（mN/m）	γ_{SV}^p /（mN/m）	γ_{SV} /（mN/m）	变化率（%）
A	17.72	0.36	18.08	-42.82
B	6.82	3.29	10.11	-68.03
C	24.24	0.15	24.39	-23.34
无涂层	31.54	0.078	31.62	—

注：变化率=（涂层表面能-无涂层表面能）/无涂层表面能。

由表 6-15 可知，涂覆疏水涂层后，表面能降低了 23.34%～68.03%，涂层表面能从小到大依次为涂层 B、涂层 A、涂层 C。表面能较低的涂层与外界物质间的相互作用力更弱，即物质更不容易吸附在表面。因此，在涂层 B 表面污垢可能沉积得最少。

2. 热工水力特性

由于各涂层材料的导热性能和厚度不同，几何结构相同的强化管在涂覆不同涂层后整体换热性能将发生变化，导致换热面附近黏性底层的温度场产生差异，进而影响悬浮颗粒的运动和水中晶体的析出。此外，加工涂层不仅会减小强化管的流通面积，还会改变表面粗糙度，从而增加水循环的压降。而换热管表面的摩擦系数（与压降成正比）决定了壁面切应力的大小。而壁面切应力又影响了污垢层间的黏合强度，黏合强度越大则污垢越不容易从表面剥落。因此，在洁净状态下对涂层强化管热工水力性能开展测试对解释污垢生长过程具有重要的意义。

（1）压降特性　强化管表面涂覆的涂层材料相当于一种特殊的"污垢"，也会造成换热管直径的微小变化，从而增加水侧循环的压降，使得泵所需的驱动力更高。压降的增加幅度一定程度上反映了涂层强化管的表面粗糙度。图 6-24 所示为不同涂层强化管摩擦系数随流速的变化。

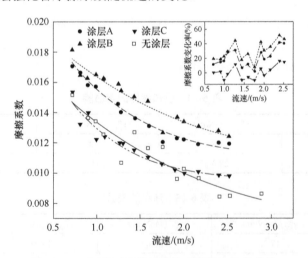

图 6-24　不同涂层强化管摩擦系数随流速的变化

可以看出，三根涂层强化管摩擦系数的大小关系依次为涂层 B 强化管 > 涂层 A 强化管 > 涂层 C 强化管。结合图 6-23 中涂层表面微观形貌，涂层 C 表面最光滑，其次为涂层 A 表面，而涂层 B 表面凸起最多，对流体流动的阻碍最大，因此摩擦系数最大。特别地，在低流速下涂层 C 强化管的摩擦系数小于无涂层强化管，这与 Ahn 等人得到"涂层具有一定的填充作用，可以降低表面粗糙度，减小管道阻力"的结论相符。由图 6-24 可知，强化管的摩擦系数在表面改性后大多增大了 10%~50%。随着流速增加，强化管摩擦系数减小。相比于高流速，低流速下摩擦系数受流速变化的影响较大。

（2）传热特性　大多数从事涂料开发和污垢研究人员，聚焦于改性表面对污垢的抑制效果，而忽视了低表面能涂层材料多为有机高分子聚合物，其本身导热系数较低的特性。这意味着对于表面改性后的强化管，在污垢还未发生沉积时，管内就已经生长了一定量的均匀"污垢"。涂层材料抑垢效果是否具有实际的应用意义，关键在于结垢后其是否提高了强化管整体的换热性能。因此，在开展加速污垢实验之前，需要在洁净状态下测试涂层强化管的传热特性，从而得到涂层热阻值。

对于流速的选取，参照实际工程工况中常见的 0.9m/s、1.6m/s、2.4m/s，再各取其设定值的±10%和±20%工况点（2.4m/s 只取 0、−10%和−20%）。改变流速的同时保证各强化管的热流密度一致，允许其最大偏差范围在±5%以内，热流密度设定为 24994.7W/m^2，测试结果如图 6-25 所示。

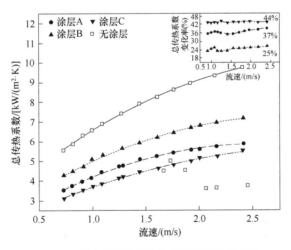

图 6-25　涂层强化管总传热系数随流速的变化

由图 6-25 可知，强化管表面涂覆涂层后总传热系数显著降低，四根强化管传热性能的优劣依次为无涂层强化管 > 涂层 B 强化管 > 涂层 A 强化管 > 涂层 C 强化管。在整个测试流速范围内，表面改性前后强化管总传热系数下降率基本保持不变，分别为涂层 A 降低 37%、涂层 B 降低 25%、涂层 C 降低 44%。随着流速增大，强化管总传热系数均呈增加的趋势。相比于无涂层强化管，流速对涂层强化管总传热系数变化的敏感程度较低，即流速变化更不容易影响到强化管传热性能。

结合三根涂层强化管摩擦系数的大小关系，可以发现更粗糙的表面一方面增大了管道的流动阻力，提高了冷却水环路的泵功，另一方面也增加了流体的扰动，其强化换热的作用更加明显。图 6-25 表明涂层强化管总传热系数受流速影响。因此，计算涂层热阻时，需在相同流速和热流密度下，测得洁净状态强化管表面改性前后的总传热系数。但由于手动调节参数的精度有限，难以实现强化管的测试工况完全一致。由此采用第 5 章污垢热阻计算修正公式，引入污垢热阻修正因子，旨在将流速和热流密度换算至统一值。修正前后的涂层热阻值见表 6-16。

表 6-16 涂层热阻值

强 化 管	修正前 R_t/（$10^{-5}m^2 \cdot K/W$）	修正后 R_t/（$10^{-5}m^2 \cdot K/W$）
涂层 A	7.098	7.068
涂层 B	5.855	5.935
涂层 C	12.056	11.969

6.3.3 涂层表面污垢生长过程

图 6-26 所示为四种强化管在 0.9m/s 流速下混合污垢实验污垢热阻值的变化。涂层 A、B 强化管的污垢热阻小于无涂层强化管，而涂层 C 强化管的污垢热阻略大于无涂层强化管。三根涂层强化管的最大污垢热阻值分别为涂层 A $3.668\times10^{-5}m^2 \cdot K/W$，涂层 B $1.321\times10^{-5}m^2 \cdot K/W$，涂层 C $9.542\times10^{-5}m^2 \cdot K/W$。

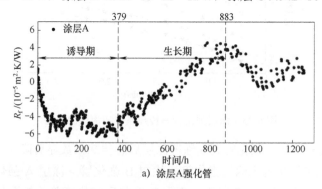

图 6-26 不同流速下混合污垢实验污垢热阻值的变化

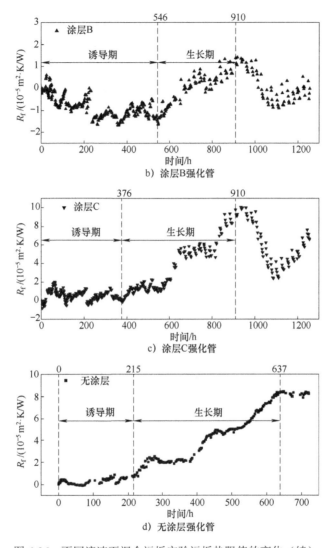

图 6-26　不同流速下混合污垢实验污垢热阻值的变化（续）

根据图 6-26，不同换热表面污垢生长差异较大，但涂层强化管的污垢生长曲线中均存在明显的诱导期。就结垢诱导期的持续时间而言，污垢直到第 546h 才开始在涂层 B 表面迅速沉积，而涂层 A 的诱导期与涂层 C 的诱导期几乎相同。相比之下，无涂层强化管诱导期最短，只有 215h。结果表明，换热表面的涂层可以延长污垢的诱导期，推迟污垢形成的开始时间。根据表 6-15 中数据显示，涂层强化管表面能更低，换热表面与外界物质间的黏附力较弱。在相同流速下，混合污垢更不容易附着在管壁上。同时对于已形成的污垢层，由于与换热表面的相互作用力较弱，更容易因撞击而从表面剥落。

涂层 A 强化管在系统刚开始运行时出现污垢热阻急剧下降的现象。结合 6.3.1 节涂层表面微观形貌结果，可能原因如下：第一，由于涂层表面呈微褶皱状，涂层与强化管壁面存在空隙，其与换热面实际接触面积较小。相比于另外两种涂层，更容易随着冷却水冲走或与水中悬浮物发生碰撞后而脱落。而由于涂层的导热性能差，脱落后换热管的传热系数迅速增大。第二，冷却水从微褶皱的缝隙中渗入，由于水的导热性能优于涂层，污垢热阻迅速减小。同样，涂层 B 强化管在诱导期中也存在"负污垢热阻"现象，其并不意味着该阶段无污垢附着。吸附在换热表面的粒子增加了换热面积和粗糙度，一定程度上这种粗糙结构促进了黏性底层的扰动，从而增大了水侧对流传热系数。当该正向作用足以抵消甚至超过污垢热阻时，就会出现负污垢热阻。而涂层 C 强化管在测试开始时污垢量略有增加，并于 65h 左右达到小峰值，其原因可能为涂层 C 强化管换热性能最差，在同一冷凝器内换热管内表面温度最高，导致扩散区内颗粒受布朗运动影响更剧烈，大大提高了与壁面发生碰撞黏附的概率，但在随后的 40h 内下降。

在 910h 左右，涂层 B、C 强化管内污垢到达稳定状态，而涂层 A 强化管于 883h 先到达稳定状态。值得注意的是，不同于多数污垢实验，涂层强化管内污垢生长到稳定状态后并非基本保持不变，而是发生了较严重的老化现象。Liu 等人在铜和不锈钢表面开展的混合污垢实验中也出现了该现象。这可以用剪切应力来解释：随着污垢量的增加，流动段面积变小。在恒定流速的条件下，污垢层上方的实际速度会增大，剪切应力也会上升。当污垢与换热面之间的黏附力小于切应力时，部分污垢层将剥落。

表 6-17 中总结了四根强化管的最大污垢热阻值 $R_{f,max}$。相比于无涂层强化管，三种涂层强化管抑垢效果依次为涂层 B > 涂层 A > 涂层 C，涂层 C 强化管不仅不抑制污垢沉积，反而促进了污垢生长。四根强化管最大污垢热阻值之比为 2.78：1：7.22：6.23。

表 6-17　最大污垢热阻值

强　化　管	θ_1 (°)	γ_{SV} /(mN/m)	$R_{f,max}$/($10^{-5} m^2 \cdot K/W$)
涂层 A	110	18.08	3.668
涂层 B	108	10.11	1.321
涂层 C	107	24.39	9.542
无涂层	103	31.62	8.235

Rosmaninho 发现污垢沉积量与表面能呈递增关系，能量较低的表面更倾向于析晶反应，能量较高的表面更倾向于颗粒附着。对混合污垢进行元素分析，结果表明 Si：Ca 为 1.87：1（质量比），颗粒污垢占据了主导位置。同时，6.2 节描述混合污垢为大粒径、小密度的颗粒物，可以认为混合污垢抑制机理类似颗粒污垢。由表 6-17 可知，表面能越高，污垢沉积量越大。

对换热管进行表面改性的目的是减少污垢的形成。在所选的三种涂层中，涂层 A、B 均起到了抑制污垢生长的作用。然而，基于涂层强化管传热性能的测试，表面改性后总传热系数降低 25%～44%，涂层导热性能均较差。因此，涂层作为一种特殊"污垢"，其热阻对换热管传热的影响不应忽略。针对涂层在实际工程中的应用价值，应以涂层热阻与最大污垢热阻之和的综合热阻 R_c 作为评价指标，各涂层强化管的综合热阻值见表 6-18。

表 6-18　综合热阻值

强　化　管	R_t/(10^{-5}m^2·K/W)	$R_{f,max}$/(10^{-5}m^2·K/W)	R_c/(10^{-5}m^2·K/W)	R_c 变化率（%）
涂层 A	7.068	3.668	10.736	30.37
涂层 B	5.935	1.321	7.256	−11.89
涂层 C	11.969	9.542	21.511	161.21
无涂层	—	8.235	8.235	—

注：变化率＝（无涂层综合热阻−涂层综合热阻）/无涂层综合热阻。

根据表 6-18 中的数据，即使在结垢后，涂层 B 强化管的整体传热性能仍优于无涂层强化管，可有效推迟污垢的沉积，具有实际应用的潜力。而涂层 A 强化管虽然污垢生长量少于无涂层强化管，但当考虑涂层自身的热阻后，其整体传热性能比无涂层强化管稍差。对于涂层 C 强化管，即使不考虑涂层较差的导热性能，其也无法起到抑垢的作用，实际应用效果最差。

本章小结

本章针对强化管内污垢生长的多种影响因素开展了研究，包括换热管几何结构、水质、流速、污垢类型以及表面特性。通过对测试配置优化排序，进行五组实际（非加速）污垢测试，测试了在低、中、高流速下，具有低结垢潜质、中结垢潜质、高结垢潜质的冷却水内九种换热管表面污垢生长情况，并分析了污垢对换热管传热性能造成的负面影响。通过选用相同浓度的单一 SiO$_2$、CaCO$_3$ 以及 SiO$_2$ 和 CaCO$_3$ 质量比为 1：1 的循环水，在低流速工况下进行加速污垢实验，揭示了在实际运行过程中换热表面二元混合污垢的生长规律及相互影响机制。通过采用表面改性技术改变强化管表面特性，对比有/无涂层时强化管内混合污垢的生长规律，综合考虑涂层热阻和污垢热阻以全面评价涂层的抑垢效果。主要结论如下：

1）在冷却水水质为中、低结垢潜质，流速范围为 0.9～2.4m/s 的运行工况下，强化管的传热性能始终大于相同状态下（洁净或结垢状态）光管的性能。强化管的传热性能越强，抗垢性能就越差。此外，在流速条件为 2.4m/s、水质条件为中等结垢潜质（或流速条件为 1.6m/s、水质条件为低等结垢潜质）的测试中，无论结垢与否，7 号测试管始终都具有最高的传热性能，2 号测试管次之。

2）在 1.6m/s 的流速条件下，随着冷却水结垢潜质的升高，平均 LSI 由 0.83 增大到 1.17，对应测试管的渐近污垢热阻均值增加了 90.72%，污垢对测试管传热性能的影响也逐渐增大。与此同时，当 LSI 处于 0.65～1.66 的范围内时，由测试管内部微肋几何参数不同所引起的渐近污垢热阻的最大差异为 63.79%，该值低于由水质条件不同所引起的平均差异，水质对混合污垢的影响远大于测试管内部微肋几何形状的影响。因此，在实际应用时建议采取一些措施来降低冷却水的结垢潜质。

3）在以颗粒污垢和析晶污垢组成的二元混合污垢的成垢过程中，颗粒污垢起到了"缓释剂"的作用，延长了混合污垢的诱导期。然而一旦进入污垢生长期，颗粒组分和析晶组分在结垢过程中相互促进，导致污垢生长速度加快，使得混合污垢实验得到的渐近污垢热阻值高于单一污垢实验。

4）当实验运行时间缩减时，加速污垢实验的污垢热阻变化曲线与长期污垢实验非常相似。说明污垢实验具有一定的相似性，加速混合污垢实验可以近似反映实际污垢的生长趋势。

5）涂覆涂层后改变了原表面的润湿特性，同时表面能减小了 23.34%～68.03%。涂层强化管的摩擦系数普遍大于无涂层强化管。且涂料的导热性能较差，表面改性前后强化管总传热系数下降了 37%～44%。表面越粗糙的涂层，其换热效果越优异。

6）表面改性技术会使成垢诱导期延长。由于涂层强化管表面能更低，换热表面与污染物间的黏附力较弱，污垢更不容易附着在管壁上。三根涂层强化管抑垢效果的优劣依次为涂层 B＞涂层 A＞涂层 C。涂层表面能越低，其抑垢效果越好。其中涂层 A、B 均起到了抑制污垢生长的作用。但是，当考虑涂层热阻时，只有涂层 B 强化管的综合热阻小于无涂层强化管。

第7章

结垢预测及模型构建

在以往的污垢理论研究中，通常采用 Kern-Seaton 污垢模型从沉积及剥蚀机理的角度描述混合污垢（颗粒污垢和析晶污垢）的生长过程。在 Kern-Seaton 通用模型中，附着概率 P 和污垢黏合强度 ξ 是决定污垢形成过程的两个最重要的因素，二者对于污垢生长意义重大，其数值大小直接决定了污垢生长过程的基本行为规律。但由于缺乏非加速污垢实验数据，此前暂无法计算得到附着概率和污垢黏合强度的具体数值，两者仍处于污垢研究的相对空白领域。在现有的污垢模型研究中，为了规避附着概率和污垢黏合强度两个参数，以往的研究通常假设不同强化管与光管的附着概率（或污垢黏合强度）之比为定值。然而现有研究表明附着概率和污垢黏合强度与测试管摩擦系数有关，在不同的实验条件下具有不同表面微肋几何参数的强化管理应对应不同的附着概率和污垢黏合强度值，上述的定值假设并不合理。此外，如若能建立附着概率和污垢黏合强度的数学关联式，则可根据运行条件预测每个时间点下测试管的污垢热阻值，用具体的公式表达污垢的生长过程。

为解决上述问题，本章将基于第 6 章获取的污垢测试数据对附着概率和污垢黏合强度进行深入的分析，了解污垢在强化管表面的生长特性。首先，详细介绍附着概率、污垢黏合强度及其相关变量的计算方法。其次，分析并讨论附着概率和污垢黏合强度的影响因素，建立附着概率和污垢黏合强度的计算关联式。最后，基于现有的几种污垢热阻建模方法，提出一种多参数优化建模算法。为了发展多参数污垢预测模型，探究污垢热阻关于测试管表面几何参数、流速及冷却水水质的数学关联式。

7.1 污垢模型概述

7.1.1 Kern-Seaton 污垢模型

由于污垢的测试存在着测试周期长、成本较高等问题，尤其对于未测工况无法量化结果，因此研究人员对污垢预测模型展开了研究，意图采用数学模型来预测强化管表面污垢的生长过程。Kern 和 Seaton 针对污垢热阻模型展开了相关研究，其提出的 Kern-Seaton 污垢模型已成为现代污垢研究的里程碑。Zubair 等人提出了四种污垢生长曲线形式——线性增加，线性减小，幂次方型和渐近型。Kern 和 Seaton 认为污垢的沉积是两个独立且对立的过程同时发生的结果，即恒定的沉积率和增长的剥蚀率，因此混合污垢（颗粒污垢和析晶污垢）的生长曲线满足指数函数的规律。

在 Kern-Seaton 模型中将沉积率和剥蚀率的差值定义为污垢净值，其表达式为

$$\rho_f k_f \frac{dR_f}{dt} = \phi_d - \phi_r \tag{7-1}$$

其中，沉积率为

$$\phi_d = K_D P C_b \tag{7-2}$$

剥蚀率为

$$\phi_r = \frac{\tau_s}{\xi} x_f \tag{7-3}$$

结合式（7-1）～ 式（7-3）以及 $x_f = \rho_f R_f k_f$，求解微分方程，可得式（7-4）～ 式（7-6）。

$$R_f = R_f^*(1 - e^{-Bt}) \tag{7-4}$$

$$R_f^* = \frac{K_D P C_b \xi}{\tau_s k_f \rho_f} \tag{7-5}$$

$$B = \frac{\tau_s}{\xi} \tag{7-6}$$

7.1.2 污垢模型参数计算

为了利用 Kern-Seaton 模型中的数学关系来表达强化管表面污垢的沉积过程，应首先将式（7-5）和式（7-6）中的每个未知参数求出。而总颗粒浓度 C_b、沉积污垢导热系数 k_f 和污垢密度 ρ_f 三者主要与冷却水的水质及污垢的种类有关，可通过测量直接得到。对于同一组实验中的不同测试管，后两者取值相等且为定值。式（7-5）和式（7-6）中未知量仅剩附着概率 P 和污垢黏合强度 ξ。为了深入了解污垢在强化管表面的微观生长特性，需要对污垢形成中这两个参数进行深入的分析和描述。利用式（7-5）和式（7-6），通过渐近污垢热阻 R_f^* 与时间常数 B 反推出附着概率与污垢黏合强度的具体数值并建立两者的计算关联式。

（1）渐近污垢热阻 R_f^* 和时间因子 B 采用式（7-4）对实验过程中得到的污垢热阻进行拟合，即可确定渐近污垢热阻 R_f^* 和时间因子 B 具体数值。值得注意

的是，由于式（7-4）为指数函数，$t = 0$ 并不代表正式实验的第一天，而是污垢开始快速连续增长的第一天。

（2）粒子沉积系数 K_D 和壁面剪切应力 τ_s　在 Kern-Seaton 污垢模型中，式（7-5）中的粒子沉积系数 K_D 为

$$K_D = K_m = juSc^{-2/3} \tag{7-7}$$

其中

$$Sc = v / D$$

式中　v——冷却水的运动黏度；

　　　D——布朗扩散率。

壁面剪切应力 τ_s 可通过式（7-8）计算求得。j 因子和摩擦系数 f 由强化管制造商直接提供（Wieland-Werke AG）；对于光管，可以采用李蔚教授发展的经验式（7-9）和式（7-10）来计算 j_p 和 f_p。

$$\tau_s = 0.5 f \rho u^2 \tag{7-8}$$

$$j_p = 0.027 Re^{-0.2} \tag{7-9}$$

$$f_p = 0.079 Re^{-0.25} \tag{7-10}$$

（3）干物质浓度 C_b'　当冷却水中溶解的矿物质析出并沉积在换热表面时，就会发生析晶污垢的沉积。如第 6 章所述，在冷却水中析晶物是逆溶性盐，最常见的是碳酸钙。通常情况下，只有当冷却水溶解的矿物质浓度超过了给定条件下（尤其是给定温度）的溶解度界限时，即溶液达到过饱和，冷却水才会有晶体析出。测试管内的温度分布特性会影响冷却水中矿物质析出的位置：如果溶液的过饱和区域在换热表面，则可能会出现析晶污垢的沉积。如果过饱和区域远离换热表面，晶体将在冷却水中形成并以颗粒污垢的形式发生沉积。而颗粒的作用就是降低污垢黏合强度并降低结构的抗剪强度。在长期污垢测试实验中可观察到测试管表面形成的污垢相对"蓬松"，可以使用牙刷轻松地去除。松散的污垢结构表明在典型冷却塔水系统中的冷凝器表面所形成的混合污垢主要由两类污垢组成——颗粒污垢和析晶污垢。

由以上分析可知，采用总颗粒浓度 C_b 来计算式（7-5）从而模拟颗粒污垢的生长是合理的。但是在冷却塔系统中所形成的污垢为混合污垢，由颗粒污垢和析晶污垢共同组成，其中析晶污垢是混合污垢的主要组成部分。因此，针对混合污垢继续采用总颗粒浓度来计算污垢热阻并不精确。为此，引入了干物质浓度 C_b' 来代替总颗粒浓度求解混合污垢预测模型。冷却水的总干物质浓度与总颗粒浓度成正比，与此同时干物质浓度反映了导致冷却水结垢的所有因素。在日常测试中，可直接通过烘干机干燥得到干物质浓度的值。即用干燥后的物质质

量（包括颗粒和溶解的矿物质）除以所取的冷却水体积来计算干物质浓度。

（4）沉积污垢导热系数 k_f 和污垢密度 ρ_f Zhang 提出了一种计算沉积污垢导热系数 k_f 的方法，并建立了沉积污垢导热系数与孔隙率之间的数学关联式，如式（7-11）。其中测得碳酸钙污垢的孔隙率范围为 20%~50%。在第 6 章所研究的实际冷却塔系统实验中，强化管表面生成的污垢为混合污垢。受实验条件的限制，假设混合污垢的孔隙率为 35%。将其代入式（7-11）中算得沉积污垢的导热系数为 2.10W/（m·K）。对于碳酸钙，其导热系数的范围在 1.50~2.27W/（m·K）内。此外在 Webb 的实验中，冷却塔系统内冷却水所形成的混合污垢中 57%为碳酸钙。因此，计算混合污垢导热系数的假设结果合理。

$$k_f = -0.02425\,\varepsilon + 2.95101 \tag{7-11}$$

由于在冷却塔系统中混合污垢的主要组分是碳酸钙，因此在实际污垢测试实验结果的分析中，采用碳酸钙的密度代替污垢密度，即 $\rho_f = 2700\mathrm{kg/m^3}$。

7.2 附着概率与黏合强度的测试

7.2.1 实际（非加速）污垢测试结果

按照式（7-4）对采集的污垢热阻进行曲线拟合，得到拟合关联式并最终确定渐近污垢热阻与时间系数的具体数值，见表 7-1。污垢热阻拟合曲线具有较高的拟合率，平均拟合率为 0.91。其中，由于测试 3 中污垢热阻的数量级较小，轻微的波动也可能对拟合关联式产生很大的影响，因此测试 3 中拟合曲线的拟合率为 0.74~0.93。在实际（非加速）污垢测试过程中，污垢热阻数据都以测试 3 中光管的污垢热阻值为基准并按照式（6-1）进行无量纲化处理。因此，基于污垢热阻曲线的拟合结果，表 7-1 总结了渐近污垢热阻比的具体数值。

表 7-1 渐近污垢热阻关联式

测试	测试管	渐近污垢热阻关联式	拟合优度 R^2	$R_f^* /$ $(10^{-4}\mathrm{m^2 \cdot K/W})$	$B(10^{-7}\mathrm{s^{-1}})$	计算渐近污垢热阻比 $R_{f,g}^*/R_{f,p,3}^*$
2	1	$R_{f,1}=1.04\times10^{-4}(1-e^{-6.98\times10^{-7}t})$	0.95	1.04	6.98	11.28
	2	$R_{f,2}=9.56\times10^{-5}(1-e^{-6.04\times10^{-7}t})$	0.94	0.96	6.04	10.33
	3	$R_{f,3}=1.07\times10^{-4}(1-e^{-6.19\times10^{-7}t})$	0.94	1.07	6.19	11.53
	4	$R_{f,4}=9.56\times10^{-5}(1-e^{-5.78\times10^{-7}t})$	0.94	0.96	5.78	10.33
	5	$R_{f,5}=1.17\times10^{-4}(1-e^{-6.55\times10^{-7}t})$	0.94	1.17	6.55	12.64
	6	$R_{f,6}=1.33\times10^{-4}(1-e^{-6.45\times10^{-7}t})$	0.96	1.33	6.45	14.35

（续）

测　试	测 试 管	渐近污垢热阻关联式	拟合优度 R^2	$R_f^*/$ $(10^{-4}\text{m}^2\cdot\text{K/W})$	$B(10^{-7}\text{s}^{-1})$	计算渐近污垢热阻比 $R_{f,g}^*/R_{f,p,3}^*$
2	7	$R_{f,7}=1.56\times10^{-4}(1-e^{-6.33\times10^{-7}t})$	0.97	1.56	6.33	16.89
	8	$R_{f,8}=6.82\times10^{-5}(1-e^{-3.74\times10^{-7}t})$	0.91	0.68	3.74	7.37
	9	$R_{f,9}=1.88\times10^{-4}(1-e^{-7.64\times10^{-7}t})$	0.97	1.88	7.64	20.36
3	1	$R_{f,1}=8.80\times10^{-6}(1-e^{-2.80\times10^{-7}t})$	0.90	0.09	2.80	0.95
	2	$R_{f,2}=8.84\times10^{-6}(1-e^{-6.99\times10^{-7}t})$	0.82	0.09	6.99	0.96
	3	$R_{f,3}=9.85\times10^{-6}(1-e^{-3.24\times10^{-7}t})$	0.81	0.10	3.24	1.06
	4	$R_{f,4}=1.25\times10^{-5}(1-e^{-4.73\times10^{-7}t})$	0.93	0.12	4.73	1.35
	5	$R_{f,5}=1.23\times10^{-5}(1-e^{-5.59\times10^{-7}t})$	0.86	0.12	5.59	1.33
	6	$R_{f,6}=1.44\times10^{-5}(1-e^{-5.28\times10^{-7}t})$	0.89	0.14	5.28	1.56
	7	$R_{f,7}=1.46\times10^{-5}(1-e^{-6.16\times10^{-7}t})$	0.88	0.15	6.16	1.58
	8	$R_{f,8}=8.39\times10^{-6}(1-e^{-4.41\times10^{-7}t})$	0.74	0.08	4.41	0.91
	9	$R_{f,9}=9.26\times10^{-6}(1-e^{-6.24\times10^{-7}t})$	0.80	0.09	6.24	1.00
4	1	$R_{f,1}=1.16\times10^{-4}(1-e^{-3.76\times10^{-7}t})$	0.93	1.16	3.76	12.49
	2	$R_{f,2}=1.72\times10^{-4}(1-e^{-4.21\times10^{-7}t})$	0.92	1.72	4.21	18.58
	3	$R_{f,3}=1.25\times10^{-4}(1-e^{-3.68\times10^{-7}t})$	0.92	1.25	3.68	13.54
	4	$R_{f,4}=1.34\times10^{-4}(1-e^{-3.88\times10^{-7}t})$	0.93	1.34	3.88	14.45
	5	$R_{f,5}=1.60\times10^{-4}(1-e^{-4.14\times10^{-7}t})$	0.92	1.60	4.14	17.28
	6	$R_{f,6}=2.55\times10^{-4}(1-e^{-5.79\times10^{-7}t})$	0.91	2.55	5.79	27.54
	7	$R_{f,7}=2.68\times10^{-4}(1-e^{-5.35\times10^{-7}t})$	0.94	2.68	5.35	28.96
	8	$R_{f,8}=1.82\times10^{-4}(1-e^{-4.40\times10^{-7}t})$	0.89	1.82	4.40	19.70
	9	$R_{f,9}=1.47\times10^{-4}(1-e^{-3.81\times10^{-7}t})$	0.90	1.47	3.81	15.87
5	1	$R_{f,1}=1.98\times10^{-5}(1-e^{-1.38\times10^{-6}t})$	0.93	0.20	13.84	2.15
	2	$R_{f,2}=2.43\times10^{-5}(1-e^{-1.34\times10^{-6}t})$	0.94	0.24	13.40	2.63
	3	$R_{f,3}=2.99\times10^{-5}(1-e^{-1.22\times10^{-6}t})$	0.94	0.30	12.24	3.23
	4	$R_{f,4}=3.06\times10^{-5}(1-e^{-1.37\times10^{-6}t})$	0.94	0.31	13.75	3.30
	5	$R_{f,5}=2.93\times10^{-5}(1-e^{-1.44\times10^{-6}t})$	0.93	0.29	14.37	3.16
	6	$R_{f,6}=3.69\times10^{-5}(1-e^{-1.44\times10^{-6}t})$	0.94	0.37	14.37	3.98
	7	$R_{f,7}=2.95\times10^{-5}(1-e^{-1.35\times10^{-6}t})$	0.95	0.30	13.47	3.19
	8	$R_{f,8}=1.61\times10^{-5}(1-e^{-1.38\times10^{-6}t})$	0.91	0.16	13.77	1.74
	9	$R_{f,9}=2.30\times10^{-5}(1-e^{-1.16\times10^{-6}t})$	0.86	0.23	11.61	2.48

通过 7.1.2 节的分析可知，在 Kern-Seaton 污垢模型中未知参数仅剩附着概率和污垢黏合强度，结果见表 7-2。在四组不同的实验条件下，混合污垢的附着概率范围为 $1.13\times10^{-4}\sim5.09\times10^{-3}$，而污垢黏合强度的范围为 $0.73\times10^7\sim6.78\times10^7 N\cdot s/m^2$。在测试 2、3、5 中，9 号测试管（光管）的附着概率最大而 8 号测试管最小。在所有测试条件下，9 号测试管（光管）的污垢黏合强度最小而 8 号测试管最大。

表 7-2 实际（非加速）污垢测试中附着概率 P 与污垢黏合强度 ξ 的数值

序号	2 $P_2(\%)$	3 $P_3(\%)$	4 $P_4(\%)$	5 $P_5(\%)$	2 $\xi_2/(10^7 N\cdot s/m^2)$	3 $\xi_3/(10^7 N\cdot s/m^2)$	4 $\xi_4/(10^7 N\cdot s/m^2)$	5 $\xi_5/(10^7 N\cdot s/m^2)$
1	0.155	0.014	0.146	0.042	1.92	4.79	1.31	1.98
2	0.079	0.023	0.151	0.033	2.86	2.47	1.52	2.64
3	0.106	0.014	0.103	0.044	2.65	5.06	1.75	2.59
4	0.085	0.024	0.123	0.044	2.97	3.62	1.56	2.61
5	0.133	0.032	0.178	0.055	2.19	2.56	1.23	2.01
6	0.120	0.028	0.303	0.056	2.56	3.12	1.06	2.33
7	0.124	0.030	0.317	0.035	2.99	3.08	1.12	3.07
8	0.029	0.011	0.140	0.019	6.78	5.75	1.89	4.04
9	0.509	0.054	0.314	0.068	1.00	1.22	0.73	1.34

7.2.2 加速测试结果

在实际污垢形成中存在诱导期，尤其当研究二元混合污垢的相互作用时，三组实验的诱导期相差很大，不同条件下不同类型测试管的污垢生长诱导期的结束时间也不同。而在 Kern-Seaton 模型中并没有明确考虑诱导期的这一过程，因此若进行横向对比，在进行关联式拟合时存在较大误差。为了更好地研究污垢生长过程中的重要参数，需要提高拟合关联式的准确性。在处理数据过程中，应舍去诱导期阶段，仅利用快速生长阶段和涨停阶段的污垢热阻数据进行拟合，以此计算渐近污垢热阻和时间因子。将诱导期因素引入式（7-4）得

$$R_f = R_0 + R_f^*(1 - e^{-B(t-t_0)}) \tag{7-12}$$

将无诱导期的颗粒污垢实验数据及含诱导期的析晶污垢和混合污垢实验数据通过式（7-12）进行处理，得到图 7-1，其关联式汇总于表 7-3 中。

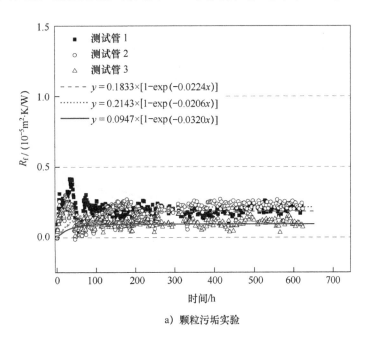

a）颗粒污垢实验

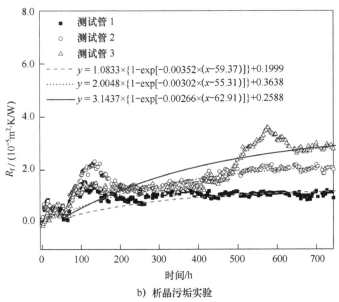

b）析晶污垢实验

图 7-1　用 Kern-Seaton 模型拟合的污垢热阻关联式

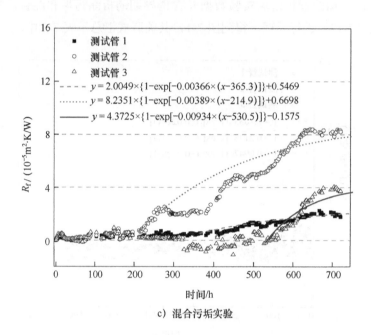

c) 混合污垢实验

图 7-1　用 Kern-Seaton 模型拟合的污垢热阻关联式（续）

表 7-3　加速实验渐近污垢热阻关联式

类　　型	测 试 管	$R_f(t) = R_0 + R_f^*(1 - e^{-B(t-t_0)})$			
		t_0 / s	$R_0 / (10^{-5}m^2 \cdot K/W)$	$R_f^* / (10^{-5}m^2 \cdot K/W)$	$B / (10^{-6}s^{-1})$
颗粒污垢	1	0	0	0.1833	6.2222
	2	0	0	0.2143	5.7222
	3	0	0	0.0947	8.8889
析晶污垢	1	213732	0.1999	1.0833	0.9778
	2	199116	0.3638	2.0048	0.8389
	3	226476	0.2588	3.1437	0.7389
混合污垢	1	1315080	0.5469	2.0049	1.0166
	2	773640	0.6698	8.2351	1.0806
	3	1909800	− 0.1575	4.3725	2.5944

　　同样基于上述方法，计算三种不同测试管在不同测试工况下附着概率和污垢黏合强度的数值，见表 7-4。

表 7-4　加速实验污垢测试中附着概率 P 与污垢黏合强度 ξ 的数值

类　　型	测　试　管	P（%）	$\xi /（10^6 N \cdot s/m^2）$
颗粒污垢	1	0.51679	0.92716
	2	0.64344	1.11362
	3	1.58741	0.35843
析晶污垢	1	1.15457	6.23902
	2	0.90201	8.03506
	3	3.53998	4.56384
混合污垢	1	2.53921	5.84067
	2	9.16786	6.07199
	3	22.75119	1.26470

7.2.3　二元污垢交互作用

表 7-4 列出了三组污垢实验的不同测试管附着概率和污垢黏合强度数值。可见无论是强化管还是光管，混合污垢引起的附着概率最大，颗粒污垢的附着概率小于析晶污垢。强化管的混合污垢黏合强度与析晶污垢相似，光管的混合污垢黏合强度则小于后者。而无论对于强化管还是光管，混合污垢与析晶污垢的黏合强度皆大于颗粒污垢。结果表明，$CaCO_3$ 与 SiO_2 以质量比 1：1 配得的混合污染物提高了污垢的附着概率，但对于形成在换热管表面污垢的黏合强度影响较小。原因如下：

1）颗粒物与物体表面的分子间存在着吸附作用力，这种吸附力既可能是分子间的范德华作用力，也可能是分子间的氢键作用或分子间形成共价键的结合。由于静电吸附作用，带负电荷的污染物粒子与在换热管内表面带正电荷的金属阳离子结合。而且以这种状态存在的污垢颗粒越小，与物体表面的吸附力就越强。

冷却水的流动作用虽会将颗粒物运输到管道表面，增加了其与换热面或污垢层的接触机会，但流动作用带来的壁面切应力也会产生更大的剥蚀效应，降低污垢黏合强度。这是由于 SiO_2 很轻，通过这种方式沉积在换热面的颗粒污垢附着力较弱，在流动冲刷下易从接触面上剥蚀。Kim 和 Webb 的研究指出黏合强度与壁面切应力有关，即 $\xi \propto \tau_s$，见式（7-13）。

$$\xi = \tau_s \frac{R_f^*}{R_0} \qquad (7\text{-}13)$$

结合式（7-8），假定 f 和 u 一致，即在相同结构的测试管中，当流速条件一致时，可得污垢黏合强度与冷却水的密度有关，$\xi \propto \tau_s \propto \rho_w$。根据实验的冷却水密度结果——颗粒实验为 1138g/L，析晶实验为 1210g/L，混合实验为 1174g/L，颗粒污垢实验的冷却水密度最低，因此壁面切应力对颗粒污垢层的影响最小，颗粒污垢实验中冷却水流动更容易剥蚀污垢层，导致污垢黏合强度显著降低。

颗粒污垢扫描电镜图如图 7-2 所示，颗粒污垢实验得到的污垢层空隙很大，空隙率很高，且与实验冷却水中颗粒物平均粒径 8.192μm 相比，黏附在换热面上的粒子很小，污垢以薄膜的状态附着于金属表面。

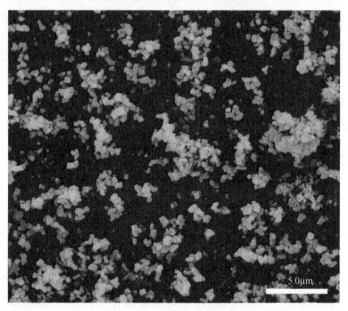

图 7-2　颗粒污垢扫描电镜图

2）与颗粒污垢的形成机理不同，析晶污垢是因为冷却水中含有过饱和的 $CaCO_3$。在冷凝器中加热时，降低了 $CaCO_3$ 在水中的溶解度，导致其在接触面处析出，形成污垢。与锅炉和其他设备相比，冷凝器内制冷剂的冷凝温度与冷却水的换热温差相对较小（约 3~10℃），并且 $CaCO_3$ 本身属于不溶性物质，在水中的溶解度很低，单位时间内在换热面直接析出的 $CaCO_3$ 质量并不多。而在实际运行过程中形成的 $CaCO_3$ 颗粒物，包括了在冷却水制备中、冷却塔内蒸发产生的析出物以及由于冷却水流动的剥蚀作用将已经形成于换热面上的 $CaCO_3$ 冲刷并在水中形成的悬浮颗粒物。正如 Bansal 等人分析，这些悬浮的颗粒显著地提高了析晶污垢的生长速率。

　　在换热管内形成的污垢实际上属于凝胶，随着污垢的形成，污垢层的空隙内仍存在饱和的 $CaCO_3$ 溶液。随着冷凝温度不断升高，这部分溶液中的 $CaCO_3$ 溶解度不断降低，也将导致污垢层空隙内析出更多的 $CaCO_3$ 污垢，从而增加污垢的黏合强度。如图 7-3 所示，光管的颗粒污垢生长量明显小于析晶污垢，说明悬浮在冷却水中颗粒物的碰撞作用对析晶污垢的形成影响较小。随着碰撞效果的降低，析晶污垢实验的剥蚀率低于颗粒污垢实验，导致黏合强度呈现相反的情况。

图 7-3　光管颗粒污垢与析晶污垢对比图

　　图 7-4 所示为析晶污垢的扫描电镜图，对比图 7-2 可以得出，析晶污垢层的空隙率比颗粒污垢层的空隙率低，污垢的附着总量更高。表 7-4 中颗粒污垢和析晶污垢实验的附着概率彼此相近，而在表 7-3 中两种污垢实验计算得到的污垢热阻值存在明显的差异。同样也说明析晶污垢的黏合强度高于颗粒污垢，与计算得到的结果一致。

图 7-4　析晶污垢的扫描电镜图

　　3）混合污垢的形成过程更加复杂，是颗粒污垢和析晶污垢相互作用的结果。由于异种物质的相互影响，混合污垢的附着概率并非析晶实验和颗粒实验计算结果的简单相加。

SiO_2 颗粒物容易与由冷却水蒸发而析出的 $CaCO_3$ 相结合，形成混合污染物。这些大体积、低密度的颗粒物与颗粒污垢一样，不易黏附在洁净的铜管表面上，也容易受壁面切应力的作用被剥蚀。因此如图 7-1 所示，在诱导期内几乎和析晶污垢实验一样不能检测出污垢热阻。

在诱导期之后，沉积和剥蚀的平衡被打破，建立了结垢条件。由于析出在换热面上的异种污染物的存在，为析晶污染物的形成提供了额外的成核点。同时这些污垢也增加了换热面的表面粗糙度，为颗粒污垢的附着提供了有利的条件。随着污垢层不断变厚，两种不同密度的污染物相互黏附。混合污垢生长过程如图 7-5 所示，大尺寸的颗粒物形成了框架，小尺寸的颗粒物或析出物填充在间隙之间，从而增加了污垢的热阻。持续的沉积和析出，具有协同和放大作用，显著增加了附着概率和污垢黏合强度。

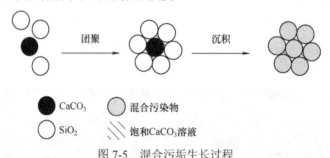

图 7-5　混合污垢生长过程

应用能谱分析仪分析污垢层表面上的 Si 和 Ca 原子的含量，结果见表 7-5。由于 SiO_2 的比表面积大，使 SiO_2 粒子容易团聚到 $CaCO_3$ 粒子的表面上，导致污垢层表面的 Si 原子的含量大于 Ca 原子。

表 7-5　混合污垢层表面 Si 原子和 Ca 原子含量

测　试　管	SiK：CaK
1	1.66：1
2	1.87：1
3	2.72：1

而且两种不同的物质成分也会相互摩擦（刺破）表面而楔入内部形成更坚硬的成分，污垢与金属、污垢与污垢已相互嵌入，连成一体。但混合污垢层比较厚，垢层外侧质地反而松软，用小刀或毛刷就可以轻易刮掉。经真空干燥后混合污垢的扫描电镜图如图 7-6 所示，与颗粒污垢和析晶污垢相比，混合污垢层的空隙率最低，污垢量最大。

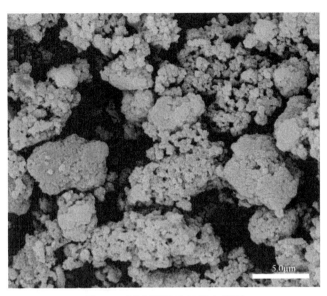

图 7-6　混合污垢的扫描电镜图

7.2.4　抑垢涂料表面特性对污垢沉积的影响

目前针对污垢形成过程，对不同工况下污垢热阻、附着概率和污垢黏合强度的变化开展了许多实验研究。针对涂层抑垢机理，多基于材料化学对表面能或总相互作用能中有效成分展开分析，两个研究领域暂时还未得到有效结合。

由于三根涂层强化管均存在明显的诱导期，因此也需根据式（7-12）对污垢数据进行拟合，得到图 7-7，拟合结果见表 7-6。三根几何结构相同但表面特性不同的强化管的渐近污垢热阻值之比约为 2.97∶1∶3.34。

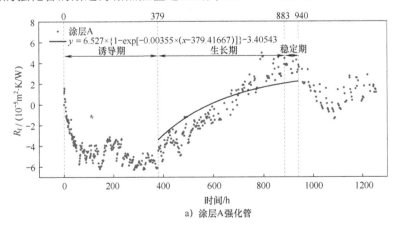

a）涂层A强化管

图 7-7　用 Kern-Seaton 模型拟合的污垢热阻关联式

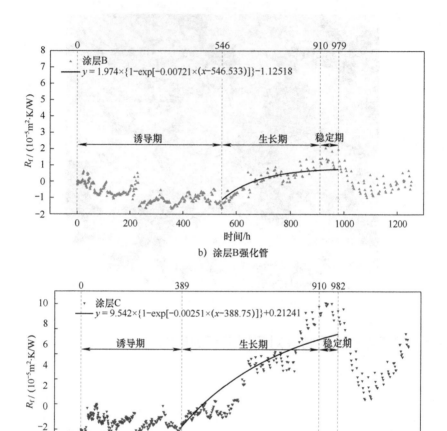

b）涂层B强化管

c）涂层C强化管

图 7-7　用 Kern-Seaton 模型拟合的污垢热阻关联式（续）

表 7-6　渐近污垢热阻和时间因子

测 试 管	$R_0/(10^{-5}\mathrm{m}^2\cdot\mathrm{K/W})$	t_0/h	$B/(10^{-7}\mathrm{s}^{-1})$	$R_\mathrm{f}^*/(10^{-5}\mathrm{m}^2\cdot\mathrm{K/W})$
涂层 A	−4.4498	379.42	10.5278	7.8415
涂层 B	−1.1252	546.53	11.0556	2.6397
涂层 C	−0.1350	376.53	9.5556	8.8223

　　基于上述方法测算后，联立方程即可得到三根涂层强化管的附着概率和污垢黏合强度，其值汇总于表 7-7。

表 7-7　混合污垢的附着概率和污垢黏合强度

测　试　管	P（%）	ξ /（10^6N·s/m²）	γ_{SV} /（mN/m）	τ_s /（N/m²）
涂层 A	6.5781	7.1301	18.08	7.51
涂层 B	3.9841	7.1364	10.11	7.89
涂层 C	6.7284	7.0030	24.39	6.69
无涂层	9.1679	6.0720	31.62	6.56

所有被测管的附着概率和污垢黏合强度与涂层表面能的关系如图 7-8 所示。值得注意的是，附着概率随着涂层表面能的增加而增加，表明表面能对污垢沉积特性有显著影响。当颗粒与管壁碰撞后，并非全部直接黏附在壁面上，有一部分可能会被反弹回到流体中或因黏附不牢固而被冲刷走，只有成功嵌在壁面的这部分颗粒反映了污垢的沉积速率。因此，虽然增加颗粒物浓度能增大颗粒与表面碰撞的概率，但换热表面与单个颗粒物的相互作用才是决定该颗粒能否附着的直接因素。由于涂层 B 强化管的表面能较低，其对分子吸引力较弱，因此颗粒物与表面接触后更不容易被吸附，附着概率较低。

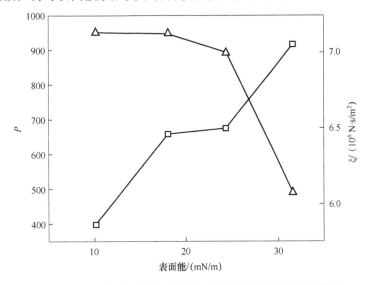

图 7-8　混合污垢的附着概率和污垢黏合强度与表面能的关系

另一方面，在扩散作用下，流体携带颗粒至黏性底层。较高的换热面温度，会增大附近粒子布朗运动的剧烈程度，从而增加颗粒物的附着概率。换热管的换热量越低，对应的内表面温度越高，根据 6.3.2 节中涂层强化管传热性能的大小关系（涂层 B 强化管 > 涂层 A 强化管 > 涂层 C 强化管）可知，换热面温度的排序对应了附着概率的排序。特别地，无涂层强化管的传热性能最优，理应布朗运动作用最弱，对附着概率的影响最小，但实际上其附着概率最大，说明相比于换热面温度，表面能对附着概率的影响更大。

此外，如图 7-8 所示，污垢黏合强度随着涂层表面能的增加而降低，该原因为，表面的润湿特性受微尺度粗糙度的影响，其表现为表面能与表面粗糙度呈反比，而越粗糙的表面，对应的壁面切应力越大，从而导致污垢黏合强度越大。众所周知，荷叶表面具有双微观结构，一方面是由细胞组成的乳瘤形成了许多 5～10μm 的表面微观结构，另一方面是由三维表皮蜡晶体形成的毛茸纳米结构，在两者共同作用下，荷叶表面兼具了粗糙和超疏水的特性。应用纳米涂料对强化管表面进行改性时，相应地产生了不同粗糙度的微尺度结构，如图 6-23 所示。由于进行比较的强化管其宏观几何结构一致，摩擦系数即对应了表面粗糙度。结合 6.3.2 节中摩擦系数的测试数据，可以发现粗糙度越大的表面，其表面能越小。Wang 等人通过观察扫描电镜图像和使用热力学方法分析了表面粗糙度和表面能的关系。同样发现了表面粗糙度的增加会抑制液滴在表面的扩散，表面粗糙度与表面能呈负相关。

而污垢黏合强度决定了其被剥蚀的难易程度，与壁面切应力成正相关。根据式（7-8），在相同的流速和冷却水密度下，壁面切应力随摩擦系数增大而增大。因此，随着表面粗糙度的增加，较高摩擦系数下的表面能小于较低摩擦系数时的表面能，使得壁面切应力呈现相反的趋势，如图 7-9 所示。相应地，污垢黏合强度随着涂层表面能的增加而减小。

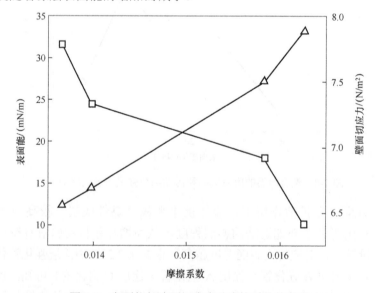

图 7-9　表面能与壁面切应力随摩擦系数的变化

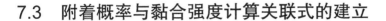

7.3　附着概率与黏合强度计算关联式的建立

目前文献中还找不到附着概率和污垢黏合强度的具体表达式，这也是至今未能实现污垢生长过程微观动态模拟的关键原因。建立这两个参数的具体表达式，对于认清污垢的生长机理至关重要。这里基于表 7-1 中二维强化管（1 号管~8 号管）的实际污垢测试数据，建立附着概率和污垢黏合强度关于测试管表面几何参数、冷却水流速、水质、内表面湿面积的数学关联式。

7.3.1　附着概率计算关联式

在 Watkinson 和 Epstein 的模型中，研究人员认为附着概率与摩擦系数 f、流速 u、干物质浓度 C_b' 以及换热面温度 T 有关，其中换热面温度主要由 j 因子决定。此外，尽管冷却水中颗粒污垢与析晶污垢之间的黏附力要小于由于锈蚀和灰尘颗粒所造成的纯颗粒污垢的黏附力，但是颗粒与换热表面之间的黏附力也是影响颗粒污垢与析晶污垢形成的一个重要因素。与颗粒污垢的数据模型相反，在混合污垢（颗粒污垢与析晶污垢）的建模过程中必须考虑黏附力的作用。颗粒污垢主要沉积在肋片与肋片之间以及肋片的顶部区域。基于光管的公称内表面积（$A_{nom} = \pi D_i L$）已广泛应用于强化管内颗粒污垢的数据分析中；而对于析晶污垢，通常基于湿面积 A_w 而非公称内表面积来分析污垢数据。而黏附力足以描述污垢的形成过程。在整个换热内表面上（包括肋片之间的表面、肋片尖端的表面和肋片侧面）颗粒污垢和析晶污垢的沉积全是由沉积内聚力造成的。为了体现湿面积和公称内表面积的差异，将面积修正指标 A_w / A_c 引入附着概率和污垢黏合强度的发展关联式中。因此可以通过表 7-2 中列出的附着概率具体数值进行曲线拟合，建立附着概率关于 j、f、C_b'、A_w / A_c、u 的数学关联式。其中 j、f、A_w / A_c 由测试管制造商直接提供，C_b'、u 可直接通过测量得到。该发展的数学关联式为

$$P = \begin{cases} 1.844 \times 10^{-7} j^{2.22} f^{-3.34} (A_w / A_c)^{0.621} C_b'^{1.55} u^{-1.19} & (0.9 < u < 1.6) \\ 7.519 \times 10^{-7} j^{1.01} f^{-2.80} (A_w / A_c)^{0.003} C_b'^{1.63} u^{-2.80} & (1.6 \leqslant u < 2.4) \end{cases} \tag{7-14}$$

为分析式（7-14）的计算精度，比较了实验值与计算值之间的差异，结果见表 7-8 和表 7-9。附着概率计算关联式的计算精度在 0.01%~55.0% 范围，平均误差为 21.3%，计算精度较为合理。根据式（7-14），附着概率随着面积修正指标、干物质浓度、j 因子的增大而增大，但随着摩擦系数、流速的增大而减小。

当流速在 0.9～1.6m/s 范围内时，摩擦系数对应的指数项绝对值为 3.34，该值明显大于其他参数指数项的数值，表明摩擦系数对附着概率的影响显著。当流速在 1.6～2.4m/s 范围内时，摩擦系数对应的指数项绝对值为 2.80，该值与流速的指数项数值相等，表明当流速大于 1.6m/s 时，流速对附着概率的影响与摩擦系数的影响相同。除此之外，当流速在 0.9～2.4m/s 的范围内时，式（7-14）中面积修正指标对应的指数项数值最小，因此相较于其他参数，面积修正指标对附着概率的影响作用很小。

表 7-8 附着概率计算关联式（7-14）的精度（0.9m/s < u < 1.6m/s）

测试管（测试2）		1	2	3	4	5	6	7	8
P（%）	实验值	0.155	0.079	0.106	0.085	0.133	0.120	0.124	0.029
	计算值	0.078	0.123	0.077	0.081	0.133	0.141	0.115	0.016
相对差异		49.3%	55.0%	27.5%	3.9%	0.5%	17.7%	7.3%	45.3%
测试管（测试3）		1	2	3	4	5	6	7	8
P（%）	实验值	0.014	0.023	0.014	0.024	0.032	0.028	0.030	0.011
	计算值	0.017	0.027	0.017	0.018	0.029	0.031	0.025	0.012
相对差异		23.4%	19.3%	23.5%	25.8%	8.7%	9.2%	15.8%	3.8%
测试管（测试4）		1	2	3	4	5	6	7	8
P（%）	实验值	0.146	0.151	0.103	0.123	0.178	0.303	0.317	0.140
	计算值	0.122	0.203	0.129	0.154	0.248	0.250	0.236	0.135
相对差异		16.3%	34.4%	25.6%	25.2%	39.4%	17.6%	25.6%	4.0%

表 7-9 附着概率计算关联式（7-14）的精度（1.6m/s ≤ u < 2.4m/s）

测试管（测试2）		1	2	3	4	5	6	7	8
P（%）	实验值	0.155	0.079	0.106	0.085	0.133	0.120	0.124	0.029
	计算值	0.138	0.106	0.105	0.097	0.141	0.118	0.090	0.043
相对差异		10.7%	34.4%	1.1%	14.3%	5.6%	1.3%	28.0%	47.6%
测试管（测试3）		1	2	3	4	5	6	7	8
P（%）	实验值	0.014	0.023	0.014	0.024	0.032	0.028	0.030	0.011
	计算值	0.007	0.021	0.021	0.020	0.029	0.024	0.018	0.009
相对差异		50.2%	4.7%	55.3%	18.7%	10.7%	15.5%	39.7%	22.8%
测试管（测试5）		1	2	3	4	5	6	7	8
P（%）	实验值	0.042	0.033	0.044	0.044	0.055	0.056	0.035	0.019
	计算值	0.054	0.040	0.046	0.037	0.055	0.044	0.030	0.013
相对差异		29.0%	18.7%	5.9%	16.2%	0.01%	20.6%	16.2%	30.9%

7.3.2　黏合强度计算关联式

从 Kern-Seaton 污垢模型中可以看出，污垢黏合强度与污垢的生长趋势有关。除此之外，污垢黏合强度的计算公式涉及渐近污垢热阻与周期，进一步说明污垢黏合强度和指数函数的指数项有关，即与曲线的变化趋势有关。对于不同表面几何参数的测试管来说，其污垢热阻的生长曲线不同，而污垢黏合强度又与污垢的生长趋势有关，因此强化管表面几何参数直接影响了污垢黏合强度。此外，改变流速和水质条件时，同一强化管对应的污垢热阻曲线随之发生改变，因此流速和水质也是影响污垢黏合强度的重要因素。综上，污垢黏合强度与 j 因子、摩擦系数、流速和水质之间存在着直接的关系。通过对表 7-2 中污垢黏合强度的具体数值进行曲线拟合，建立污垢黏合强度关于 j、f、C_b'、A_w/A_c、u 的数学关联式，即式（7-15）。表 7-10 和表 7-11 给出了式（7-15）的对应精度，除了测试 2 中 1 号测试管的计算误差为 60.4%（0.9m/s＜u＜1.6m/s），53.9%（1.6m/s≤u＜2.4m/s）外，其余条件下式（7-15）计算出的污垢黏合强度误差均小于 32.44%。

$$\xi = \begin{cases} 1.670\times10^{10}\, j^{-1.62} f^{2.86} (A_w/A_c)^{-0.35} C_b'^{-0.16} u^{1.57} & (0.9<u<1.6) \\ 1.256\times10^{11}\, j^{-0.92} f^{2.21} (A_w/A_c)^{-0.43} C_b'^{-0.16} u^{-0.37} & (1.6\le u<2.4) \end{cases} \quad (7\text{-}15)$$

表 7-10　污垢黏合强度计算关联式（7-15）的精度（0.9m/s＜u＜1.6m/s）

测试管（测试2）		1	2	3	4	5	6	7	8
$\xi/(10^7\mathrm{N\cdot s/m^2})$	实验值	1.92	2.86	2.65	2.97	2.19	2.56	2.99	6.78
	计算值	3.08	2.61	3.43	3.40	2.27	2.32	2.86	5.67
相对差异		60.4%	8.8%	29.2%	14.7%	3.7%	9.3%	4.4%	16.4%
测试管（测试3）		1	2	3	4	5	6	7	8
$\xi/(10^7\mathrm{N\cdot s/m^2})$	实验值	4.79	2.47	5.06	3.62	2.56	3.12	3.08	5.75
	计算值	3.59	3.04	3.99	3.96	2.64	2.70	3.33	6.60
相对差异		25.0%	22.8%	21.2%	9.3%	3.0%	13.5%	8.3%	14.8%
测试管（测试4）		1	2	3	4	5	6	7	8
$\xi/(10^7\mathrm{N\cdot s/m^2})$	实验值	1.31	1.52	1.75	1.56	1.23	1.06	1.12	1.89
	计算值	1.59	1.29	1.72	1.50	1.01	1.10	1.13	1.96
相对差异		21.3%	15.0%	1.6%	3.9%	17.7%	3.4%	1.5%	4.1%

表 7-11　污垢黏合强度计算关联式（7-15）的精度（1.6m/s ≤ u < 2.4m/s）

测试管（测试2）		1	2	3	4	5	6	7	8
$\xi / (10^7 N \cdot s/m^2)$	实验值	1.92	2.86	2.65	2.97	2.19	2.56	2.99	6.78
	计算值	2.96	2.79	3.51	3.45	2.31	2.51	3.04	5.29
相对差异		53.9%	2.5%	32.4%	16.3%	5.9%	1.9%	1.7%	22.0%
测试管（测试3）		1	2	3	4	5	6	7	8
$\xi / (10^7 N \cdot s/m^2)$	实验值	4.79	2.47	5.06	3.62	2.56	3.12	3.08	5.75
	计算值	3.46	3.26	4.11	4.04	2.71	2.93	3.56	6.19
相对差异		27.7%	31.9%	18.8%	11.4%	5.6%	6.1%	15.7%	7.6%
测试管（测试5）		1	2	3	4	5	6	7	8
$\xi / (10^7 N \cdot s/m^2)$	实验值	1.98	2.64	2.59	2.60	2.01	2.33	3.07	4.04
	计算值	2.19	2.16	2.38	2.59	1.74	1.93	2.58	4.79
相对差异		11.0%	18.1%	8.0%	0.6%	13.6%	17.2%	16.0%	18.7%

由式（7-15）可知，随着干物质浓度、面积修正指标、j 因子的减小，摩擦系数的增大，污垢黏合强度增加，该相关性与式（7-14）中附着概率的相关性完全相反。在式（7-15）中，当流速在 0.9~1.6m/s 范围内时，污垢黏合强度与流速呈正相关，与流速在 1.6~2.4m/s 范围内对应的相关性完全相反。此外，当流速在 0.9~1.6m/s 范围内时，流速对污垢黏合强度的影响远大于流速在 1.6~2.4m/s 范围内的影响。与此同时，摩擦系数对应的指数项绝对值明显大于其他参数，这表明相较于干物质浓度、面积修正指标、j 因子、流速，污垢黏合强度主要受摩擦阻力的影响。

7.4　渐近污垢预测模型

Kim 和 Webb 的研究表明，强化管的结垢速率与光管不同，因此现有的光管污垢模型已不再适用于强化管的研究。由于结垢过程会影响换热器的传热效率，而工业中常用的污垢系数又无法充分反映换热管在全寿命周期内的性能，因此准确地了解和预测污垢对换热管热交换性能造成的负面影响，对于制造厂商或使用者来说都具有重要的意义。

在研究强化管的结垢情况时，通常选择在同一个冷凝器内安装一根与强化管外表面结构相同的光管进行对比。并采用强化管与光管的渐近污垢热阻比值（$R_f^* / R_{f,p}^*$）来描述强化管渐近污垢热阻与运行参数的关系，从而简化污垢建模中的计算表达式：

$$\frac{R_{\mathrm{f}}^{*}}{R_{\mathrm{f,p}}^{*}}=\frac{K_{\mathrm{D}}PC_{\mathrm{b}}\xi}{\tau_{\mathrm{s}}k_{\mathrm{f}}\rho_{\mathrm{f}}}\frac{\tau_{\mathrm{s,p}}k_{\mathrm{f}}\rho_{\mathrm{f}}}{K_{\mathrm{D,p}}P_{\mathrm{p}}C_{\mathrm{b,p}}\xi_{\mathrm{p}}} \tag{7-16}$$

假设在冷却塔系统中，沉积污垢导热系数和污垢密度为定值，因此式（7-16）可以简化为

$$\frac{R_{\mathrm{f}}^{*}}{R_{\mathrm{f,p}}^{*}}=\left(\frac{P}{P_{\mathrm{p}}}\frac{\xi}{\xi_{\mathrm{p}}}\right)\frac{K_{\mathrm{D}}}{K_{\mathrm{D,p}}}\frac{\tau_{\mathrm{s,p}}}{\tau_{\mathrm{s}}}\frac{C_{\mathrm{b}}}{C_{\mathrm{b,p}}} \tag{7-17}$$

其中，将 $\dfrac{P}{P_{\mathrm{p}}}\dfrac{\xi}{\xi_{\mathrm{p}}}$ 定义为污垢实验中的结垢过程指标 $\left(\sigma=\dfrac{P}{P_{\mathrm{p}}}\dfrac{\xi}{\xi_{\mathrm{p}}}\right)$，因此式（7-17）可以进一步简化为

$$\frac{R_{\mathrm{f}}^{*}}{R_{\mathrm{f,p}}^{*}}=\sigma\frac{K_{\mathrm{D}}}{K_{\mathrm{D,p}}}\frac{\tau_{\mathrm{s,p}}}{\tau_{\mathrm{s}}}\frac{C_{\mathrm{b}}}{C_{\mathrm{b,p}}}=f\left(\frac{K_{\mathrm{D}}}{K_{\mathrm{D,p}}},\frac{\tau_{\mathrm{s,p}}}{\tau_{\mathrm{s}}},\frac{C_{\mathrm{b}}}{C_{\mathrm{b,p}}}\right) \tag{7-18}$$

对于相同的测试水质条件，总颗粒浓度之比 $\dfrac{C_{\mathrm{b}}}{C_{\mathrm{b,p}}}=1$。在以往的研究中，研究人员致力于采用不同的方法来表达粒子沉积系数和壁面剪切应力，从而实现通过确定某些运行参数即可表达 $\dfrac{\tau_{\mathrm{s,p}}}{\tau_{\mathrm{s}}}$ 和 $\dfrac{K_{\mathrm{D}}}{K_{\mathrm{D,p}}}$ 的具体值。

7.4.1　粒子沉积系数比

研究表明，在典型的冷却塔环路中，冷凝器内测试管表面污垢的沉积发生在扩散区。在扩散区，颗粒的沉积主要受布朗运动的影响，因此粒子沉积系数（K_{D}）等于传质系数（K_{m}），而传质系数可以通过传热传质类比，采用传热系数来表达。

目前的传热传质类比方法主要包括以下四类：雷诺类比、普朗特类比、冯-卡门类比和契尔顿-柯尔本 j 因子类比。其中契尔顿-柯尔本 j 因子类比是热量、动量、质量传递中应用最广泛的类比方式。在众多与传热系数、传质系数以及摩擦系数直接相关的类比中，契尔顿-柯尔本 j 因子类比已被证明具有很高的准确度。李蔚和 Webb 基于实际污垢测试实验数据，采用契尔顿-柯尔本 j 因子类比，发展了适用于强化管的污垢预测模型：

$$j_{\mathrm{m}}=\frac{K_{\mathrm{m}}}{v}Sc^{2/3}=j=\frac{h}{\rho_{\mathrm{w}}vc_{\mathrm{p}}}Pr^{2/3} \tag{7-19}$$

由式（7-19）可知，对于洁净的测试管，传质系数随着传热系数的增大而增大。因此，在相同的测试流速条件下，强化管的沉积率要高于光管。但是使用这类传热传质类比的关键是传质过程需要发生在扩散区。当颗粒的直径小于 10μm 时，颗粒的传输运动主要受扩散控制。当粒子处于扩散状态，而流体为湍流状

态时，粒子不仅随着流体的运动而运动，同时粒子还受布朗运动的作用通过黏性子层运动到管壁附近。可以将亚微米粒子视为大分子，并通过传热传质类比采用湍流传热数据来预测传质系数。基于式（7-19）可得

$$\frac{K_{\mathrm{m}}}{K_{\mathrm{m,p}}} = \frac{jvSc^{-2/3}}{j_{\mathrm{p}}v_{\mathrm{p}}Sc_{\mathrm{p}}^{-2/3}} \tag{7-20}$$

其中
$$Sc = v / D$$

式中　v——冷却水的运动黏度；

　　　D——布朗扩散率。

在实际应用中，这些参数的变化很微小，因此研究人员通常将其视为常数来处理。因此粒子沉积系数比 $\left(\dfrac{K_{\mathrm{D}}}{K_{\mathrm{D,p}}}\right)$ 可以被简化为式（7-21）。

$$\frac{K_{\mathrm{D}}}{K_{\mathrm{D,p}}} = \frac{K_{\mathrm{m}}}{K_{\mathrm{m,p}}} = \frac{j}{j_{\mathrm{p}}}\frac{v}{v_{\mathrm{p}}} \tag{7-21}$$

7.4.2　壁面剪切应力比

研究人员通常认为强化管的部分水侧压降是由内表面粗糙度元件上的形状阻力所致。Webb 和 Narayanamurthy 的研究给出了洁净状态下螺纹管的 j 因子和摩擦系数随雷诺数的变化趋势，其中 $f \propto Re^{-0.283}$，说明水侧压降主要是由壁面剪切应力引起的。在壳管式冷凝器内典型强化管的研究中，相较于壁面剪切应力来说，壁面的形状阻力很小，可忽略不计。因此，壁面剪切应力可以通过式（7-8）进行计算。

在实际污垢测试中，光管与强化管对应的冷却水密度差异很小，在此可认为相等。因此壁面剪切应力比可以记为式（7-22）。

$$\frac{\tau_{\mathrm{s,p}}}{\tau_{\mathrm{s}}} = \frac{f_{\mathrm{p}}}{f}\left(\frac{v_{\mathrm{p}}}{v}\right)^2 \tag{7-22}$$

7.4.3　渐近污垢热阻比

将式（7-21）和式（7-22）代入式（7-18）中，即可得到强化管与光管之间的渐近污垢热阻比：

$$\frac{R_{\mathrm{f}}^*}{R_{\mathrm{f,p}}^*} = \left(\frac{P}{P_{\mathrm{p}}}\frac{\xi}{\xi_{\mathrm{p}}}\right)\frac{j/j_{\mathrm{p}}}{f/f_{\mathrm{p}}}\frac{C_{\mathrm{b}}/C_{\mathrm{b,p}}}{v/v_{\mathrm{p}}} \tag{7-23}$$

其中，结垢过程指标 $\sigma = \dfrac{P}{P_{\mathrm{p}}}\dfrac{\xi}{\xi_{\mathrm{p}}}$ 反映了附着概率和污垢黏合强度对污垢热

的影响；能效指标 $\eta = \dfrac{j / j_\mathrm{p}}{f / f_\mathrm{p}}$ 与测试管的表面几何参数有关；运行工况指标

$\chi = \dfrac{C_\mathrm{b} / C_\mathrm{b,p}}{v / v_\mathrm{p}}$ 受冷却水的运行参数影响。根据 7.3.1 节的分析，为了体现湿面积

和公称内表面积的差异，在式（7-23）中引入面积修正指标 $\beta [\beta = (A_\mathrm{w} / A_\mathrm{w,p}) /$ $(A_\mathrm{c} / A_\mathrm{c,p})]$，以提高公式的准确性。在式（7-23）中，总颗粒浓度 C_b 仅适用于颗粒污垢的模型，因此针对混合污垢用干物质浓度 C_b' 来代替总颗粒浓度，从而可得到渐近污垢热阻比关联式：

$$\frac{R_\mathrm{f}^*}{R_\mathrm{f,p}^*} = \left(\frac{P}{P_\mathrm{p}} \frac{\xi}{\xi_\mathrm{p}} \right) \frac{A_\mathrm{w} / A_\mathrm{w,p}}{A_\mathrm{c} / A_\mathrm{c,p}} \frac{j / j_\mathrm{p}}{f / f_\mathrm{p}} \frac{C_\mathrm{b}' / C_\mathrm{b,p}'}{v / v_\mathrm{p}} = \sigma \beta \eta \chi \tag{7-24}$$

即

$$\frac{R_\mathrm{f}^*}{R_\mathrm{f,p}^*} = f \left(\frac{A_\mathrm{w} / A_\mathrm{w,p}}{A_\mathrm{c} / A_\mathrm{c,p}} \frac{j / j_\mathrm{p}}{f / f_\mathrm{p}} \frac{C_\mathrm{b}' / C_\mathrm{b,p}'}{v / v_\mathrm{p}} \right) = f(\beta \eta \chi) \tag{7-25}$$

由式（7-25）可知，渐近污垢热阻比关联式是一个与测试管表面几何参数、流速、水质都相关的多变量公式。而且附着概率和污垢黏合强度是两个复合变量，受能效指标、面积修正指标和运行工况指标的影响。因此，即使在式（7-24）中渐近污垢热阻比 $R_\mathrm{f}^* / R_\mathrm{f,p}^*$ 是关于 $\dfrac{A_\mathrm{w} / A_\mathrm{w,p}}{A_\mathrm{c} / A_\mathrm{c,p}}$、$\dfrac{j / j_\mathrm{p}}{f / f_\mathrm{p}}$ 和 $\dfrac{C_\mathrm{b}' / C_\mathrm{b,p}'}{v / v_\mathrm{p}}$ 的一次函数，当考虑到假设和简化时，也可以采用式（7-26）通过曲线拟合来建立渐近污垢热阻比关于上述变量的多次函数，其中各变量的指数项（ a、b、c、d、e、f ）由具体实验数据来确定。

$$\frac{R_\mathrm{f}^*}{R_\mathrm{f,p}^*} = f \left(j / j_\mathrm{p}, f / f_\mathrm{p}, C_\mathrm{b}' / C_\mathrm{b,p}', v / v_\mathrm{p}, \frac{A_\mathrm{w} / A_\mathrm{w,p}}{A_\mathrm{c} / A_\mathrm{c,p}} \right) \tag{7-26}$$
$$= a(j / j_\mathrm{p})^b (f / f_\mathrm{p})^c [(A_\mathrm{w} / A_\mathrm{w,p}) / (A_\mathrm{c} / A_\mathrm{c,p})]^d (C_\mathrm{b}' / C_\mathrm{b,p}')^e (v / v_\mathrm{p})^f$$

7.5　三元变量模型

在建立污垢预测模型前，需明确冷却塔系统中强化管表面生成的污垢为混合污垢，由颗粒污垢和析晶污垢组成。见表 7-5，颗粒污垢占比最大，主导了混合污垢的形成。因此，基于颗粒污垢的生长机理，本节介绍了现有的几种污垢热阻建模方法，并通过理论分析提出一种多参数优化建模算法。为了发展多参数污垢预测模型，探究了污垢热阻关于测试管表面几何参数、流速及冷却水水

质的数学关联式。

7.5.1 现有污垢模型

目前研究人员以 Webb 和李蔚教授测试的七根内螺纹强化管和一根光管的长期污垢实验数据作为唯一一组反映实际工程中强化管内表面混合污垢的测试数据，并以此建立污垢模型。但由于实验周期的限制（一个制冷季），该实验中存在某些换热管污垢热阻未达到渐近值的情况。他们后续对测试数据进行线性拟合，确定了长期污垢实验的内螺纹强化管和光管的渐近污垢热阻值，见表 7-12。

表 7-12　Webb 和李蔚教授测试的渐近污垢热阻值

测 试 管	N_s /个	e /mm	$\alpha(°)$	p/e	j/j_p	f/f_p	$\dfrac{A_w/A_{w,p}}{A_c/A_{c,p}}$	$R_f^*/R_{f,p}^*$
2	45	0.33	45	2.81	2.42	2.18	1.66	7.43
5	40	0.47	35	3.31	2.31	2.31	1.75	5.65
3	30	0.40	45	3.50	2.30	2.32	1.56	3.25
6	25	0.49	35	5.02	2.05	2.15	1.52	2.68
7	25	0.53	25	7.05	1.77	1.76	1.52	2.46
8	18	0.55	25	9.77	1.63	1.68	1.40	2.03
4	10	0.43	45	9.88	1.72	1.93	1.24	1.93
1	—	—	—	—	—	—	—	1.00

在基于该数据建立污垢模型时，假定结垢过程指标为常数，见式（7-27）～式（7-31）。将五种污垢模型分为两组，分别为无面积指标修正的一元变量模型和有面积指标修正的一元变量模型，其中模型 1、2 无面积指标修正，模型 3、4、5 含有面积指标修正。各模型的偏差值见表 7-13。

表 7-13　现有污垢预测模型的偏差值

测 试 管	$R_f^*/R_{f,p}^*$（实验值）	偏差值（%）				
		模型 1 式（7-27）	模型 2 式（7-28）	模型 3 式（7-29）	模型 4 式（7-30）	模型 5 式（7-31）
2	7.43	0.13	0.41	68.86	4.53	2.85
5	5.65	0.11	2.67	39.85	3.53	2.71
3	3.25	4.93	0.02	9.75	3.74	1.03
6	2.68	0.06	2.55	2.74	6.98	1.83
7	2.46	2.02	4.89	3.91	2.05	3.15
8	2.03	3.60	0.92	11.79	5.12	2.82
4	1.93	3.60	5.35	9.38	5.54	8.35
平均值		2.06	2.40	20.90	4.50	3.25

（1）无面积指标修正的一元变量模型

1）模型 1：张巍根据表 7-12 中的长期污垢实验数据，提出了一种分段模型，如图 7-10a 所示。根据表 7-13，该模型最大偏差值为 4.93%，平均偏差值为 2.06%。

$$\frac{R_{\mathrm{f}}^{*}}{R_{\mathrm{f,p}}^{*}} = 6.2272\phi - 5.1542 \quad (p/e \geqslant 5) \tag{7-27a}$$

$$\frac{R_{\mathrm{f}}^{*}}{R_{\mathrm{f,p}}^{*}} = 9.1749 + 0.8431\ln(\phi - 1.3445) \quad (p/e < 5) \tag{7-27b}$$

$$\phi = \frac{K_{\mathrm{m}}/K_{\mathrm{m,p}}}{f/f_{\mathrm{p}}} \tag{7-27c}$$

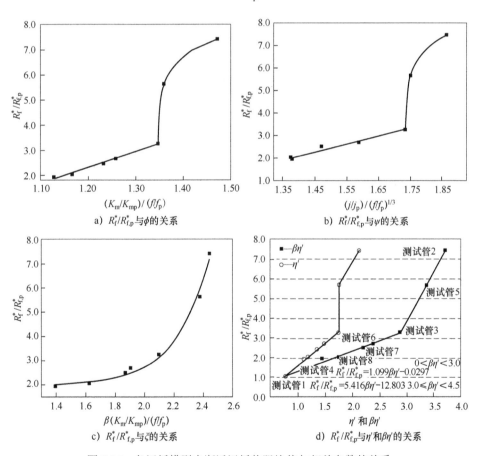

a) $R_{\mathrm{f}}^{*}/R_{\mathrm{f,p}}^{*}$ 与 ϕ 的关系

b) $R_{\mathrm{f}}^{*}/R_{\mathrm{f,p}}^{*}$ 与 ψ 的关系

c) $R_{\mathrm{f}}^{*}/R_{\mathrm{f,p}}^{*}$ 与 ζ 的关系

d) $R_{\mathrm{f}}^{*}/R_{\mathrm{f,p}}^{*}$ 与 η' 和 $\beta\eta'$ 的关系

图 7-10　各污垢模型中渐近污垢热阻比值与相关参数的关系

2）模型 2：张巍提出了另一种与传热性能指标相关的一元变量模型。在整

理原始文献时，提出分段函数的转折点 $p/e=5.0$ 应改成 $p/e=3.5$。相关系数见式（7-28），函数关系如图 7-10b 所示。根据表 7-13，模型 2 的偏差值范围为 0.02%～5.35%，平均值为 2.40%。

$$\frac{R_\text{f}^*}{R_\text{f,p}^*} = 3.441\psi - 2.7188 \quad (p/e \geqslant 3.5) \tag{7-28a}$$

$$\frac{R_\text{f}^*}{R_\text{f,p}^*} = 9.18 + 0.8661\ln(\psi - 1.73) \quad (p/e < 3.5) \tag{7-28b}$$

（2）含面积指标修正的一元变量模型

1）模型 3：李蔚和 Webb 根据表 7-12 数据建立了污垢模型，在原文献中该模型的平均偏差为 5.1%。在对原始数据重新整理时，将分段函数的转折点 $p/e=5.0$ 改成 $p/e=3.5$，并通过式（7-29）计算后，发现该模型的平均偏差值为 20.90%，最大偏差值达到 68.86%。

$$\frac{R_\text{f}^*}{R_\text{f,p}^*} = 1.59\beta\eta_\text{pre} \quad (10.0 > p/e \geqslant 3.5^*) \tag{7-29a}$$

$$\frac{R_\text{f}^*}{R_\text{f,p}^*} = 0.392(\beta\eta_\text{pre})^{4.4} \quad (p/e < 3.5) \tag{7-29b}$$

2）模型 4：李蔚提出了一种将 $\xi = \beta\phi$ 作为变量的污垢模型。见式（7-30），函数关系如图 7-10c 所示，其中 ϕ 通过式（7-27c）计算。根据表 7-13，模型 4 的偏差值范围为 2.05%～6.98%。

$$\frac{R_\text{f}^*}{R_\text{f,p}^*} = 0.00013\mathrm{e}^{\frac{\xi}{0.231}} + 1.982 \tag{7-30a}$$

$$\xi = \beta\phi \tag{7-30b}$$

3）模型 5：李蔚运用 Von-Karman 类比原理表述传质系数 K_m 以提高模型精度，并提出了一种污垢模型，见式（7-31），如图 7-10d 所示。该模型偏差值范围为 1.03%～8.35%。

$$\frac{R_\text{f}^*}{R_\text{f,p}^*} = 1.009\beta\eta' - 0.0297 \quad (0 < \beta\eta' < 3.0) \tag{7-31a}$$

$$\frac{R_\text{f}^*}{R_\text{f,p}^*} = 5.416\beta\eta' - 12.803 \quad (3.0 \leqslant \beta\eta' < 4.5) \tag{7-31b}$$

$$\eta' = 0.0902Re^{0.0689}N_\text{s}^{0.317}(e/D_\text{i})^{-0.175}\alpha^{0.173} \tag{7-31c}$$

7.5.2　污垢热阻优化模型的建立

1. 结垢过程指标

在上述公式中附着概率和污垢黏合强度两个参数并未得到很好的解释。Watkinson 和 Epstein 提出了污垢附着概率的经验表达式：

$$P = C_1 \frac{\exp\left(-\dfrac{E}{RT}\right)}{fv^2} \tag{7-32}$$

Beal 研究发现污垢附着概率与颗粒直径之间的关系：

$$P \propto (v \cdot d_p)^{-6} \tag{7-33}$$

综合式（7-32）和式（7-33），推导得

$$P = C_1 \exp\left(-\frac{E}{RT}\right) \frac{1}{f^m v^l d_p^n} \tag{7-34}$$

由此可知内螺纹强化管与光管的附着概率比值的关系：

$$\frac{P}{P_p} \propto \left(\frac{f_p}{f}\right)^m \tag{7-35}$$

对于污垢黏合强度，在常用的污垢热阻指数函数模型中时间因子 B（$B = \tau_s / \xi$）为指数的一项，该值与污垢热阻生长曲线有关，因此污垢黏合强度也受曲线变化趋势的影响。此外在 7.3.2 节提出的黏合强度计算关联式中确定了污垢黏合强度与换热表面的 j 因子及摩擦系数有关，故不同结构参数换热管的污垢黏合强度不一致。

通过上述对 P 和 ξ 的分析，过去的研究中假定结垢过程指标为常数的处理方式不合理。同时由于在式（7-23）和式（7-25）中，j/j_p 和 f/f_p 两项的指数绝对值不同，在建模过程中将 $(j/j_p)/(f/f_p)$ 或 $\beta \cdot (j/j_p)/(f/f_p)$ 作为一个整体变量考虑也不合逻辑。因此需将 j/j_p、f/f_p 和面积指标 β 三个参数作为独立变量进行分析。

2. 强化管二元变量模型

根据前文分析，无面积指标修正的二元变量模型中 $R_f^* / R_{f,p}^* = f(j/j_p,\ f/f_p)$ 可通过 j/j_p 和 f/f_p 分别作为公式中的两个变量来表示：

$$\frac{R_f^*}{R_{f,p}^*} = a\left(\frac{j}{j_p}\right)^b\left(\frac{f}{f_p}\right)^c + d \tag{7-36}$$

式中　a、b、c、d——待定参数，无量纲。

为了明确式（7-36）的具体表达形式，基于表 7-12 的长期污垢实验数据进行分析。

式（7-36）中各项系数的确定是一个数学过程。首先将七组实验数据转换成矩阵形式，见式（7-37）和式（7-38），其中 $X(i,1) = j/j_p$，$X(i,2) = f/f_p$，$Y(i) = R_f^*/R_{f,p}^*$。

$$X = \begin{pmatrix} 2.42 & 2.18 \\ 2.31 & 2.31 \\ 2.30 & 2.32 \\ 2.05 & 2.15 \\ 1.77 & 1.76 \\ 1.63 & 1.68 \\ 1.72 & 1.93 \end{pmatrix} \tag{7-37}$$

$$Y = (7.43 \quad 5.65 \quad 3.25 \quad 2.68 \quad 2.46 \quad 2.03 \quad 1.93)^{-1} \tag{7-38}$$

再通过梯度下降算法，拟合得到混合污垢和颗粒污垢的热阻关联式分别为式（7-39）和式（7-40）。

混合污垢（颗粒污垢和析晶污垢）：

$$\frac{R_f^*}{R_{f,p}^*} = 0.0768222\left(\frac{j}{j_p}\right)^{8.9727}\left(\frac{f}{f_p}\right)^{-4.56387} + 1.39443 \tag{7-39}$$

颗粒污垢：

$$\frac{R_f^*}{R_{f,p}^*} = 0.00109245\left(\frac{j}{j_p}\right)^{12.72580}\left(\frac{f}{f_p}\right)^{-3.53416} + 1.96012 \tag{7-40}$$

3. 强化管三元变量模型

为使得污垢模型更加合理，将传热面积修正指标 $\beta[\beta = (A_w/A_{w,p})/(A_c/A_{c,p})]$ 作为第三个变量建立三元变量污垢模型，即

$$\frac{R_f^*}{R_{f,p}^*} = a\beta^b\left(\frac{j}{j_p}\right)^c\left(\frac{f}{f_p}\right)^d + e \tag{7-41}$$

同样根据表 7-12 的数据，采用梯度下降法分别确定混合污垢、颗粒污垢的三元变量模型。

混合污垢（颗粒污垢和析晶污垢）：

$$\frac{R_f^*}{R_{f,p}^*} = 0.00620609\beta^{7.64259}\left(\frac{j}{j_p}\right)^{9.11265}\left(\frac{f}{f_p}\right)^{-6.58093} + 1.85066 \tag{7-42}$$

颗粒污垢：

$$\frac{R_f^*}{R_{f,p}^*} = 0.000549046\beta^{7.22918}\left(\frac{j}{j_p}\right)^{11.48}\left(\frac{f}{f_p}\right)^{-5.96520} + 2.03020 \tag{7-43}$$

7.5.3　优化模型的验证与对比

1. 四种优化模型的准确度分析

利用式（7-44）分别计算上述四种优化模型的准确度，计算结果详见表 7-14。

表 7-14　多元变量模型的偏差

测 试 管	混 合 污 垢		颗 粒 污 垢	
	二元变量模型偏差（%）	三元变量模型偏差（%）	二元变量模型偏差（%）	三元变量模型偏差（%）
2	1.04	0.03	0.60	0.02
5	19.86	0.03	16.52	0.07
3	30.95	0.75	26.51	0.26
6	6.91	5.20	—	—
7	2.47	3.38	—	—
8	2.29	2.68	2.53	5.48
4	2.03	1.02	4.80	5.24
平均值	9.37	1.87	10.19	2.21

$$\gamma\left(\frac{R_f^*}{R_{f,p}^*}\right) = \frac{\left|\left(\dfrac{R_f^*}{R_{f,p}^*}\right)_{cal} - \left(\dfrac{R_f^*}{R_{f,p}^*}\right)_{test}\right|}{\left(\dfrac{R_f^*}{R_{f,p}^*}\right)_{test}} \times 100\% \tag{7-44}$$

对于混合污垢实验数据，二元变量模型的偏差为 1.04%～30.95%，三元变量模型的偏差为 0.03%～5.20%；对于颗粒污垢实验数据，二元变量模型的偏差为 0.06%～26.51%，三元变量模型的偏差为 0.02%～5.48%。三元变量模型精度明显高于二元变量模型。3 号测试管的二元变量模型出现的偏差值最大，但若将面积指标修正作为第三个变量，即在三元变量模型中 3 号测试管混合污垢偏差分析结果从 30.95%降至 0.75%，颗粒污垢偏差分析结果从 26.51%降至 0.26%。由此可见，三元变量模型更加合理且精度高于二元变量模型。

图 7-11 为两个混合污垢模型的偏差值随强化管几何参数 p/e 的变化。当几何参数 p/e 在 3.5 附近时无面积指标修正的二元变量模型出现最大偏差，而含有面积指标修正的三元变量模型对几何参数 p/e 约为 3.5 的内螺纹强化管的污垢热阻预测精度有显著提高。该结论与其他研究人员取 p/e 为 3.5 时，作为污垢模型分段函数的分界点结论一致。这一现象可通过极端假设得到进一步证明，当 $e \to 0$ 时，内螺纹强化管可视为光管，无须进行面积指标修正；当 $p \to 0$ 时，由于强化管内表面的肋间距过小，内螺纹强化管的有效污垢面积与光管相同，无须进行面积指标修正。所以无面积修正的二元变量模型的偏差与变量 p/e 无线性关系。

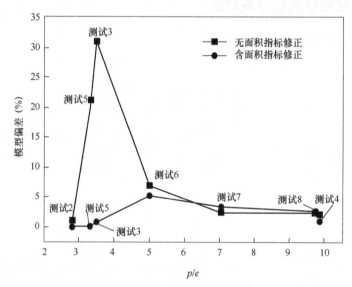

图 7-11　模型的偏差值随强化管几何参数 p/e 的变化

2. 优化模型与现有模型的对比

对上述五种不同污垢模型以及优化模型进行对比，统计结果见表 7-15。由此分析可知：

表 7-15　现有污垢模型与优化污垢模型的准确度对比

	模　　型	方程类型	平均偏差值（%）	最大偏差值（%）
无面积指标修正的一元变量模型	1	分段函数	2.06	4.93
	2	分段函数	2.40	5.35
含面积指标修正的一元变量模型	3	分段函数	20.90	68.86
	4	连续函数	4.50	6.98
	5	分段函数	3.25	8.35
三元变量模型	式（7-42）	连续函数	1.87	5.20

1）在优化模型中式（7-39）、式（7-42）不是分段函数。而已有模型中，只有模型 4 的公式不是分段函数。

2）模型 4 虽为连续函数，但 $\xi = \beta\phi$ 作为自然数 e 的指数项，没有实际意义。同理，使用自然对数函数的模型 2 也存在同样问题。另外，在模型 4 中，由于 Sc 数随着流体和混合污垢中颗粒污垢与析晶污垢的比例不同而变化，因此 Pr 数和 Sc 数取固定常数的合理性需进一步讨论。

3）改进的三元变量模型具有更高的准确度，其最大偏差值为 5.2%，平均偏差值为 1.87%，偏差值都远低于其他模型。

综上所述，三元变量模型有以下优势：

1）该模型通过理论分析得出，具有实际的物理意义。

2）该模型是连续函数。

3）该模型的每个参数均可由明确的关系式计算得出。

4）对比其他模型，该模型简单适用且准确度更高。

7.6　多变量污垢预测模型

7.6.1　渐近污垢热阻比值关联式的发展

基于式（7-26）以及表 7-12 中列出的实际污垢测试实验中的渐近污垢热阻，研究人员通过数据拟合发展了渐近污垢热阻比关于 j 因子比、摩擦系数比、干物质浓度比及面积修正指标的数学关联式。在污垢预测模型的发展过程中，对应相同的水质条件下，不同的流速分区内流速对污垢热阻的影响作用是不同的。对比分析不同流速区间下污垢热阻的变化可知，在 0.9m/s（测试 4）至 1.6m/s（测试 2）的流速区间范围内，当流速增加 43.75%，1 号测试管的渐近污垢热阻减小 10.63%；在 1.6m/s（测试 2）至 2.4m/s（测试 5）的流速区间范围内，当流速增加 50% 时，1 号测试管的渐近污垢热阻减小 80.99%，由此可见流速分段影响渐近污垢热阻的大小。在污垢预测模型的发展过程中，研究人员发现分段函数的精度高于式（7-26）中的连续函数，因此在本节中发展一个分段关联式：

$$R_{\mathrm{f}}^{*} / R_{\mathrm{f},\mathrm{p},3}^{*} = \begin{cases} 0.874(j / j_{\mathrm{p},3})^{1.77}(f / f_{\mathrm{p},3})^{-1.90}[(A_{\mathrm{w}} / A_{\mathrm{w},\mathrm{p}}) / (A_{\mathrm{c}} / A_{\mathrm{c},\mathrm{p}})]^{0.63}(C_{\mathrm{b}}' / C_{\mathrm{b},\mathrm{p},3}')^{2.33} \\ \qquad\qquad (v / v_{\mathrm{p},3})^{-0.82} \quad (0.9 < v < 1.6) \\ 1.341(j / j_{\mathrm{p},3})^{1.84}(f / f_{\mathrm{p},3})^{-2.13}[(A_{\mathrm{w}} / A_{\mathrm{w},\mathrm{p}}) / (A_{\mathrm{c}} / A_{\mathrm{c},\mathrm{p}})]^{0.03}(C_{\mathrm{b}}' / C_{\mathrm{b},\mathrm{p},3}')^{2.33} \\ \qquad\qquad (v / v_{\mathrm{p},3})^{-3.48} \quad (1.6 \leqslant v < 2.4) \end{cases}$$

$$（7\text{-}45）$$

式中　$R_{\mathrm{f},\mathrm{p},3}^{*}$——测试 3 中光管的渐近污垢热阻，其数值为 $9.258 \times 10^{-6}\ \mathrm{m}^2 \cdot \mathrm{K/W}$；

$\quad\quad C_{\mathrm{b},\mathrm{p},3}'$——测试 3 中测试周期内的平均干物质浓度，其数值为 $0.823\ \mathrm{kg/m}^3$；

$\quad\quad v_{\mathrm{p},3}$——测试 3 的设定流速，其数值为 $1.6\mathrm{m/s}$；

$\quad\quad j_{\mathrm{p},3}$——测试 3 中光管的 j 因子，其数值为 3.417×10^{-3}；

$\quad\quad f_{\mathrm{p},3}$——测试 3 中光管的摩擦系数，其数值为 5.964×10^{-3}；

$\quad\quad A_{\mathrm{w},\mathrm{p}}$——光管对应的内部是表面积，其数值为 $0.103\mathrm{m}^2$；

$\quad\quad A_{\mathrm{c},\mathrm{p}}$——光管对应的断面面积，其数值为 $1.906 \times 10^{-4}\mathrm{m}^2$。

通过比较实验值与计算值之间的差异，分析了渐近污垢热阻比关联式（7-45）的计算精度，对比结果见表 7-16 和表 7-17。当流速在 0.9～1.6m/s 的范围内时，渐近污垢热阻比的计算关联式（7-45）的最大计算误差值（相对差异）为 35.7%；而当流速在 1.6～2.4 m/s 的范围内时，式（7-45）的最大计算误差值（相对差异）为 31.3%。

表 7-16　渐近污垢热阻比关联式（7-45）的计算精度（0.9m/s < v < 1.6m/s）

测试管（测试 2）		1	2	3	4	5	6	7	8
$R_{\mathrm{f}}^{*}/R_{\mathrm{f},\mathrm{p},3}^{*}$	实验值	11.28	10.33	11.54	10.33	12.64	14.35	16.89	7.37
	计算值	7.57	14.01	8.75	9.71	12.88	15.40	14.63	9.54
相对差异		32.9%	35.7%	24.1%	6.0%	1.9%	7.3%	13.4%	29.4%
测试管（测试 3）		1	2	3	4	5	6	7	8
$R_{\mathrm{f}}^{*}/R_{\mathrm{f},\mathrm{p},3}^{*}$	实验值	0.95	0.96	1.06	1.35	1.33	1.56	1.58	0.91
	计算值	0.77	1.27	0.90	0.99	1.32	1.57	1.50	0.98
相对差异		18.6%	33.3%	16.0%	26.3%	1.1%	1.2%	5.1%	7.6%
测试管（测试 4）		1	2	3	4	5	6	7	8
$R_{\mathrm{f}}^{*}/R_{\mathrm{f},\mathrm{p},3}^{*}$	实验值	12.48	18.58	13.54	14.45	17.28	27.54	28.96	19.70
	计算值	11.20	21.89	14.45	16.24	21.39	25.46	23.95	18.89
相对差异		10.3%	17.9%	6.7%	12.4%	23.7%	7.5%	17.3%	4.2%

表 7-17 渐近污垢热阻比关联式（7-45）的计算精度（1.6m/s ≤ v < 2.4m/s）

测试管（测试2）		1	2	3	4	5	6	7	8
$R_f^*/R_{f,p,3}^*$	实验值	11.28	10.33	11.54	10.33	12.64	14.35	16.89	7.37
	计算值	10.18	13.56	11.17	11.09	12.98	14.41	13.11	8.27
相对差异		9.8%	31.3%	3.2%	7.4%	2.7%	0.4%	22.4%	12.2%
测试管（测试3）		1	2	3	4	5	6	7	8
$R_f^*/R_{f,p,3}^*$	实验值	0.95	0.96	1.06	1.35	1.33	1.56	1.58	0.91
	计算值	1.04	1.25	1.14	1.13	1.32	1.47	1.34	0.84
相对差异		9.1%	30.8%	6.9%	16.1%	0.7%	5.7%	15.2%	7.1%
测试管（测试5）		1	2	3	4	5	6	7	8
$R_f^*/R_{f,p,3}^*$	实验值	2.15	2.63	3.23	3.30	3.16	3.98	3.19	1.75
	计算值	2.66	3.27	3.08	2.99	3.23	3.46	3.06	1.71
相对差异		23.8%	24.4%	4.8%	9.5%	2.2%	13.2%	4.0%	2.1%

在式（7-45）中，渐近污垢热阻比随着 f/f_p 的减小，j/j_p、$C_b'/C_{b,p,3}'$、$(A_w/A_{w,p})/(A_c/A_{c,p})$ 的增大而连续增长，该变化规律与早期文献[270]中的结果一致。在式（7-45）中，$(A_w/A_{w,p})/(A_c/A_{c,p})$ 对应的指数项在不同的流速区间内分别为 0.63（0.9m/s < v < 1.6m/s），0.03（1.6m/s ≤ v < 2.4m/s），该值明显低于其他参数的指数项，因此相较于式（7-45）内的其他参数，面积修正指标对结垢过程的影响最小。此外，干物质浓度比 $C_b'/C_{b,p,3}'$ 的指数项明显大于 j 因子比 $j/j_{p,3}$ 和摩擦系数比 $f/f_{p,3}$ 的指数项，因此相较于摩擦力和传热性能，水质是影响测试管结垢性能最重要的因素。当流速在 1.6～2.4m/s 的范围内时，流速比项 $v/v_{p,3}$ 的指数最大，表明在该流速范围内污垢热阻大小主要由流速来决定。研究人员通常从三个角度来评价强化换热管的优劣，分别是传热性能、流动阻力、抗垢性能，而式（7-45）直接给出了三者之间的关系。在强化管的设计阶段，最优表面几何参数的强化管应同时具备以下三个特点：高传热性能 $j/j_{p,3}$、低流动阻力 $f/f_{p,3}$、低污垢热阻 $R_f^*/R_{f,p,3}^*$。

7.6.2 渐近污垢热阻关联式的发展

在 7.3 节中，已建立了附着概率和污垢黏合强度的计算关联式，如式（7-14）和式（7-15）。将式（7-14）和式（7-15）代入式（7-5）中，并基于表 7-12 中列出的强化管（1 号测试管至 8 号测试管）渐近污垢热阻值，给出了渐近污垢热阻的数学关联式：

301

$$R_{\mathrm{f}}^{*} = \begin{cases} 6157.74 j^{1.60} f^{-1.48} (A_{\mathrm{w}} / A_{\mathrm{c}})^{0.27} C_{\mathrm{b}}'^{2.39} v^{-0.62} (\rho k_{\mathrm{f}} \rho_{\mathrm{f}})^{-1} Sc^{-2/3} \\ \qquad (0.9 < v < 1.6) \\ 188865.50 j^{1.09} f^{-1.59} (A_{\mathrm{w}} / A_{\mathrm{c}})^{-0.42} C_{\mathrm{b}}'^{2.47} v^{-4.17} (\rho k_{\mathrm{f}} \rho_{\mathrm{f}})^{-1} Sc^{-2/3} \\ \qquad (1.6 \leqslant v < 2.4) \end{cases} \tag{7-46}$$

表 7-18 和表 7-19 给出了式（7-46）在不同的流速范围内对应的精度。由表可知，当流速在 0.9～2.4m/s 的范围内时，式（7-46）对应的最大误差值（相对差异）为 52.8%，八根测试管的平均误差值（相对差异）为 19.0%，而在式（7-45）中，最大误差值（相对差异）为 35.7%，平均误差值（相对差异）为 19.0%。式（7-46）的误差值（相对差异）明显大于式（7-45），因此在预测污垢热阻时式（7-45）具有更高的精度。

表 7-18　渐近污垢热阻关联式（7-46）的计算精度（0.9 < v < 1.6m/s）

测试管（测试2）		1	2	3	4	5	6	7	8
$R_{\mathrm{f}}^{*} / R_{\mathrm{f,p,3}}^{*}$	实验值	11.28	10.33	11.54	10.33	12.64	14.35	16.89	7.37
	计算值	9.17	14.60	10.81	11.39	13.04	15.32	14.98	11.27
相对差异		18.7%	41.4%	6.3%	10.2%	3.2%	6.8%	11.4%	52.8%
测试管（测试3）		1	2	3	4	5	6	7	8
$R_{\mathrm{f}}^{*} / R_{\mathrm{f,p,3}}^{*}$	实验值	0.95	0.96	1.06	1.35	1.33	1.56	1.58	0.91
	计算值	0.88	1.40	1.04	1.09	1.25	1.47	1.44	1.08
相对差异		7.5%	46.5%	2.7%	18.9%	6.0%	5.6%	8.9%	19.2%
测试管（测试4）		1	2	3	4	5	6	7	8
$R_{\mathrm{f}}^{*} / R_{\mathrm{f,p,3}}^{*}$	实验值	12.48	18.58	13.54	14.45	17.28	27.54	28.96	19.70
	计算值	12.67	21.22	16.73	17.40	19.83	23.46	21.88	19.69
相对差异		1.5%	14.2%	23.5%	20.4%	14.7%	14.8%	24.5%	0.1%

表 7-19　渐近污垢热阻关联式（7-46）的计算精度（1.6m/s ≤ v < 2.4m/s）

测试管（测试2）		1	2	3	4	5	6	7	8
$R_{\mathrm{f}}^{*} / R_{\mathrm{f,p,3}}^{*}$	实验值	11.28	10.33	11.54	10.33	12.64	14.35	16.89	7.37
	计算值	15.51	13.53	15.11	13.73	14.13	13.89	12.38	8.49
相对差异		37.5%	31.0%	31.0%	32.9%	11.8%	3.2%	26.7%	15.1%
测试管（测试3）		1	2	3	4	5	6	7	8
$R_{\mathrm{f}}^{*} / R_{\mathrm{f,p,3}}^{*}$	实验值	0.95	0.96	1.06	1.35	1.33	1.56	1.58	0.91
	计算值	1.38	1.20	1.34	1.22	1.26	1.23	1.10	0.75
相对差异		45.0%	25.8%	26.0%	9.4%	5.7%	20.7%	30.2%	16.9%
测试管（测试5）		1	2	3	4	5	6	7	8
$R_{\mathrm{f}}^{*} / R_{\mathrm{f,p,3}}^{*}$	实验值	2.15	2.63	3.23	3.30	3.16	3.98	3.19	1.75
	计算值	3.07	2.55	3.15	2.75	2.73	2.62	2.25	1.43
相对差异		43.2%	2.9%	2.7%	16.7%	13.6%	34.2%	29.6%	18.1%

如式（7-46）所示，随着干物质浓度 C_b' 和 j 因子的增大，流速 v 和摩擦系数 f 的减小，渐近污垢热阻不断增加，该相关性与渐近污垢热阻比的计算关联式（7-45）的相关性一致。在式（7-45）中，面积修正指标越大，渐近污垢热阻比就越大，但是面积修正指标的指数小于 0.7，且明显小于其他参数对应的指数，这表明相较于关联式内的其他参数而言，面积修正指标对渐近污垢热阻的影响最小。在式（7-46）中，面积修正指标对应的指数的绝对值也是最小的，但是当流速在 1.6～2.4m/s 的范围内时，面积修正指标对应的指数为负值，而在相同的流速区间内，式（7-45）中该指标的指数为正值。由于面积修正指标对渐近污垢热阻的影响很小，且式（7-46）是通过两次数据拟合得到的，其对应误差较大，因此式（7-45）及式（7-46）内面积修正指标的指数值都认为是合理的。

7.6.3　污垢预测模型的验证

为了缩短实验周期，在以往的研究中通过对强化管开展加速测试实验来研究污垢的生长机制，而实际污垢测试数据仍然匮乏。仅可以用李蔚和 Webb 实验数据来验证上文发展的污垢关联式（7-45）和式（7-46）。冷却水的总硬度接近 800mg/L，电导率范围为 1600～1800μS/cm，pH = 8.5，测试管内流速为 1.07m/s，对应的雷诺数为 16000。表 7-20 中详细地列出了 Webb 实验中所用的七根强化管及一根光管的表面几何参数和对应的污垢热阻值。

表 7-20　被测螺纹管的表面几何参数和对应的污垢热阻值

（D_i = 15.54mm，Re = 16000，浓度 = 1300mg/L）

测试管	e/mm	N_s/个	α (°)	$j / j_{p,3}$	$f / f_{p,3}$	$\dfrac{A_w / A_{w,p,3}}{A_c / A_{c,p,3}}$	R_f^* /（10^{-4}m^2·K/W）（拟合数据）	R_f /（10^{-4}m^2·K/W）（实验最后一天实测的数据）
1	—	—	—	1.14	1.18	1.75	0.32	0.28
2	0.33	45	45	2.76	2.42	2.90	2.38	1.44
3	0.40	30	45	2.62	2.58	2.73	1.04	0.63
4	0.43	10	45	1.96	2.13	2.17	0.62	0.32
5	0.47	40	35	2.64	2.62	3.08	1.81	0.95
6	0.49	25	35	2.34	2.39	2.66	0.86	0.44
7	0.53	25	25	2.02	1.99	2.66	0.79	0.42
8	0.53	18	25	1.86	1.97	2.45	0.65	0.35

注：$j_{p,3}$、$f_{p,3}$、$A_{w,p,3}$、$A_{c,p,3}$ 为测试 3 中光管对应的相应数值。

在表 7-20 中，通过曲线拟合获得的渐近污垢热阻值与实际实验最后一天测得的污垢热阻值相差 39.15%～48.97%，实验结果仍存在较大的误差。对此，同时采用渐近污垢热阻值和实验结束时实测的污垢热阻值来验证上文中发展的污垢模型。基于表 7-20 中列出的 Webb 实验中被测螺纹管的表面几何参数和污垢热阻数据，表 7-21 分别以 $R_f^* / R_{f,p,3}^*$ 和 $R_f / R_{f,p,3}^*$ 的形式给出了渐近污垢热阻比值计算关联式（7-45）的验证结果，同理，表 7-22 分析了渐近污垢热阻关联式（7-46）的计算精度。

表 7-21　污垢模型计算关联式（7-45）的验证（0.9＜v＜1.6m/s）

测 试 管			2	3	4	5	6	7	8	平 均 值
预测 A	$R_f^* / R_{f,p,3}^*$	实验值	25.71	11.23	6.70	19.55	9.29	8.53	7.02	—
		计算值	7.80	6.05	4.49	6.41	5.61	6.15	5.18	—
	相对差异		69.6%	46.1%	32.9%	67.2%	39.6%	27.9%	26.3%	44.2%
预测 B	测 试 管		2	3	4	5	6	7	8	平均值
	$R_f / R_{f,p,3}^*$	实验值	15.58	6.84	3.42	10.28	4.75	4.57	3.78	—
		计算值	7.80	6.05	4.49	6.41	5.61	6.15	5.18	—
	相对差异		49.9%	11.4%	−31.4%	37.7%	−18.2%	−34.7%	−36.9%	−3.2%

表 7-22　污垢模型计算关联式（7-46）的验证（0.9＜v＜1.6m/s）

测 试 管			2	3	4	5	6	7	8	平 均 值
预测 A	$R_f^* / R_{f,p,3}^*$	实验值	25.71	11.23	6.70	19.55	9.29	8.53	7.02	—
		计算值	6.16	5.06	3.97	5.16	4.68	4.88	4.26	—
	相对差异		76.0%	54.9%	40.8%	73.6%	49.6%	42.9%	39.3%	53.9%
预测 B	测 试 管		2	3	4	5	6	7	8	平均值
	$R_f / R_{f,p,3}^*$	实验值	15.58	6.84	3.42	10.28	4.75	4.57	3.78	—
		计算值	6.16	5.06	3.97	5.16	4.68	4.88	4.26	—
	相对差异		60.5%	25.9%	−16.0%	49.8%	1.4%	− 6.8%	− 12.8%	14.6%

（1）污垢模型计算关联式（7-45）的验证　见表 7-21，当以曲线拟合获得的渐近污垢热阻值为预测量（预测 A）时，$R_f^* / R_{f,p,3}^*$ 的预测误差值（相对差异）范围为 26.3%～69.6%，平均误差值（相对差异）为 44.2%；当以实际实验最后一天实测的污垢热阻值为预测量（预测 B）时，$R_f^* / R_{f,p,3}^*$ 的预测误差值（相对差异）范围为-36.9%～49.9%，平均预测误差值（相对差异）为-3.2%。

（2）污垢模型计算关联式（7-46）的验证　见表 7-22，当以曲线拟合获得的渐近污垢热阻值为预测量（预测 A）时，$R_f^* / R_{f,p,3}^*$ 的预测误差值（相对差异）范围为 39.3%～76.0%，平均误差值（相对差异）为 53.9%；当以实际实验最后一天实测的污垢热阻值为预测量（预测 B）时，$R_f / R_{f,p,3}^*$ 的预测误差值

（相对差异）范围为-16.0%～60.5%，平均预测误差值（相对差异）为14.6%。

而实际的污垢测试实验往往伴随着很大的实验误差，在 Cremaschi 的 ASHRAE 研究项目（RP-1345）中，污垢热阻的实验误差高达 60%，作者认为这是在可接受范围内。在 Webb 的测试中，测试管的污垢热阻误差为 $1.1\times10^{-5}\,\mathrm{m^2\cdot K/W}$，其中测试管 1 的污垢热阻实验误差为 $2.8\times10^{-5}\,\mathrm{m^2\cdot K/W}$，误差为 39.2%。基于上述分析，本节发展的污垢模型关联式（7-45）和式（7-46）在预测强化管污垢热阻时的精度在可接受范围内。

在关联式（7-46）中，ρ、k_f、ρ_f 和 Sc 的计算较为复杂，因此式（7-45）更适合在工业界应用，在此推荐选择式（7-45）为强化管的污垢预测模型。

7.6.4　多变量污垢预测模型的应用

多变量污垢预测模型式（7-45）适用于预测实际冷却塔系统中强化管表面混合污垢的渐近污垢热阻值。该模型考虑了几个主要运行参数对污垢热阻的影响，包括换热管表面几何参数，冷却水水质、流速。因此多变量污垢预测模型适用范围较广，对 HVAC&R 行业内热交换器的设计人员和用户具有很好的指导作用，可考虑加以推广利用。

多变量污垢预测模型式（7-45）的应用步骤总结如下：当设计人员及用户想要预测任意指定条件下某种测试管的渐近污垢热阻值时，首先要确定运行工况（v、C_b'）及测试管表面几何参数（N_s、e、D_i、α），基于测试管表面几何形状，可直接获得或计算出 j 因子、摩擦系数 f、湿面积 A_w、截面面积 A_c。将上述得到的所有数值填列到表 7-23 中对应参数的空白处，即可通过式（7-45）计算得到实际冷却塔系统中任意指定条件下某种强化管的渐近污垢热阻值。

表 7-23　污垢模型计算关联式（7-45）的应用

基准参数	数值	预测工况对应参数	数值	单位
$j_{p,3}$	3.417×10^{-3}	j	已知	—
$f_{p,3}$	5.964×10^{-3}	f	已知	—
$A_{w,p}$	0.103	A_w	已知	$\mathrm{m^2}$
$A_{c,p}$	1.906×10^{-4}	A_c	已知	$\mathrm{m^2}$
$C_{b,p,3}'$	0.823	C_b'	已知	$\mathrm{kg/m^3}$
$v_{p,3}$	1.6	v	已知	$\mathrm{m/s}$
$R_{f,p,3}^*$	9.258×10^{-6}	R_f^*	已知	$\mathrm{m^2\cdot K/W}$

本章小结

本章针对结垢形成过程中两个重要参数（附着概率和污垢黏合强度）深入分析了污垢形成机制。首先基于 Kern-Seaton 通用模型，分析了两个参数相关变量（例如壁面剪切应力、时间因子等）的计算求解方法。根据第 6 章污垢实验数据，得到了不同实验工况下换热管附着概率及污垢黏合强度的具体数值，并对比分析了水质、流速、换热管结构、污垢类型、表面特性等因素对附着概率及污垢黏合强度的影响，建立附着概率和污垢黏合强度关于摩擦系数、传热因子以及流速的数学关联式。通过理论分析提出了一种强化管污垢热阻建模方法，并在此基础上，分别建立了颗粒污垢和混合污垢的多元变量污垢模型。具体结论如下：

1）在实际（非加速）污垢测试中除测试 4 外，9 号测试管（光管）的附着概率最大而 8 号测试管最小。在所有测试条件下，9 号测试管（光管）的污垢黏合强度最小而 8 号测试管最大。

2）冷却水中 SiO_2 颗粒物为 $CaCO_3$ 在换热面的析出提供了额外的成核位置，增加了附着概率。内螺纹管与光管相比，污垢不易沉积，附着概率低。但一旦结垢之后，不易被流动剥蚀，提高了污垢的黏合强度。

3）附着概率随表面能的增加而增加，黏合强度随表面能的增加而降低。对于低表面能的涂层强化管，污染物与换热表面接触后更不容易被吸附，然而，一旦污染物黏附在换热表面，便不容易去除。

4）附着概率随着面积修正指标、干物质浓度、j 因子的增大而增大，但随着摩擦系数、流速的增大而减小。相较于其他参数，面积修正指标对附着概率的影响作用很小。

5）随着干物质浓度、面积修正指标、j 因子的减小，摩擦系数的增大，污垢黏合强度增加，与附着概率的相关性完全相反。相较于其他参数，污垢黏合强度主要受摩擦系数的影响。

6）在污垢热阻建模时，不应将结垢过程指标 σ 视为常数，同时应将 j / j_p 和 f / f_p 视为两个独立的变量。另外，为使污垢模型更加准确，需考虑进行面积指标修正。

7）多变量模型理论正确，物理意义明确，精度较高，形式简单，适用性更广。

第8章
强化换热管的流动换热及结垢特性影响机制

第 6、7 章对空调系统污垢测试的内容虽然能够反映流速、表面微肋几何参数、水质对强化管内表面污垢生长的影响，但这一系列测试周期过长、实验难度较大。与此同时，由于测试管数量较少且测试管部分几何参数跨度较小，微肋几何参数对污垢生长的影响规律尚不明确，目前仅能从被测管中找到适用于实际冷却塔系统的最优管，但无法找到在工业应用上结垢率最低的管型。此外，进一步实验研究无法从流场变化角度揭示表面微肋几何参数对污垢沉积的作用。因此，探究内螺纹强化管内部冷却水的流动传热机理，对于进一步了解强化管的结垢过程，进而寻求强化管性能改善方法与其结垢潜力的有效平衡具有重要的理论意义。

为了解决上述问题，并直观地表达肋间局部流动特性对污垢生长过程的影响，主要通过物理建模软件建模，并利用计算流体力学软件对换热管内部流场以及其结垢特性进行数值模拟和求解。先基于欧拉-拉格朗日法开展换热管内液-固两相流模拟，追踪粒子运动轨迹，再通过常用的欧拉-欧拉法进一步简化模型，绘制换热管内流场流线。根据模拟结果对加速和非加速实验数据进行进一步解释和分析，以确定对应最低结垢率的内螺纹强化管最优表面微肋几何参数。

8.1 欧拉-拉格朗日法

8.1.1 数学模型

书中第 6 章所开展的换热管内污垢生长实验均在 0.9～2.4m/s 工况下进行，计算得到实验装置中流体的雷诺数在 14062～49464 范围内，属于湍流工况。换热管中多相流的流动和换热过程的数值模拟是基于连续性方程、动量方程、能量方程、物料平衡方程及湍流模型的求解过程。换热管流体侧计算域的一般控制方程可表示为

$$\frac{\partial(\rho\Phi)}{\partial t} + \text{div}(\rho V\Phi) = \text{div}(\Gamma\,\text{grad}\,\Phi) + S_\Phi \tag{8-1}$$

流体与颗粒物（水和二氧化硅）构成的液-固两相流的数值模拟方法主要有两种：欧拉-欧拉方法和欧拉-拉格朗日方法。基于两类方法分析两相流的常用模型包括 VOF 模型（Volume of Fluid Model）、混合物模型（Mixture Model）、欧拉模型（Eulerian Model）和离散相模型（Discrete Phase Model）等。其中离散相模型遵循欧拉-拉格朗日法，该模型将液相视为连续相、将固相视为离散相，主要用于追踪颗粒轨迹、解决离散相与连续相的传热传质问题，多适用于离散相体积分数小于 10%～12% 的多相流求解问题。由于换热管内结垢过程涉及的液-固两相流为体积分数小于 10% 的颗粒负载流，可以选择离散相模型进行颗粒轨迹追踪。即将流体考虑为连续相介质，将颗粒物作为离散相体系进行研究。首先在欧拉坐标系下，通过对连续相的计算获得背景流体的速度场和温度场等信息；然后在拉格朗日坐标系下对颗粒物的轨迹进行积分，考虑颗粒物在连续相流场中的受力和湍流扩散等物理过程后，追踪离散相的运动轨迹。

8.1.2 控制方程

1. 连续相控制方程

值得注意的是，由于强化管螺旋内肋对换热流体造成扰动和约束作用，该处涉及的换热表面附近颗粒物与水混合成的液-固两相流流体的流动和传热过程更加复杂。为了更好地描述壁面附近的流动和传热过程，分析湍流的各向异性效应，合理预测各向异性的旋流场，采用 ANSYS Fluent 中 RANS（Reynolds-averaged Navier-Stokes）湍流模型下较为精细的雷诺应力模型（Reynolds Stress Model，RSM）进行数值计算。RSM 考虑旋转流动及流动方向表面曲率变化的影响，可以更好地预测不均匀的、各向物性差异较大的湍流问题。在模拟更加复杂的剪切流动、旋流、二次流、分离流等流动问题时，RSM 比涡黏模型具有更高的精度预测潜力。雷诺应力方程具体形式如下：

$$\frac{\partial}{\partial t}(\rho\overline{v_i'v_j'}) + \frac{\partial}{\partial x_k}(\rho v_k \overline{v_i'v_j'}) = D_{ij} + \Phi_{ij} + P_{ij} - \varepsilon_{ij} \tag{8-2}$$

式中　D_{ij}——呈现梯度形式，称为扩散项（diffusion term）；

Φ_{ij}——压力应变项或雷诺应力再分配项（pressure strain term）；

P_{ij}——雷诺应力与平均流梯度的相互作用，提供了雷诺应力的来源，称
　　　　为应力产生项（stress production term）；

ε_{ij}——耗散项（dissipation term），由流体黏性系数和湍流速度梯度组成。

2. 离散相控制方程

在拉格朗日坐标系下，根据作用在颗粒物上的力平衡，换热管内流场中粒子运动的控制方程见式（8-3）～式（8-6）：

$$m_\mathrm{p} \frac{\mathrm{d}\overrightarrow{v_\mathrm{p}}}{\mathrm{d}t} = m_\mathrm{p}\vec{g} - \rho\vec{g}V_\mathrm{p} + \vec{F} \tag{8-3}$$

$\vec{F}$ 由曳力 $\overrightarrow{F_\mathrm{D}}$ 和其他附加力 $\overrightarrow{F_\mathrm{a}}$ 组成，见式（8-4）：

$$\vec{F} = \overrightarrow{F_\mathrm{D}} + \overrightarrow{F_\mathrm{a}} \tag{8-4}$$

曳力 $\overrightarrow{F_\mathrm{D}}$ 的表达式为

$$\overrightarrow{F_\mathrm{D}} = \frac{18\mu}{\rho_\mathrm{p}d_\mathrm{p}^2} \frac{C_\mathrm{d}Re}{24}(\vec{v} - \overrightarrow{v_\mathrm{p}}) \tag{8-5}$$

式（8-6）定义了相对雷诺数 Re。

$$Re = \frac{\rho d_\mathrm{p}\left|\overrightarrow{v_\mathrm{p}} - \vec{v}\right|}{\mu} \tag{8-6}$$

由于水的密度与粒子密度之比 ρ / ρ_p 大于 0.1，意味着两种物质的密度较为接近。为得到较准确的结果，需要考虑将虚拟质量力 $\overrightarrow{F_\mathrm{vm}}$（virtual mass force）和压力梯度力 $\overrightarrow{F_\mathrm{pg}}$（pressure gradient force），添加到式（8-4）的其他附加力 $\overrightarrow{F_\mathrm{a}}$ 项中。

$$\overrightarrow{F_\mathrm{vm}} = C_\mathrm{vm} \frac{\rho}{\rho_\mathrm{p}}\left(\overrightarrow{v_\mathrm{p}} \cdot \nabla\vec{v} - \frac{\mathrm{d}\overrightarrow{v_\mathrm{p}}}{\mathrm{d}t}\right) \tag{8-7}$$

$$\overrightarrow{F_\mathrm{pg}} = \frac{\rho}{\rho_\mathrm{p}} \overrightarrow{v_\mathrm{p}} \cdot \nabla\vec{v} \tag{8-8}$$

另外，当固体颗粒在非均匀流体速度场（nonuniform fluid velocity field）中运动时，由于颗粒两侧的流速不一样，会产生一种由低速指向高速方向的升力。在湍流边界层处，以连续相流体和固体颗粒相对速度计算的雷诺数很小。综上考虑，在模拟粒子运动特性研究中，Saffman 升力 $\overrightarrow{F_\mathrm{sl}}$（Saffman's lift force）也应该包含在式（8-4）的其他附加力项里。

$$\overrightarrow{F_\mathrm{sl}} = \frac{2K_\mathrm{sl}v^{1/2}\rho d_{ij}}{\rho_\mathrm{p}d_\mathrm{p}(d_\mathrm{lk}d_\mathrm{kl})^{1/4}}(\vec{v} - \overrightarrow{v_\mathrm{p}}) \tag{8-9}$$

8.1.3　物理模型

欧拉-拉格朗日模拟法采用第 6 章加速污垢实验中的典型壳管式冷凝器作为研究对象。根据图 8-1 可知，壳管式冷凝器中与制冷剂换热的换热管外表面呈现翅片结构，与水换热的换热管内表面呈现光滑或有螺旋内肋的结构。将其结构简化为外表面温度恒定的三维铜管。利用 SolidWorks 软件创建三维几何图形，如图 8-1 所示。换热管长度为 2000mm，公称内径为 15.5mm，公称外径为 19.1mm，三个物理模型的几何参数与实验部分选择的三种换热管完全相同。

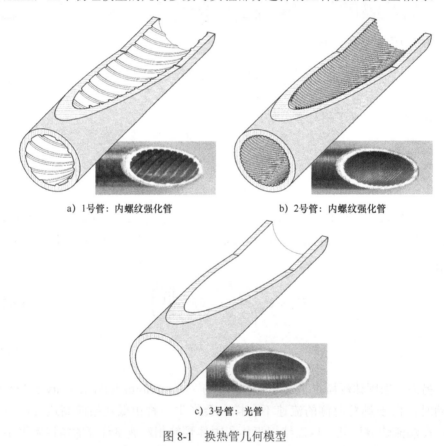

a) 1号管：内螺纹强化管　　　　　　b) 2号管：内螺纹强化管

c) 3号管：光管

图 8-1　换热管几何模型

8.1.4　网格划分及无关性验证

采用 ANSYS ICEM CFD 软件对换热管进行 O 型六面体结构化网格划分，并在壁面和肋片处进行网格加密处理。值得注意的是，内螺纹强化管像光管一样直接生成三维结构化网格，需要先在入口处生成二维结构化面网格，然后再将二维网格沿螺旋线拉伸为三维网格。由于三种换热管存在结构差异，其网格数量也有较大的不同。为了确定合适的网格数量，对三种类型换热管进行网格无关性验证。每根测试管选择五种不同数量的网格，以管内平均努塞特数 Nu_{ave}、平均摩擦系数 f_{ave} 及网格无关性验证工况对应下的光管实验值为基准得到的性能评价标准（performance evaluation criterion，PEC）为指标，确定合适的网格数量。其结果见表 8-1。

表 8-1 网格数量对模拟结果的影响

换 热 管	网格数量（百万）	平均努塞特数	平均摩擦系数	PEC
1	4.1	159.97	13.07	1.328
	4.8	168.96	13.23	1.397
	6.1	171.18	13.32	1.412
	7.4	171.27	13.53	1.405
	8.5	172.10	13.43	1.415
2	14.4	233.98	14.44	1.878
	17.5	235.10	14.61	1.880
	20.0	247.58	14.53	1.984
	25.4	258.67	14.40	2.079
	28.8	275.67	14.83	2.194
3	1.3	73.69	7.92	0.723
	1.7	80.00	7.66	0.793
	2.4	96.61	7.31	0.973
	3.0	96.76	7.30	0.975
	3.8	96.86	7.28	0.977

平均努塞特数和平均摩擦系数根据式（8-10）和式（8-11）进行计算：

$$Nu_{ave} = \frac{hD}{k} \qquad (8\text{-}10)$$

$$f_{ave} = \frac{2\Delta P A_c}{\rho v^2 A_w} \qquad (8\text{-}11)$$

PEC 选择按定泵功的评价方式，根据式（8-12）进行计算：

$$PEC = \left(\frac{Nu}{Nu_p}\right)\left(\frac{f}{f_p}\right)^{-\frac{1}{3}} \qquad (8\text{-}12)$$

根据表 8-1 可知，随着网格数量的增加，通过数值模拟计算得到的平均努塞特数、平均摩擦系数及 PEC 的变化越来越小。网格无关性验证指出，当达到一定数量的网格后，更细的网格划分几乎不会影响模型精度。因此考虑到模型精度与计算耗时的平衡，将三种换热管网格依次划分为：1 号管 482 万个网格，2 号管 2017 万个网格，3 号管 237 万个网格。

8.1.5 数值求解方法

压力与速度场采用"SIMPLE"算法进行耦合；在梯度的离散方案中，"Least Squares Cell Based"方法处理多面体网格的精度高且占用计算机资源小；在选择内螺纹强化管内流体的压力插值格式的方案中，"PRESTO！"是最适合的离散方案。对于本节中的三维换热管内部计算域的结构网格而言，如六面体网格，"QUICK"是最精简的离散方案。所有模拟的收敛标准都是通过残差大小和出口温度的稳定性进行判定，流程图如图 8-2 所示。

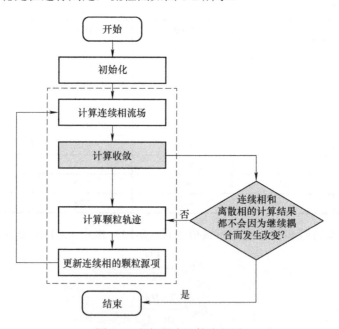

图 8-2　相间耦合计算流程图

连续相与离散相的耦合计算过程与收敛标准如下：

1）计算连续相流场，当残差小于 10^{-4} 且出口温度稳定后，认为连续相的计算已经收敛。

2）计算从入口表面喷射源开始的颗粒轨道，在计算域中引入离散相。

3）使用已经得到的颗粒计算结果中的相间动量、热量、质量交换项，适当减小松弛系数后继续计算连续相流场。设定残差标准为 10^{-5}，再次等到出口温度稳定后认为计算已经收敛。

4）计算修正后的连续相流程中的颗粒运动轨迹。

5）重复上述两个步骤。调回松弛系数，当残差小于 10^{-5} 且出口温度在最后 500 次迭代中不发生变化时，认为计算已经收敛。结果收敛时，连续相与离散相的计算结果均不会因为继续耦合计算而发生改变。

8.1.6 边界条件

换热管内部计算域设置的边界条件与实验条件相对应。对于连续相，将入口横截面设定为速度入口，对应实际工况设定其流速、温度和背景流体特性。出口设定为压力出口边界条件，换热面均设定为恒壁温条件。对于离散相，假定颗粒物为具有规则形状的球形颗粒，用实测的平均直径代替等效直径。换热管入口的离散相边界条件，为在表面均匀注入实验中污染物浓度对应粒子数量的颗粒物。出口边界条件为完全逃逸，所有壁面的离散相边界条件为表面反射。具体边界条件设置参数见表 8-2。

表 8-2 边界条件

相	边界		边界条件	数值
连续相	入口	速度入口	$v = v_{w,i} = v_{in,exp}$	0.9m/s
			$v = w = 0$	
			$T = T_{in,exp}$	29.50℃
	出口	压力出口	$\frac{\delta v}{\delta x} = \frac{\delta v}{\delta x} = \frac{\delta w}{\delta x} = \frac{\delta T}{\delta x} = 0$	
	壁面	无滑移	$u = v = w = 0$	
			$T = T_{r,sar} = T_{sar,exp}$	35.70℃
	肋片		$u = v = w = 0$	
			$\frac{\delta T}{\delta x} = 0$	
离散相	入口	表面均匀注射	$C_b = C_{b,exp}$	1000mg/L
			$d_p = d_{b,exp}$	8.192μm
	出口	完全逃逸		
	换热面	表面反弹		

8.1.7 污垢模型验证

为了验证建立的三种换热管数值模型的准确性，对入口温度为 29.50℃的冷却水在水平螺旋肋管内的流动与换热过程进行模拟。将模拟得到的三种不同流速工况下的换热管进出口温差、平均努塞特数、平均摩擦系数及 PEC 与对应加速污垢实验结果进行对比。所选取的用于模拟验证的测试参数见表 8-3。

表 8-3 清洁状态下换热管典型测试参数

流速	换热管	冷却水入口温度/℃	冷却水出口温度/℃	制冷剂饱和温度/℃	对数平均温差/℃
低流速 （0.9m/s）	1	29.48	33.09	35.70	4.156
	2	29.50	33.60		3.784
	3	29.49	32.20		4.721
中流速 （1.6m/s）	1	29.49	31.54	33.66	3.030
	2	29.51	31.80		2.852
	3	29.50	31.09		3.299
高流速 （2.4m/s）	1	29.49	30.81	32.64	2.432
	2	29.51	31.02		2.294
	3	29.51	30.57		2.565

对于内螺纹强化管流动换热过程，许多学者通过实验测试和理论分析总结了多个经验公式计算摩擦系数。其中 Webb 以大量的实验作为基础，针对本文选择的这类内螺纹强化管，总结了摩擦系数的半经验计算公式。该公式具有很高的准确性，被广泛认可和采用。本节选择的工况亦在该公式的适用范围内，内螺纹强化管的平均摩擦系数为

$$f_{\text{exp}} = 0.108 Re^{-0.283} N_s^{0.221} (e/D_i)^{0.785} \alpha^{0.78} \tag{8-13}$$

对于光管则通过式（8-14）进行计算：

$$f_{\text{p,exp}} = 0.079 Re^{-0.25} \tag{8-14}$$

对于模拟得到的结果，换热管内平均努塞特数通过式（8-10）计算，平均摩擦系数通过式（8-11）计算，模拟结果与实验结果的相对偏差按式（8-15）～式（8-17）进行计算。

$$e_{\text{Nu}} = \frac{|Nu_{\text{ave}} - Nu_{\text{exp}}|}{Nu_{\text{exp}}} \times 100\% \tag{8-15}$$

$$e_{\text{f}} = \frac{|f_{\text{ave}} - f_{\text{exp}}|}{f_{\text{exp}}} \times 100\% \tag{8-16}$$

$$e_{\mathrm{PEC}} = \frac{\left| \mathrm{PEC}_{\mathrm{num}} - \mathrm{PEC}_{\mathrm{exp}} \right|}{\mathrm{PEC}_{\mathrm{exp}}} \times 100\% \qquad (8\text{-}17)$$

不同流速工况下的模拟与实验结果对比如图 8-3 所示。从该图可知，通过模拟得到的三根换热管在不同流速工况下进出口温差、平均努塞特数、摩擦系数和 PEC 与实验结果吻合度较高，满足研究需求。其中进出口温差的最大相对偏差为 8.61%，平均相对偏差为 4.36%。努塞特数的最大相对偏差为 12.37%，平均相对偏差为 6.86%。摩擦系数的最大相对偏差为 12.50%，平均相对偏差为 7.37%。PEC 的最大相对偏差为 13.56%，平均相对偏差为 6.84%。结果表明，所建立的数学模型符合实验测试单元，可以用来模拟换热管内的流动传热过程，能较为准确地捕捉到换热管内部的湍流流动。

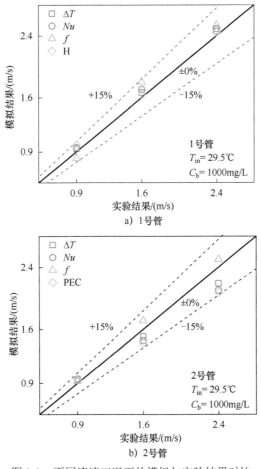

a) 1号管

b) 2号管

图 8-3　不同流速工况下的模拟与实验结果对比

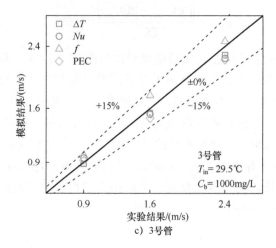

图 8-3 不同流速工况下的模拟与实验结果对比（续）

8.2 欧拉-欧拉法

8.2.1 数学模型

本节旨在还原实际冷却水中的混合污垢生长（包括颗粒污垢与析晶污垢）。虽然在混合污垢的沉积过程中，析晶过程存在化学反应，但考虑到多组分化学模拟较为复杂，模拟难度较大，与此同时颗粒污垢在混合污垢中占比较大，且在结垢机理中占主导地位，因此在模拟过程中暂不考虑颗粒从冷却水中析出的过程，并假设采用颗粒污垢的模拟结果来代替强化管表面混合污垢（以开式冷却塔为冷却装置）的沉积结果，采用多相流模型进行模拟研究。

由于选择的研究对象为液-固两相流，目前处理该类多相流问题常用的数值计算方法为：欧拉-拉格朗日法、欧拉-欧拉法。在 Fluent 中离散相模型（Discrete Phase Model）遵循欧拉-拉格朗日法，该模型将液相视为连续相，固相视为离散相，主要用于追踪颗粒轨迹、解决离散相与连续相的传热传质问题。但该方法认为颗粒相与流体相之间的速度差（当存在传热时还存在温度差）与颗粒的扩散漂移无关，不能综合地考虑粒子质量、动量、能量的扩散过程，难以与实验测得的颗粒场特征数据进行对比验证。在 Fluent 中多相流模型（Multiphase Model）遵循欧拉-欧拉法，在该模型中颗粒被视为"拟流体"，即颗粒相与流体相均为连续介质。欧拉-欧拉法不仅考虑了颗粒相的湍流扩散作用，而且还考虑了颗粒相与流体相之间的速度滑移（存在温差时为温度滑移）。由于考虑了粒子的湍流输运，在多相流中颗粒既有沿流动的速度滑移，又有沿流动两侧的扩散作用，与实际的多相流更吻合。此外，欧拉-欧拉法的模拟结果更易于与实际实验结果进行对比验证。

对应于前文 0.9～2.4m/s 的实验流速条件，流体处于湍流状态。研究人员通常选用标准 $k-\varepsilon$ 模型、RNG $k-\varepsilon$ 模型、雷诺应力模型三种模型对高雷诺数流体的湍流流动进行模拟研究。表 8-4 给出不同湍流模型下模拟的计算相对误差（以测试管 3 为例），由表可知在 0.9～2.4m/s 的流速范围内，标准 $k-\varepsilon$ 模型对冷却水出口温度的预测相对误差为 0.28%～0.68%，RNG $k-\varepsilon$ 模型的误差范围为 0.23%～0.62%，而雷诺应力模型对应的相对误差范围为 0.27%～0.55%，其中 RNG $k-\varepsilon$ 模型对应的平均误差最小，为 0.39%。与此同时，RNG $k-\varepsilon$ 湍流模型不仅考虑了湍流涡流，而且相对于标准 $k-\varepsilon$ 模型，RNG $k-\varepsilon$ 湍流模型还提供了用以处理近壁面低雷诺数区域的方案。此外对于欧拉-欧拉法，RNG $k-\varepsilon$ 湍流模型比其他模型计算耗时更短，因此本节选用 RNG $k-\varepsilon$ 湍流模型。

表 8-4　不同湍流模型的计算相对误差（测试管 3）

流　速	湍 流 模 型	进口温度/℃	出口温度/℃	出口温度相对误差
低流速（0.9m/s）	标准 $k-\varepsilon$ 模型	29.50	33.80	0.68%
	RNG 模型		33.82	0.62%
	雷诺应力模型		33.84	0.55%
中流速（1.6m/s）	标准 $k-\varepsilon$ 模型	29.50	31.92	0.41%
	RNG $k-\varepsilon$ 模型		31.95	0.31%
	雷诺应力模型		31.94	0.35%
高流速（2.4m/s）	标准 $k-\varepsilon$ 模型	29.50	31.11	0.28%
	RNG $k-\varepsilon$ 模型		31.13	0.23%
	雷诺应力模型		31.12	0.27%

8.2.2　控制方程

由于流体（颗粒与冷却水连续介质）为常物性不可压缩流体，其在强化管内发生三维非定常流动。欧拉-欧拉方程给出液-固两相的连续性方程、动量方程、能量方程，如式（8-18）～式（8-20）所示。在中结垢潜质冷却水条件下，颗粒相的体积分数相对较小，因此颗粒流为稀疏流。

$$\frac{\partial}{\partial t}(\phi_{ip} \cdot \rho_{ip}) + \nabla \cdot (\phi_{ip} \cdot \rho_{ip} \cdot \overrightarrow{v_{ip}}) = 0 \qquad （8-18）$$

$$\frac{\partial}{\partial t}(\phi_{ip} \cdot \rho_{ip} \cdot \overrightarrow{v_{ip}}) + \nabla \cdot (\phi_{ip} \cdot \rho_{ip} \cdot \overrightarrow{v_{ip}} \cdot \overrightarrow{v_{ip}})$$

$$= -\phi_{ip} \cdot \nabla \cdot p + \vec{F} + \phi_{ip} \cdot \rho_{ip} \cdot \vec{g} + \nabla \cdot \overline{\overline{\tau_{ip}}} \tag{8-19}$$

$$+ \sum_{k=1}^{n} \left[K_{kip}(\overrightarrow{v_k} - \overrightarrow{v_{ip}}) + \dot{m}_{kip}\overrightarrow{v_{kip}} - \dot{m}_{ipk}\overrightarrow{v_{ipk}} \right]$$

$$\frac{\partial}{\partial t}(\phi_{ip} \cdot \rho \cdot H) + \nabla \cdot (\phi_{ip} \cdot \rho \cdot \vec{v} \cdot H) = \nabla \cdot (\phi_{ip} \cdot k \cdot \nabla \cdot T)$$

$$\overline{\overline{\tau_{ip}}} = \phi_{ip} \cdot \mu_{ip}(\nabla \cdot \overrightarrow{v_{ip}} + (\nabla \cdot \overrightarrow{v_{ip}})^T) + \phi_{ip}\left(\lambda - \frac{2}{3}\mu_{ip}\right)\nabla \cdot \overrightarrow{v_{ip}} \cdot \overline{\overline{I}} \tag{8-20}$$

8.2.3 污垢模型

污垢模型由颗粒相沉积模型和去除模型共同组成，基于连续性方程和动量方程，颗粒相沉积通量 J 的计算公式为

$$J = J_1 + J_2 + J_3 \tag{8-21}$$

扩散作用引起的污垢沉积通量 J_1 由式（8-22）计算：

$$J_1 = -(D_B + \varepsilon_p)\frac{\partial C}{\partial z} \tag{8-22}$$

布朗扩散系数 D_B 和粒子涡流扩散系数 ε_p 可分别由式（8-23）和式（8-24）计算：

$$D_B = \frac{K_B T}{3\pi\mu d_p} \tag{8-23}$$

$$\frac{\varepsilon_p}{v_t} = \left(1 + \frac{\tau_p}{\tau_L}\right)^{-1} \tag{8-24}$$

颗粒的松弛时间 τ_p 的计算公式为

$$\tau_p = \frac{C_c \rho_p d_p}{18\mu} \tag{8-25}$$

其中 Cunningham 修正系数 C_c 可由式（8-26）计算：

$$C_c = 1 + \frac{l}{d_p}\left(2.514 + 0.8e^{-\frac{0.55d_p}{l}}\right) \tag{8-26}$$

拉格朗日积分时间尺度 τ_L 的计算公式为

$$\tau_L = v_t / \overline{V_z'^2} \tag{8-27}$$

式中　v_t ——流体湍流黏度，通常采用 v_t / v 比值无量纲的形式表示湍流黏度的大小，见式（8-28）。

$$\frac{v_t}{v} = \begin{cases} \left(\dfrac{z^+}{11.15}\right)^3 & z^+ < 3 \\[3mm] \left(\dfrac{z^+}{11.4}\right)^3 - 0.049774 & 3 \leqslant z^+ \leqslant 52.108 \\[3mm] 0.4z^+ & 52.108 < z^+ < 200 \end{cases} \tag{8-28}$$

$$z^+ = zv^* / v \tag{8-29}$$

壁面摩擦速度 v^* 可通过式（8-30）计算求得：

$$v^* = \sqrt{\tau_s / \rho_p} \tag{8-30}$$

壁面剪切应力 τ_s 在数值模拟过程中可通过以下公式计算：

$$\tau_s = \mu_{\text{eff}} \frac{V_n - V_W}{z_n} \tag{8-31}$$

湍流波动所引起的污垢沉积通量 J_2 由式（8-32）计算得到：

$$J_2 = -\tau_p \frac{\partial \overline{V_{pz}'^2}}{\partial z} C \tag{8-32}$$

式（8-33）给出了颗粒法向波动速度均方根（代表颗粒法向波动强度）$\overline{V_{pz}'^2}$ 的计算公式：

$$\overline{V_{pz}'^2} = \overline{V_z'^2} \left(\frac{\tau_L}{0.7\tau_p + \tau_L}\right) \tag{8-33}$$

由湍流波动所引起的污垢沉积通量 J_2 不仅可以用式（8-32）来表达，还可以进一步简化为式（8-34）：

$$J_2 = -0.74 \left(\frac{\tau_p v^{*2}}{\nu}\right)^2 \tag{8-34}$$

重力作用所引起的污垢沉积通量 J_3 由式（8-35）计算得到：

$$J_3 = \tau_p g C = -C_c \left(\frac{4}{3} \frac{g d_p}{C_D} \frac{(\rho_p - \rho_1)}{\rho_1}\right)^{\frac{1}{2}} \cos\theta C \tag{8-35}$$

在计算重力作用引起的污垢沉积通量 J_3 时，非线性阻力系数 C_D 可以表达为式（8-36），而其中 Re_p 可由式（8-37）计算求得。

$$C_D = \begin{cases} \dfrac{24}{Re_p} & Re_p < 1 \\[3mm] \dfrac{24}{Re_p}\left(1 + 0.15Re_p^{\frac{2}{3}}\right) & 1 < Re_p < 1000 \end{cases} \tag{8-36}$$

$$Re_p = \frac{\rho_p d_p \left| v - v_p \right|}{\mu} \tag{8-37}$$

通过式（8-21）～式（8-37）即可计算得出颗粒相沉积通量 J。基于沉积通量，颗粒相沉积速度的计算公式为

$$v_d = \frac{J}{C_\infty} = -(D_B + \varepsilon_p) \frac{\partial \left(\dfrac{C}{C_{com}} \right)}{\partial z} - D_T \frac{1}{T} \frac{\partial T}{\partial z} \frac{C}{C_{com}}$$
$$- \tau_p \frac{\partial \overline{V_{pz}'^2}}{\partial z} \frac{C}{C_{com}} - C_c \left(\frac{4}{3} \frac{g d_p}{C_D} \frac{(\rho_p - \rho_l)}{\rho_l} \right)^{\frac{1}{2}} \cos\theta \frac{C}{C_{com}} \tag{8-38}$$

将式（8-38）代入式（7-1），即可得到颗粒相污垢的沉积率（沉积模型），如式（8-39）所示：

$$\phi_d = P v_d C_\infty = PJ \tag{8-39}$$

基于 Kern-Seaton 通用模型，污垢去除率（去除模型）为

$$\phi_r = \frac{\tau_w}{\xi} x_f \tag{8-40}$$

由于净污垢沉积率等于沉积率与去除率之差，因此单位时间沉积的污垢量为

$$\phi_f = \phi_d - \phi_r \tag{8-41}$$

在 t 时刻，换热表面沉积的总污垢量可由下式计算求得，对应的时间步长为 Δt。

$$\phi_{f,t} = \phi_{f,t-\Delta t} + \dot{\phi}_f \Delta t \tag{8-42}$$

由式（8-41）可知，在污垢涨停状态下沉积率等于去除率，即式（8-39）与式（8-40）的计算结果相等，而在实际污垢沉积过程中沉积率为定值，因此当在模拟过程中获取到稳定不变的污垢沉积率时，即可利用式（8-39）与式（8-40）直接计算求得污垢层厚度和渐近污垢热阻的数值，该方法可在大大缩短模拟周期的前提下获取强化管的抗垢性能。

8.2.4 物理模型

为了研究并拓展微肋诱导下内螺纹强化管内表面几何参数对混合污垢沉积的影响，以 6.1 节实验用测试管 1～6 为例，利用 SolidWorks 软件创建了六根内螺纹强化管的三维几何模型（其尺寸详见表 5-1），并以测试管内部流场作为计算域，如图 8-4 所示。注：由于测试管的实际管长较长，为了便于展示，图 8-4 对测试管进行了打断处理，重点突出入口与出口的位置。

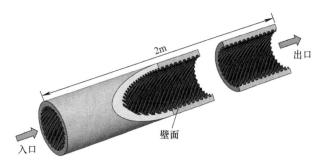

图 8-4　计算域

8.2.5　网格划分及无关性验证

为提高模拟的仿真精度并确保网格质量，采用的网格划分方法与 8.1.4 节相同，同样对管壁及螺纹肋区域进行局部网格加密处理，如图 8-5 所示（以测试管 3 为例）。在图 8-5 中，最低网格质量为 0.52，大于 0.7 的网格数占总网格数的 96%，具有良好的网格质量。

为保证网格的独立性，以测试管 3 为例，对其进行网格无关性验证，见表 8-5。当 $Re =$ 30782 时，网格数量从 431 万增长到 1289 万，摩擦系数由 0.0126 降至 0.0110，模拟结果与

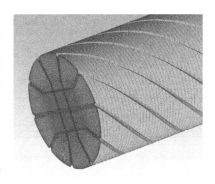

图 8-5　强化管内部流场的结构化网格

实际真值间的差异由 20.56%降至 4.40%；努塞特数由 200.55 降低至 190.80，模拟值与真值间的偏差由 10.65%降至 5.27%。当网格数量大于 860.04 万时，摩擦系数和努塞特数几乎不再发生变化，对应 860 万与 1289 万网格数量，f 和 Nu 仅分别变化 2.43%、0.67%，由此可见再进一步细化网格对模拟结果的影响可忽略不计。综上，860.04 万的网格数量即可满足模拟精度要求。

表 8-5　网格数量对摩擦系数和努塞特数的影响（$Re = 30782$）

网格数量（万）	摩擦系数 f	摩擦系数相对误差	努塞特数 Nu	努塞特数相对误差
431.08	0.0126	20.56%	200.55	10.65%
645.56	0.0117	11.48%	194.81	7.48%
752.80	0.0114	9.02%	193.26	6.63%
860.04	0.0112	6.99%	192.08	5.98%
1074.52	0.0110	5.44%	191.30	5.54%
1289.00	0.0110	4.40%	190.80	5.27%

8.2.6 数值求解方法

在欧拉模型中将冷却水流体设为主相，颗粒相设为第二相。由于颗粒流为稀疏流，因此表 8-6 给出稀疏颗粒相的具体特性设置。值得注意的是，在实际实验中冷却水内颗粒的粒径大小呈正态分布，在此选取其中值作为模拟颗粒的粒径（$7×10^{-6}$m）。选用三维双精度求解器，压力场和速度场选用"Coupled"进行耦合处理；梯度、压力分别采用"Least Squares Cell Based"和"PRESTO!"进行离散处理；动量、能量等均采用"QUICK"进行离散；此外，对于某些螺距较小的内螺纹强化管，壁面体网格会发生不同程度的扭曲变形，网格质量较差，为提高精度故选用"Warped-Face Gradient Correction"进行修正，数值计算的收敛条件为达到控制方程设置的收敛残差（10^{-4}）。8.2.3 节内的污垢沉积模型和去除模型均以 UDF 编码的形式加载到 Fluent 软件内。

表 8-6 颗粒相特性设置

属　　性	设　　置
粒径/m	$7×10^{-6}$（中结垢潜质冷却水）
颗粒黏度/[kg/(m·s)]	Syamlal-obrien
颗粒体积黏度/[kg/(m·s)]	Lun-et-al
摩擦黏度/[kg/(m·s)]	None
颗粒温度/(m²/s²)	Algebraic
固体压力/Pa	Lun-et-al
径向分布	Lun-et-al
弹性模量/Pa	Derived
Packing Limit	0.63

8.2.7 边界条件

在模拟仿真过程中，将测试管的入口设置为速度入口，出口设置为压力出口，表 8-7 给出了强化管的边界条件。表 8-7 中，流体相即普通的冷却水（密度为 1000kg/m³），冷却水流速及入口温度均与第 6 章非加速污垢实验条件保持一致，出口压力为 0Pa；壁面采用定热流密度换热，对于测试管 3，在流速为 1.6m/s 的条件下，壁面热流密度为 27574.45W/m²。在欧拉模型中将颗粒相也视为流体进行处理，在中结垢潜质冷却水条件下，颗粒相的浓度为 1920mg/L，出口处设置回流颗粒温度为 0.0001m²/s²，此外由于颗粒相的沉积模型和去除模型已由 UDF 嵌入 Fluent 内，因此无须在壁面设置诸如反射等边界条件，仅将壁面设置为无滑移即可。

表 8-7　强化管的边界条件

相	边　　界	边　界　条　件
冷却水流体相	测试管入口	湍流强度：$0.16Re^{-1/8}$ 温度：29.5℃ 流速：0.9m/s、1.6m/s、2.4m/s
	测试管出口	湍流强度：$0.16Re^{-1/8}$ 出口压力：0Pa
	壁面	无滑移，定热流密度
颗粒相	测试管入口	体积分数：0.00071（中结垢潜质）
	测试管出口	回流颗粒温度：$0.0001\text{m}^2/\text{s}^2$ 回流体积分数：0
	壁面	无滑移

8.2.8　污垢模型验证

在中结垢潜质冷却水条件下，实验测得测试管 6（对应的螺纹数最多）的平均渐近污垢热阻值最大，测试管 3（对应的螺纹数最少）的平均渐近污垢热阻值最小，而测试管 5（对应的螺纹数处于九根测试管的中间值）的平均渐近污垢热阻值处于两者之间。为验证污垢模型的准确性，本文以测试管 3、5、6 为研究对象进行了数值模拟，其中模拟过程所设置的测试管入口温度、热流密度、流速、水质（选用中等结垢潜质的冷却水）等条件均与第 6 章实验工况保持一致。图 8-6 给出了数值模拟与非加速实验的渐近污垢热阻比对比结果。由图 8-6 可知，在不同的流速条件下（0.9m/s、1.6m/s、2.4m/s），模拟值与实验结果的平均偏差约为 9.16%，且流速越大偏差越小。

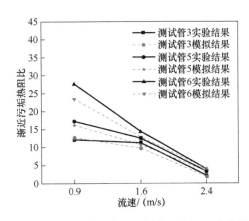

图 8-6　实验与模拟渐近污垢热阻比的对比结果

模拟结果与实验结果吻合良好。因此，本节所采用的污垢模型具有较高的准确性和可靠性。

8.3 应用模拟技术分析流动换热与结垢特性

8.3.1 欧拉-拉格朗日法案例分析

1. 螺旋内肋对连续相的影响

（1）轴向速度分布　图 8-7 表示三根换热管的中间段沿纵向剖面上的连续相流体的速度矢量分布。观察三根换热管的速度矢量分布和近壁面处的局部放大图可知，在光管内部和内螺纹强化管中心线附近的连续相流体的速度矢量基本平行，而在强化管近壁区域的速度矢量呈现较大的扰动。这是由于螺旋内肋的影响，使流体在经过肋片后被迫与换热面分离。当平直段足够长时，会使流体重新附着；当平直段较短时，因没有足够的空间使被分离的流体重新附着，导致两肋之间的流动更缓和，污垢更容易在螺旋肋背部和两个相邻肋之间沉积。

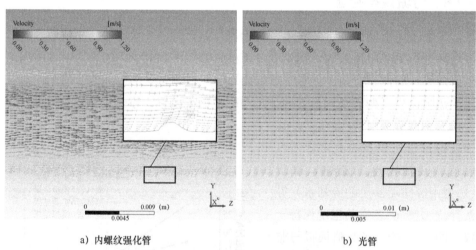

a) 内螺纹强化管　　　　　　　　　　　b) 光管

图 8-7　换热管连续相的轴向速度矢量图

（2）温度分布　在构建数学模型时，因假设换热管壁面为定壁温工况，在分析时只需关注流体侧温度。图 8-8 和图 8-9 分别对应强化管和光管三个具有代表性横截面（$z=0\text{m}$、1.0m、2.0m）上的连续相温度分布图。图 8-8a 和图 8-9a 中由于流体均匀进入换热管，入口处横截面上温度分布一致，均为 29.50℃。随着流体在管内流动换热，其横截面温度不再一致，呈现温度梯度。如图 8-8 所示，由于螺旋肋的约束与诱导作用，管内形成了二次旋流，有利于削弱边界层，提高了强化管的换热性能。值得注意的是，在图 8-8 和图 8-9 近换热面附近的流动边界层，存在一个与周围水温差异较大的区域。该处为层流底层，即与铜管换热面直接接触换热，流体流速几乎静止的区域。

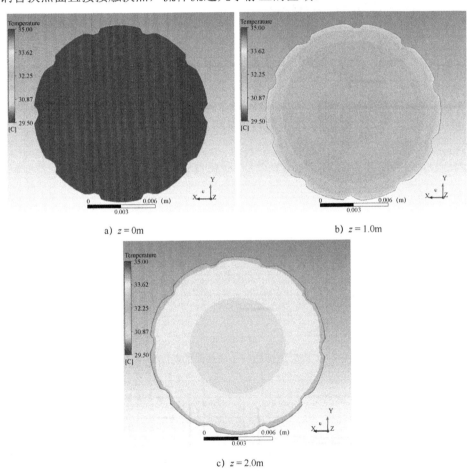

a) $z=0$m　　　　b) $z=1.0$m

c) $z=2.0$m

图 8-8　内螺纹强化管（1 号管）连续相三个横截面的温度分布图

为了更清晰地呈现内螺纹强化管径向温度分布特性，以解释污垢差异现象，图 8-10 给出了五个具有代表性横截面上的垂直径向温度对比。从图中可以看出，在近壁区域光管的温度高于强化管，会导致更多的析晶污垢析出。值得注意的是，图 8-10b 中 1.5m 和 2.0m 处的两条温度分布线几乎重合，说明光管后半段温度已趋于稳定。

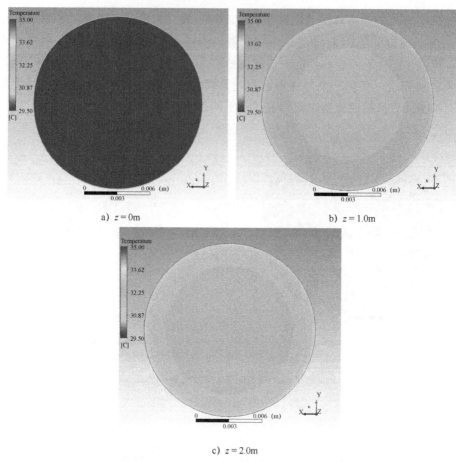

a) $z = 0$m   b) $z = 1.0$m

c) $z = 2.0$m

图 8-9　光管连续相三个横截面的温度分布图

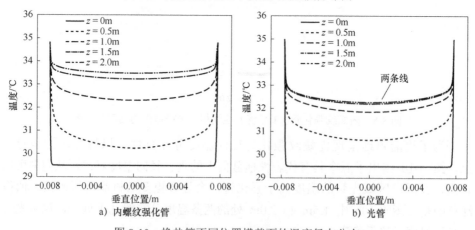

a) 内螺纹强化管   b) 光管

图 8-10　换热管不同位置横截面的温度径向分布

2. 螺旋内肋对离散相的影响

由于粒子在管内是一个三维的运动过程，为了更清楚地显示其运动形式，在图 8-11 和图 8-12 中分别给出了粒子在强化管（2 号管）和光管（3 号管）内的运动轨迹。从图中可以看出，光管内的粒子运动轨迹基本与换热管布管方向平行，受重力的影响，在长达 2m 的换热管内，所有粒子存在一个短暂向下的运动轨迹，且随着偏离轴线的距离越远，该轨迹越明显。值得注意的是，光管中无论是上半部还是下半部的粒子，其运动趋势均为沿重力方向。而对于内螺纹强化管，由于扰动作用，此时重力引起的运动轨迹变化不再明显，说明在光管内重力对颗粒物沉积起到了更大的作用，光管上半部分的污垢量小于下半部分。分析图 8-11 中粒子在内螺纹强化管中的运动轨迹可知，当粒子向远离入口方向运动时，近壁面处的粒子运动轨迹与螺纹方向一致，顺时针向换热管中心轴方向运动。由于两种换热管存在粒子运动轨迹的差异，最终会使强化管近壁面处的粒子数量小于光管，减少了颗粒污染物的碰撞次数，正如表 7-4 所示，导致内螺纹强化管颗粒污垢的附着概率小于光管。同样，再一次解释了在表 7-5 中内螺纹强化管颗粒组分所占混合污垢的比例小于光管这一测试结果。

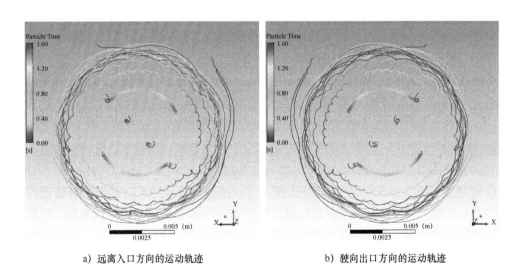

a) 远离入口方向的运动轨迹　　　　　　　　b) 驶向出口方向的运动轨迹

图 8-11　粒子在内螺纹强化管内的运动轨迹

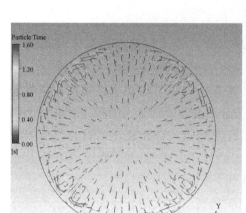 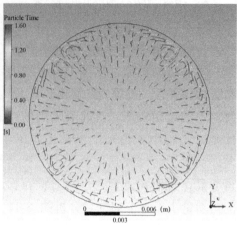

a）远离入口方向的运动轨迹　　　　　　　　　b）驶向出口方向的运动轨迹

图 8-12　粒子在光管内的运动轨迹

8.3.2　欧拉法案例分析

1. 表面微肋几何参数对混合污垢生长的影响

测试管的轴向肋距与肋高比（p/e）是影响污垢生长的一个重要的因素，其中轴向肋距是由螺旋角、螺纹数及管径等参数共同决定的。图 8-13 给出了本实验中二维强化管渐近污垢热阻比随 p/e 的变化曲线。在不同实验条件下，渐近污垢热阻随 p/e 的变化规律近乎一致，随着 p/e 的增大，测试管渐近污垢热阻先减后增再减。为从流场角度揭示混合污垢的沉积特性，绘制了六根强化管在 1.6m/s 流速条件下沿 y 轴界面（流动方向）、xz 横断面的速度场云图，如图 8-14 和图 8-15 所示。在整个测试管内，从管中心到管壁，冷却水流速逐渐降低，且流速最低值出现在肋间位置处，肋间存在局部涡流现象。与此同时，图 8-16 以测试管 3（$p/e = 13.00$）和测试管 6（$p/e = 2.68$）为例，给出了测试管在 1.6m/s 流速条件下的局部 3D 流线图。强化管内冷却水主流呈螺旋状流动，即螺纹肋起导流作用，其流动方向与横肋管完全不同。

如图 8-13 所示，当测试管轴向肋距与肋高比由 2.68 变化到 2.80 时，在任意测试条件下，测试管渐近污垢热阻比都发生明显的减小。虽然在图 8-14a、b 和图 8-15a、b 中流场变化并不明显，但增大肋距与肋高比会增强主流对肋片附近流场的影响作用，从而增大了肋间的流动分离（涡流）强度，肋间局部壁面剪切应力在相同的平均流速下迅速增加，令污垢的剥蚀率增大。此外由于测试管 2（$p/e = 2.80$）的换热性能优于测试管 6（$p/e = 2.68$），而为了保证各测试管热流密度尽可能相同，测试管 6 所处的冷凝器内制冷剂饱和温度比测试管 2 高 0.6℃左右。由于碳酸钙的溶解度随着温度的增大而减小，且研究表明强化换热表面析晶污垢随着热流体温度的升高而增多，因此肋距与肋高比的增加将导致结垢量不断减少。

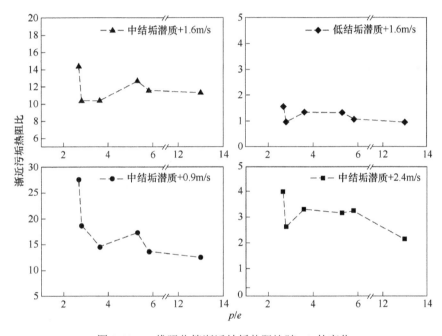

图 8-13　二维强化管渐近结垢热阻比随 p/e 的变化

当测试管轴向肋距与肋高比由 2.80 变化到 3.62 时，对比图 8-14b、c 以及图 8-15b、c 可知，随着 p/e 的增大，水流在肋片迎风侧的剪切应力增大，导致 0～0.4m/s 速度区域（沉积区）面积减小，而高速水流的冲刷作用不利于污垢的生长。与此同时，相较于 $p/e = 3.62$ 的测试管，$p/e = 2.80$ 的测试管处于较低的热流体温度条件下，其换热表面更有利于污垢的生长。此外，为保证热流密度相同，流速越大，测试管所处冷凝器内制冷剂饱和温度越低，热流体温度变化对碳酸钙溶解度的影响越大。因此，流速越大，由热流体温差所引起的污垢沉积量差异越大。总的来说，肋距与肋高比为 2.80～3.62 的区间范围内，污垢沉积受热流体温差和水流冲刷的共同影响，两者相互制衡。

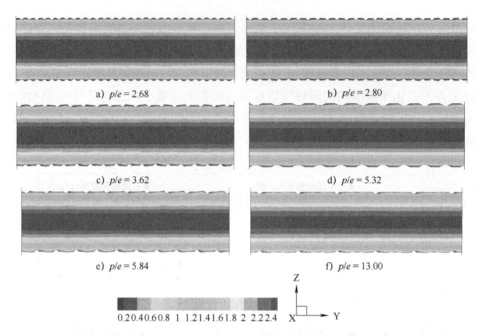

a) p/e = 2.68 b) p/e = 2.80

c) p/e = 3.62 d) p/e = 5.32

e) p/e = 5.84 f) p/e = 13.00

0.20.40.60.8 1 1.21.41.61.8 2 2.22.4

图 8-14 六根测试管在速度为 1.6m/s 条件下速度云图

根据图 8-13 可推断：1) 在 2.4m/s 的流速条件下，热流体温差的影响大于水流对迎风侧的冲刷作用，因此随着 p/e 的增大，渐近污垢热阻增大；2) 当流速为 1.6m/s 时，两者的影响相互抵消，因此 p/e 变化对渐近污垢热阻的影响不大；3) 当流速为 0.9m/s 时，热流体差异对污垢沉积的影响降至最小，并小于流场的冲刷作用，因此渐近污垢热阻随 p/e 的增大而减小。此外，在测试 3 中（低结垢潜质冷却水+1.6m/s），当 p/e 从 2.80 增长到 3.62 时，渐近污垢热阻增大，这是因为低结垢潜质的冷却水对温差变化的敏感度要高于中结垢潜质冷却水。

对比图 8-14c、d，图 8-15c、d 以及图 8-17b、c 可知，在 0.9m/s（对应图 8-17）和 1.6m/s 的流速条件下（对应图 8-14、图 8-15），当测试管轴向肋距与肋高比由 3.62 变化到 5.32 时，肋间的沉积区厚度并未随轴向肋距与肋高比的增加而发生明显的变化，且流场对肋片迎风侧的冲刷作用变化并不明显。其原因是当肋距与肋高比为 5.32 时，螺旋角减小，螺距增大，主流流动的螺旋度降低，由三维肋所引起的绕流作用减小，流体对污垢的剥蚀作用较弱；与此同时，随着 p/e 的增加，肋间剪切层厚度会不断增加，从而有利于污垢沉积；此外在较低流速条件下肋间剪切应力随 p/e 增大的并不明显，而 p/e 的增长却提供了更多有利于污垢沉积的空间，因此在 0.9m/s 和 1.6m/s 的流速条件下，渐近污垢

热阻随 p/e 的增加而增大。

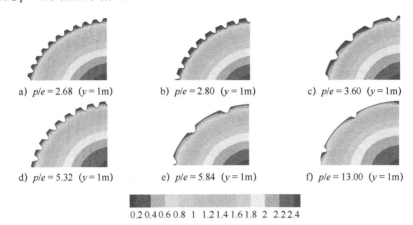

图 8-15　六根内螺纹强化管在速度为 1.6m/s 条件下的速度云图

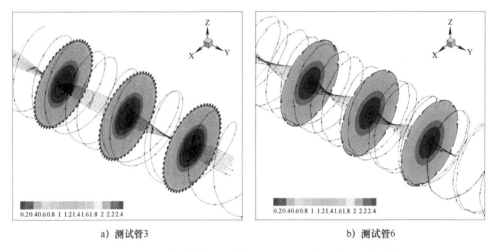

图 8-16　内螺纹强化管在速度为 1.6m/s 条件下的 3D 流线图

　　然而在流速为 2.4m/s 的实验条件下，由于流速较大，在图 8-17e、f 中肋间平均剪切应力随肋距与肋高比显著增加，且剪切应力的影响远大于剪切层厚度及主流螺旋度变化的影响，肋间沉积区厚度发生明显的减小，因此肋距与肋高比的增加导致结垢量不断减少。此外，在测试 3 中由于污垢沉积量过少，该现象并不明显。

　　当测试管轴向肋距与肋高比大于 5.32 时，p/e 增大导致剪切应力增大，混合污垢附着概率持续降低，不利于污垢的沉积，因此渐近污垢热阻在该轴向肋距与肋高比范围内与 p/e 呈负相关。

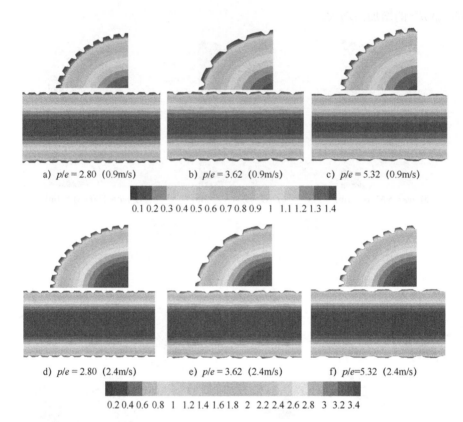

a) $p/e = 2.80$ (0.9m/s)　　b) $p/e = 3.62$ (0.9m/s)　　c) $p/e = 5.32$ (0.9m/s)

0.1 0.2 0.3 0.4 0.5 0.6 0.7 0.8 0.9　1　1.1 1.2 1.3 1.4

d) $p/e = 2.80$ (2.4m/s)　　e) $p/e = 3.62$ (2.4m/s)　　f) $p/e = 5.32$ (2.4m/s)

0.2 0.4 0.6 0.8　1　1.2 1.4 1.6 1.8　2　2.2 2.4 2.6 2.8　3　3.2 3.4

图 8-17　三根测试管在速度为 0.9m/s 和 2.4m/s 条件下的速度云图

2. 内螺纹强化管最优表面微肋几何参数的确定

由于现有的研究只是笼统地讨论表面微肋几何参数对内螺纹强化管传热性能和摩擦性能的影响，并未逐一研究分析各微肋几何参数（管径、肋高、螺旋角、螺纹数）对测试管抗垢性能的影响。为解决上述问题，表 8-8 给出了实际冷却水系统中，水冷式冷凝器内常用的内螺纹强化管（管内为单向流液体）的表面微肋几何参数范围。为研究单一表面微肋几何参数对混合污垢生长的影响，采用正交实验设计方法，将表 8-8 内的参数按各自的常规范围均分成五个不同的水平（见表 8-9），选用六因素五水平正交表 L_{25}（5^6），确定数值模拟的组合序列，见表 8-10。

表 8-8　实际冷却塔系统中强化换热管表面微肋几何参数

参　　数	内径/mm	肋高/mm	螺旋角/（°）	螺　纹　数
范　　围	14～18	0.3～0.7	20～50	6～60

表8-9　不同参数对应的五个水平

水　平	内径/mm	肋高/mm	螺旋角（°）	螺　纹　数
1	14	0.3	20	6
2	15	0.4	28	18
3	16	0.5	35	32
4	17	0.6	42	46
5	18	0.7	50	60

表8-10　六因素五水平正交表

模 拟 序 列	因素1	因素2	因素3	因素4	因素5	因素6
1	1	1	1	1	1	1
2	1	2	2	2	2	2
3	1	3	3	3	3	3
4	1	4	4	4	4	4
5	1	5	5	5	5	5
6	2	1	2	3	4	5
7	2	2	3	4	5	1
8	2	3	4	5	1	2
9	2	4	5	1	2	3
10	2	5	1	2	3	4
11	3	1	3	5	2	4
12	3	2	4	1	3	5
13	3	3	5	2	4	1
14	3	4	1	3	5	2
15	3	5	2	4	1	3
16	4	1	4	2	5	3
17	4	2	5	3	1	4
18	4	3	1	4	2	5
19	4	4	2	5	3	1
20	4	5	3	1	4	2
21	5	1	5	4	3	2
22	5	2	1	5	4	3
23	5	3	2	1	5	4
24	5	4	3	2	1	5
25	5	5	4	3	2	1

冷却塔系统中水质及流速在典型范围（流速：1.5～2.2m/s、水质：LSI=

0.5～2.7）内的总变化对渐近污垢热阻的影响远大于表面微肋几何参数的影响，如同时研究表面微肋几何参数（管径、肋高、螺旋角、螺纹数）、水质、流速六个因素的影响，仍无法确切得到各个表面微肋几何参数对污垢生长的影响。因此，为了弱化流速及水质变化的影响，仅对表面微肋几何参数的影响采用正交法进行分析，所有模拟的流速条件为 1.6m/s，水质条件为中结垢潜质冷却水（颗粒相浓度为 1920mg/L），结果见表 8-11。

表 8-11 模拟结果分析表

模 拟 序 列	内径/mm	肋高/mm	螺旋角（°）	螺 纹 数	渐近污垢热阻/（m²·K/W）
1	14	0.3	20	6	5.68×10^{-5}
2	14	0.4	28	18	8.36×10^{-5}
3	14	0.5	35	32	1.10×10^{-4}
4	14	0.6	42	46	1.62×10^{-4}
5	14	0.7	50	60	2.13×10^{-4}
6	15	0.3	28	32	8.85×10^{-5}
7	15	0.4	35	46	1.12×10^{-4}
8	15	0.5	42	60	1.64×10^{-4}
9	15	0.6	50	6	8.28×10^{-5}
10	15	0.7	20	18	8.08×10^{-5}
11	16	0.3	35	60	1.17×10^{-4}
12	16	0.4	42	6	6.50×10^{-5}
13	16	0.5	50	18	1.01×10^{-4}
14	16	0.6	20	32	9.29×10^{-5}
15	16	0.7	28	46	1.28×10^{-4}
16	17	0.3	42	18	8.58×10^{-5}
17	17	0.4	50	32	1.18×10^{-4}
18	17	0.5	20	46	9.60×10^{-5}
19	17	0.6	28	60	1.37×10^{-4}
20	17	0.7	35	6	6.96×10^{-5}
21	18	0.3	50	46	1.19×10^{-4}
22	18	0.4	20	60	1.02×10^{-4}
23	18	0.5	28	6	5.87×10^{-5}
24	18	0.6	35	18	9.07×10^{-5}
25	18	0.7	42	32	1.33×10^{-4}

在表 8-11 中，最大的渐近污垢热阻值出现在模拟序列 5 内，其值为 2.13×10^{-4}m² · K/W，与之对应的表面微肋几何参数组合为管径 14mm、肋高 0.7mm、螺纹角 50°、螺纹数 60 个；与此同时，最小的渐近污垢热阻值（5.68×10^{-5}m² · K/W）出现在模拟序列 1 内，对应的管径、肋高、螺旋角、螺纹数分别为：14mm、0.3mm、20°、6 个。渐近污垢热阻最大值与最小值相差 73.38%。模拟序列 5 和模拟序列 1 分别对应了轴向肋距与肋高比的最小值和最大值。

图 8-18 对应给出了模拟序列 5 和模拟序列 1 在 1.6m/s 的速度条件下近壁面处速度分布云图。两根强化管的速度分布情况与污垢沉积结果一致，即低流速区域面积越大，污垢沉积量越多。

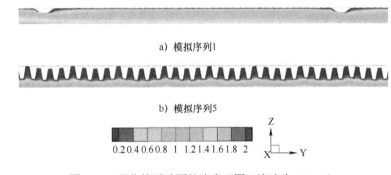

a）模拟序列1

b）模拟序列5

图 8-18　强化管近壁面处速度云图（流速为 1.6m/s）

为了直观地分析各个单一表面微肋几何参数对混合污垢生长的影响，表 8-12 给出了各表面微肋几何参数对渐近污垢热阻影响的统计分析结果，其中表内的数据代表在某水平条件下的某变量造成的平均渐近污垢热阻值，例如，水平 1 条件下的肋高对应值为 9.34×10^{-5}m² · K/W，该值是通过表 8-12 内所有肋高为 0.3mm 的模拟序列（1、6、11、16、21）对应的渐近污垢热阻加和求平均得到的；极差代表不同水平的影响因素造成的最大平均值与最小平均值之差，计算公式列于式（8-43）中。例如，肋高对应的极差值为 3.15×10^{-5}m² · K/W，该值为 1.25×10^{-4}m² · K/W（肋高为 0.7mm，即水平 5）与 9.34×10^{-5}m² · K/W（肋高为 0.3mm，即水平 1）之差。由表 8-12 可知，各表面微肋几何参数对应的极差值由大到小依次为：螺纹数、螺旋角、肋高、内径。这表明在表 8-8 的表面微肋几何参数范围内，螺纹数的变化对渐近污垢热阻值的影响最大，螺旋角次之，肋高的影响小于螺旋角的影响，而内径总变化的影响最小。

$$R_j = X_{max} - X_{min}$$
（8-43）

表 8-12　渐近污垢热阻模拟结果分析表

模 拟 结 果	水　平	内　　径	肋　　高	螺 旋 角	螺 纹 数
渐近污垢热阻/(m²·K/W)	1	1.25×10^{-4}	9.34×10^{-5}	8.57×10^{-5}	6.66×10^{-5}
	2	1.06×10^{-4}	9.59×10^{-5}	9.91×10^{-5}	8.84×10^{-5}
	3	1.01×10^{-4}	1.06×10^{-4}	9.98×10^{-5}	1.08×10^{-4}
	4	1.01×10^{-4}	1.13×10^{-4}	1.22×10^{-4}	1.23×10^{-4}
	5	1.01×10^{-4}	1.25×10^{-4}	1.27×10^{-4}	1.47×10^{-4}
	极差 R_j	2.44×10^{-5}	3.15×10^{-5}	4.11×10^{-5}	8.01×10^{-5}

1. 管径对污垢生长的影响

对应表 8-12，图 8-19～图 8-23 给出了渐近污垢热阻随各单一微肋几何参数的变化曲线，其中各数据点分别对应表 8-12 内的平均渐近污垢热阻值。图 8-19 显示了管径对污垢生长的影响。由图可知，渐近污垢热阻随管径的增大呈整体减小的趋势，这是因为管径越小、螺距越小，肋片对流体的影响作用越明显，近壁面流体流动对内螺纹强化管中心处的影响越大。此外，当管径为 17mm 时，其对应的渐近污垢热阻值不仅大于管径 18mm 的热阻值，而且还略大于管径为 16mm 的对应值，但三者之间仅相差 0.29%，可忽略不计。与此同时，由表 8-12 可知，肋高（0.3～0.7mm）的渐近污垢热阻值比内径（14～18mm）小两个数量级，因此当管径增大，肋片的影响作用减小，管径变化对渐近污垢热阻的影响也减小。当管径大于 16mm 时，渐近污垢热阻值几乎不再受管径变化的影响。

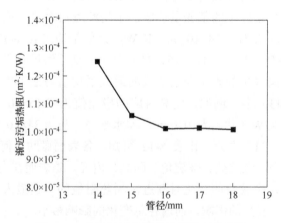

图 8-19　渐近污垢热阻随管径的变化曲线

2.肋高和螺旋角对污垢生长的影响

图 8-20 给出了肋高对污垢生长的影响。随着肋高的增加，强化管的湿表面积不断增大，而湿表面积的增大不仅扩大了肋间利于污垢沉积的区域，而且增加了污垢的附着概率，因此渐近污垢热阻随肋高的增大而增大。与此同时，图 8-21 显示螺旋角对渐近污垢热阻的影响作用，由图可知，当螺旋角增大，内螺纹强化管的渐近污垢热阻呈现出不断增大的趋势，平均渐近污垢热阻值由 $8.57 \times 10^{-5} \mathrm{m}^2 \cdot \mathrm{K/W}$ 持续增大到 $1.27 \times 10^{-4} \mathrm{m}^2 \cdot \mathrm{K/W}$。由于螺旋角增大，轴向肋距减小，肋间颗粒的动能随之减小，颗粒被再次卷入主流内的概率降低，沉积的污垢量也就随之增大；然而，随着螺旋角的增大，由肋片所引起的流体主流的绕流作用增大，绕流作用的增大在一定程度上会增大近壁面背风侧涡流现象，壁面的平均剪切力也随之增大，剥蚀效果增强，从而不利于污垢的沉积。在本节的模拟范围中，前者的作用效果明显大于后者。此外，由图 8-21 可知，当螺旋角为 35° 时其对应的平均渐近污垢热阻值（$9.98 \times 10^{-5} \mathrm{m}^2 \cdot \mathrm{K/W}$）仅略大于螺旋角为 28° 时的平均污垢热阻值（$9.91 \times 10^{-5} \mathrm{m}^2 \cdot \mathrm{K/W}$）。为了进一步验证在 28°～35° 的螺纹角区间范围内，螺纹角变化对内螺纹强化管污垢沉积的影响，表 8-13 分别显示了保持内径（16mm）、肋高（0.5mm）、螺纹数（32 个）不变的情况下，仅改变螺纹角（28°、30°、32°、35°）参数时污垢热阻的模拟结果。由表可知，随着螺纹角的增大，内螺纹强化管的渐近污垢热阻值由 $1.048 \times 10^{-4} \mathrm{m}^2 \cdot \mathrm{K/W}$ 增大到 $1.089 \times 10^{-4} \mathrm{m}^2 \cdot \mathrm{K/W}$。因此当螺旋角由 28° 增大到 35° 时，螺旋角增大造成的绕流影响仍小于轴向肋距缩小的影响。

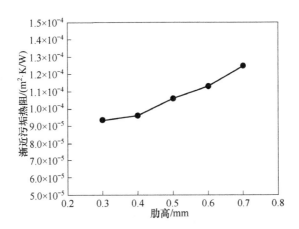

图 8-20　渐近污垢热阻随肋高的变化曲线

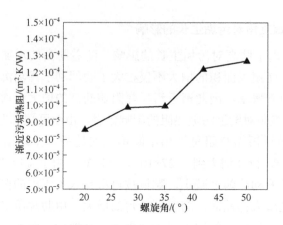

图 8-21　渐近污垢热阻随螺旋角的变化曲线

表 8-13　模拟结果分析表

模 拟 序 列	内径/mm	肋高/mm	螺旋角（°）	螺 纹 数	渐近污垢热阻/（m²·K/W）
26	16	0.5	28	32	1.048×10^{-4}
27	16	0.5	30	32	1.064×10^{-4}
28	16	0.5	32	32	1.083×10^{-4}
29	16	0.5	35	32	1.089×10^{-4}

3．螺纹数、轴向肋距与肋高比对污垢生长的影响

图 8-22 给出了平均渐近污垢热阻随螺纹数的变化曲线。在给定的螺纹数范围内（6～60 个），平均渐近污垢热阻随螺纹数的增大而增大，这与书中第 6 章测试 4 的实验结论及长期污垢实验的研究一致，原因如下：螺纹数越多，螺距越小，肋间利于污垢沉积的区域越大（见图 8-18），污垢沉积量越大。

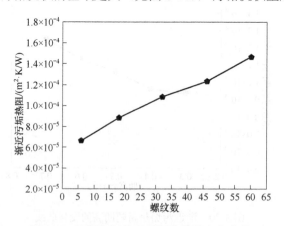

图 8-22　渐近污垢热阻随螺纹数的变化曲线

为直接表达表面微肋几何参数对污垢沉积的综合影响，参照图 8-13，图 8-23 给出了轴向肋距与肋高比对渐近污垢热阻的影响。其中，各表面微肋几何参数通过改变肋片附近流场，从而改变肋间利于污垢沉积的区域面积及污垢附着概率来影响混合污垢的生长。由图 8-23 可知，随着轴向肋距与肋高比的增大，平均渐近污垢热阻逐渐减小，当轴向肋距与肋高比大于 18.16 时，轴向肋距与肋高比的改变基本不影响内螺纹强化管的渐近污垢热阻值。值得注意的是，由于模拟忽略了颗粒从水中析出的过程，并假设采用颗粒污垢模拟结果代替混合污垢的沉积，因此渐近污垢热阻并未随 p/e 出现先减后增再减的趋势，即中间小段的增长现象并未出现。此外，由 Webb 等人的研究可知，内螺纹强化管的换热性能与内径呈负相关，而与螺纹数、螺旋角、肋高呈正相关关系，这与上文得到的渐近污垢热阻随各表面微肋几何参数的变化规律一致。由此可见，具有较强传热性能的内螺纹强化管，对应于较大的渐近污垢热阻值，该结论也与本书 6.1 节内的实验结果一致。

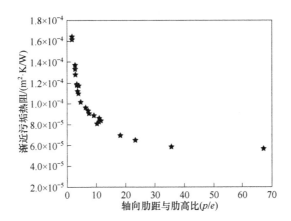

图 8-23　渐近污垢热阻随轴向肋距与肋高比的变化曲线

基于以上分析，能够得到四个表面微肋几何参数变量对内螺纹强化管结垢性能的影响。为了满足实际工程及应用的需要，参照 Webb 教授的传热因子计算公式，基于表 8-11 内的污垢数据，建立了渐近污垢热阻比关于表面微肋几何参数的半经验公式：

$$\frac{R_f^*}{R_{f,p}^*} = 3.077 N_S^{0.349} (e/D_i)^{0.451} \alpha^{0.486} \qquad （8-44）$$

在式（8-44）中，螺旋角、肋高与内径比、螺纹数对应的指数分别为 0.486、0.451、0.349，表明相较于螺纹数、肋高与内径比对污垢沉积量的影响，螺旋角的影响作用更大，与各微肋几何参数对换热管传热性能的影响作用一致。图 8-24 给出了式（8-44）的预测精度。由图可知，除模拟序列 1 以外（预测误差为 27.29%），式（8-44）的预测误差小于 9.49%，平均预测误差为 4.91%，具有较高的计算精度。

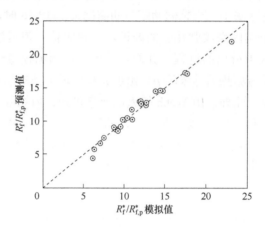

图 8-24 在式（8-44）中渐近污垢热阻比的预测精度散点图

与此同时，采用实验结果来验证式（8-44）的准确性，验证结果列于表 8-14 中。由表可知，半经验式（8-44）的预测误差小于 27.5%，表明该公式具有较高的预测精度。值得注意的是，式（8-44）仅适用于典型强化管，且流速及水质工况分别为 1.6m/s 及中结垢潜质冷却水（LSI≈1.2）的运行条件。

表 8-14 式（8-44）中渐近污垢热阻比关联式的验证结果

测　试　管		1	3	4	5	6
$\dfrac{R_{\mathrm{f}}^{*}}{R_{\mathrm{f,p}}^{*}}$	实验值	11.53	11.28	10.33	12.64	14.35
	预测值	10.62	8.18	12.60	11.43	14.31
误差百分比（%）		8.0	27.5	22.0	9.5	0.26

4. 热流密度对污垢生长的影响

为研究热流密度对污垢生长的影响，以测试管 3 为研究对象，将流速条件设置为 1.6m/s，颗粒相浓度设为 1920mg/L，分别针对 20kW/m²、25kW/m²、30kW/m²、35kW/m²、40kW/m² 的热流密度条件展开模拟研究。图 8-25 给出了热流密度对渐近污垢热阻的影响作用，由图可知当热流密度由 20kW/m² 增大到 40kW/m² 时，测试管 3 的渐近污垢热阻值由 $8.28\times10^{-5}\mathrm{m}^{2}\cdot\mathrm{K/W}$ 增大到 $1.04\times10^{-4}\mathrm{m}^{2}\cdot\mathrm{K/W}$，与此同时污垢沉积率及去除率同样随着热流密度的增加而增大。污垢沉积率不断增大的原因如下：热流密度的增大不仅导致内螺纹强化管外侧制冷剂饱和温度的增加，而且还改变了管内冷却水温度场的分布。由于冷却水入口温度为定值，热流密度增加将导致冷却水出口温度上升，由式（8-22）和式（8-23）可知，颗粒相的扩散作用也随之加剧，污垢附着概率增大，因此随热流密度的增大，污垢沉积率不断增大。与此同时，污垢沉积率的增大会致使污垢沉积量增大，截面积减小，近壁面流速增大，壁面剪切应力增大，因此去除率也随之增大。综上所述，渐近污垢热阻与热流密度变化呈正相关，如图 8-25 所示。此外，在实际工程中，热流密度的增加令冷却水的过饱和度增大，反应速率常数增大，与此同时内螺纹强化管壁温的升高使更多的碳酸钙从冷却水内析出，因此对于析晶污垢而言其渐近污垢热阻值也随热流密度的增大而增大。

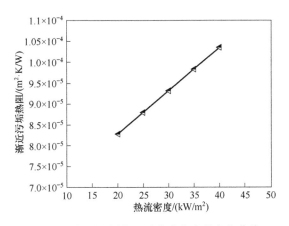

图 8-25　渐近污垢热阻随热流密度的变化曲线

本章小结

本章建立了内螺纹强化管与光管的内流场数值模型，为进一步解释前文实验中的污垢分布不一致的现象，并对换热管结构进行优化，开展了模拟分析。首先对第 6 章实验应用到的换热管建立了物理模型，基于对其传热和传质过程的详细分析，通过欧拉-拉格朗日法和欧拉-欧拉法分别构建了换热管流动传热的数值模型，包括连续相控制方程、离散相控制方程和数值求解方法等，并对其进行了网格划分及网格无关性验证；然后基于实际的测试数据，对所建模型进行了可靠性验证，通过数值模拟研究了连续相的轴向速度分布、温度分布及离散相的运动轨迹差异，以解释污垢分布不一致现象；通过正交实验设计方法，分析了管径、肋高、螺旋角、螺纹数以及热流密度对内螺纹强化管内表面混合污垢生长的影响，以确定表面微肋几何参数的优化方向。本章得到的结论如下：

1）数值模拟得到的进出口温差、努塞尔数、摩擦系数和 PEC 等，与通过实验测试数据计算得到的结果基本一致。所建立的数学模型符合测试用冷凝器，可以用来模拟换热管内的流动传热过程，能较为准确地捕捉到换热管内部的湍流流动，所构建的模型基本满足研究需求。

2）由于螺旋内肋的影响，流体在经过肋片后被迫与换热面分离。当平直段足够长时，会使流体重新附着；当平直段较短时，因没有足够的空间使被分离的流体重新附着，导致两肋之间的流动更缓和，使污垢更容易在螺旋肋背部和两个相邻肋之间沉积。

3）内螺纹强化管和光管在横截面上均出现了温度梯度，由于螺旋肋的约束与诱导作用，削弱了边界层，增加了强化管的换热性能。同时在近壁区域光管的温度高于强化管，将导致更多的析晶污染物析出，使光管的析晶污垢附着概率高于强化管。

4）光管中的粒子受重力影响，存在一个向下的运动轨迹，且随着偏离轴线的距离越远，该轨迹越明显。对于内螺纹强化管，粒子轨迹与螺纹方向一致，并向换热管中心轴方向偏移。其结果导致内螺纹强化管颗粒污垢的附着概率与颗粒组分在混合污垢中所占的比例均小于光管。

5）在典型冷却水流速（1.6m/s）及水质（朗格利尔饱和指数约为 1.2）工况条件下，当管径由 14mm 增大到 18mm，肋高由 0.3mm 增大到 0.7mm，螺旋角由 20° 增大到 50°，螺纹数由 6 个增大到 60 个，对应内螺纹强化管的平均渐近污垢热阻分别由 $1.25 \times 10^{-4} \mathrm{m^2 \cdot K/W}$ 减小到 $1.01 \times 10^{-4} \mathrm{m^2 \cdot K/W}$，由 $9.34 \times 10^{-5} \mathrm{m^2 \cdot K/W}$ 增大到 $1.25 \times 10^{-4} \mathrm{m^2 \cdot K/W}$，由 $8.57 \times 10^{-5} \mathrm{m^2 \cdot K/W}$ 增大到 $1.27 \times 10^{-4} \mathrm{m^2 \cdot K/W}$，由 $6.66 \times 10^{-5} \mathrm{m^2 \cdot K/W}$ 增大到 $1.47 \times 10^{-4} \mathrm{m^2 \cdot K/W}$，内螺纹强化管表面混合污垢沉积量随管径的减小，肋高、螺旋角及螺纹数的增大而增大，这与传热性能随各单一表面微肋几何参数的变化规律一致。因此内螺纹强化管的传热性能越强，抗垢性能就越差。

6）在内螺纹强化管常用的微肋几何参数范围内，不同表面微肋几何参数的强化管所对应的渐近污垢热阻的最大值为 $2.13 \times 10^{-4} \mathrm{m^2 \cdot K/W}$，最小值为 $5.68 \times 10^{-5} \mathrm{m^2 \cdot K/W}$，两者相差 73.38%。而单一表面微肋几何参数的总变化对渐近污垢热阻的影响作用由大到小依次为：螺纹数、螺旋角、肋高、内径。其对应的平均渐近污垢热阻极差分别为：$8.01 \times 10^{-5} \mathrm{m^2 \cdot K/W}$、$4.11 \times 10^{-5} \mathrm{m^2 \cdot K/W}$、$3.15 \times 10^{-5} \mathrm{m^2 \cdot K/W}$、$2.44 \times 10^{-5} \mathrm{m^2 \cdot K/W}$。

7）对于典型内螺纹强化管，虽然其渐近污垢热阻与轴向肋距与肋高比、内径呈正相关关系，但轴向肋距与肋高比（或管径）越大，其变化对渐近污垢热阻的影响越小。当轴向肋距与肋高比由 0.88 增大到 18.16，再增大到 67.13，渐近污垢热阻值分别减小 $1.44×10^{-4}m^2·K/W$、$1.28×10^{-5}m^2·K/W$；当内径由 14mm 增大至 16mm，再增大至 18mm，平均渐近污垢热阻值分别减小 19.31%、0.25%。因此在精度要求不高的条件下，当管径大于 16mm 或轴向肋距与肋高比大于 18.16 时，两者的变化对渐近污垢热阻值的影响可忽略不计。

8）热流密度的变化不仅改变了内螺纹强化管内冷却水的过饱和度，而且还改变了冷却水温度场分布，从而加剧或减弱颗粒的扩散作用，最终导致沉积率、去除率、渐近污垢热阻随热流密度的增大而增大。

第9章

空调室外机污垢

空气源热泵（Air Source Heat Pump，ASHP）技术因其高效、清洁、便利的特点，被列入可再生能源技术的行列。在"碳中和"目标的牵引下，推广可再生能源以替代传统一次能源成为迫切需求，空气源热泵技术或将迎来新一轮的应用热潮。根据第 5 章内容所述，空气源热泵在实际应用中面临室外机结霜（析晶污垢）与结垢（颗粒污垢）两大痛点：空气源热泵在室外机表面污垢、霜冻常常相互耦合，伴随发生。当霜、垢共存时，霜与垢的不均匀分布将对更多的换热面造成封堵。此前的研究已证实，在空气温度高于 3℃、相对湿度低于 70%时，空气源热泵室外机的结霜区域位于空气出口侧，而空气中的颗粒物主要沉积在室外机的入口侧。因此，在霜、垢的联合影响下，室外机的进出口侧或将被完全封堵，严重影响其运行性能。进一步探索霜、垢的作用规律及其耦合影响机制，对提高空气源热泵系统的性能可靠性以及供热效果可持续性有着重要意义。

9.1 空气侧颗粒垢——脏堵

空气源热泵在实际运行时，空气中的颗粒物容易在室外管翅式换热器表面沉积，形成脏堵。室外机的脏堵不仅严重降低空气源热泵的运行性能，甚至会导致运行过程中发生故障。近年来，大气污染已成常态化问题，雾霾天气频发，使空气源热泵室外机表面频繁地出现颗粒污垢。因此，对室外机脏堵形成过程和有效除脏方法的研究需要引起高度重视。

9.1.1 空气侧换热器表面颗粒污垢的形成过程

空气侧换热器表面污垢形成过程受空气含尘量、尘埃粒径、空气流速、换热器几何形状等多重因素影响。Siegel 和 Nararoff 指出，粒径 1~10μm 的颗粒物主要通过撞击作用沉积在翅片边缘；粒径大于 10μm 的颗粒主要通过沉降、撞击以及空气湍流作用沉积在换热器表面。作为颗粒物沉积模型的拓展，Brink 等人将黏度作为黏附概率的评价指标，预测了颗粒物由于惯性冲击而沉积的概率；Kleinhans 开发了一种机械灰分颗粒黏附和反弹模型，以预测粒子黏附和反弹的动能阈值；西安建筑科技大学樊越胜教授对空调室外换热器表面不同部位的积尘进行了粒径分布测定，发现室外换热器表面的平均粒径为 8～17μm。

一般情况下，颗粒污垢的形成是一个长期积累的过程，形成可视化的脏堵通常需花费数月甚至数年的时间。但在能见度较低、颗粒物含量较高的污浊空气中，颗粒污垢的形成周期将大幅缩短。根据空气的湿润程度，表面形成的颗粒污垢可分为湿颗粒污垢和干颗粒污垢。当空气相对湿度较高时，其露点温度高于换热器表面温度，空气中的水蒸气部分析出，与颗粒结合，增强了颗粒与颗粒之间、颗粒与换热表面的黏附强度，使其更容易沉降于换热器表面形成污垢，此类污垢被定义为湿颗粒污垢。如果空气相对湿度较低，空气露点温度低于换热器表面温度，则形成干颗粒污垢。相较于干颗粒污垢，湿颗粒污垢黏附强度大、形成周期短，且不易清除，更需要引起重视。

空气侧换热器表面颗粒污垢的形成过程大致可分为三个阶段：①翅片前端积尘；②顶部粉尘搭桥（见图 9-1a）；③换热器表面完全脏堵（见图 9-1b）。在最初阶段，颗粒物在翅片前端聚集，此时形成的脏堵对换热器的热阻和空气流通能力无明显影响。随着时间的推移，在换热器表面的上部位置，出现粉尘的搭桥现象，且距离顶部越近，搭桥现象越明显。换热器迎风面翅片边缘粉尘的沉积现象要比翅片壁面严重，且在进风气流方向上粉尘的沉积现象呈减弱趋势。此时，换热器传热性能大幅下降，空气流动受阻，压缩机功率有一定程度的提升，但制冷量呈衰减趋势。如果换热器在严重污染的大气环境下长时间运行而不采取任何维护手段，室外换热器表面将会完全脏堵，空气难以流通，压缩机功率明显提升而供热能力显著下滑，严重时甚至会出现停机事故。

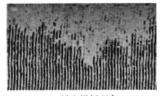 

a）粉尘搭桥现象　　　　　　b）换热器表面完全脏堵

图 9-1　冷表面结霜过程示意图

9.1.2　空气侧换热器表面颗粒污垢的分布规律

管翅式换热器表面污垢主要存在于翅片前缘以及制冷剂管的迎风侧，空气出口侧颗粒污垢明显少于入口侧。表 9-1 展示了同一台空气源热泵蒸发器表面产生的四种不同程度的颗粒污垢。蒸发器空气入口侧的污垢积累量明显多于蒸发器出口侧，即脏堵更容易发生在蒸发器入口侧，该现象与以往学者理论模型所预测的结果一致。

表 9-1　四种不同程度的颗粒污垢

污垢程度	污垢密度	蒸发器空气入口侧图像	蒸发器空气出口侧图像
无污垢	$0g/4m^2$		
轻度污垢	$15g/4m^2$		
中度污垢	$40g/4m^2$		
严重污垢	$70g/4m^2$		

9.1.3　污垢对换热器性能的影响规律

表 9-1 所示换热器总换热面积约 $4m^2$，四种不同程度下的污垢密度分别为 $0g/4m^2$、$15g/4m^2$、$40g/4m^2$ 及 $70g/4m^2$。本章所提到的"无污垢""轻度污垢""中度污垢""严重污垢"均指表 9-1 所列四种污垢形式。

1. 污垢对换热器空气流通性能的影响

污垢在换热器表面沉积会导致空气流通能力的降低以及制冷剂与空气之间总热阻的增加。图 9-2 为四种不同污垢程度下的空气流速对比，在无污垢、轻度污垢、中度污垢、严重污垢四种污垢水平下，平均风速分别为 2.81m/s、2.72m/s、1.98m/s、1.62m/s。从无污垢到轻度污垢，蒸发器的迎面风速仅略微降低，从 2.82m/s 降低到 2.72m/s；从轻度污垢增加到中度污垢时，蒸发器的迎面风速显著降低，从 2.72m/s 降低到 1.98m/s；当污垢程度从中度污垢增加到严重污垢时，蒸发器的迎面风速从 1.98m/s 降低到 1.62m/s。以上结果证明，在颗粒污垢沉积初期，污垢几乎不会对空气流通能力产生影响，而当污垢积累到一定程度其对空气流通能力的影响迅速增大。

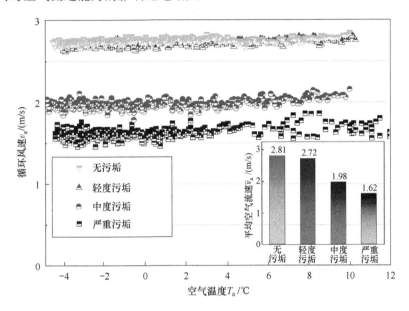

图 9-2 四种不同污垢程度下的空气流速对比

2. 对换热器换热特性的影响

污垢沉积在换热器表面会形成热阻，引发机组换热量的衰减。由图 9-3 可见，相同空气温度下，结垢越严重，蒸发器的表面温度越低。这是由于蒸发器表面的污垢增加了空气与制冷剂之间的总热阻，进而导致制冷剂从空气中吸收的热量减少，使得制冷剂温度降低，蒸发器表面温度也随制冷剂温度的降低而降低。

从图 9-3 可知蒸发器表面温度随空气温度呈线性增长，增长速率在无污垢、轻度污垢、中度污垢、严重污垢工况下分别为：0.7701、0.7426、0.6439、0.5512。污垢的存在降低了蒸发器表面温度对空气温度变化的敏感度。蒸发器处于清洁状态下，空气温度的升高将更多的热量传至蒸发器，使得蒸发器表面温度逐渐提升。但在污垢热阻的作用下，该增量相比于洁净的蒸发器较小，导致蒸发器表面温度的增量较小。依此可见，污垢对蒸发器性能的影响不应忽视。

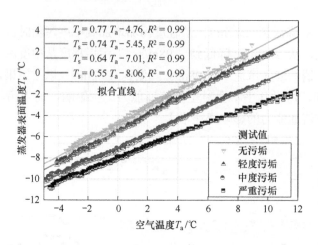

图 9-3 不同污垢程度下蒸发器表面温度随空气温度变化的趋势

图 9-4 展示了实验蒸发器在四种污垢水平下的换热量（Q_e）随空气温度（T_a）变化的趋势。对于定频压缩机驱动的空气源热泵系统，其蒸发器换热量随空气温度的降低而减小。蒸发器表面被污垢覆盖时，蒸发器换热量对空气温度更加敏感，单位空气温度变化引起的换热量变化更加明显。在四种污染水平（无污染、轻度污染、中度污染、重度污染）下，单位空气温降所引起的蒸发器换热量减小量分别为 0.062kW/℃、0.062kW/℃、0.064kW/℃、0.081kW/℃，污垢与空气温度对换热器换热量的影响存在耦合关系。

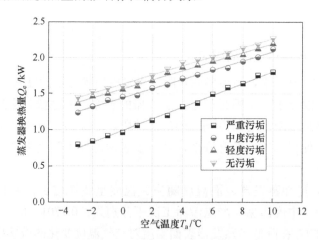

图 9-4 不同污垢程度下蒸发器换热量随空气温度变化的趋势

为了定量分析空气温度和污垢对蒸发器传热性能的耦合影响，定义污垢损失系数 ε：

$$\varepsilon = 1 - \left(\frac{Q_{\mathrm{e,f}}}{Q_{\mathrm{e,c}}} \right)_{T} \tag{9-1}$$

式中　$Q_{\mathrm{e,f}}$——污垢影响下蒸发器的换热量（W）；

　　　$Q_{\mathrm{e,c}}$——清洁状态下蒸发器的换热量（W）。

　　污垢损失系数可以定量地描述不同温度下污垢引起的蒸发器换热量衰减。根据图 9-5，随空气温度的降低，ε 呈增长趋势。当空气温度从 10℃降低到−3℃时，ε 在严重污垢工况下从 20.8%增加到 45.2%，在中度污垢工况下从 6.7%增加到 14.8%，在轻度污垢工况下从 3.4%增加到 6.1%，即污垢对蒸发器换热性能的影响随着温度的降低而被扩大。因此，在我国严寒地区或寒冷地区，更应重视蒸发器表面结垢问题。

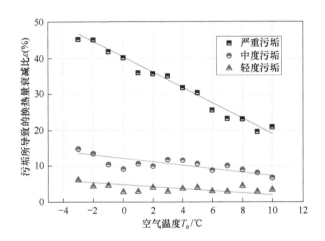

图 9-5　污垢衰减系数随空气温度变化的趋势

9.2　空气侧析晶垢——霜

　　溶液因温度变化呈现过饱和状态，浓度差导致溶质析出形成的结晶体称为析晶污垢。霜是由冰晶形成的蓬松多孔介质。结霜过程是因空气受冷，水蒸气达到过饱和状态而在换热表面析出成核，并呈晶状生长的一系列过程。广义上讲，空气侧换热器表面的结霜过程是一种析晶污垢的形成过程。

　　空气侧换热器的结霜问题一直是阻碍其应用的一大技术痛点。换热表面霜层不仅增大了空气与换热工质之间的换热热阻，同时也阻碍了空气的流通，降低了换热器的性能。对结霜过程的定量预测是发展抑霜、除霜策略的前提。针对空气侧换热器结霜问题，本节将从霜的生长过程、霜层空间分布规律、结霜评估技术等方面进行介绍。

9.2.1 空气侧换热器表面霜的形成过程

早在 20 世纪 60 年代，结霜问题就引起了业内的高度重视，由此衍生了许多关于结霜机理的探索。霜的形成是一个包含了相变、传热、传质的非稳态过程，是空气在换热器表面受冷，导致水蒸气在空气中的溶解度降低，从而从空气中析出，并凝结成核的过程。根据成核点的位置，可将换热器表面的霜分为两部分：1）成核点在换热器表面，即空气中的水蒸气直接在换热器表面冷凝或凝华，形成的霜；2）成核点在空气，即空气中的水蒸气在过饱和的空气中自发析出，形成微小水滴或冰晶，这种水滴或冰晶伴随空气流动，并最终附着于换热器表面形成霜。

以换热器表面为成核点的结霜过程最早由 Hayashi 等人分为三个阶段，即：晶核生长期、霜层生长期和霜层充分生长期。随着后期研究的深入，三个阶段进一步得到改进和定义，即晶核形成期、霜层生长期和霜层充分生长期。结霜过程如图 9-6 所示。

图 9-6 冷表面结霜过程示意图

晶核形成期：当冷表面温度低于空气露点温度且低于 0℃时，冷表面将出现成核点，形成霜胚，并且霜胚体积持续增长。

霜层生长期：随着霜胚表面温度在霜胚体积增长的过程中持续升高，维持霜胚继续生长的过冷量降低。另一方面，伴随霜胚的体积增大，维持霜胚继续生长所需的过冷量将持续增大。当维持霜胚继续生长所需的过冷量大于打破霜胚表面壁垒，在霜胚表面出现新的成核点所需的过冷量时，霜胚停止生长，在其表面将出现新的成核点。以此类推，在新的成核点的基础上将会继续出现下一个成核点，使得最后的霜层蓬松、多孔。

霜层充分生长期：随着霜层的积累，换热器换热性能逐渐下降，霜表面温度逐渐升高。当其表面温度接近于 0℃时，进入霜层充分生长阶段，并可能发生回融现象，使霜层表面变得平整。

在成核阶段及霜柱生长阶段，霜层厚度增大，但换热器热阻无明显变化。换热器的换热量衰减主要发生于霜层充分生长阶段，即蓬松霜层形成的阶段。延缓蓬松霜层的出现可有效降低霜层所带来的危害，是当前关于抑霜研究的一大技术突破点。

9.2.2　空气侧换热器表面霜层空间分布规律

空气侧换热器表面不均匀结霜主要包括两种形式：翅片边缘的过度结霜效应（见图 9-7），以及空气进出口表面温度的不均匀分布导致的空气进出口侧的不均匀结霜现象（见图 9-8）。

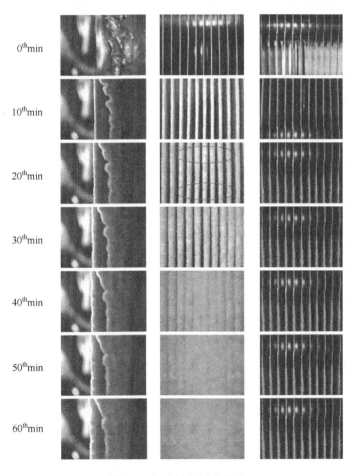

图 9-7　翅片边缘过度结霜

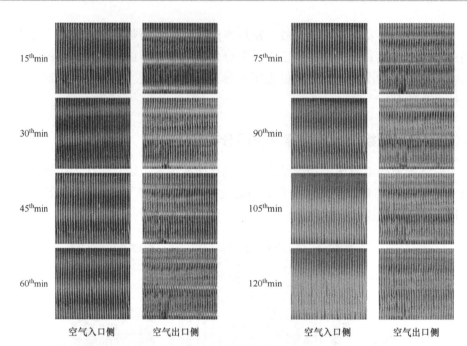

图 9-8　空气进出口侧不均匀结霜规律（$T_a = 6℃$, $RH = 70\%$）

在低温高湿环境下开展管翅式换热器表面结霜过程的可视化实验，观测到蒸发器空气入口侧边缘所沉积的霜层明显比出口侧严重。管翅式换热器边缘的结霜量明显多于其他部位的结霜量，这是导致空气流通受阻的主要原因。对此现象的解释，主要有以下两方面：

1）换热器表面的霜层主要包括两部分，即水蒸气在换热器表面冷凝成核形成的霜，以及水蒸气在空气中自发析出，凝聚成核，并附着在换热器表面形成的霜。空气中自发凝聚而成的团聚体在换热器表面附着的过程与颗粒污垢的附着过程相似，其主要沉积于换热器的空气入口侧，会导致换热器空气入口侧的霜层明显比空气出口侧的霜层分布密集。

2）空气流过换热器时，在空气入口侧析出霜晶之后，空气的湿度降低，导致空气在换热器出口侧的过冷度减小，最终呈现空气出口侧的霜层较少。

图 9-9 所示为蒸发器空气进出口的表面温度测试结果。尽管蒸发器内制冷剂均匀分布，蒸发器进出口侧表面温度依旧不均匀。蒸发器的空气入口侧表面温度约比出口侧高 3℃。对于传统的空气源热泵机组，流出蒸发器的空气温度一般比流入的空气温度低 3～5℃，因此蒸发器的空气出口侧表面温度也会比出口侧低。图 9-9 中的测试结果表明蒸发器空气入口侧的表面温度在第 44min 之前均在 0℃以上，而空气出口侧则在实验开始就低于 0℃。因此，蒸发器空气入口

侧在第44min之后开始结霜，而空气出口侧在整个实验中一直在结霜。

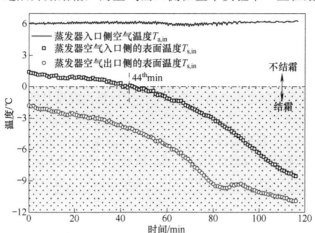

图 9-9　蒸发器表面温度随时间的变化

若考虑不均匀结霜现象，基于第 5 章所介绍的在线测试空气源热泵机组测试结果，可分别绘制蒸发器空气进出口侧的结霜评估图。图 9-10 展示了当蒸发器迎面风速为 2.4m/s 时，蒸发器入口侧空气温度与蒸发器进、出口侧表面温度之差（$\Delta T_{s,in}$，$\Delta T_{s,out}$）。如图所示，$\Delta T_{s,in}$ 与图 9-10 右对角线相交于 $T_a = 2.8℃$，即空气温度为 2.8℃时蒸发器入口侧表面温度为 0℃。同理，空气温度为 7.7℃时，蒸发器出口侧表面温度为 0℃。基于图 9-10 所示数据，可得循环风速为 2.4m/s 时所测试空气源热泵系统蒸发器进出口的结霜/结露判定图，如图 9-11 所示。

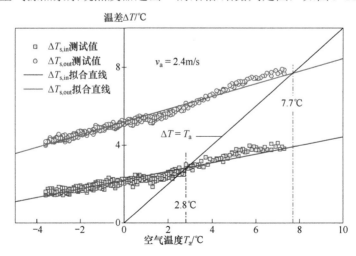

图 9-10　蒸发器表面温度随时间的变化

图 9-11 根据不同空气温湿度范围划分为六个区域。在区域 I 中，$T_{s,in}$ 以及 $T_{s,out}$ 均低于 T_{dew} 且低于 0℃，因此蒸发器进出口表面均从一开始就结霜。在区域 II 中，$T_{s,in}$ 低于 T_{dew} 但高于 0℃，蒸发器入口侧表面结露；$T_{s,out}$ 低于 T_{dew} 且低于 0℃，蒸发器出口侧结霜。在区域 III 中，$T_{s,in}$ 以及 $T_{s,out}$ 均低于空气露点温度但高于 0℃，蒸发器进出口侧均结露。在区域 IV 中，$T_{s,in}$ 高于空气露点温度，蒸发器入口侧既不结霜也不结露；$T_{s,out}$ 低于空气露点温度且低于 0℃，蒸发器出口侧结霜。在区域 V 中，$T_{s,in}$ 高于空气露点温度，蒸发器入口侧既不结霜也不结露；$T_{s,out}$ 低于空气露点温度但高于 0℃，蒸发器出口侧结露。在区域 VI 中，$T_{s,in}$ 以及 $T_{s,out}$ 均高于空气露点温度，蒸发器进出口侧均不结霜且不结露。基于以上分析，区域 II 和区域 IV 即蒸发器空气出口侧结霜而空气进口侧不结霜的区域。

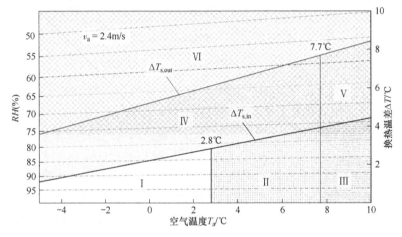

图 9-11　蒸发器进出口结霜/露区划分

对于空气侧换热器来说，不均匀结霜现象会降低其运行能效，拓宽导致结霜的空气温湿度范围，并且继续增大除霜能耗。因此，进一步优化与控制空气侧换热器表面不均匀结霜现象具有一定的抑霜潜力。

9.2.3　结霜的抑制方式

为应对空气侧换热器结霜问题，现有的除霜手段可帮助空气源热泵恢复其额定运行能力。然而，遵循能量守恒定律，除霜过程本身是能量消耗过程，且除霜过程常伴随供热能力的衰减。相较于除霜，"防霜""抑霜"近年来已成为业内研究的热点。已发展的抑霜方案包括以下途径：

1. 室外机入口侧空气预热

在不明显地改变换热量的情况下，提高空气温度时，空气侧换热器表面温度也会随之提升。因此，通过提高室外机入口空气温度可有效抑制结霜。

2. 室外机入口侧空气除湿

冷表面结霜发生条件为表面温度低于空气露点温度且低于 0℃。通过降低室外机入口侧空气相对湿度能有效降低空气露点温度，从而减小结霜发生的空气温湿度范围，达到抑制结霜的目的。苏伟等人提出了一种可实现溶液闭环再生的溶液除湿系统，将其用于无霜空气源热泵的研发。并在此基础上对该无霜型空气源热泵系统进行可用能分析以及性能评估，结果证明溶液闭环再生型无霜空气源热泵机组可比传统空气源热泵系统节约可用能 10%以上，并且降低运行成本 10%以上。除溶液除湿法外，应用固体吸附剂除湿也可有效地实现空气源热泵室外机的无霜设计。该方法在空气源热泵室外机入口侧增设带有活性炭涂层的吸附床，吸附床内吸附的水分通过太阳辐射蒸发，从而实现吸附床内干燥剂的循环利用。

3. 提高室外机表面温度

当空气源热泵室外机表面温度低于空气露点温度且低于 0℃时，室外机表面便会结霜。表面温度与空气露点温度的温差越大，结霜过程的驱动力越大。因此在不改变空气参数的条件下，通过直接提高室外机表面温度可以缩小结霜的空气温湿度范围，且减小结霜过程的驱动力，延缓结霜进程。目前，提高表面温度的办法主要有两种：一是增大室外机的换热面积，但是该方式不可避免地增加了空气源热泵机组的初投资，而且当前尚无具体的研究指出换热面积增大到何种程度能帮助抑制结霜，故而增大换热面积抑霜的方法还有待进一步完善；另一种方法为压缩机热气旁通法，通过在压缩机出口增设旁通阀，将排出的高温高压制冷剂与蒸发器入口制冷剂混合，实现制冷剂的预热，从而提高蒸发温度，该方法被证实可有效延缓结霜。

4. 表面涂层处理

冷表面结霜过程是一系列的相变成核过程，通过对表面进行亲/疏水性涂层处理可改变晶核与冷表面的接触角，从而改变霜层结构，实现抑霜目的。涂层处理包括亲水性涂层及疏水性涂层，如图 9-12 所示。

a) 疏水界面　　　　　b) 普通界面　　　　　c) 亲水界面

图 9-12　不同特性表面示意图

亲水界面上水滴与界面的接触角小于 90°，在其表面形成的霜层更加平坦密实，结霜初期霜层呈一种膜状结构，由于霜层热阻随其密度的增大而减小，因此亲水涂层可降低结霜对换热的影响。此外，实验证明亲水涂层由于其吸水性，可降低热湿气流中冷表面上霜层生长速率的 10%～30%，亲水涂层表面结霜的速率低于普通界面结霜速率。

疏水界面上水滴与界面的接触角大于 90°，在其表面形成的霜层比较蓬松稀疏、容易脱落，有利于除霜。但是疏水涂层并不能明显改变霜层生长速率，冷表面的疏水化处理达不到抑霜要求，因此疏水涂层技术未被广泛应用。近年来，超疏水涂层作为疏水涂层的升级版（见图 9-13），其界面上水滴的接触角大于 150°，表面形成的霜核体积更小，霜层更加蓬松稀疏，可有效抑制霜层的生长，已成为业内热点方向。

a) 超疏水涂层　　　　　b) 普通铜板表面

图 9-13　超疏水界面和普通铜板表面特性

5. 增大空气流速

在不改变总换热量的情况下，增加空气流速可减小空气侧换热器的换热温差，从而抑制结霜。图 9-14 显示了在风速为 1.6m/s、2.4m/s、2.8m/s 的情况下，空气源热泵机组室外换热器的换热温差随空气温度的变化趋势。根据换热温差拟合直线，分别绘制出各风速的结霜评估图，如图 9-15 所示。对比图 9-15a、b、c，可以得出：结霜区随风速的减小而缩小，结霜的驱动力随风速的增加而减小，增大室外机的空气流速可有效抑制结霜。

6. 均匀化换热器表面温度

空气源热泵室外机表面温度不均匀性会导致局部区域温度较低。如图 9-8 所示，即使空气源热泵室外机表面部分区域可在初始阶段避免结霜，但随着霜层在换热器表面其他区域的积累，整个换热器表面温度均降低，最终导致换热器表面的全区域结霜。均匀化换热器表面温度可抑制换热器的局部低温，从而降低换热器表面结霜的触发温度，抬高结霜的触发相对湿度。

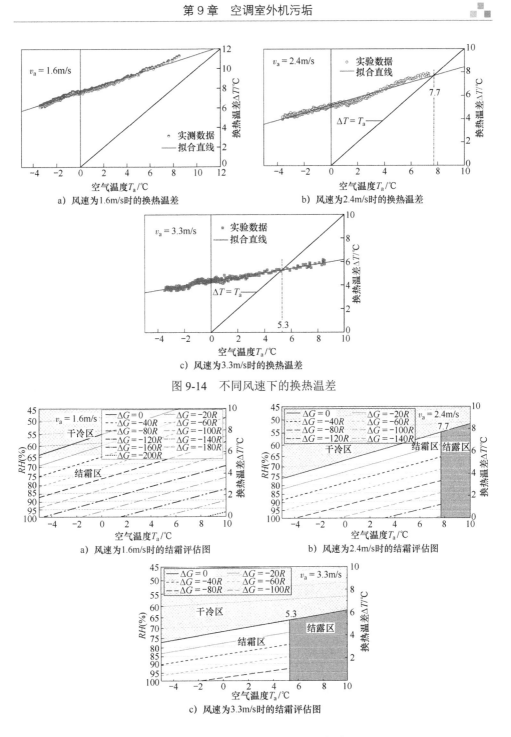

图 9-14 不同风速下的换热温差

图 9-15 不同风速下的结霜评估图

357

以第 5 章所述空气源热泵系统为例，其室外机的空气进口侧表面温度（$T_{s,in}$）以及出口侧表面温度（$T_{s,out}$）的测试值列于图 9-16 中。在不改变蒸发器总换热面积和总制冷剂流量的前提下，理论上可通过均匀化表面温度提高蒸发器出口侧温度。而经表面温度均匀化后的蒸发器表面温度可由半经验模型计算，计算结果也呈现于图 9-16 中。基于优化前后的蒸发器表面温度，分别绘制原热泵系统结霜区和表面温度均匀化后的结霜区，结果如图 9-17 所示。优化之后的机组结霜区大幅缩小，临界结霜温度从 7.7℃ 降低到 5.2℃，临界相对湿度由 5% 提高到 10%。图 9-18 中列出了我国五大气候分区的九座代表性城市在 2020 年的逐时气象参数，其中包括空气温度和相对湿度。九座城市的抑霜潜力见表 9-2。在这九座城市中，由于拉萨全年处于低温高湿环境，该地区在年周期内的累计结霜时长高达 2384h，为结霜最严重的城市。通过优化空气源热泵机组表面温度的不均匀性，拉萨的结霜时长可由 2384h/年缩减为 1601h/年，缩幅达 32.8%。由于广州冬季气温也处于 0℃ 以上，全年仅有 61h 的累计结霜时长，通过优化空气源热泵室外机表面温度的不均匀性，广州可实现全年内无霜运行。通过图 9-19 所列城市间的横向对比，空气源热泵室外机表面不均匀温度的优化可在年周期内减少空气源热泵 30% 以上的结霜时长，优化潜力与区域气候特征存在一定关系。总体而言，空气源热泵室外机表面不均匀温度的优化在越温和、越干燥的地区，其抑霜潜力越显著。

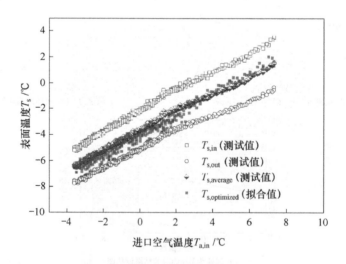

图 9-16　在线监测空气源热泵系统室外机空气进出口表面温度

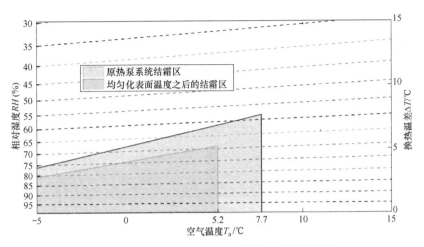

图 9-17　表面温度均匀化前后的热泵系统结霜区

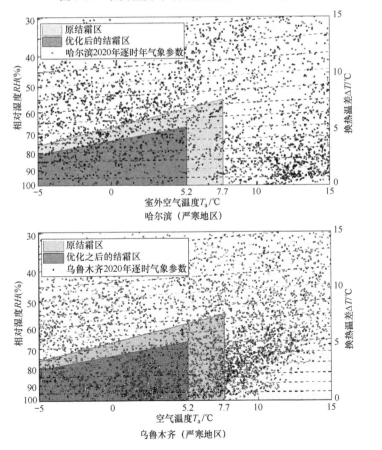

图 9-18　均匀化室外机表面温度在全国 9 个典型城市抑霜潜力分析

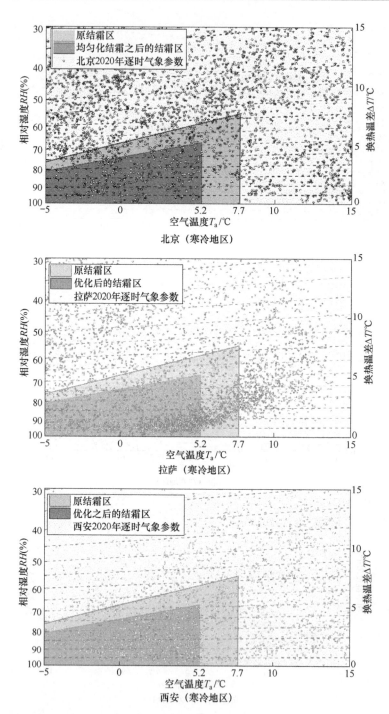

图 9-18 均匀化室外机表面温度在全国 9 个典型城市抑霜潜力分析（续）

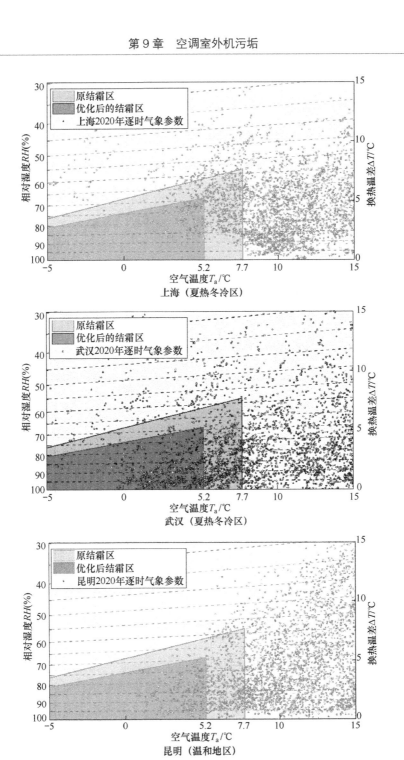

图 9-18　均匀化室外机表面温度在全国 9 个典型城市抑霜潜力分析（续）

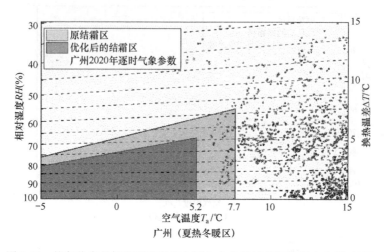

图 9-18　均匀化室外机表面温度在全国 9 个典型城市抑霜潜力分析（续）

表 9-2　全国九个典型城市结霜时长统计

建筑气候分区	城　　市	年周期内的累积结霜时长/h		抑霜潜力
		原热泵系统	优化后的热泵系统	
严寒地区	哈尔滨	685	355	48.20%
	乌鲁木齐	1734	985	43.20%
寒冷地区	北京	694	373	46.30%
	拉萨	2384	1601	32.80%
	西安	1288	822	36.20%
夏热冬冷区	上海	707	146	79.30%
	武汉	1470	668	54.60%
温和地区	昆明	805	269	66.58%
夏热冬暖区	广州	61	0	100%

9.3　空气侧混合污垢生长特性

随着中国城市化和工业化的快速发展，环境问题尤其是大气中细颗粒物浓度增加所导致的空气污染已席卷全国，而空气污染会对室外机的结霜过程产生至关重要的影响。中国气象局将雾霾定义为除了大雾和沙尘暴以外，能见度小于 10km、相对湿度小于 90% 的天气现象，是空气污染的直接后果。我国的环渤海地区、长三角地区、珠三角地区和四川盆地为四大重霾污染区。特别是在北京，PM10 和 PM2.5 已成为主要的空气污染物，雾霾天 PM10 浓度范围为

$250.5 \sim 519.4 \mu g/m^3$，约为非雾霾天 PM10 浓度的 3～8 倍。以北京为典型代表的北方地区，是空气源热泵应用最广泛的地区之一，但近年来雾霾天气频发，雾霾、结霜等问题相互耦合，使得空气源热泵室外换热器脏堵问题愈发严重。为此，揭示重度污染大气环境下颗粒污垢的生长对结除霜过程的影响意义重大。

9.3.1　空气中悬浮颗粒物对结霜过程的干预作用

为探索空气悬浮颗粒物对空气侧换热器结霜进程的影响特性，基于实验测试讨论了不同污染物浓度下热泵系统在 1h 内的结霜特性和系统性能变化。实验模拟了四种不同的空气污染水平：无污染、轻度污染、中度污染和重度污染。整个测试过程中 PM2.5 浓度数据如图 9-19 所示。实验测试所模拟的空气污染以 PM2.5 为标准污染源，在无污染工况下，PM2.5 浓度数据均在 $10\mu g/m^3$ 以下；在轻度污染工况下，PM2.5 浓度在 $70 \sim 147 \mu g/m^3$ 范围内波动；在中度污染工况下，PM2.5 浓度保持在 $146 \sim 252 \mu g/m^3$ 范围内；在严重污染工况下，PM2.5 浓度控制在 $247 \sim 399 \mu g/m^3$ 范围内，平均为 $330\mu g/m^3$。由于细颗粒物自然凝聚沉降、实验舱壁面静电作用和加湿器运行消耗等多重作用的影响，在较高污染物浓度模拟的实验过程中，PM2.5 浓度波动幅度较大，即高污染物浓度下实验舱内 PM2.5 的浓度衰减速率更快。

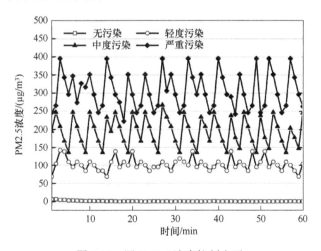

图 9-19　同 PM2.5 浓度控制水平

实验记录了在不同污染物浓度下，结霜过程 1h 内蒸发器传热速率、空气侧流速和系统 COP 的变化情况。其中不同浓度下蒸发器传热速率变化曲线如图 9-20 所示。

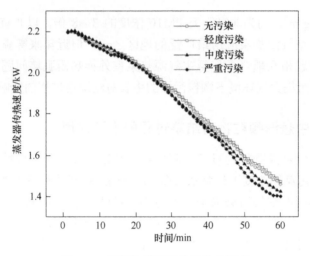

图 9-20　不同浓度下蒸发器传热速率

　　根据实验数据计算蒸发器传热速率在 1h 结霜过程中的衰减程度，在无污染工况下，蒸发器传热速率从最初的 2.198kW 下降到 1.487kW（减小 32.3%），与轻度污染工况下几乎没有差别。而在中度污染和严重污染工况下，蒸发器传热速率在 1h 内则分别下降 34.8% 和 36.1%，从而验证了 PM2.5 对室外翅片管蒸发器结霜过程的促进作用。与无污染工况相比，轻度污染对结霜过程影响甚微，中度污染是 PM2.5 对结霜过程产生明显影响的临界值。因此，悬浮颗粒物影响结霜过程规律的主要污染物浓度范围应是中度以上污染。

　　表 9-3 列出了在不同污染物浓度工况下，结霜过程 1h 内蒸发器迎面风速、系统 COP 的变化程度。从表 9-3 中可以看到，与无污染条件下霜冻引起蒸发器迎面风速的衰减百分比（58.1%）相比，轻度污染空气的衰减百分比为 58.7%，而中度污染为 59.7%，重度污染为 62.0%。对于系统 COP，无污染空气和轻度污染空气的衰减百分比分别为 21.0% 和 21.3%，而中度污染和重度污染分别为 22.0% 和 24.0%。

表 9-3　不同污染物浓度对系统性能参数的影响程度

性 能 参 数	衰减百分比			
	无 污 染	轻 度 污 染	中 度 污 染	严 重 污 染
蒸发器传热速率	32.3%	32.9%	34.8%	36.1%
蒸发器迎面风速	58.1%	58.7%	59.7%	62.0%
系统 COP	21.0%	21.3%	22.0%	24.0%

　　以上结果证实了 146μg/m³ 的 PM2.5 浓度（PM2.5 中度污染浓度下限）是影响结霜的临界值。即，当 PM2.5 浓度高于 146μg/m³ 时，会显著影响结霜过程。

9.3.2 PM2.5 对空气侧换热表面器结霜过程影响机制

霜层的生长分为三个主要阶段：霜柱发生期、霜层生长期和霜层成熟期。在霜柱发生期，在冷壁面上会形成均匀分布的柱状晶体，霜层高度增长最快；在霜层生长期，枝状结晶相互作用，霜层表面趋于平坦，霜层厚度增长缓慢但密度快速增加；在霜层成熟期，霜层的形状基本不变，蒸发器换热特性和空气侧流动特性趋于稳定。空气中细颗粒物对结霜的影响可能在结霜的不同阶段有所差异，为此做如下分析：

1. 空气中悬浮颗粒物对换热器结霜过程中空气侧流动特性和换热特性的影响

为了确定空气污染只对霜层的形成有影响，选择严重污染和无污染工况进行对比。将空气温度和相对湿度分别设置为 4℃和 60%，结霜过程初始时刻蒸发器迎面风速设为 2.5m/s，且风机始终为定频控制。在严重污染和无污染条件下，分别在 2h 内连续测量管翅式蒸发器的空气侧流动特性和传热性能相关参数，经过重复性验证，并给出处理结果。如图 9-21 所示，各特性参数曲线在无污染和严重污染空气条件下，变化规律相似。在严重污染工况下，各参数的最终值接近于无污染条件下的最终值，因此空气污染对结霜过程中空气侧流动与换热特性无影响。

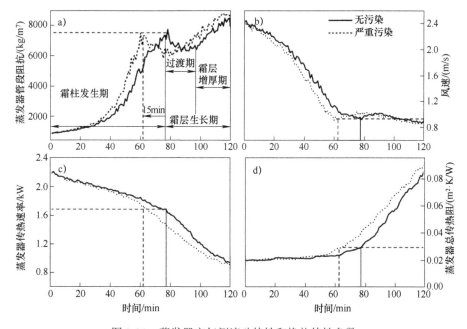

图 9-21 蒸发器空气侧流动特性和换热特性参数

在无污染条件下，霜柱发生期自测试开始持续了约77min。由于这一时期霜柱的出现和持续生长，蒸发器的空气通道表面变得粗糙且狭窄，因此蒸发器空气侧风道的管段阻抗 S 从 $700kg/m^7$ 快速升至 $7500kg/m^7$，相应的蒸发器总热阻 R 从 $0.02m^2 \cdot K/W$ 升至 $0.03m^2 \cdot K/W$，风速 v_a 从 $2.5m/s$ 下降到 $0.9m/s$。虽然在翅片表面的霜柱会增加蒸发器的传热面积，进而提高蒸发器表面附近空气的传热系数，但由于风速的迅速下降，在霜柱发生期蒸发器的传热速率从 $2.2kW$ 下降到 $1.7kW$，超出了霜柱带来的强化传热的效果。

在严重污染条件下，虽然结霜过程中各参数的最终值与无污染条件下相近，但 PM2.5 污染导致霜冻出现时间提前。即，混合在空气中的 PM2.5 加快了霜冻的生长速度。如图 9-21a 所示，与无污染条件下相比，霜柱发生期缩短了约 15min。此外，霜层生长期还可分为两个阶段：过渡期和霜层增厚期。在过渡期，霜柱之间霜冻的生长，可以使霜层的表面变得平滑，降低蒸发器表面的摩擦系数，从而降低管翅式蒸发器在此阶段的空气侧管段阻抗。而在霜层增厚期，管段阻抗又随着空气流道变窄而逐渐上升。

在霜柱发生期和霜层增厚期，随着霜层的增长，蒸发器表面的摩擦系数和空气侧流道的尺寸在持续变化，这两者均会增大蒸发器的空气侧阻抗。空气侧阻抗的增加速率与霜柱发生期和霜层增厚期的结霜速率呈正相关，而在过渡期呈负相关。因此，可以通过比较蒸发器的空气侧阻抗来评价结霜过程。定义评价指标——结霜速率比（Frosting Rate Ratio，FRR），以定量分析 PM2.5 在不同时期对结霜过程的影响，其表述为严重污染条件下蒸发器空气侧阻抗的平均变化率与无污染条件下的平均变化率之比，通过式（9-2）进行计算。

$$FRR = \frac{\bar{s}_p}{\bar{s}_o} \tag{9-2}$$

式中　$\bar{s}_p$——严重污染条件下蒸发器管段阻抗平均变化率 $[kg/(m^7 \cdot s)]$；

$\quad\quad \bar{s}_o$——无污染条件下蒸发器管段阻抗平均变化率 $[kg/(m^7 \cdot s)]$。

在严重污染条件下的霜柱发生期，蒸发器的平均阻抗变化率为 $1.709kg/(m^7 \cdot s)$，无污染条件下的平均阻抗变化率为 $1.499kg/(m^7 \cdot s)$，结霜速率比 FRR 为 1.140。严重污染条件下霜层增厚期平均阻抗变化率为 $1.348kg/(m^7 \cdot s)$，无污染条件下为 $1.187kg/(m^7 \cdot s)$，结霜速率比 FRR 为 1.136。结果表明，严重污染的空气在霜柱发生期和霜层增厚期均能促进结霜过程，且这两个时期的促进程度相近。

2. 无污染和重度污染条件下的结霜过程可视化对比

为了直观地比较无污染和严重污染条件下结霜过程的差异，在实验中通过监控装置对蒸发器表面结霜情况进行图像记录，图像采集模块的摄像头置于蒸发器后侧 10cm，正对管翅式蒸发器进行结霜过程图像采集。设定实验工况为空气温度 4℃，相对湿度 60%。记录结霜过程前 1h（主要是霜柱发生期）的蒸发器翅片管表面图像，记录间隔 10min。从图 9-22 可以看出，在初始时刻翅片表面均无任何结霜痕迹，实验开始后即可观察到结霜情况有明显差异：在 10～50min 结霜过程中，严重污染条件下的霜层比无污染条件下的霜层发展得快；50min 后，两者结霜速率都趋于缓慢，且蒸发器在两种条件下的最终结霜量相近，符合图 9-21a 中蒸发器空气侧管段阻抗曲线所呈现的变化规律；在 60min 后，这两种条件下霜冻外部形式的宏观照片没有明显的差异。

在两种不同空气污染条件下，结霜过程初始时刻由于蒸发器表面尚无霜冻出现，此时两者的差异只有空气中的 PM2.5 浓度，结霜过程主要处于结霜第一阶段，即霜柱发生期。且两者的蒸发器表面在约第 10min 时就呈现出较明显差异。由此认为，在结霜初始时刻，当湿空气经过蒸发器冷表面，水蒸气凝结成霜晶并附着在翅片管上，而空气中的 PM2.5 起到了凝结核的作用，加速了水分的凝聚，从而影响了这一初始过程。

应当指出，若其他条件均未发生改变，在整个结霜过程中 PM2.5 对水蒸气凝结成核的促进作用应是持续的。但在 30～40min 后，随着霜柱的继续生长，翅片管热阻开始明显增大，蒸发器外侧空气流道阻力的增加也使得空气流速快速下降，对蒸发器表面传热传质过程条件不利。同时空气中 PM2.5 这一"异相结晶核"对结霜过程的促进作用也变得不明显，最终导致在结霜过程进行到 60min 左右，即霜柱发生的末期，两种条件下蒸发器表面结霜现象差异变小。

3. 污染物与空气温湿度的对结霜进程的耦合影响

蒸发器表面结霜作为一种传质过程，不同的空气温度和相对湿度条件下，室外管翅式蒸发器的结霜程度差异较大，而空气中悬浮颗粒物在不同温湿度条件下对蒸发器结霜过程产生影响的程度可能也有较大差异。

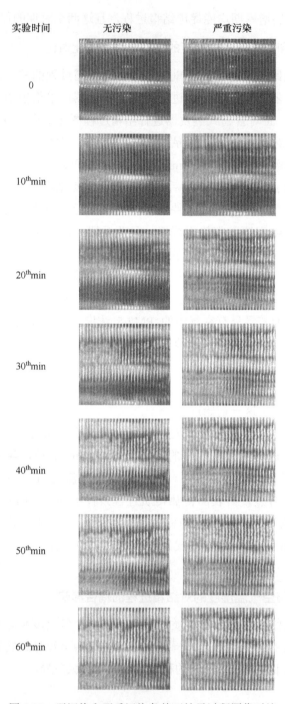

图 9-22　无污染和严重污染条件下结霜过程图像对比

（1）悬浮颗粒物与空气温度对结霜过程的耦合影响　为研究严重污染对不同空气温度下结霜过程的影响规律，进一步开展了控制变量的实验测试。实验中将空气的相对湿度保持在 60%不变，空气温度分别设置为-1℃、0℃、1℃、2℃、3℃、4℃、5℃，共七组对比实验。如图 9-23 所示，在低于 1℃的空气温度范围内，FRR 随着空气温度的升高而升高，但在高于 1℃的空气温度范围内，FRR 随着空气温度的升高而降低，表明 PM2.5 对结霜过程的影响程度大小与空气温度并非线性关系。结果可以进一步解释为，受 PM2.5 严重污染影响的结霜区域可分为两个部分：在空气温度较低的区域 Ⅰ，PM2.5 对结霜过程影响程度的大小由空气中水分含量决定；在区域 Ⅱ，PM2.5 对结霜过程影响程度的大小是由空气中 PM2.5 与水分的质量比来决定的，与区域 Ⅰ 相比，区域 Ⅱ 通常对应较高的空气温度。

如图 9-23 所示，在空气温度低于 1℃的区域 Ⅰ 内，随着空气温度的降低，空气中水分含量越低，且翅片管表面温度越低，空气中大部分的水分在缺少结晶核的前提下也能够在换热表面充分凝结，因此 PM2.5 的存在对结霜过程难以产生明显影响。并表现为在区域 Ⅰ 内，PM2.5 对结霜过程的促进作用随着空气温度的升高而逐渐明显。而在空气温度高于 1℃的区域 Ⅱ 内，空气中的水分含量足够，并且存在结霜现象。在相对湿度恒定的情况下，随着空气温度的升高，水分含量上升，从而使空气中 PM2.5 与水分的质量比随之下降，严重污染对结霜过程的影响也随之减弱，反映为 FRR 值的减小。

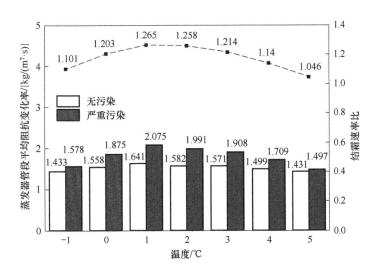

图 9-23　不同温度下蒸发器空气侧阻抗平均变化率

（2）悬浮颗粒物与空气相对湿度对结霜过程的耦合影响　将空气温度控制在 3℃，空气相对湿度分别设置为 55%、60%、65%、70% 和 90% 进行实验。如图 9-24 所示，PM2.5 对结霜过程的影响（由 FRR 反映）在相对湿度为 60% 时达到峰值，这与图 9-23 中的结果相似。根据上文分析可知，图 9-23 中相对湿度低于 60% 的范围内，FRR 的增大是由空气中的水分含量的增加决定的，因此随着相对湿度的升高，FRR 也随之增加。在相对湿度高于 60% 的范围内，随着相对湿度的增加，空气中 PM2.5 与水分的质量比逐渐下降，FRR 也随之下降。故图 9-24 的结果再一次证明了上一节关于结霜区域（区域Ⅰ和区域Ⅱ）划分的准确性。

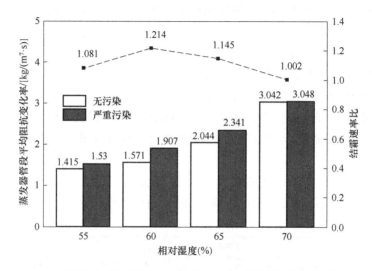

图 9-24　不同相对湿度条件下蒸发器空气侧管段阻抗的平均变化率

综上分析，整体上 PM2.5 随着浓度与含湿量比值的升高对结霜过程的影响变大，但在含湿量很低的情况下影响有限。这是由于在相对湿度低于 60% 的低湿条件下，结霜速率本身很小，空气中水分含量远小于蒸发器的“凝结能力”，PM2.5 等异相结晶核对结霜过程的促进作用达到上限，影响不再显著。

9.4　既有颗粒污垢工况下的结霜特征

由于空气源热泵机组在夏季作为建筑冷源运行一个供冷季后，其表面不可避免地会积累灰尘，当其在供暖季继续运行时，表面污垢常常与结霜伴随发生。近年来空气污染频发，空气中携带的颗粒物沉积于空气源热泵室外机表面，给颗粒污垢的形成提供了良好条件。污垢的存在不仅影响换热器换热性能，更将导致其结霜特性发生改变。为进一步探索既有污垢对结霜过程的影响，针对此内容展开了一系列分析。

9.4.1　既有污垢对结霜特性的影响机制

1. 既有污垢对结霜的需求温湿度范围的影响

污垢的存在可能使得空气源热泵室外机在不应结霜的空气温湿度范围内结霜，或者在原本因轻度结霜的空气温湿度范围内发生重度结霜。为探明污垢对结霜的影响机制，本节进一步对四种不同水平污垢下的结霜特性展开分析。

图 9-25 为所测试的蒸发器在不同污垢程度下的换热温差测试结果。换热温差随着污垢程度的增加而增加，同时随着换热温差的增加，临界结霜线向右侧移动。对于无污垢、轻度污垢、中度污垢和严重污垢四种工况，临界结霜线分别为 6.2℃、7.3℃、11.0℃ 和 14.3℃。根据图 9-26 绘制出四种污垢水平下空气源热泵热水器的结霜评估图可知，一方面污垢拓展了结霜区的范围，且污垢程度越严重，结霜区范围越大。在同一空气温湿度水平下，结霜驱动力随污垢程度的增加而增加。例如，在实验温度为 5℃、相对湿度为 70% 的工况下，无污垢工况下的 ΔG 小于 $-20R$，而轻度污垢工况下的 ΔG 在 $-20R$ 至 $-40R$ 范围内，中度污垢工况下的 ΔG 在 $-60R$ 至 $-80R$ 范围内，严重污垢工况下的 ΔG 在 $-80R$ 至 $-100R$ 范围内。结果证明，污垢将可能引发空气源热泵室外机在非结霜区结霜，甚至在本应是轻微结霜时结霜严重。

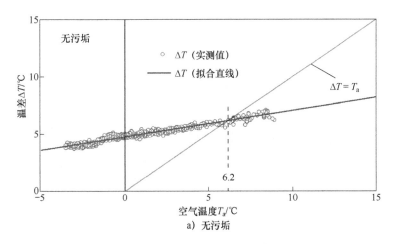

a）无污垢

图 9-25　不同污垢水平下蒸发器换热温差

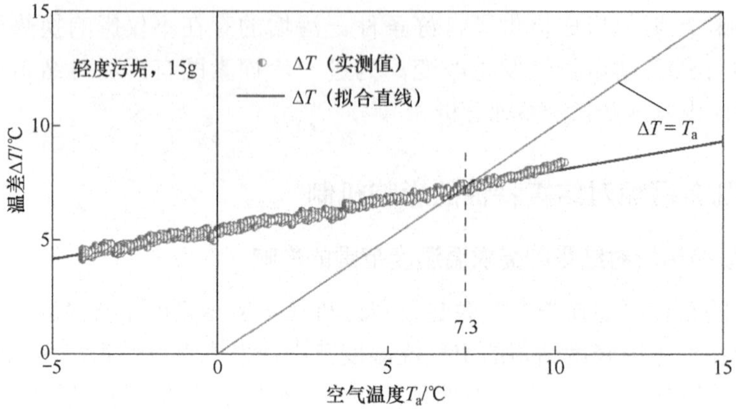

b）轻度污垢

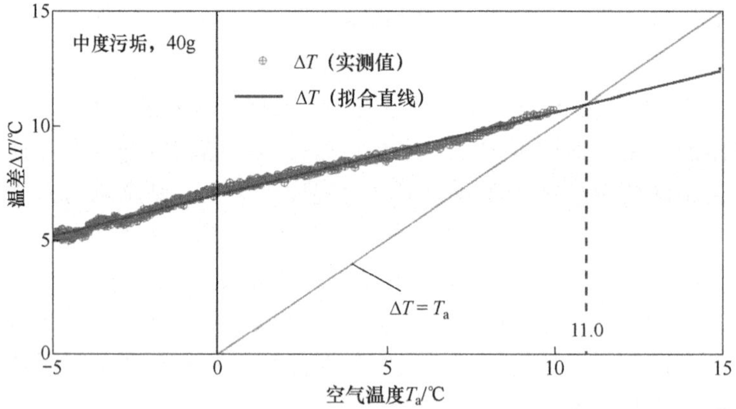

c）中度污垢

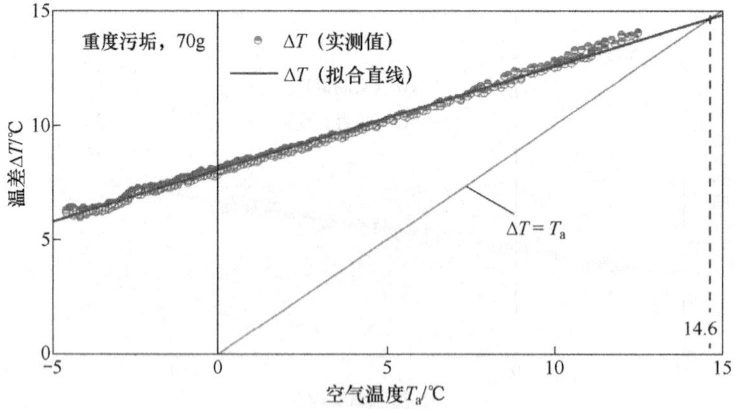

d）严重污垢

图 9-25　不同污垢水平下蒸发器换热温差（续）

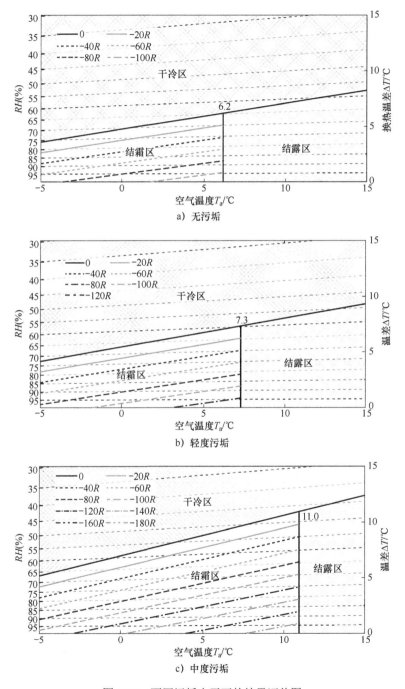

图 9-26 不同污垢水平下的结霜评估图

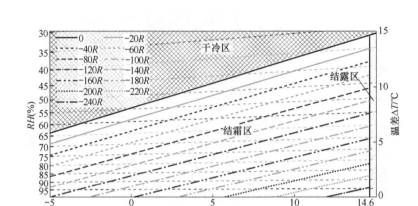

d) 严重污垢

图 9-26　不同污垢水平下的结霜评估图（续）

2. 既有污垢对结霜过程促进作用

当空气温湿度为 5℃/70% 时，可通过插值法从图 9-26a、图 9-26b、图 9-26c 以及图 9-26d 中估算出无污垢、轻度污垢、中度污垢以及严重污垢四种工况下结霜过程的 ΔG 分别为 $-17R$、$-32R$、$-69R$、$-98R$。在相同的空气温湿度条件下，污垢将导致结霜驱动力增大。因此，污垢对结霜过程有一定催化作用。作为验证，分别在这四种污垢工况下开展了控制变量实验，参数设置见表 9-4。

表 9-4　控制变量实验参数设定

工　况	风速/(m/s)	T_a /℃		RH（%）		污垢程度
		平　均　值	波动范围	平　均　值	波动范围	
1						无污垢
2	2.8	5	±0.2	70	±2	轻度污垢
3						中度污垢
4						严重污垢

在 9.3 节中提到，利用蒸发器的空气流通能力可较为直观地划分结霜的不同阶段。图 9-27 对比了四种不同程度的污垢工况下，蒸发器表面结霜过程的空气流速随时间的变化。在结霜初始阶段，空气流速迅速下降，而后下降趋势相对稳定。例如，在无污垢工况下，空气流速在最初的 42min 内迅速下降，从 2.8m/s 下降到 1.0m/s 左右。然而从第 42min 到第 100min，空气流速保持稳定或下降十分缓慢，在 58min 的时间跨度内仅从 1.0m/s 下降到 0.8m/s 左右，这与已有的研究所描述的结霜过程动态参数变化规律一致。在结霜初始阶段，室外机

表面先形成一层透明霜层，然后在透明霜层的基础上开始出现柱状霜晶。当柱
状霜层充分生长时，柱状霜层横向生长，填补霜柱之间的间隙，此阶段霜层密
度增加，而霜层高度无明显变化。最终，霜层充分生长并可能发生回融，导致
霜层厚度甚至略有减小。基于以上分析，空气流速快速下降时间段可以反映成
核期和柱状霜层生长期的持续时间。从无污垢到严重污垢，空气流速迅速下降
的时间分别为 42min、40min、28min、19min，证明污垢水平的提高加快了霜核
生长期和霜柱生长期。轻度污垢对结霜过程的影响较小，中度、严重污垢对结
霜进程有明显的促进作用。

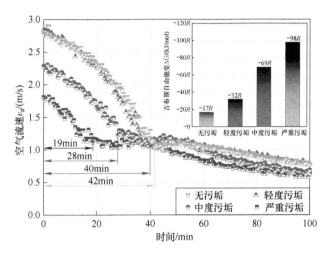

图 9-27　不同污垢程度下的结霜过程空气流速对比

因此，颗粒污垢的存在不仅会扩大结霜评估图中结霜区域范围，且会加速
结霜进程，缩短结霜周期，从而导致在污垢存在的工况下，空气源热泵室外机
更应频繁除霜。

9.4.2　霜、垢共存对换热器造成的联合影响

刚进入供暖季时，空气温度通常较高，此时易出现室外机空气出口侧结
霜而入口侧不结霜的不均匀结霜现象。另一方面，空气源热泵机组在夏季作
为建筑冷源运行一个供冷季后，其表面难免会沉积颗粒物。当其转入供暖季
时，室外机污垢一般沉积于空气入口侧。因此在供暖季的初期，污垢和霜层
常常伴随发生，即污垢封堵空气源热泵室外机的空气入口侧，而霜层封堵空
气出口侧。

在可视化观测结果图 9-28 中，当空气温度为 8℃、相对湿度为 70%时，蒸发器空气入口侧在初始阶段不结霜，而空气出口侧在记录开始就结霜。另一方面，蒸发器表面污垢主要分布于蒸发器的空气入口侧，恰与结霜区域避开。当霜、垢同时存在时，蒸发器空气进出口侧均将被封堵，造成严重的性能下降。

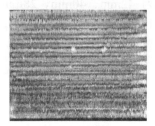

a）空气入口侧　　　　　　　　　b）空气出口侧

图 9-28　换热器在 8℃/70%空气温湿度条件下持续结霜 80min 后的霜层分布状况

图 9-29 为在总面积为 $4m^2$ 的蒸发器表面制备的 20g 污垢，图 9-30 为蒸发器表面洁净工况与污垢工况下的结霜过程动态参数对比。所测试的两组工况的空气温度为 4℃，相对湿度为 70%，处于非均匀结霜区。在蒸发器表面无霜时，污垢对换热器的空气流通能力及换热量均无明显影响。然而，随着结霜的进行，有污垢的工况下蒸发器性能衰减明显快于无污垢工况。有污垢的蒸发器结霜阶段Ⅰ的持续时间大约比无污垢的持续时间少 13min。此外，在结霜过程中，有污垢的蒸发器总热阻明显大于无污垢的蒸发器总热阻。热泵系统供热量以及 COP 变化趋势也表明无霜时污垢对蒸发器的性能无明显影响，而结霜时有污垢的蒸发器性能明显弱于无污垢的蒸发器。结果证明，非均匀结霜区内，霜、垢共存对空气源热泵机组性能产生的不利影响将远大于霜、垢单独作用的效果之和。

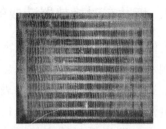

a）蒸发器空气入口侧图像　　　　　　b）蒸发器空气出口侧图像

图 9-29　20g 污垢水平下的空气侧换热器进出口污垢分布状况

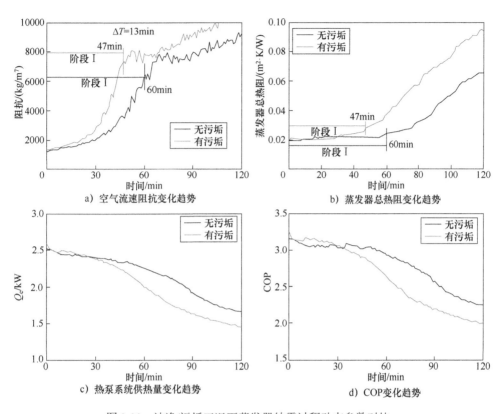

图 9-30　洁净/污垢工况下蒸发器结霜过程动态参数对比

本章小结

对于空气源热泵而言，其室外机的结霜和颗粒污垢一直是影响其性能的两大技术痛点，也是当前学术界研究的难点。尽管目前已有大量研究围绕空气源热泵室外机的霜、垢问题展开，但工程界尚未推行有效的解决技术。本章介绍了当前对空气源热泵室外机霜、垢问题的相关基础研究。

1）室外机表面的颗粒污垢对空气源热泵能效具有显著的负面影响，且该影响与空气温度有关。总体而言，空气温度越低，污垢的负面影响越严重。在寒冷或严寒地区，污垢对空气源热泵室外机会造成更恶劣的影响。

2）一方面，由于蒸发器出口空气温度低于入口空气温度，因此蒸发器出口侧表面温度低于入口侧表面温度，导致蒸发器空气出口侧结霜而入口侧不结霜的现象。另一方面，颗粒污垢在蒸发器表面的沉积规律恰与霜层相反。可视化结果显示，蒸发器空气入口侧的颗粒污垢沉积量明显多于空气出口侧。在非均匀结霜区，当霜、垢同时共存于蒸发器表面时，可造成蒸发器空气进出口侧完全被封堵，从而严重降低空气源热泵机组的运行性能。霜、垢的联合作用对空气源热泵性能的影响明显大于霜、垢单独作用效果之和。

3）污垢对空气源热泵供热性能的影响随空气温度变化而变化。当空气温度降低时，污垢对系统换热量的影响将加剧。因此，寒冷区域以及严寒地区的污垢问题应引起高度重视。此外，基于本研究提出的结霜评估方法，以结霜评估图的形式量化了污垢对空气源热泵室外机结霜特性的影响。结果显示污垢扩大了结霜区范围并加大了结霜过程的驱动力，污垢对结霜进程有明显的加速作用。

参 考 文 献

[1] NAM H, BAI C, SHIM J, et al. A study on the reduction of $CaCO_3$ fouling in hot-water storage tank by short pulse plasma application（rev 1 yc）[J]. Applied Thermal Engineering, 2016, 102: 108-114.

[2] Research and Markets. Heat Exchangers–A Global Market Overview[R]. Dublin, Ireland: Research and Markets, 2019.

[3] Transparency Market Research（TMR）. Heat Exchangers Market - Global Industry Analysis, Market Size, Share, Growth, Trends and Forecast 2014-2020[R]. Albany: Transparency Market Research, 2015.

[4] 清华大学建筑节能研究中心. 中国建筑节能年度发展研究报告 2020[M]. 北京：中国建筑工业出版社，2020.

[5] U.S. Energy Information Administration（EIA）, Consllillption and Efficiency, retrieved from: https://www.eia.gov/consumption/.

[6] SCHMID F. Sewage water: interesting heat source for heat pumps and chillers[C]. 9th International IEA Heat Pump Conference, Switzerland, 2008.

[7] BERTRAND A, AGGOUNE R, MARÉCHAL F. In-building waste water heat recovery: An urban-scale method for the characterization of water streams and the assessment of energy savings and costs[J]. Applied Energy, 2017, 192: 110-125.

[8] ROBERTS S H, FORAN B D, AXON C J, et al. Consequences of selecting technology pathways on cumulative carbon dioxide emissions for the United Kingdom[J]. Applied Energy, 2018, 228: 409-425.

[9] DU M, WANG X, PENG C, et al. Quantification and scenario analysis of CO_2 emissions from the central heating supply system in China from 2006 to 2025[J]. Applied Energy, 2018, 225: 869-875.

[10] ZHAO X, FU L, ZHANG S, et al. Study of the performance of an urban original source heat pump system[J]. Energy Conversion and Management, 2010, 51（4）: 765-770.

[11] SILVIA F, GIUSEPPE G. Heat recovery from municipal wastewater: evaluation and

proposals[J]. Environmental Engineering & Management Journal, 2014, 13（7）: 1595-1604.

[12] ALEKSEIKO L N, SLESARENKO V V, YUDAKOV A A. Combination of wastewater treatment plants and heat pumps[J]. Pacific Science Review, 2014, 16（1）: 36-39.

[13] XU L. An operating performance study to adapt retscreen methodology to treated wastewater source heat pump system[D]. Illinois Institute of Technology, 2013.

[14] PAEPE M D, THEUNS E, LENAERS S, et al. Heat recovery system for dishwashers[J]. Applied Thermal Engineering, 2003, 23（6）: 743-756.

[15] LIU L, FU L, JIANG Y. Application of an exhaust heat recovery system for domestic hot water[J]. Energy, 2010, 35（3）: 1476-1481.

[16] GU Z, QIU J, LI Y, et al. Heat pump system utilizing produced water in oil fields[J]. Applied Thermal Engineering, 2003, 23（15）: 1959-1970.

[17] HEPBASLI A, BIYIK E, EKREN O, et al. A key review of wastewater source heat pump（wwshp）systems[J]. Energy Conversion and Management, 2014, 88: 700-722.

[18] SONG T, TIAN J, NI L, et al. Experimental study on performance of a de-foulant hydrocyclone with different reflux devices for sewage source heat pump[J]. Applied Thermal Engineering, 2019, 145: 354-365.

[19] LI H, YANG Y, SUN H, et al. The measured analysis of heating performance of the sewage source heat pump system of a university in north China[J]. Procedia Engineering, 2017, 205: 1173-1178.

[20] XU M, BAI X, PEI L, et al. A research on application of water treatment technology for reclaimed water irrigation[J]. International Journal of Hydrogen Energy, 2016, 41（35）: 15930-15937.

[21] AYE L, CHARTERS W W S. Electrical and engine driven heat pumps for effective utilization of renewable energy resources[J]. Applied Thermal Engineering, 2003, 23（10）:1295-1300.

[22] MA L, ZHEN X, ZHANG J. The performance simulation analysis of the sewage-source heat pump heater unit dealing with large temperature difference[J]. Procedia Engineering, 2017, 205: 1769-1776.

[23] 朱志阳. 污水源热泵污水换热器强化传热理论与实验研究[D]. 西安：长安大学，2019.

[24] 马龙. 利用污水源热泵加热室内游泳池水的研究[D]. 哈尔滨：哈尔滨工业大学，2014.

[25] 冯丽妃. 可再生能源有助经济复苏和增长[N]. 中国科学报，2020-04-30.

[26] LIU Z, WU R. Research of pump energy consumption model in the sewage-source heat pump system and optimization method[J]. Procedia Engineering, 2017, 205: 3962-3969.

[27] WANG K, ZEEMAN G, LETTINGA G. Alteration in sewage characteristics upon aging[J].

Water Science and Technology, 1995, 31（7）: 191–200.

[28] LINDSTRÖM H O. Experiences with a 3.3 MW heat pump using sewage water as heat source[J]. Heat Recovery Systems, 1985, 5（1）: 33-38.

[29] 徐邦裕, 陆亚俊, 马最良. 热泵[M]. 北京: 中国建筑工业出版社, 1988.

[30] YOSHII T. Technology for utilizing unused low temperature difference energy[J]. Journal of Japan Institute of Energy, 2001（8）: 696-706.

[31] ASANO T, MAEDA M, TAKAKI M. Wastewater reclamation and reuse in Japan: Overview and implementation examples[J]. Water Science and Technology, 1996, 34（11）: 219-226.

[32] TASSOU S A. Heat recovery from sewage effluent using heat pumps[J]. Heat Recovery Systems & CHP, 1988, 8（2）: 141-148.

[33] ARASHI N, INABA A. Evaluation of energy use in district heating and cooling plant using sewage and one using air as heat source[J]. Journal of Japan Institute of Energy, 2000, 79（5）: 446-454.

[34] FUNAMIZU N, IIDA M, SAKAKURA Y, et al. Reuse of heat energy in wastewater: Implementation examples in Japan[J]. Water Science and Technology, 2001, 43（10）: 277-285.

[35] OGOSHI M, SUZUKI Y, ASANO Y. Water reuse in Japan[J]. Water Science and Technology, 2001, 43（10）: 17-23.

[36] PULAT E, ETEMOGLU B, CAN M. Waste-heat recovery potential in Turkish textile industry: Case study for city of Bursa[J]. Renewable and Sustainable Energy Reviews, 2009, 13（3）: 663-672.

[37] CHAE K J, KANG J. Estimating the energy independence of a municipal wastewater treatment plant incorporating green energy resources[J]. Energy Conversion and Management, 2013, 75: 664-672.

[38] CIPOLLA S S, MAGLIONICO M. Heat Recovery from Urban Wastewater: Analysis of the Variability of Flow Rate and Temperature in the Sewer of Bologna, Italy[J]. Energy and Buildings, 2014, 45: 288-297.

[39] POCHWAA S, KOTAS P. Possibility of obtaining wastewater heat from a sewage treatment plant by the means of a heat pump–a case study[J]. E3S Web of Conferences, 2018, 44: 00144.

[40] KIM M, KIM D, HAN G, et al. Ground Source and Sewage Water Source Heat Pump Systems for Block Heating and Cooling Network[J]. Energies, 2021, 14.

[41] IVKOVI M, IVEZIC D. Utilizing Sewage Wastewater Heat in District Heating Systems in Serbia-Effects on Sustainability[J]. Clean Technologies and Environmental Policy, 2022,

24:579-593.

[42] 尹军. 城市污水中的热能回收与利用[J]. 中国给水排水, 1998, 14 (2): 2.

[43] 尹军, 韦新东. 我国回收污水中热能的可行性分析[J]. 中国给水排水, 2000, 16 (3): 3.

[44] 尹军, 韦新东. 我国主要城市污水中可利用热能状况初探[J]. 中国给水排水, 2001, 17 (4): 4.

[45] 谭乃秦. 城市污水处理厂污水低温热能利用——污水水源热泵空调[J]. 给水排水技术动态, 2002 (1): 15-20.

[46] 吴荣华, 孙德兴. 城市原生污水冷热源反冲法工艺与应用[J]. 中国给水排水, 2003 (12): 92-93.

[47] 赵凯, 刘颖超. 污水能源热泵技术的开发应用[J]. 住宅科技, 2003 (5): 35-36.

[48] 周文忠. 污水源热泵空调系统在污水处理厂的应用[J]. 暖通空调, 2005, 35 (1): 83-86.

[49] 杨德福. 沈本湾污水处理厂污水源热泵系统设计[J]. 建筑节能, 2011, 39 (12): 47-49.

[50] 申康. 污水源热泵技术应用初探[J]. 河南水利与南水北调, 2014 (14): 66-67.

[51] 张汉林, 李川, 师文龙, 等. 邯郸市西污水热泵能源站项目方案设计[J]. 区域供热, 2013 (5): 36-43.

[52] 刘如玲, 宋鹏, 戴卫东. 青岛市团岛污水处理厂污水源热泵技术应用[J]. 中国给水排水, 2015, 31 (12): 86-89.

[53] Research and Markets. Global Heat Exchanger Market 2018-2022[R]. Dublin: Research and Markets, 2018.

[54] MÜLLER-STEINHAGEN H, MALAYERI M R, WATKINSON A P. Heat exchanger fouling: mitigation and cleaning strategies[J]. Heat Transfer Engineering, 2011, 32 (3-4): 189-196.

[55] SUBRAMANI J, NAGARAJAN P K, MAHIAN O, et al. Efficiency and heat transfer improvements in a parabolic trough solar collector using TiO_2 nanofluids under turbulent flow regime[J]. Renewable Energy, 2018, 119: 19-31.

[56] ZHANG L, DONG J, JIANG Y, et al. An experimental study on frosting and defrosting performances of a novel air source heat pump unit with a radiant-convective heating terminal[J]. Energy and Buildings, 2018, 163: 10-21.

[57] REN Y, CAI W, CHEN J, et al. Numerical study on the shell-side flow and heat transfer of superheated vapor flow in spiral wound heat exchanger under rolling working conditions[J]. International Journal of Heat and Mass Transfer, 2018, 121: 691-702.

[58] ZHENG W, JIANG Y, CAI W. Distribution characteristics of gas-liquid mixture in plate-fin heat exchangers under sloshing conditions[J]. Experimental Thermal and Fluid Science, 2019, 101: 115-127.

[59] LI W, LI G. Modeling cooling tower fouling in helical-rib tubes based on Von-Karman analogy[J]. International Journal of Heat and Mass Transfer, 2010, 53（13）: 2715-2721.

[60] Research and Markets. Heat Exchangers Market by Type（Shell & Tube, Plate & Frame, Air Cooled）, Application（Chemical, Petrochemical and Oil & Gas, HVACR, Food & Beverage, Power Generation, Pulp & Paper）, and Region-Global Forecast to 2023[R]. Dublin: Research and Markets, 2018.

[61] WEBB R L. Single-phase heat transfer, friction, and fouling characteristics of three-dimensional cone roughness in tube flow[J]. International Journal of Heat and Mass Transfer, 2009, 52（11-12）: 2624-2631.

[62] HUANG S, WAN Z, TANG Y. Manufacturing and single-phase thermal performance of an arc-shaped inner finned tube for heat exchanger[J]. Applied Thermal Engineering, 2019, 159: 113817.

[63] XU Z, LIU Z, ZHANG Y, et al. The experiment investigation of cooling-water fouling mechanism-associated water quality parameters in two kinds of heat exchanger[J]. Heat Transfer Engineering, 2016, 37（3-4）: 290-301.

[64] JI W, NUMATA M, HE Y, et al. Nucleate pool boiling and filmwise condensation heat transfer of R134a on the same horizontal tubes[J]. International Journal of Heat and Mass Transfer, 2015, 86: 744-754.

[65] CHEN T, WU D. Enhancement in heat transfer during condensation of an HFO refrigerant on a horizontal tube with 3D fins[J]. International Journal of Thermal Sciences, 2018, 124: 318-326.

[66] LI W, WU X, LUO Z, et al. Falling water film evaporation on newly-designed enhanced tube bundles[J]. International Journal of Heat and Mass Transfer, 2011, 54（13-14）: 2990-2997.

[67] NAGATA R, KONDOU C, KOYAMA S. Comparative assessment of condensation and pool boiling heat transfer on horizontal plain single tubes for R1234ze（E）, R1234ze（Z）, and R1233zd（E）[J]. International Journal of Refrigeration, 2016, 63: 157-170.

[68] JI W, LU X, YU Q, et al. Film-wise condensation of R-134a, R-1234ze（E）and R-1233zd（E）outside the finned tubes with different fin thickness[J]. International Journal of Heat and Mass Transfer, 2020, 146: 118829.

[69] JI W, CHONG G, ZHAO C, et al. Condensation heat transfer of R134a, R1234ze（E）and R290 on horizontal plain and enhanced titanium tubes[J]. International Journal of Refrigeration, 2018, 93: 259-268.

[70] DEL COL D, BORTOLATO M, AZZOLIN M, et al. Condensation heat transfer and two-phase frictional pressure drop in a single minichannel with R1234ze（E）and other refrigerants[J].

International Journal of Refrigeration, 2015, 50: 87-103.

[71] JI W, JACOBI A M, HE Y, et al. Summary and evaluation on single-phase heat transfer enhancement techniques of liquid laminar and turbulent pipe flow[J]. International Journal of Heat and Mass Transfer, 2015, 88: 735-754.

[72] LI W, FU P, LI H, et al. Numerical-theoretical analysis of heat transfer, pressure drop, and fouling in internal helically ribbed tubes of different geometries[J]. Heat Transfer Engineering, 2016, 37（3-4）: 279-289.

[73] LI W, WEBB R L. Fouling characteristics of internal helical-rib roughness tubes using low-velocity cooling tower water[J]. International Journal of Heat and Mass Transfer, 2002, 45（8）: 1685-1691.

[74] BALARAS C. A review of augmentation techniques for heat transfer surfaces in single-phase heat exchangers[J]. Energy, 1990, 15（10）: 899-906.

[75] GUO Z, LI D, WANG B. A novel concept for convective heat transfer enhancement[J]. International Journal of Heat and Mass Transfer, 1998, 41（14）: 2221-2225.

[76] 胡帼杰，曹炳阳，过增元. 系统的（火积）与可用（火积）[J]. 科学通报，2011，56（19）: 1575-1577.

[77] GUO Z, WANG S. Novel concept and approaches of heat transfer enhancement[M]// CHENG P. Proceedings of Symposium on Energy Engineering in the 21st Century. New York: Begell House, 2002.

[78] LIU C, CHUNG T. Forced convective heat transfer over ribs at various separation[J]. International Journal of Heat and Mass Transfer, 2012, 55（19-20）: 5111-5119.

[79] WANG Y, ZHANG J, MA Z. Experimental study on single-phase flow in horizontal internal helically-finned tubes: The critical Reynolds number for turbulent flow[J]. Experimental Thermal and Fluid Science, 2018, 92: 402-408.

[80] AROONRAT K, JUMPHOLKUL C, LEELAPRACHAKUL R, et al. Heat transfer and single-phase flow in internally grooved tubes[J]. International Communications in Heat and Mass Transfer, 2013, 42: 62-68.

[81] EIAMSA-ARD S, PROMVONGE P. Numerical study on heat transfer of turbulent channel flow over periodic grooves[J]. International Communications in Heat and Mass Transfer, 2008, 35（7）: 844-852.

[82] BHARADWAJ P, KHONDGE A D, DATE A W. Heat transfer and pressure drop in a spirally grooved tube with twisted tape insert[J]. International Journal of Heat and Mass Transfer, 2009, 52（7-8）: 1938-1944.

[83]   NAPHON P, NUCHJAPO M, KURUJAREON J. Tube side heat transfer coefficient and friction factor characteristics of horizontal tubes with helical rib[J]. Energy Conversion and Management, 2006, 47（18-19）: 3031-3044.

[84]   PIRBASTAMI S, MOUJAES S F, MOL S G. Computational fluid dynamics simulation of heat enhancement in internally helical grooved tubes[J]. International Communications in Heat and Mass Transfer, 2016, 73: 25-32.

[85]   CHEN Q, REN J, GUO Z. Fluid flow field synergy principle and its application to drag reduction[J], Chinese Science Bulletin, 2008, 53（11）: 1768-1772.

[86]   何雅玲，雷勇刚，田丽亭，等. 高效低阻强化换热技术的三场协同性探讨[J]. 工程热物理学报，2009，30（11）: 1904-1906.

[87]   PÄÄKKÖNEN T M, OJANIEMI U, PÄTTIKANGAS T, et al. CFD modelling of $CaCO_3$ crystallization fouling on heat transfer surfaces[J]. International Journal of Heat and Mass Transfer, 2016, 97: 618-630.

[88]   AWAIS M, BHUIYAN A A. Recent advancements in impedance of fouling resistance and particulate depositions in heat exchangers[J]. International Journal of Heat and Mass Transfer, 2019, 141: 580-603.

[89]   WEBB R L, CHAMRA L M. On-line cleaning of particulate fouling in enhanced tubes[C]. Fouling and enhancement interactions, 1991: 47-54.

[90]   SIEDER E N. Application of fouling factors in the design of heat exchangers[J]. Heat Transfer, 1935: 82-85.

[91]   CHENOWETH J M. Final report of the HTRI/TEMA joint committee to review the fouling section of the TEMA standards[J]. Heat Transfer Engineering, 1990, 11（1）: 73-107.

[92]   LI W. The internal surface area basis, a key issue of modeling fouling in enhanced heat transfer tubes[J]. International Journal of Heat and Mass Transfer, 2003, 46（22）: 4345-4349.

[93]   ORROK G A. The transmission of heat in surface condensation[J]. ASME Transactions, 1910, 32: 1139-1214.

[94]   NEILSON G J. The design of surface condensers[J]. Trans. Inst. Eng. Shipbuilders, 1910, 21: 220-234.

[95]   KERN D Q, SEATON R E. A theoretical analysis of thermal surface fouling[J]. Chemical Engineering Progress, 1959, 4: 258-262.

[96]   HASSON D. Rate of decrease of heat transfer due to scale deposition[J]. Dechema-Monugraphien, 1962, 47: 233-253.

[97]   REID W T. External corrosion and deposits: boilers and gas turbine[J]. American Elsevier,

1971.

[98] WATKINSON A P, LOUIS L, BRENT R. Scaling of enhanced heat exchanger tubes[J]. The Canadian Journal of Chemical Engineering, 1974, 52: 558-562.

[99] KNUDSEN J G, STORY M. The effect of heat transfer surface temperature on the scaling behavior of simulated cooling tower water[C]. AIChE Symposium Series, 1978, 74（174）: 25-30.

[100] WATKINSON A. Water Quality Effects on Fouling from Hard Water, Heat Transfer Sourcebook [M].J W PALEN, Ed. Washington: Hemisphere Publishing, 1986.

[101] SOMERSCALES E F C. Fouling of heat transfer equipment[M]. Hemisphere Washington: Publishing Corp. 1981.

[102] GENIC S B, JACIMOVIC B M, MANDIC D, et al. Experimental determination of fouling factor on plate heat exchangers in district heating system[J]. Energy and Buildings, 2012, 50:204-211.

[103] EPSTEIN N. Thinking about heat transfer fouling: a 5×5 matrix[J]. Heat Transfer Engineering, 1983, 4（1）: 43-56.

[104] ZUBAIR S M, SHEIKH A K, BUDAIR M O, et al. Statistical aspects of $CaCO_3$ fouling in AISI 316 stainless-steel tubes[J]. Journal of Heat Transfer, 1997, 119: 581-588.

[105] WEBB R L, KIM N-H. Principles of enhanced heat transfer [M]. Second Edition. New York: Taylor & Francis, 2005.

[106] LI W, WEBB R L. Fouling in enhanced tubes using cooling tower water Part II: combined particulate and precipitation fouling[J]. International Journal of Heat and Mass Transfer, 2000, 43（19）: 3579-3588.

[107] BANSAL B, CHEN X, MÜLLER-STEINHAGEN H. Analysis of 'classical' deposition rate law for crystallisation fouling[J]. Chemical Engineering and Processing: Process Intensification, 2008, 47（8）: 1201-1210.

[108] MÜLLER-STEINHAGEN H, MALAYERI M R, WATKINSON A P. Fouling of heat exchangers-new approaches to solve an old problem[J]. Heat Transfer Engineering, 2005, 26（1）: 1-4.

[109] MORSE R, KNUDSEN J. Effect of alkalinity on the scaling of simulated cooling tower water[J]. The Canadian Journal of Chemical Engineering, 1977, 55（3）: 272-278.

[110] WATKINSON A P. Fouling of augmented heat transfer tubes[J]. Heat Transfer Engineering, 1990, 11（3）: 57-65.

[111] KIM N-H, WEBB R L. Particulate fouling of water in tubes having a two-dimensional

roughness geometry[J]. International Journal of Heat and Mass Transfer, 1991, 34（11）: 2727-2738.

[112] KIM N-H. The effect of particle concentration on ferric oxide fouling of water in tubes having a two-dimensional repeated rib geometry[J]. Journal of Thermal Science and Technology, 2016, 11（2）: JTST0021.

[113] ZHANG N, WEI X, YANG Q, et al. Numerical simulation and experimental study of the growth characteristics of particulate fouling on pipe heat transfer surface[J]. Heat and Mass Transfer, 2019, 55（3）: 687-698.

[114] KUKULKA D, BAIER R, MOLLENDORF J. Factors associated with fouling in the process industry[J]. Heat Transfer Engineering, 2004, 25（5）: 23-29.

[115] KUKULKA P, KUKULKA D, DEVGUN M. Evaluation of surface roughness on the fouling of surfaces[J]. Chemical Engineering Transactions, 2007, 12: 537-542.

[116] NIKKHAH V, SARAFRAZ M M, HORMOZI F, et al. Particulate fouling of CuO–water nanofluid at isothermal diffusive condition inside the conventional heat exchanger-experimental and modeling[J]. Experimental Thermal and Fluid Science, 2015, 60: 83-95.

[117] CHAMRA L M, WEBB R L. A review on effect of particle size and size distribution on particulate fouling in enhanced tubes[J]. Journal of Enhanced Heat Transfer, 2017, 24: 489-506.

[118] CHAMRA L M, WEBB R L. Modeling liquid-side particulate fouling in enhanced tubes[J]. International Journal of Heat and Mass Transfer, 1994, 37（4）: 571-579.

[119] YANG Q, ZHANG Z, YAO E, et al. Experimental study of the particulate dirt characteristics on pipe heat transfer surface[J]. Journal of Thermal Science, 2019, 28（5）: 1054-1064.

[120] XU Z, CHENG Y, HAN Z, et al. Influence of size of tetrahedral vortex generators on characteristics of MgO particulate fouling[J]. International Journal of Thermophysics, 2019, 40（4）: 40.

[121] 徐志明，朱新龙，杨苏武，等. 矩形翼涡流发生器排列方式对颗粒污垢的影响[J]. 化工机械，2016，43（1）: 28-33.

[122] HAN Z, XU Z. Experimental and numerical investigation on particulate fouling characteristics of vortex generators with a hole[J]. International Journal of Heat and Mass Transfer, 2020, 148: 119130.

[123] 徐志明，熊骞，耿晓娅，等. 腰槽开孔矩形翼涡流发生器纳米氧化镁颗粒污垢特性[J]. 化工学报，2016，67（10）: 4072-4079.

[124] 徐志明，吴翰，刘坐东，等. 矩形通道中低肋涡流发生器抑垢效果分析研究[J]. 热能动力工程，2017，32（6）: 77-83.

[125] LI W. Modeling liquid-side particulate fouling in internal helical-rib tubes[J]. Chemical Engineering Science, 2007, 62（16）: 4204-4213.

[126] WANG Z, LI G, XU J, et al. Analysis of fouling characteristic in enhanced tubes using multiple heat and mass transfer analogies[J]. Chinese Journal of Chemical Engineering, 2015, 23（11）: 1881-1887.

[127] KASPER R, TURNOW J, KORNEV N. Numerical modeling and simulation of particulate fouling of structured heat transfer surfaces using a multiphase Euler-Lagrange approach[J]. International Journal of Heat and Mass Transfer, 2017, 115: 932-945.

[128] HAN Z, XU Z, YU X. CFD modeling for prediction of particulate fouling of heat transfer surface in turbulent flow[J]. International Journal of Heat and Mass Transfer, 2019, 144: 118428.

[129] XU Z, HAN Z, QU H. Comparison between Lagrangian and Eulerian approaches for prediction of particle deposition in turbulent flows[J]. Powder Technology, 2020, 360: 141-150.

[130] XU Z, YU X, HAN Z, et al. Simulation of particle fouling characteristics with improved modeling on two different tubes[J]. Powder Technology, 2021, 382: 398-405.

[131] 张宁，李楠，杨启容，等. 换热面上颗粒污垢生长特性的数值模拟研究[J]. 青岛大学学报（工程技术版），2018，33（1）：75-79.

[132] LI W, ZHOU K, MANGLIK R M, et al. Investigation of $CaCO_3$ fouling in plate heat exchangers[J]. Heat and Mass Transfer, 2016, 52（11）: 2401-2414.

[133] SCHLÜTER F, SCHNÖING L, ZETTLER H, et al. Measuring local crystallization fouling in a double-pipe heat exchanger[J]. Heat Transfer Engineering, 2020, 41（2）: 149-159.

[134] HASSON D, AVRIEL M, RESNICK W, et al. Mechanism of calcium carbonate scale deposition on heat-transfer surfaces[J]. Industrial & Engineering Chemistry Fundamentals, 1968, 7（1）: 59-65.

[135] PÄÄKKÖNEN T M, RIIHIMÄKI M, SIMONSON C J, et al. Modeling $CaCO_3$ crystallization fouling on a heat exchanger surface–Definition of fouling layer properties and model parameters[J]. International Journal of Heat and Mass Transfer, 2015, 83: 84-98.

[136] BOTT T R. Fouling of Heat Exchangers[M]. Oxford: Elsevier, 1995: 517.

[137] PÄÄKKÖNEN T M, RIIHIMÄKI M, SIMONSON C J, et al. Crystallization fouling of $CaCO_3$–Analysis of experimental thermal resistance and its uncertainty[J]. International Journal of Heat and Mass Transfer, 2012, 55（23-24）: 6927-6937.

[138] ALBERT F, AUGUSTIN W, SCHOLL S. Roughness and constriction effects on heat transfer in crystallization fouling[J]. Chemical Engineering Science, 2011, 66（3）: 499-509.

[139] GEDDERT T, AUGUSTIN W, SCHOLL S. Induction time in crystallization fouling on heat transfer surfaces[J]. Chemical Engineering & Technology, 2011, 34（8）: 1303-1310.

[140] SHEIKHOLESLAMI R, WATKINSON A P. Scaling of plain and externally finned heat exchanger tubes[J]. Journal of Heat Transfer, 1986, 108（1）: 147-152.

[141] SONG K S, LIM J, YUN S, et al. Composite fouling characteristics of $CaCO_3$ and $CaSO_4$ in plate heat exchangers at various operating and geometric conditions[J]. International Journal of Heat and Mass Transfer, 2019, 136: 555-562.

[142] LV Y, LU K, REN Y. Composite crystallization fouling characteristics of normal solubility salt in double-pipe heat exchanger[J]. International Journal of Heat and Mass Transfer, 2020, 156: 119883.

[143] VOSOUGH A, ASSARI M R, PEYGHAMBARZADEH S M, et al. Influence of fluid flow rate on the fouling resistance of calcium sulfate aqueous solution in subcooled flow boiling condition[J]. International Journal of Thermal Sciences, 2020, 154: 106397.

[144] LEE E, JEON J, KANG H, et al. Thermal resistance in corrugated plate heat exchangers under crystallization fouling of calcium sulfate（$CaSO_4$）[J]. International Journal of Heat and Mass Transfer, 2014, 78: 908-916.

[145] ZETTLER H U, WEI M, ZHAO Q, et al. Influence of surface properties and characteristics on fouling in plate heat exchangers[J]. Heat Transfer Engineering, 2005, 26（2）: 3-17.

[146] AL-JANABI A, MALAYERI M R. Innovative non-metal heat transfer surfaces to mitigate crystallization fouling[J]. International Journal of Thermal Sciences, 2019, 138: 384-392.

[147] AL-OTAIBI D A, HASHMI M S J, YILBAS B S. Fouling resistance of brackish water: Comparision of fouling characteristics of coated carbon steel and titanium tubes[J]. Experimental Thermal and Fluid Science, 2014, 55: 158-165.

[148] AL-GAILANI A, SANNI O, CHARPENTIER T V J, et al. Examining the effect of ionic constituents on crystallization fouling on heat transfer surfaces[J]. International Journal of Heat and Mass Transfer, 2020, 160: 120180.

[149] DONG L, CRITTENDEN B D, YANG M. Fouling characteristics of water–$CaSO_4$ solution under surface crystallization and bulk precipitation[J]. International Journal of Heat and Mass Transfer, 2021, 180: 121812.

[150] TENG K H, KAZI S N, AMIRI A, et al. Calcium carbonate fouling on double-pipe heat exchanger with different heat exchanging surfaces[J]. Powder Technology, 2017, 315: 216-226.

[151] ZHANG G, LI G, LI W, et al. Particulate fouling and composite fouling assessment in corrugated plate heat exchangers[J]. International Journal of Heat and Mass Transfer, 2013, 60:

263-273.

[152] KRAUSE S. Fouling of heat transfer surfaces by crystallization and sedimentation[J]. International Chemical Engineering, 1993, 33（3）: 335-401.

[153] KONAK A R. A new model for surface reaction-controlled growth of crystals from solution[J]. Chemical Engineering Science, 1974, 29（7）: 1537-1543.

[154] MWABA M G, RINDT C C M, VAN-STEENHOVEN A A, et al. Experimental investigation of $CaSO_4$ crystallization on a flat plate[J]. Heat Transfer Engineering, 2006, 27（3）: 42-54.

[155] TABOREK J, AOKI T, RITTER R B. Fouling–the major unresolved problem in heat transfer, part I [J]. Chemical Engineering Progress, 1972, 88（2）: 59-67.

[156] TABOREK J, AOKI T, RITTER R B. Fouling–the major unresolved problem in heat transfer, part II [J]. Chemical Engineering Progress, 1972, 88（2）: 69-78.

[157] MWABA M G, GOLRIZ M R, GU J. A semi-empirical correlation for crystallization fouling on heat exchange surfaces[J]. Applied Thermal Engineering, 2006, 26（4）: 440-447.

[158] NIKOO A H, MALAYERI M R. Incorporation of surface energy properties into general crystallization fouling model for heat transfer surfaces[J]. Chemical Engineering Science, 2020, 215: 115461.

[159] BABUŠKA I, SILVA R S, ACTOR J. Break-off model for $CaCO_3$ fouling in heat exchangers[J]. International Journal of Heat and Mass Transfer, 2018, 116: 104-114.

[160] LUGO-GRANADOS H, PICÓN-NÚÑEZ M. Modelling scaling growth in heat transfer surfaces and its application on the design of heat exchangers[J]. Energy, 2018, 160: 845-854.

[161] SOUZA A R C, COSTA A L H. Modeling and simulation of cooling water systems subjected to fouling[J]. Chemical Engineering Research and Design, 2019, 141: 15-31.

[162] 孙卓辉. 换热面上结垢过程数值模拟[D]. 青岛: 中国石油大学, 2008.

[163] BRAHIM F, AUGUSTIN W, BOHNET M. Numerical simulation of the fouling process[J]. International Journal of Thermal Sciences, 2003, 42（3）: 323-334.

[164] 张蕊. 换热面 $CaSO_4$ 结垢过程的数值模拟[D]. 大连: 大连理工大学, 2016.

[165] ZHANG F, XIAO J, CHEN X. Towards predictive modeling of crystallization fouling: A pseudo-dynamic approach[J]. Food and Bioproducts Processing, 2015, 93: 188-196.

[166] XIAO J, HAN J, ZHANG F, et al. Numerical simulation of crystallization fouling: taking into cccount fouling layer structures[J]. Heat Transfer Engineering, 2017, 38（7-8）: 775-785.

[167] CRITTENDEN B D, YANG M, DONG L, et al. Crystallization fouling with enhanced heat transfer surfaces[J]. Heat Transfer Engineering, 2015, 36（7-8）: 741-749.

[168] 张一龙, 王乐君, 韩志敏, 等. 运行工况对两种强化管内析晶污垢的影响[J]. 东北电力

大学学报，2015，35（6）：50-55.

[169] 徐志明，郭元杰，韩志敏，等. 丁胞型圆管 CaSO₄ 的污垢特性[J]. 化工学报，2018，69（4）：1341-1348.

[170] 韩志敏，刘坐东，王景涛，等. 结构对圆形楞涡流发生器 CaSO₄ 污垢特性和综合换热特性的影响[J]. 中国电机工程学报，2017，37（10）：2920-2926.

[171] 张一龙，王乐君，王忠言，等. 半球型涡流发生器结构对污垢沉积的影响[J]. 热科学与技术，2016，15（2）：160-165.

[172] 常宏亮. 电场作用下 CaCO₃ 污垢特性的实验研究[D]. 吉林：东北电力大学，2018.

[173] 徐志明，赵宇，贺姗姗，等. 圆管内三角翼涡流发生器 CaCO₃ 污垢特性[J]. 太阳能学报，2019，40（12）：3417-3425.

[174] AGUEL S, MEDDEB Z, JEDAY M R. Parametric study and modeling of cross-flow heat exchanger fouling in phosphoric acid concentration plant using artificial neural network[J]. Journal of Process Control, 2019, 84: 133-145.

[175] WEN X, MIAO Q, WANG J, et al. A multi-resolution wavelet neural network approach for fouling resistance forecasting of a plate heat exchanger[J]. Applied Soft Computing, 2017, 57: 177-196.

[176] SUNDAR S, RAJAGOPAL M C, ZHAO H, et al. Fouling modeling and prediction approach for heat exchangers using deep learning[J]. International Journal of Heat and Mass Transfer, 2020, 159: 120112.

[177] RABAS T, PANCHAL C, SASSCER D, et al. Comparison of power-plant condenser cooling-water fouling rates for spirally-indented and plain tubes[J]. Fouling and enhancement interactions, 1991, 164: 29-36.

[178] HAIDER S I, WEBB R L, MEITZ A K. An experimental study of tube-side fouling resistance in water-chiller-flooded evaporators[J]. ASHRAE Transactions, 1992, 98（2）: 86-103.

[179] LI W. Energy penalty associated with fouling in enhanced tubes in chiller-flooded condenser[J]. Journal of Enhanced Heat Transfer, 2003, 10（2）: 149-158.

[180] WEBB R L, LI W. Fouling in enhanced tubes using cooling tower water: Part Ⅰ: long-term fouling data[J]. International Journal of Heat and Mass Transfer, 2000, 43（19）: 3567-3578.

[181] CREMASCHI L, WU X, LIM E, et al. Research Project Report of ASHRAE RP-1345: Waterside fouling performance of brazed-plate type condensers in cooling tower applications[R]. ASHRAE, 2012.

[182] KUKULKA D J, SMITH R, ZAEPFEL J. Development and evaluation of vipertex enhanced heat transfer tubes for use in fouling conditions[J]. Theoretical Foundations of Chemical

Engineering, 2012, 46（6）: 627-633.

[183] WANG K, ZEEMAN G, LETTINGA G. Alteration in sewage characteristics upon aging[J]. Water Science and Technology, 1995, 31（7）: 1991-2000.

[184] 宋艳. 处理后污水-原生污水热泵的淋激式换热器研究[D]. 哈尔滨：哈尔滨工业大学，2008.

[185] SHEN C, JIANG Y, YAO Y, et al. A field study of a wastewater source heat pump for domestic hot water heating[J]. Building Services Engineering Research and Technology, 2012, 34（4）: 433-448.

[186] WESTIN L. Heat pump based on sewage for district heating[C]. New Energy Conference Technology, 1981（3）: 45-49.

[187] ALI K, ALAEDDIN E. Investigation of the performance of a heat pump using waste water as a heat source[J]. Energies, 2009, 2（3）: 697-713.

[188] WALKER S. Energy from waste in the sewage treatment process[C]. International Conference on Opportunities & Advances in International Electric Power Generation, 1996.

[189] BAEK N, SHIN U, YOON J. A study on the design and analysis of a heat pump heating system using wastewater as a heat source[J]. Solar Energy, 2005, 78（3）: 427-440.

[190] Li H, RUSSELL N, SHARIFI V, et al. Techno-economic feasibility of absorption heat pumps using wastewater as the heating source for desalination[J]. Desalination, 2011, 281: 118-127.

[191] OH S, CHO Y, YUN R. Raw-water source heat pump for a vertical water treatment building[J]. Energy and Buildings, 2014, 68: 321-328.

[192] POSTRIOTI L, BALDINELLI G, BIANCHI F, et al. An experimental setup for the analysis of an energy recovery system from wastewater for heat pumps in civil buildings[J]. Applied Thermal Engineering, 2016: 961-971.

[193] SCHON B. Developing performance of waste water source heat pump systems by heat transport investigation[C]// 2017 6th International Youth Conference on Energy（IYCE）. IEEE, 2017.

[194] BUYUKALACA O, EKINCI F, YILMAZ T. Experimental investigation of Seyhan River and dam lake as heat source-sink for a heat pump[J]. Energy, 2003, 28: 157-169.

[195] CHEN X, ZHANG G, PENG J. The performance of an open-loop lake water heat pump system in south China[J]. Applied Thermal Engineering, 2006, 26: 2255-2261.

[196] MCNABOLA A, SHIELDS K. Efficient drain water heat recovery in horizontal domestic shower drains[J]. Energy and Buildings, 2013, 59: 44-49.

[197] LAM J, CHAN W. Life cycle energy cost analysis of heat pump application for hotel

swimming pools[J]. Energy Conversion and Management, 2001,42: 1299-1306.

[198] 姚杨，赵丽莹，马最良. 某药厂污水源热泵系统的模拟与分析[J]. 哈尔滨工业大学学报，2006，38（5）：797-800.

[199] MAEKAWA NT. Energy recycling system for urban waste heat[J]. Energy and Buildings, 1991（11）：553-560.

[200] 安青松，史琳，汤润. 基于污水源热泵的大型集中洗浴废水余热利用研究[J]. 华北电力大学学报，2010，37（1）：57-61.

[201] LAM J, CHAN W. Energy performance of air-to-water and water-to-water heat pumps in hotel applications[J]. Energy Conversion and Management, 2003, 44（1）: 525-531.

[202] CHEN H, LI D, DAI X. Economic analysis of a wastewater resource heat pump air conditioning system in north China[C]. The Sixth International Conference for Enhanced Building Operations, Shenzhen, 2006.

[203] MOHANRAJ M, JAYARAJ S, MURALEEDHARAN C. Applications of artificial neural networks for refrigeration, air-conditioning and heat pump systems-A review[J]. Renewable & Sustainable Energy Reviews, 2012, 16（2）: 1340-1358.

[204] BECHTLER H, BROWNE M W, BANSAL P K, et al. New approach to dynamic modelling of vapour-compression liquid chillers: artificial neural networks[J]. Applied Thermal Engineering, 2001, 21: 941-953.

[205] HAYKIN S, LIPPMANN R. Neural networks: A comprehensive foundation[J]. International Journal of Neural Systems, 1994, 5（4）:363-364.

[206] SENCAN A, KALOGIROU S A. A new approach using artificial neural networks for determination of the thermodynamic properties of fluid couples[J]. Energy Conservation and Management, 2005, 46（15-16）: 2405-2418.

[207] ZHANG C, ZHUANG Z, WU X, et al. Parameter definition and measurement of solid contaminant in untreated urban sewage[J]. Journal of Harbin Institute of Technology, 2008, 40（8）: 1218-1221.

[208] 吴荣华，林福军，孙德兴. 城市原生污水冷热源浸泡式工艺应用实例[J]. 暖通空调，2004（11）：86-87.

[209] LIU Z, ZHANG C, QIAN J, et al. Stage concentration experimental analysis of contaminant in urban sewage[J]. Fluid Machinery, 2007, 35（1）: 56-59.

[210] WU R, SUN D, MA G. The parameters characteristics on the urban sewage as a cold and heat source and the evaluation on application methods[J]. Renewable Energy, 2005, 5: 39-43.

[211] WU R, SUN D. Study on key sectors of applying untreatment sewage water of city using as

cool and heat sources[J]. Journal of Harbin University of Commerce（Sciences Edition），2004, 20（6）: 86-88.

[212] 徐莹. 城市污水流变与换热特性研究[D]. 哈尔滨：哈尔滨工业大学，2009.

[213] 吴荣华，孙德兴，张成虎，马光兴. 热泵冷热源城市原生污水的流动阻塞与换热特性[J]. 暖通空调，2005（2）：86-88.

[214] 吴荣华，张成虎，孙德兴. 城市原生污水冷热源污水黏度特性实验测试[J]. 哈尔滨工业大学学报，2006，38（9）：1492-1495.

[215] 毕海洋. 污水源热泵系统取水换热过程流化除垢与强化换热方法[D]. 大连：大连理工大学，2007.

[216] ZHOU W, LI J. Sewage heat source pump system's application examples and prospect analysis in China[C]. International Refrigeration and Air Conditioning Conference, Purdue, 2004.

[217] SUN L, JIANG Y, YAO Y, et al. Analysis of China's sewage resource heat utilization potential[J]. China Water Wastewater, 2010, 36: 210-213.

[218] FUNAMIZU N, IIDA M, SAKAKURA Y. Reuse of heat energy in waste water: implementation examples in Japan[J]. Water Science and Technology, 2001, 43（10）: 277-286.

[219] First DHC system in Japan using untreated sewage as a heat source[EB/OL]. http://Mgasunie.eldoc.ub.rug.nl/root/1997/2039648/.

[220] 张吉礼，马良栋. 污水源热泵空调系统污水侧取水、除污和换热技术研究进展[J]. 暖通空调，2009，39（7）：41-47.

[221] 孙德兴，吴荣华. 设置有滚筒格栅的城市污水水力自清方法及其装置：ZL200410043654.9 [P]. 2005-7-20.

[222] 张吉礼，曹达君，马志先. 热阻法管内污垢生长特性试验研究[J]. 暖通空调，2009，39（10）：37-40.

[223] 陈燕民，韩彩云，王吉标，等. 地表水源热泵机组清洗方法的实验分析[C]. 天津：地源热泵技术论坛，2009，12.

[224] 孙德兴，肖红侠，张承虎，等. 管壳换热器换热管束高压头强力轮替冲洗除污方法与装置：CN101122452[P]. 2008-2-13.

[225] XIAO H, SUN D, ZHAO M. The research on removing fouling methods of the heat exchanger of sewage heat pump system[J]. Energy Conservation Technology, 2007, 25（146）: 525-528.

[226] 李建兴，赵力，池勇志. 不同换热形式的污水热泵工程运行能效分析[J]. 中国给水排水，2009，25（2）：98-101.

[227] 张吉礼，马良栋. 污水源热泵空调技术国内外研究应用进展[C]. 全国暖通空调制冷 2008

年学术年会论文集，2008：215.

[228] 于永辉，郑官振. 贵阳市污水源热泵集中供热可行性分析[C]. 2005 年全国空调与热泵节能技术交流会论文集，大连，2005：317-324.

[229] 吴荣华. 城市原生污水源热泵系统研究与工程应用[D]. 哈尔滨：哈尔滨工业大学，2005.

[230] MAVRIDOU S, BOURIS D. Numerical evaluation of a heat exchanger with inline tubes of different size for reduced fouling rates[J]. International Journal of Heat and Mass Transfer, 2012, 55（19-20）：5185-5195.

[231] CUNAULT C, POURCHER A M, BURTON C H. Using temperature and time criteria to control the effectiveness of continuous thermal sanitation of piggery effluent in terms of set microbial indicators[J]. Journal of Applied Microbiology, 2011, 111（6）：1492-1504.

[232] JEANS J. An Introduction to the Kinetic Theory of Gases[M]. New York: Cambridge University Press, 1940: 58-59.

[233] CLEAVER J W, YATES B. Mechanism of detachment of colloid particles from a flat substrate in turbulent flow[J]. Journal of Colloid and Interface Science, 1973, 44（3）：464-473.

[234] 孙丽颖，姜益强，姚杨，等. 我国污水资源热能利用潜力分析[J]. 给水排水，2010，36：210-213.

[235] 吴荣华，张承虎，孙德兴. 城市原生污水冷热源换热管软垢特性研究[J]. 流体机械，2006，34（1）：59-62.

[236] 肖红侠，孙德兴，赵明明. 非清洁水源热泵系统换热器除污方法研究[J]. 节能技术，2007，25（146）：525-528.

[237] 周强泰. 两相流动和热交换[M]. 北京：中国水利电力出版社，1990.

[238] 杨世铭，陶文铨. 传热学[M]. 西安：西安交通大学出版社，2001.

[239] TURAGA M, GUY R W. Refrigerant side heat transfer and pressure drop estimates for direct expansion coils. A review of works in North American use[J]. International Journal of Refrigeration, 1985, 8（3）：134-142.

[240] 姚杨. 空气源热泵冷热水机组冬季结霜工况的模拟与分析[D]. 哈尔滨：哈尔滨工业大学，2002.

[241] 葛云亭. 房间空调器系统仿真模拟研究[D]. 北京：清华大学，1997.

[242] 丁国良，张春路. 制冷空调装置仿真与优化[M]. 北京：科学出版社，2001.

[243] HARRISON J. Standards of the Tubular Exchanger Manufacturers Association（TEMA）[R]. 1999: 285-286.

[244] TRAN J, PIPER M, KENIG E. Experimentelle Untersuchung des konvektiven Wärmeübergangs und Druckverlustes in einphasig durchströmten Thermoblechen[J]. Chemie Ingenieur Technik,

2015, 87: 226-234.

[245] MITROVIC J, PETERSON R. Vapor condensation heat transfer in a thermoplate heat exchanger[J]. Chemical Engineering & Technology, 2010, 30（7）: 907-919.

[246] DONG J, ZHANG Z, YAO Y, et al. Experimental performance evaluation of a novel heat pump water heater assisted with shower drain water[J]. Applied Energy, 2015, 154: 842-850.

[247] LIU J, WANG W, SUN Y, et al. Operating performances of a space heating ASHP unit with a foul outdoor coil following a prolonged cooling operation[J]. International Journal of Refrigeration, 2018, 88: 615-625.

[248] SOMERSCALES E, PONTEDURO A, BERGLES A. Particulate fouling of heat transfer tubes enhanced on their inner surface[J]. Fouling and Enhancement Interactions, ASME, 1991, 164: 17-26.

[249] WEBB R, NARAYANAMURTHY R, THORS P. Heat transfer and friction characteristics of internal helical-rib roughness[J]. Journal of Heat Transfer, 2000, 122: 135-142.

[250] RABAS T. Comparison of power-plant condenser cooling-water fouling rates for spirally-indented and plain tubes[J]. Fouling and Enhancement Interactions, 1991, 164: 29.

[251] MOFFAT R. Describing the experimental uncertainties in experimental results[J]. Experimental Thermal and Fluid Science, 1988（1）: 3-17.

[252] TUBMAN I. An analysis of water for water-side fouling potential inside smooth and augmented copper alloy condenser tubes in cooling tower water applications[J]. Thesis for Degree of Master of Science, Mississippi State University, 2003, 15.

[253] COATES K, KNUDSEN J. Calcium carbonate scaling characteristics of cooling tower water[J]. ASHRAE Transactions, 1980, 86（2）: 68-91.

[254] 李善宝. 温度与饱和含湿量的经验公式[J]. 暖通空调，2003，33（2）: 112-113.

[255] ADACHI M, INOUE S, AIZAWA T. On the refrigeration cycle property of heat pump air conditioners operating with frost formation[J]. Refrigeration, 1975, 50: 818-820.

[256] 王剑锋，陈光明. 空气热源泵冬季结霜特性研究[J]. 制冷，1997（1）: 8-11.

[257] ZHU J, SUN Y, WANG W, et al. Developing a new frosting map to guide defrosting control for air-source heat pump units[J]. Applied Thermal Engineering, 2015, 90: 782-791.

[258] WEI W, NI L, LI S, et al. A new frosting map of variable-frequency air source heat pump in severe cold region considering the variation of heating load[J]. Renewable Energy, 2020, 161: 184-199.

[259] HASSON D. Progress in precipitation fouling research-a review[C]//Understanding Heat Exchange Fouling and Its Mitigation. An International Conference, Begell House, 1999: 67-89.

[260] MCGARVEY G B, TURNER C W. Synergism models for heat exchanger fouling mitigation[C]// Understanding Heat Exchanger Fouling and Its Mitigation. Engineering Foundation Conference, Italy, 1999: 155-161.

[261] CHAMRA L M, WEBB R L. Effect of particle size and size distribution on particulate fouling in enhanced tubes[J]. Journal of Enhanced Heat Transfer, 1994, 1（1）: 65-75.

[262] BANSAL B, MÜLLER-STEINHAGEN H M, CHEN X D. Effect of suspended particles on crystallization fouling in plate heat exchangers[J]. Journal of Heat Transfer, 1997, 119（3）: 568-574.

[263] KIM N-H. Particulate fouling and on-line cleaning of ferric oxide particles in internally enhanced tubes[J]. Heat Transfer Engineering, 2018, 39（1）: 40-50.

[264] SCHNING L, AUGUSTIN W, SCHOLL S. Fouling mitigation in food processes by modification of heat transfer surfaces: A review[J]. Food and Bioproducts Processing, 2020, 121: 1-19.

[265] OLDANI V, BIANCHI C L, BIELLA S, et al. Perfluoropolyethers coatings design for fouling reduction on heat transfer stainless-steel surfaces[J]. Heat Transfer Engineering, 2016, 37: 210-219.

[266] AL-JANABI A, MALAYERI M R. A criterion for the characterization of modified surfaces during crystallization fouling based on electron donor component of surface energy[J]. Chemical Engineering Research and Design, 2015, 100: 212-227.

[267] AHN H S, KIM K M, SUN T L, et al. Anti-fouling performance of chevron plate heat exchanger by the surface modification[J]. International Journal of Heat and Mass Transfer, 2019, 144: 118634.

[268] LIU T, LI X, WANG H, et al. For mation process of mixed fouling of microbe and $CaCO_3$ in water systems[J]. Chemical Engineering Journal, 2002, 88: 249-254.

[269] ROSMANINHO R, ROCHA F A, RIZZO G, et al. Calcium phosphate fouling on TiN-coated stainless steel surfaces: Role of ions and particles[J]. Chemical Engineering Science, 2007, 62: 3821-3831.

[270] ZUBAIR S M, SHEIKH A K, SHAIK M N. A probabilistic approach to the maintenance of heat-transfer equipment subject to fouling[J]. Energy, 1992, 17（8）: 769-776.

[271] BOTT T R. Aspects of crystallization fouling[J]. Experimental Thermal and Fluid Science, 1997, 14: 356-360.

[272] ZHANG Z, LIU Y, ZHANG H, et al. Numerical calculation on effective thermal conductivity of fouling based on the finite element method[J]. Proceedings of the CSEE, 2017, 37（10）:

2927-2932.

[273] WANG H, HUI S, LI Y, et al. The effects of leaf roughness, surface free energy and work of adhesion on leaf water drop adhesion[J]. Plos One, 2014, 9.

[274] WATKINSON A P, EPSTEIN N. Particulate fouling of sensible heat exchangers[C]. 4th International Heat Transfer Conference, Versailles, France, 1970: 1-12.

[275] 张巍，李冠球，张政江，等. 基于普朗特类比的螺纹管内污垢分析模型[J]. 中国电机工程学报，2008，28（35）：66-70.

[276] 李蔚，张巍，李冠球，等. 螺纹管内污垢热阻的对比实验研究[J]. 工程热物理学报，2009，30（9）：1578-1580.

[277] BEAL S K. Particulate fouling of heat exchangers[C]. Fouling of Heat Exchanger Surfaces, New York, 1983: 215-234.

[278] 陶文铨. 数值传热学[M]. 2版. 西安：西安交通大学出版社，2001.

[279] ANSYS Incorporation. ANSYS Fluent Theory Guide 16.0[M]. Canonsburg：ANSYS, Inc., 2015.

[280] XU Z, ZHAO Y, HAN Z, et al. Numerical simulation of calcium sulfate（$CaSO_4$）fouling in the plate heat exchanger[J]. Heat and Mass Transfer, 2018, 54（7）：1867-1877.

[281] 孙晓琳，姚春妮，赵恒谊，等. 空气热能纳入可再生能源的技术路径研究[J]. 制冷技术，2015（5）：36-40.

[282] SIEGEL J, NAZAROFF W. Predicting particle deposition on HVAC heat exchangers[J]. Atmospheric Environment, 2003, 37: 5587-5596.

[283] BRINK A, LINDBERG D, HUPA M, et al. A temperature-history based model for the sticking probability of impacting pulverized coal ash particles[J]. Fuel Processing Technology, 2016, 141: 210-215.

[284] KLEINHANS U, WIELAND C, BABAT S, et al. Ash particle sticking and rebound behavior: A mechanistic explanation and modeling approach[J]. Proceedings of the Combustion Institute, 2017, 36: 2341-2350.

[285] 樊越胜，白宝，司鹏飞，等. 空调室外换热器表面积尘特征的实验研究[J]. 洁净与空调技术，2011（4）：5-8.

[286] MA G, CHAI Q, YI J. Experimental investigation of air-source heat pump for cold regions[J]. International Journal of Refrigeration, 2003, 26: 12-18.

[287] XU W, LIU C, LI A, et al. Feasibility and performance study on hybrid air source heat pump system for ultra-low energy building in severe cold region of China[J]. Renewable Energy, 2020, 146: 2124-2133.

[288] HAYASHI Y, AOKI A, ADACHI S, et al. Study of frost properties correlating with frost formation types[J]. Journal of Heat Transfer, 1977, 99: 239-245.

[289] ZHANG L, JIANG Y, DONG J, et al. An experimental study on the effects of frosting conditions on frost distribution and growth on finned tube heat exchangers[J]. International Journal of Heat and Mass Transfer, 2019, 128: 748-761.

[290] ZHANG L, JIANG Y, DONG J, et al. An experimental study of frost distribution and growth on finned tube heat exchangers used in air source heat pump units[J]. Applied Thermal Engineering, 2018, 132: 38-51.

[291] NASR M, KASSAI M, GE G, et al. Evaluation of defrosting methods for air-to-air heat/energy exchangers on energy consumption of ventilation[J]. Applied Energy, 2015, 151: 32-40.

[292] SU W, LI W, ZHOU J, et al. Experimental investigation on a novel frost-free air source heat pump system combined with liquid desiccant dehumidification and closed-circuit regeneration[J]. Energy Conversion and Management, 2018, 178: 13-25.

[293] SU W, LI W, ZHANG X. Simulation analysis of a novel no-frost air-source heat pump with integrated liquid desiccant dehumidification and compression-assisted regeneration[J]. Energy Conversion and Management, 2017, 148: 1157-1169.

[294] SU W, LI H, SUN B, et al. Performance investigation on a frost-free air source heat pump system employing liquid desiccant dehumidification and compressor-assisted regeneration based on exergy and exergoeconomic analysis[J]. Energy Conversion and Management, 2019, 183: 167-181.

[295] 叶霖, 李维, 侯银燕. 湿空气进口温度对固体吸附床吸附除湿性能的影响[J]. 建筑科学, 2011 (6): 53-55.

[296] 窦伟. 风冷换热器换热温差对结霜的影响[D]. 天津: 天津商业大学, 2020.

[297] 王伟, 倪龙, 马最良. 空气源热泵技术与应用[M]. 北京: 中国建筑工业出版社, 2017.

[298] BYUN J, LEE J, JEON C. Frost retardation of an air-source heat pump by the hot gas bypass method[J]. International Journal of Refrigeration, 2018, 31: 328-334.

[299] JHEE S, LEE K, KIM W. Effect of surface treatments on the frosting/defrosting behavior of a fin-tube heat exchanger[J]. International Journal of Refrigeration, 2002, 25:1047-1053.

[300] HUANG L, LIU Z, LIU Y, et al. Preparation and anti-frosting performance of super-hydrophobic surface based on copper foil[J]. International Journal of Thermal Sciences, 2011, 50: 432-439.

[301] QIN H, LI W, DONG B, et al. Experimental study of the characteristic of frosting on low-temperature air cooler[J]. Experimental Thermal and Fluid Science, 2014, 55: 106-114.

[302] OKOROAFOR E, NEWBOROUGH M. Minimising frost growth on cold surfaces exposed to humid air by means of crosslinked hydrophilic polymeric coatings[J]. Applied Thermal Engineering, 2000, 20: 737-758.

[303] PU J, SHEN C, ZHANG C, et al. A semi-experimental investigation on the anti-frosting potential of homogenizing the uneven frosting for air source heat pumps[J]. Energy and Buildings, 2022, 260: 111939.